普通高等学校土木工程专业新编系列教材

预应力混凝土结构设计
基本原理(第二版)

胡　狄　编著

中国铁道出版社有限公司
CHINA RAILWAY PUBLISHING HOUSE CO., LTD.

内 容 简 介

本书主要内容包括:预应力混凝土材料及预应力施工工艺,预应力筋有效应力计算,预应力混凝土构件承载力计算,预应力混凝土受弯构件截面应力分析,预应力混凝土构件变形与裂缝计算,预应力混凝土受弯构件设计,无粘结预应力混凝土结构设计,体外预应力混凝土结构设计。

本书可作为高等院校土木类各专业的教材,也可供土建技术人员参考。

图书在版编目(CIP)数据

预应力混凝土结构设计基本原理/胡狄编著. —2 版. —北京:
中国铁道出版社,2019.8
普通高等学校土木工程专业新编系列教材
ISBN 978-7-113-25304-2

Ⅰ. ①预… Ⅱ. ①胡… Ⅲ. ①预应力混凝土结构-结构设计-高等
学校-教材 Ⅳ. ①TU378.04

中国版本图书馆 CIP 数据核字(2018)第 295166 号

书　　　名:**预应力混凝土结构设计基本原理(第二版)**
作　　　者:胡　狄

责任编辑:李露露　　　　　　　　　　　　　　读者热线:010－51873240
封面设计:刘　颖
责任校对:王　杰
责任印制:郭向伟

出版发行:中国铁道出版社有限公司(100054,北京市西城区右安门西街 8 号)
网　　　址:http://www.tdpress.com/51eds/
印　　　刷:北京铭成印刷有限公司
版　　　次:2009 年 8 月第 1 版　　2019 年 8 月第 2 版　　2019 年 8 月第 1 次印刷
开　　　本:787 mm×1 092 mm　1/16　印张:16　字数:407 千
书　　　号:ISBN 978-7-113-25304-2
定　　　价:46.80 元

第二版前言

《预应力混凝土结构设计基本原理》第一版问世以来的十年间,我国建造了大量预应力混凝土结构,尤其对于跨度 20~250 m 的铁路桥梁(高速铁路、重载铁路和普通铁路桥梁)和公路桥梁,预应力混凝土已经成为桥跨结构应用最广泛的建筑材料。与大规模预应力混凝土结构工程实践相辉映的,是这十年间我国预应力混凝土及其结构的理论水平、设计能力和施工技术的快速发展和提升,先后颁布了《预应力混凝土结构设计规范》(JGJ 369—2016)、基于极限状态法的《铁路桥涵设计规范(极限状态法)》(Q/CR 9300—2018),并且在新版《公路钢筋混凝土及预应力混凝土桥涵设计规范》(JTG 3362—2018)中新增体外预应力混凝土设计等内容,在《无黏结预应力混凝土结构技术规程》(JGJ 92—2016)中增加了无黏结预应力纤维筋等内容,《混凝土结构设计规范》(GB 50010—2010)等国家标准和规程亦推出修订版。因此,《预应力混凝土结构设计基本原理》第一版亟须根据现行规范、规程和工程实践成果进行修订。

教材修订时遵循第一版"融合多种设计规范内容、编写宽口径教材"的指导思想,沿用"以建立基本概念、阐述基本原理和设计方法为主线"的编排思路。本次修订主要包括以下五个部分内容:

第一部分是依据《铁路桥涵设计规范(极限状态法)》(Q/CR 9300—2018),修改铁路预应力混凝土构件的承载能力极限状态、正常使用极限状态计算内容、计算方法和规范要求,在第五章中增加"正常使用极限状态疲劳验算",删除基于容许应力法的相关内容。

第二部分是依据《预应力混凝土结构设计规范》(JGJ 369—2016)、《无黏结预应力混凝土结构技术规程》(JGJ 92—2016),增加第八章"无黏结预应力混凝土结构设计"。

第三部分是依据《公路钢筋混凝土及预应力混凝土桥涵设计规范》(JTG 3362—2018)、《预应力混凝土结构设计规范》(JGJ 369—2016),增加第九章"体外预应力混凝土结构设计"。

第四部分是依据现行设计规范及国家标准《预应力混凝土用钢丝》(GB/T 5223—2014)、《预应力混凝土用钢绞线》(GB/T 5224—2014)、《预应力混凝土用螺纹钢筋》(GB/T 20065—2016)、《体外预应力索技术条件》(GB/T 30827—2014)、《预应力筋用锚具、夹具和连接器》(GB/T 14370—2015)等,修改了第二章混凝土、预应力筋的力学性能和设计指标及设计要求,并对全书相关内容进行了修订。

　　第五部分是依据现行设计规范、规程及标准,对除上述内容外的其他部分进行修订。

　　在使用本教材的教学过程中,一些老师和学生提出了宝贵意见;本次教材修订中,研究生时空、强逸凡、何旺旺和曹子豪参与了图形绘制和例题核算工作,谨此一并致谢。特别感谢中南大学本科生院及土木工程学院对此次教材修订的大力支持。

　　本次教材修订范围广、涉及内容多,由于编著者水平有限,修订后教材仍难免有描述不准确甚至错误之处,敬请批评指正。意见请寄湖南长沙韶山南路22号中南大学土木工程学院(邮编410075,E-mail:hudibridge@ csu. edu. cn)。

编者
2019 年 2 月

第一版前言

目前我国没有关于预应力混凝土结构设计的统一规范,现行各技术标准、设计规范中预应力混凝土结构设计方法不尽相同,符号存在差异,部分内容计算原理、计算公式差别大。将预应力混凝土基本原理与各规范相应内容有机结合,编写《预应力混凝土结构设计基本原理》宽口径教材,培养学生具有宽阔视野、独立思考和创新能力的知识体系,是编写本教材的出发点,亦是教材内容编排的指导思想。

围绕预应力混凝土知识体系,以建立基本概念、阐述基本原理和设计方法为主线,总结、剖析《混凝土结构设计规范》(GB 50010—2002)、《铁路桥涵钢筋混凝土和预应力混凝土结构设计规范》(TB 10002.3—2005)、《公路钢筋混凝土及预应力混凝土桥涵设计规范》(JTG D62—2004)中相应内容为辅线,同时引入国内外相关研究成果,本教材介绍预应力筋和混凝土黏结的预应力混凝土设计基本原理,教材共七章,主要内容如下:

第一章简要介绍预应力混凝土基本概念、发展与应用,阐述预应力混凝土知识体系及学习方法。

第二章介绍预应力混凝土材料及其物理力学性能、预应力施加方法及施工工艺、预应力锚固体系及锚具类型。

第三章介绍预应力筋有效应力计算方法,讨论张拉控制应力和各项预应力损失的确定或计算。

第四章介绍预应力混凝土构件承载能力计算,包括受弯构件正截面、斜截面承载能力计算和受拉、受压、受扭构件承载能力计算,以及预应力锚固区局部受压承载能力计算。

第五章介绍于预应力混凝土受弯构件截面应力分析,包括构件工作全过程截面应力分析、未开裂截面应力计算、开裂弯矩计算和开裂截面的应力计算,并叙述预应力混凝土受弯构件抗裂性验算、疲劳应力计算和疲劳验算等内容。

第六章介绍预应力混凝土构件变形与裂缝的计算原理和计算方法以及裂缝控制方法。

第七章以预应力混凝土受弯构件为依托,结合预应力混凝土构件设计的基本要求和设计步骤,介绍预应力混凝土构件截面形式及截面设计、预应力效应分析及预应力筋设计等内容。

本教材是将预应力混凝土设计基本原理与多种设计规范结合、同步比较与学习的尝试,适用于交通土建、桥梁、建筑结构等工程领域学科的教学和自学;不同工程学科可根据教学需要选取教材中相应内容进行课堂教学,其他内容则可让学生自学以扩展知识视野、完善知识体系。

感谢中南大学土木建筑学院对本教材编写的支持。特别感谢土木工程学会预应力混凝土分会委员、中南大学余志武教授,在百忙中审阅了全书书稿并提出了许多宝贵意见。戴公连教授、盛兴旺教授十分关心本教材的编写,审阅了部分书稿,并提出了许多修改意见;方淑君副教授参与了例题编写和审校工作,卢钦先、汪来发、蔡东和袁文辉参与了图形绘制和例题核算工作,在此一并感谢。

本书在编写过程中参考了国内外诸多学者的专著、教材及有关文献的研究成果,谨致谢意。

由于编著者水平有限,书中难免有不妥甚至错误之处,敬请使用者批评指正。意见请寄湖南省长沙市韶山南路22号中南大学土木建筑学院(邮编410075,E-mail:hudee@yahoo.cn)。

编　者
2009 年 6 月

目 录

第一章

预应力混凝土基本概念及应用

第一节　预应力混凝土的基本概念

由于原材料丰富且易就地取材、施工简便、易浇筑成形、性能价格比高等优点,钢筋混凝土成为土木工程中应用最广泛的建筑材料之一。然而,钢筋混凝土自身存在的一些缺点使其应用范围受到很大限制。首先,混凝土的低抗拉强度导致钢筋混凝土受拉区在正常工作时通常无法避免开裂,这使钢筋混凝土不能用于储油罐、核反应容器等对裂缝控制要求很高的结构;其次,开裂后结构刚度降低、受拉区混凝土不能被充分利用,降低了钢筋混凝土结构的使用性能和经济性;第三,为保证结构的耐久性,必须根据工作环境来严格控制裂缝宽度,当将裂缝宽度控制在规范许可的容许值 0.2 ~ 0.25 mm(一般钢筋混凝土构件的最大容许值)时,受拉区钢筋的应力一般只能达 200 ~ 250 MPa,即高强度钢材不适用于钢筋混凝土;第四,随着跨度增加,钢筋混凝土受弯构件只有通过增大截面尺寸和增加配筋量来满足裂缝宽度限值要求,构件自重在总荷载效应中的比例将快速增加,当此比例达一定程度时钢筋混凝土构件就丧失承受外荷载的能力,即钢筋混凝土不能适用于大跨度结构。钢筋混凝土的上述缺点源于混凝土的低抗拉强度,如果在结构使用前对受拉区混凝土进行预压、储备抗拉能力,即采用预应力混凝土,使预压应力能全部或大部分抵消荷载产生的拉应力,则可克服钢筋混凝土的上述缺点,改善结构的工作性能,拓宽混凝土结构的应用范围。

一、预应力混凝土的概念及其理解

预应力混凝土就是在使用前预先引入永久内应力以降低荷载应力或改善工作性能的配筋混凝土。引入的内应力称为预加应力,其性质根据欲抵消的荷载应力特征而确定,其分布与荷载应力的分布规律相似、方向相反。最常用的是在混凝土中预加压应力,当外荷载作用时,预压应力首先用来抵消荷载拉应力,只有当荷载拉应力值超过预压应力值后,混凝土结构才产生拉应力、甚至开裂,因此,预加应力可实现混凝土结构受拉区在正常使用时不开裂或延迟开裂的目的。

图 1 - 1 为轴心受拉混凝土构件截面应力分布示意图。外荷载作用下全截面混凝土受拉 [见图 1 - 1(a)],甚至可能开裂;为了使截面不出现拉应力,在构件受外荷载作用前预先在构件两端施加一对大小相等的轴向压力 N_p,使预加力在截面上产生的压应力大于或等于外荷载产生的拉应力,这样,在预加力 N_p 和外荷载作用下截面上将不出现拉应力 [见图 1 - 1(c)]。这说明,为了使轴心受拉混凝土构件在正常使用时截面不出现拉应力(不开裂),所引入的预加力 N_p

产生的内应力必须与外荷载应力方向相反,内应力的大小必须大于或等于荷载应力。

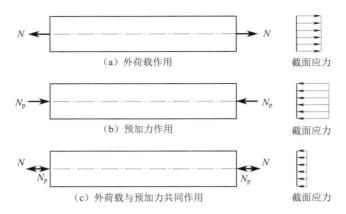

图 1 - 1　轴心受拉混凝土构件截面应力分布示意图

　　对于受弯构件,在荷载作用下的受拉区引入预加应力,不仅可实现构件使用期间不出现裂缝或延缓裂缝出现,还可调整构件竖向变形,改善构件使用性能,从而推进配筋混凝土结构向大跨、轻型发展。以仅受自重作用的不允许开裂的配筋混凝土简支梁为例,讨论预加应力对提高结构跨度的影响。

　　设一矩形截面配筋混凝土简支梁(见图 1 - 2),其未开裂截面的抗弯模量近似取为 $W_0 = \frac{1}{6}bh^2$,则在自重荷载作用下,未开裂时跨中截面下缘混凝土拉应力为

$$\sigma_{c,M} = \frac{M_M}{W_0} = \frac{\frac{1}{8}bh\gamma l^2}{\frac{1}{6}bh^2} = \frac{3\gamma l^2}{4h} \qquad (1-1)$$

式中　$\sigma_{c,M}$——自重产生的简支梁跨中截面下缘混凝土拉应力;

　　　　γ——配筋混凝土容重;

　　　　h——矩形截面高度;

　　　　b——矩形截面宽度;

　　　　l——简支梁计算跨度。

图 1 - 2　简支梁及截面示意图

　　如果不允许混凝土开裂,则由式(1 - 1)可得简支梁计算跨度最大值:

$$l_{max} = \sqrt{\frac{4}{3\gamma}} \cdot \sqrt{f_{tk}} \cdot \sqrt{h} \qquad (1-2)$$

式中　f_{tk}——混凝土抗拉强度标准值。

　　式(1 - 2)表明,由于梁体常用强度混凝土(C30 ~ C60)抗拉强度值较小且变化范围不大,欲增大简支梁跨度且保持梁体不发生开裂,必须快速增大截面高度。然而,过高的梁高不仅不经

济,而且由于占用过大建筑空间而影响或限制其应用,同时影响外观。若使用前在简支梁下缘施加并保持一个预压应力,则式(1-2)变为

$$l_{\max} = \sqrt{\frac{4}{3\gamma}} \cdot \sqrt{f_{tk} + \Delta\sigma_{pc}} \cdot \sqrt{h} \qquad (1-3)$$

式中　$\Delta\sigma_{pc}$——使用前在简支梁跨中截面下缘施加的预压应力。

在截面下缘引入预压应力后,在不改变截面高度情况下,在一定范围内(截面满足承载能力前提)梁体跨度随预压应力 $\Delta\sigma_{pc}$ 增大而有效提高。

可以采用多种方法建立预加应力,最常用的方法是在混凝土中埋设高强度钢材(预应力筋),张拉预应力筋并锚固(通过在预应力筋端部设置锚具或借助预应力筋端部附近的力筋与混凝土间的黏结力进行锚固),为平衡预应力筋的拉力,混凝土必然受到压力,从而使混凝土在使用前获得预压应力。对于采用高强度钢材的预应力混凝土,可以用三种不同的概念或从三个不同的角度来理解其原理。

1. 第一种概念——预加应力使混凝土成为弹性材料

此概念将经过预压后的抗拉强度低的脆性材料——混凝土看成既能抗拉又能抗压的弹性材料。因此,混凝土被看作承受两个力系,即内部预应力和外部荷载。如果混凝土中的预压应力能够将外荷载产生的拉应力全部抵消,则在正常使用状态下混凝土将不会开裂,甚至不会出现拉应力。此时,混凝土在预加力和使用荷载作用下均可按弹性材料的计算公式进行应力、应变及变形分析,且叠加原理有效。

图1-3为配置弯曲预应力筋的简支梁跨中截面应力分布示意图。预应力筋受到张拉后在梁两端锚固,在跨中截面预应力筋的合力为 N_p,N_p 合力作用点至截面重心轴(简写为 c.g.c)距离为 e_p,则预加力 N_p 作用引起的跨中截面下缘混凝土正应力为

$$\sigma_{c,p} = \frac{N_p}{A_c} + \frac{N_p e_p y_1}{I_c} \qquad (1-4)$$

由梁体自重等荷载弯矩 M 引起的跨中截面下缘混凝土正应力为

$$\sigma_{c,M} = -\frac{M y_1}{I_c} \qquad (1-5)$$

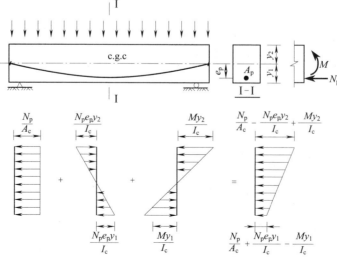

图1-3　预应力混凝土简支梁跨中截面应力分布

跨中截面下缘混凝土正应力最终为

$$\sigma_c = \frac{N_p}{A_c} + \frac{N_p e_p y_1}{I_c} - \frac{M y_1}{I_c} \tag{1-6}$$

式中　A_c——跨中混凝土截面面积;

　　　I_c——跨中混凝土截面抗弯惯性矩。

其他符号意义见图1-3。

式(1-6)表明,只要预应力筋的布置(偏心矩e_p)及预加力N_p取值合理,则跨中混凝土截面不会出现拉应力,在预加力和外荷载作用下均可按弹性材料的公式进行计算,直接可采用叠加原理。

2. 第二种概念——预加应力使高强度钢材和混凝土协同工作并充分发挥两者的强度优势

此概念首先将预应力混凝土看成是高强度钢材和混凝土的组合,其中高强度钢材承受拉力、混凝土承受压力,两者形成力偶以抵抗外弯矩(见图1-4);其次,高强度钢材和混凝土必须在引入预加应力后才能有效组合。如果像钢筋混凝土一样将高强度钢材和混凝土简单组合在一起,则在使用荷载作用下混凝土必然发生开裂,在限制裂缝宽度同时亦限制了拉区高强度钢材的变形,此时高强度钢材远不能发挥其强度,若采用高强混凝土则其压区强度亦不能充分发挥;如果在与混凝土黏结前将高强度钢材预先进行张拉并锚固,且在使用荷载作用下高强钢材进一步受拉,则其高抗拉强度能够充分发挥,压区混凝土高抗压强度亦能充分发挥。因此,拉区混凝土由于预压、储备了抗拉能力,极大地改变了工作性状,且又能充分发挥拉区高强钢材、压区高强混凝土的强度优势。这一概念同时亦表明,预应力混凝土不能超越其材料本身的强度能力。

3. 第三种概念——预加应力实现荷载平衡

这种概念由T. Y. Lin教授于1963年提出。当结构中引入的预加应力的效应与使用荷载效应方向相反时,预加应力将部分或全部抵消使用荷载产生的应力,则认为预加应力实现部分或全部荷载平衡。这种概念的实质是将施加预加应力视为施加预加力,当预加力效应抵消使用荷载效应时,相当于预加力平衡了使用荷载;特别地,当预加力与使用荷载性质相同、大小相同、方向相反时,则认为预加力完全平衡了使用荷载。例如对图1-5所示的简支梁,如果预应力筋配置适当,简支梁各截面使用荷载作用下产生的弯矩将被预应力筋产生的预弯矩完全抵消,那么,一个受弯构件将转换成一个轴心受压构件(预加力平衡了使用荷载弯矩的同时,却在构件中产生轴向压力,这说明预加力只能实现有条件的荷载平衡)。在图1-5中,抛物线形预应力筋对梁体的作用可以近似等效为作用于梁端的集中力N_p及方向向上的均布荷载q_p:

$$q_p = -\frac{8 N_p e_p}{l^2} \tag{1-7}$$

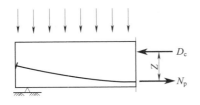

图1-4　预应力混凝土梁内力偶

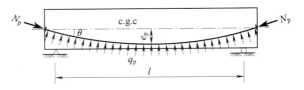

图1-5　抛物线型配筋的预应力混凝土梁

如果使用荷载为方向向下的均布荷载q,则只要使预应力筋产生的q_p与q绝对值相等,梁体中混凝土就仅受轴向力$N_p\cos\theta$作用,即预加力平衡了使用荷载弯矩,梁体不发生下挠亦不发生上拱；如果 q_p 绝对值小于 q 绝对值，预加力平衡了部分使用荷载弯矩，可依据 q_p、q 差值进行结构分析。

上述三种概念从三个不同角度阐释了预应力混凝土的原理。第一种概念是预应力混凝土弹性分析的依据，揭示预应力混凝土主要为弹性工作的性状；第二种概念是预应力混凝土的强度理论，表明预加应力可充分发挥高强钢材和高强混凝土强度，但却不能超越材料自身强度的界限；第三种概念将预加应力看成是改善使用荷载作用下结构工作性能的有效手段，指出了预加应力效应和荷载效应之间的相互关系，此概念为分析、设计复杂的预应力混凝土结构（如超静定结构）提供了简捷的方法。

二、预应力混凝土的优缺点

与钢筋混凝土结构相比，预应力混凝土结构具有如下优点：

1. 结构抗裂性好

截面上纵向预应力筋产生的预压应力可部分或全部消除使用荷载产生的截面法向拉应力，纵向竖向预应力筋或斜向预应力筋产生的压应力可有效降低使用荷载产生的主拉应力，使结构在正常使用阶段不开裂或延缓裂缝出现，提高了结构抗裂性能。

2. 结构刚度大、变形小

预压应力有效地限制裂缝开展，使截面混凝土整体或大部分参与抗弯，从而提高了截面抗弯刚度，降低使用荷载作用下的变形；预加力可以部分或全部平衡外荷载，极大地降低受弯结构变形，改善结构使用性能。

3. 结构自重轻，跨越能力大

由于采用高强材料，预应力混凝土结构可以减少用钢量、减少混凝土截面尺寸，从而减轻自重；降低结构自重效应在整个荷载效应中的比值，有利于提升结构跨越能力。另一方面，如式（1－3）所示，在结构跨中下缘附近引进预加压应力，在不增加截面尺寸情况下可建造更大跨结构，即预应力提升了结构跨越能力。

4. 抗剪承载力高

曲线布置的预应力筋提供与剪力方向相反的竖向力，可有效地提高截面抗剪承载力；纵向预压应力和竖向预压应力可有效降低使用荷载产生的主拉应力，从而提高抗剪承载力。另一方面，高抗剪承载力为减小预应力混凝土梁的腹板厚度提供条件，可进一步减轻结构自重。

5. 耐久性好

对于不允许出现裂缝的预应力混凝土结构，钢筋受到良好保护，避免外界空气、水分进入而发生钢筋锈蚀；对于允许出现裂缝的预应力混凝土结构，当作用于结构上的活载部分或全部卸载时，预压应力使裂缝闭合、结构变形恢复，降低了钢筋发生锈蚀的概率或锈蚀程度，提高了结构的耐久性。

6. 抗疲劳性能强

结构服役期间预应力筋始终保持很高的拉应力、混凝土全截面或基本全截面工作，使用荷载的加载和卸载引起的应力相对变化较小，疲劳应力幅值较低，结构抗疲劳性能强。这对以承受动力荷载为主的桥梁或吊车梁结构是非常有利的。

7. 高强材料得到充分利用

在钢筋混凝土结构中，受拉区裂缝宽度和构件挠度的限制使高强钢材抗拉强度和高强混凝土抗压强度不能被充分利用；而在预应力混凝土结构中，通过预先张拉高强钢材，可以使高强钢材在结构破坏时达到其抗拉屈服强度或名义屈服强度、混凝土达到抗压极限强度，充分发挥材料高强度。

8. 经济性好

采用高强材料并充分发挥其强度,对适合采用预应力技术的混凝土结构而言,预应力混凝土结构比钢筋混凝土结构节约混凝土 20% ~40%、纵向钢材用量 30% ~50%,而与钢结构相比可节约一半以上造价。预应力混凝土用于大跨度、大开间结构时,开阔空间的使用亦带来良好的经济价值和社会效益。

预应力混凝土结构也存在一些缺点,如设计计算比较复杂、施工技术要求高、需要专门的预应力张拉设备、所用材料单价较高等,且针对预应力结构的分析理论和研究尚待进一步发展和完善。

三、预应力度

预应力度是指预应力混凝土结构或构件中被施加的预应力大小的程度,是进行预应力混凝土结构设计和研究的重要指标。目前国内外对预应力度的表示方式有多种,最常用的是用内力比(弯矩比、轴力比)、应力比、承载能力比的形式表示。

1. 用内力比和应力比表示预应力度

对于受弯构件,预应力度可以用弯矩比形式表示,即

$$\lambda = \frac{M_0}{M} \qquad (1-8)$$

式中 M_0——消压弯矩,即将构件控制截面受拉边缘预压应力抵消至零时的弯矩;

M——使用荷载作用下构件控制截面的弯矩。

对于轴心受拉构件,预应力度可以用轴力比形式表示,即

$$\lambda = \frac{N_0}{N} \qquad (1-9)$$

式中 N_0——消压轴向力,即使构件截面预压应力被抵消至零时的轴向拉力;

N——使用荷载作用下构件控制截面的轴向拉力。

我国《部分预应力混凝土结构设计建议》(1985)(本书后面简称为《PPC 设计建议》)预应力度采用式(1-8)和式(1-9)的形式。

对于受弯构件,亦可以用应力比形式表示预应力度,即

$$\lambda = \frac{\sigma_{pc}}{\sigma_c} \qquad (1-10)$$

式中 σ_{pc}——由有效预加力(扣除全部预应力损失)引起的构件控制截面受拉边缘的预压应力;

σ_c——由使用荷载(不包括预加力)引起的构件控制截面受拉边缘的应力。

用应力比形式表示预应力度可推广应用于轴心受力构件和偏心受力构件,其优点是根据预应力度大小就可以判断构件截面是否出现拉应力。在设计荷载和有效预加力作用下,当 $\lambda \geq 1$,构件截面不出现拉应力;当 $\lambda < 1$,构件截面出现拉应力,甚至出现裂缝。《铁路桥涵设计规范(极限状态法)》(Q/CR 9300—2018)预应力度采用式(1-10)的形式,对于受弯构件亦可采用式(1-8)的形式。

预应力度使加筋混凝土成为一个连续谱。按预应力度大小,将加筋混凝土结构分为三类:

第Ⅰ类:全预应力混凝土结构 $\lambda \geq 1$

第Ⅱ类:部分预应力混凝土结构 $0 < \lambda < 1$

第Ⅲ类:钢筋混凝土结构 $\lambda = 0$

2. 用承载能力比表示预应力度

预应力度可以用截面上预应力筋承载能力与全部钢筋（预应力筋和非预应力筋）的比值来表示。预应力筋提供的极限弯矩 $[M_u]_p$ 与预应力筋和普通钢筋共同提供的极限弯矩 $[M_u]_{p+s}$ 之比称为部分预应力比率，其计算式为

$$PPR = \frac{[M_u]_p}{[M_u]_{p+s}} \tag{1-11}$$

这是美国的内曼（A. E. Naaman）教授首先提出的。如果用材料强度表示，式（1-11）可写成

$$PPR = \frac{A_p f_{py} Z_p}{A_p f_{py} Z_p + A_s f_y Z_s} \tag{1-12}$$

式中 A_p、A_s——预应力筋和普通钢筋的截面积；

f_{py}、f_y——预应力筋和普通钢筋的抗拉强度设计值；

Z_p、Z_s——预应力筋合力和普通钢筋合力点至受压合力点的距离。

若取 $Z_p \approx Z_s$，式（1-12）变为

$$i_p = \frac{A_p f_{py}}{A_p f_{py} + A_s f_y} \tag{1-13}$$

式（1-13）称为预应力指标，由瑞士舒尔曼（Thürlimann）提出。对于没有明显屈服台阶的高强预应力钢材，式（1-13）写成

$$i_p = \frac{A_p f_{0.2}}{A_p f_{0.2} + A_s f_y} \tag{1-14}$$

式中 $f_{0.2}$——预应力筋的名义屈服强度，取对应于 0.2% 残余塑性应变的应力值。

用部分预应力比率、预应力指标表示预应力度，体现承载能力极限状态时（截面破坏时）总配筋对截面承载力贡献中预应力筋所占的比例，其指标可用于截面配筋比例设计；用内力比和应力比表示预应力度，体现正常使用状态下有效预加应力效应与荷载效应的大小关系，其指标可用于结构或构件中包括预应力筋布置、数量、有效预应力的总体预加应力设计。

四、预应力混凝土的分类

根据预应力施加工艺、预应力度、裂缝控制、结构体系及预应力筋布置位置特点等，可将预应力混凝土分为如下几种类型。

1. 按预应力施加工艺分类

按预应力施加工艺可分为先张预应力混凝土和后张预应力混凝土两种。

先张法是指在浇筑混凝土前进行张拉预应力筋的施工方法。在两个永久或临时台座间张拉预应力筋并临时锚固，然后浇筑混凝土，待混凝土凝结硬化到一定强度，截断台座处构件两端的预应力筋，预应力筋回缩，通过其与混凝土间的黏结握裹力，实现对混凝土施加预应力。先张法制作先张预应力混凝土。

后张法是指在浇筑混凝土后进行张拉预应力筋的施工方法。在浇筑混凝土构件、养护至一定强度后，在混凝土构件内预埋的孔道中穿入预应力筋，张拉预应力筋（以混凝土构件本身为支承张拉千斤顶），然后在张拉端用特制锚具将预应力筋锚固，实现对混凝土施加预应力。后张法制作后张预应力混凝土。

2. 按预应力度分类

基于用应力比形式表示的预应力度[式（1-10）]，可分为全预应力混凝土（$\lambda \geq 1$）和部分预应力混凝土（$0 < \lambda < 1$）两大类。

我国《公路钢筋混凝土及预应力混凝土桥涵设计规范》（JTG 3362—2018）[本书后面简称

《公路钢筋混凝土及预应力混凝土桥涵设计规范》] 又将部分预应力混凝土结构分为 A 类和 B 类。A 类指在正常使用极限状态下,构件预压区的混凝土正截面拉应力不超过规定的容许值;B 类指在正常使用极限状态下,构件预压区的混凝土正截面的拉应力允许超过规定的限值,但当裂缝出现时,其宽度不超过容许值。

3. 按裂缝控制等级分类

我国《混凝土结构设计规范》(GB 50010—2010)和《预应力混凝土结构设计规范》(JGJ 369—2016)按裂缝控制要求,将预应力混凝土构件分为三类:

第一类:严格要求不出现裂缝的构件,按荷载效应的标准组合进行计算时,构件受拉边缘混凝土不产生拉应力;

第二类:一般要求不出现裂缝的构件,按荷载标准组合计算时,构件受拉边缘混凝土拉应力不应大于混凝土抗拉强度的标准值;

第三类:允许出现裂缝的构件,按荷载标准组合并考虑长期作用的影响计算时,构件的最大裂缝宽度不应超过规范限值;对二 a 类环境的构件,尚应按荷载准永久组合计算,且构件受拉边缘混凝土的拉应力不应大于混凝土的抗拉强度标准值。

根据在使用荷载下受拉预压边缘混凝土拉应力的控制值,美国混凝土结构建筑规范 ACI318-14 将预应力受弯构件(包括有黏结预应力混凝土和无黏结预应力混凝土)分为三类:

U 类:不允许出现裂缝的构件,$\sigma_{ct} \leqslant 0.62\sqrt{f_{ck}}$;

C 类:允许出现裂缝的构件,$\sigma_{ct} > 1.0\sqrt{f_{ck}}$;

T 类:在不允许出现裂缝和允许出现裂缝状态之间的构件,$0.62\sqrt{f_{ck}} < \sigma_{ct} \leqslant 1.0\sqrt{f_{ck}}$。

上述式中 f_{ck} 为混凝土抗压强度,σ_{ct} 为使用荷载下不开裂截面混凝土应力(U 类、T 类)或开裂截面混凝土应力(C 类)。对于预应力混凝土双向板体系,U 类预应力混凝土设计应采用 $\sigma_{ct} \leqslant 0.50\sqrt{f_{ck}}$。

4. 按预应力筋位置分类

按预应力筋与混凝土位置的相互关系,可分为体内预应力混凝土和体外预应力混凝土。

预应力筋埋设于混凝土体内的称为体内预应力混凝土。按预应力筋是否与周围混凝土黏结,又可分为有黏结预应力混凝土和无黏结预应力混凝土。先张预应力混凝土和管道压浆的后张预应力混凝土均为有黏结体内预应力混凝土,预应力筋与混凝土变形协调;无黏结预应力混凝土中预应力筋伸缩自由、不与周围混凝土黏结,钢筋全长涂有防锈油脂,并外套防老化的塑料管保护。无黏结预应力混凝土通常采用后张法制作。

体外预应力混凝土的预应力筋布置于混凝土体外。预应力筋可以布置于构件截面外,亦可以布置于构件截面内(如箱形梁的箱体内),仅在锚固区及转向块处与构件相连接。

另外,按预应力体系还可分为双预应力混凝土、预弯预应力混凝土等。双预应力混凝土是指在荷载作用下的受拉区布置受拉预应力筋、受压区布置受压预应力筋,以提高抗弯能力,其截面尺寸较小、自重较轻。按下列过程制作的称为预弯预应力混凝土:对制成预弯的劲性钢梁施加荷载,使其上拱度或挠度接近为零(钢梁产生预弯矩),然后浇筑混凝土,待混凝土与钢梁结合为整体并达到设计强度后卸载,利用钢梁反弹实现对混凝土施加预应力。

第二节　预应力混凝土的发展与应用

在使用之前于结构中施加可以抵消使用荷载效应的预加力,这种概念很早就为人们所认识并应用。如盛水的木桶,用藤、麻绳或铁丝箍紧木桶周边,使沿圆周拼接的木板承受环向挤压力,从而能够承受水压引起的环向拉力[见图1-6(a)];由薄铁条或钢条做成的细而长的锯片,在纵向力作用下易失稳,当在与其平行的位置添加绳子并张紧,使锯片在使用前承受很大的拉应力,以抵抗锯木时产生的压应力,锯子就成为裁木的重要工具[见图1-6(b)]。在我们的日常生活中亦可处处遇到运用预应力原理的例子,如同时搬运多本竖向的书本时,搬运前需预先压紧书本,使其相互间受压产生的摩擦力足以克服书本的重力[见图1-6(c)]。

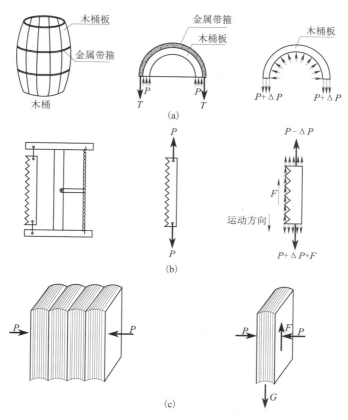

图1-6 预应力原理应用示意图

1886年,美国工程师P. H. Jackson申请了在混凝土拱内张紧钢拉杆以作楼板的专利;1888年前后,德国的C. E. W. Doehring获得了在楼板受荷载前配置已经施加拉力的钢筋的专利。但这些最初的应用并没有获得成功,其原因是所采用的低强度预应力筋的预拉应力几乎被混凝土收缩、徐变引起的应力损失所抵消。1919年德国B. K. Wettstein用绷紧的琴弦制成预应力薄板,是第一个用高强度钢材制作预应力混凝土的人,但他本人并不明确采用高强度钢材是预应力混凝土成功的关键,直到1923年美国R. H. Dill才真正认识到预应力混凝土必须采用高强度钢材。

1928年,法国工程师E. Freyssinet开始将高强度钢丝应用于预应力混凝土,研究了预应力混凝土的收缩、徐变性能,申请了用大于400 MPa应力的钢筋施加预应力的专利,为预应力混凝土进入实用阶段做出了巨大贡献。1938年德国E. Hoyer成功应用预应力钢筋和混凝土的黏结应力来建立预应力制作先张构件,1939年E. Freyssinet发明了用于端部锚固高强钢丝的锥塞式锚具并设计了双作用千斤顶,1940年比利时G. Magnel研制出了一次张拉两根钢丝并在每端用一个钢楔锚固,这些预应力钢材锚固体系的发明和实际运用为预应力混凝土的广泛应用提供了基础。

第二次世界大战后,西欧为了在战后钢材紧缺的条件下尽快恢复和重建基础设施,大量运用预应力技术,预应力混凝土得到了很快的发展。随着地伟达(Dywidag)公司开发了粗钢筋螺栓锚固体系、瑞士工程师发明了 BBRV 镦头锚固体系、洛辛格(Losinger)公司研制了 VSL 钢绞线群锚体系,以及预应力混凝土理论的不断提高,预应力混凝土在世界范围内得到了广泛的应用。在用预应力混凝土建造的结构中,目前世界上已经建成的最高建筑为加拿大多伦多国家电视塔(高 553.34 m,1976 年),最大跨度预应力混凝土简支梁桥为奥地利阿尔姆桥(跨径 76 m,1977 年),最大跨度预应力混凝土连续梁桥为挪威新瓦洛德桥(跨径 260 m,1994 年),最大跨度预应力混凝土连续刚构桥为挪威斯多而玛桥(跨径 301 m,1998 年),最大跨度预应力混凝土 T形刚构(带挂梁)为加拿大联邦大桥(跨径 250 m,1997 年),最大跨度预应力混凝土—钢连续刚构桥为我国重庆石板坡复线长江公路大桥(跨径 330 m,2006 年),立体空间规模最大的建筑为法国巴黎新凯旋门(110.9 m × 106.9 m × 112 m,1989 年)。现在,预应力混凝土已经大量应用于桥梁、建筑结构、压力储罐、水工结构、地下结构、核反应容器、船体结构、海洋工作平台、大坝等领域,极大地推动了各种结构形式的发展。

我国预应力混凝土的开发、应用始于 20 世纪 50 年代。1954 年铁道部科学研究院研制成功第一根预应力混凝土轨枕;1955 年铁道部科学研究院、丰台桥梁厂和原铁道部专业设计院联合研制成功第一孔 12 m 后张预应力混凝土铁路桥梁,在此基础上设计了我国第一座预应力混凝土梁桥——跨度为 23.9 m 的新沂河道砟 T 梁桥(位于陇海铁路线上);1956 年公路部门在芦沟桥前哑吧河上试建了第一座公路预应力混凝土梁桥——20 m 装配式后张预应力混凝土简支 T 梁桥;1955 年原建筑工程部建筑科学技术研究所初步完成采用高强钢丝和冷拉螺纹钢筋配筋的预应力先张工艺研究,接着完成了 18 m 预应力屋面大梁和后张拼块式屋面大梁的研制。1965 年,我国建造了第一座用悬臂法施工的预应力混凝土桥梁——江苏盐河公路实验桥(T 型刚构桥,主跨33 m)。从 20 世纪 60 年代中期开始,我国开始建设大跨预应力混凝土连续式梁桥,鉴于结构分析能力的限制,20 世纪 80 年代末期前主要为静定的 T 型刚构桥(带挂梁),之后开始大量建设连续梁桥和连续刚构桥。至今预应力混凝土在我国已经得到了蓬勃发展,大量应用于大、中、小跨度的各种结构中。在我国采用预应力混凝土建造的结构中,目前最高建筑为上海东方明珠电视塔(高468 m,1994年),最大跨度连续梁桥为南京长江二桥北汊桥(跨径 165 m,2001 年),最大跨度连续刚构桥为虎门大桥辅航道桥(跨径 270 m,1997 年),最大跨度简支梁桥为东海大桥(跨度 70 m,2005 年)。

随着我国高速铁路的建设和快速发展,满足高稳定性、高平顺性、刚度大、梁体长期徐变残余变形小等要求的高铁预应力混凝土箱梁设计、施工成套技术在我国获得了巨大成功和大量应用。1999 年兴建的设计时速200 km/h 的秦沈客运专线(2003 年开通运营)为我国高铁建设拉开了序幕,2008 年 8 月我国第一条具有完全自主知识产权、世界水平的时速 350 km/h 高速铁路京津城际铁路通车运营,至 2020 年我国高铁运营线路将达 5 万公里以上。桥梁长度在高铁线路中占比高,至今已经大量建造了预应力混凝土箱梁桥,其中标准跨度 32 m 的预应力混凝土整孔简支箱梁被最广泛应用,2018 年 9 月在郑济高铁郑濮段首次实现 40 m 双线整孔预应力混凝土简支箱梁(重达 1 000 t)的预制和架设。目前我国高铁预应力混凝土连续箱梁最大跨度为 128 m,预应力混凝土连续刚构最大跨度为 180 m。建造和架设大跨、高质量的高铁预应力混凝土箱梁,极大推动了我国高铁线路建造水平发展。

随着社会的发展和科学技术的不断创新,人类征服自然界障碍的能力快速提升,同时对居住和办公环境的要求越来越高,预应力技术也在其中正发挥着越来越重要的作用。总结近年来工程实践和研究成果,预应力混凝土呈现出下面一些发展趋势。

1. 混凝土材料

预应力混凝土中采用高强度混凝土材料,可减少构件的截面尺寸、降低结构自重、节约高强钢材,同时减轻结构质量对结构抗震有利,且在建筑结构中可增加使用面积、利于总体布局设计,即提高了经济效益又改善了结构工作性能。实验室已能制作 800 MPa 以上混凝土,工程中主要采用 40 ~ 80 MPa 混凝土。目前西方发达国家的结构用混凝土普遍达到 50 ~ 60 MPa,技术先进的搅拌站可生产 100 ~ 120 MPa 商用混凝土。我国桥梁工程、建筑工程预应力混凝土结构中已大量应用 40 ~ 50 MPa 混凝土,50 ~ 60 MPa 混凝土的应用也已得到较大推广,80 ~ 100 MPa 混凝土仅在少量工程中得到应用。可以预计,在不久的将来,100 ~ 200 MPa 混凝土将会在预应力结构中得到大量应用。

20 世纪 80 年代以来,世界各地为混凝土的劣化和失效所困扰,大量调查和研究发现,将抗压强度作为衡量混凝土各种性能指标的观点是片面的,必须考虑混凝土的耐久性。采用高强高性能混凝土建造高抗渗性、高耐腐蚀性、高抗冻性、高抗碳化性、高耐磨性的预应力混凝土结构,将不仅拓宽预应力混凝土的应用范围,而且可延长结构使用寿命,降低维护、维修费用,节约能源。20 世纪 80 年代末期,以耐久性作为主要设计指标的高性能混凝土概念被正式提出。1993 年,法国 BOUYGUES 公司 P. Richard 工程师研制成功超高性能结构混凝土,是材料堆积最密实理论与纤维增强理论相结合的先进水泥基复合无机材料。超高性能结构混凝土,又称为超高性能结构材料活性粉末混凝土 RPC(Reactive Powder Concrete),或超高性能纤维增强混凝土 UHPFRC(Ultra High Performance Fibre Reinforced Concrete),具有高强度、高耐久性、高韧性、高环保性等优点,可代替部分钢结构。RPC 按抗压强度可分为 200 MPa、500 MPa、800 MPa 级,试验研究表明其使用寿命可达 50 年。1997 年加拿大采用 200 MPa 级 RPC 在魁北克省 Sherbroke 建造了世界上第一座体外预应力 RPC 桥。超高性能、超高强度结构混凝土由于其优越的力学性能和工作性能,具有广阔的应用前景。

轻质、高强混凝土是建造更大跨度预应力混凝土结构的重要推动力,目前 14 ~ 19 kN/m³ 轻混凝土已经在结构工程中应用。开发和利用轻质、高强、高性能混凝土,追求更高的强度和容重比混凝土材料是混凝土技术发展的另一重要目标。

2. 预应力筋

目前预应力筋以高强钢材为主体,标准强度在 2000 MPa 以内。我国近年来预应力筋大量采用标准强度为 1 470 ~ 1 960 MPa 的 φ5 mm、φ7 mm、φ9 mm 高强钢丝和钢绞线(1 × 2、1 × 3、1 × 7、1 × 19),以及标准强度为 785 ~ 1200 MPa 的 φ25 mm、φ32 mm、φ40 mm、φ50 mm 精轧螺纹钢筋。随着预应力混凝土结构体系向大跨、高耸发展,结构规模不断增大、荷载量级不断增加,为方便施工并考虑经济因素,需要发展大规格、高强度预应力筋和大吨位张拉设备和锚固体系。目前,吨位超过 10 000 kN 的大吨位预应力锚具已经运用于桥梁工程。

第二次世界大战后至今,世界范围内已经修建了大量预应力混凝土结构,随着时间推移,这些使用中的预应力混凝土结构大量出现耐久性问题,其中问题之一是预应力钢筋发生腐蚀现象,影响结构正常使用甚至导致结构失效,造成巨大经济损失。研究表明,预应力钢筋腐蚀主要源于电化腐蚀和应力腐蚀。电化腐蚀必须有水溶液和空气同时存在,后张法预应力混凝土中灌浆不密实将易导致预应力钢筋电化腐蚀;应力腐蚀是在一定的应力和环境共同作用下引起钢材脆化的腐蚀。为提高预应力钢筋的抗腐蚀能力,研究者和工程师们提出了两个有效途径,一是在预应力钢筋外面涂上能抗腐蚀的材料,二是预应力筋采用具有高抗腐蚀能力的非金属材料制作,前者推动了无黏结预应力技术和体外预应力技术的发展,后者则直接导致并推动非金属预应力筋的产生及其发展。

20 世纪 70 年代后期,德国、日本、加拿大等国开始研究非金属预应力筋的力学性能并用于预应力混凝土结构进行试验,20 世纪 80 年代后期开始用于桥梁工程。非金属预应力筋主要采用纤维增强复合材料 FRP(Fiber Reinforced Polymer),目前常用的有碳纤维塑料筋(Carbon Fiber Reinforced Polymer,CFRP)、芳纶纤维塑料筋(Aramid Fiber Reinforced Polymer,AFRP)、玻璃纤维塑料筋(Glass

Fiber Reinforced Polymer, GFRP)、超强聚乙烯纤维塑料筋(Polythene Fiber Reinforced Polymer, PFRP)等。FRP 筋截面形状有棒形、绞线形、编织束形、网格形、矩形带等,表面形状为光滑、螺纹、网状等形态。FRP 筋具轻质、高强、耐腐蚀、耐疲劳、非磁性等优点,具有广阔的应用前景。

3. 预应力技术体系

不断研究和运用高强、高性能材料及创新、发展预应力技术体系,是预应力技术自身发展的要求,更是预应力技术拓宽应用范围和完善预应力结构工作性能的必然要求。相对于应用最为广泛、发展最为完善的使用荷载作用下拉区不允许出现拉应力的预应力筋和混凝土黏结的体系而言,允许拉区出现拉应力甚至出现裂缝的部分预应力混凝土、预应力筋和混凝土分离的体外预应力混凝土和无黏结预应力混凝土发展及大量应用相对较晚,但由于它们自身的优点,现在已经是预应力技术体系中的重要组成部分,其理论研究不断深入、应用范围不断拓展。

预加应力的目的是消除使用荷载作用下混凝土的拉应力,避免裂缝出现,这是相当多早期预应力理论建立者和实践者的设计原则,其中包括法国工程师 E. Freyssinet。后来将这种使用荷载作用下不允许出现拉应力的预应力混凝土称为"全"预应力混凝土。在工程实践中,发现"全"预应力混凝土存在一些缺点,如由于预加力大,在没有使用荷载作用下结构上拱度大,且由于混凝土收缩、徐变特性,这种对结构不利的上拱度随时间而增加,影响结构的使用性能;在强大的预加力作用下,沿预应力筋方向易出现不能闭合的纵向裂缝、锚区附近出现劈裂裂缝。在1940~1942 年 P. W. Abeles 就提出了在使用荷载作用下允许出现拉应力或细微裂缝的"部分"预应力混凝土设计,以改善裂缝性能、挠度性能及抗震性能。直至 20 世纪 70 年代,部分预应力混凝土才被世界各国所接受,并先后制定相应设计规范,得到推广、应用。

在混凝土中配设无黏结预应力的设想在 20 世纪初就已经被提出,20 世纪 20 年代德国 R. Farber 获得了无黏结预应力的专利,直至 20 世纪 50 年代初期美国成功将无黏结预应力技术应用于升板建筑中,随后在美国大跨度、大开间平板结构中得到较大的推广应用。20 世纪 70 年代随着热挤塑料护套无黏结预应力筋的研发,以及多国推出、完善无黏结预应力混凝土结构设计规范,无黏结预应力技术在许多国家等得到越来越广泛的应用。我国于 20 世纪 60 年代末开始研发、应用无黏结预应力技术,1984 年出版的《部分预应力混凝土结构设计建议》中给出了无黏结预应力混凝土结构的计算理论和设计方法,1993 年颁布了《无黏结预应力混凝土结构技术规程》,极大推动了无黏结预应力混凝土在我国的应用。随着无黏结预应力筋工作性能的不断提升和锚固体系的日益完善,无黏结预应力混凝土已经大量应用于建筑结构的无梁楼盖、密肋板及各种类型梁中,同时在桥梁中也得到越来越多的应用。

早期由于难以准确计算混凝土收缩、徐变及预应力钢材松弛引起的预应力损失及其对结构的影响,工程师们提出了可以更换和后期增补体外预应力筋以调整结构变形、改善结构受力性能的体外预应力结构概念,1928 年在德国建造了世界上第一座体外预应力混凝土桥梁——Sal Ansieben 桥(主跨 168 m),随后,在德国、法国等国家建造了多座体外预应力混凝土桥梁。但由于体外预应力束的防护和防腐技术未得到有效解决,有些桥梁甚至在建造没多久就需进行体外预应力束除锈或更换,因此,在 20 世纪 50 年代初至 20 世纪 70 年代的近 30 年期间体外预应力技术甚少应用。随着在世界范围内发生多例体内黏结预应力混凝土建筑因预应力筋腐蚀发生失效或破坏,1983~1988 年仅美国、加拿大就有近 100 例,引发工程界对体外预应力技术的重新认识和重视。20 世纪 70 年代随着无黏结预应力技术的发展和斜拉桥施工工艺的完善,以及法国采用体外预应力技术加固大量桥梁的经验积累,推动了体外预应力束防腐技术和施工技术的发展和应用,为新建体外预应力混凝土结构奠定了基础。1979 年建成的美国佛罗里达州的 Long Key 桥是第一座现代体外预应力混凝土桥梁(Jean Muller 设计),采用预制节段逐跨拼装施工。

20世纪80年代,法国、美国等国家采用体外预应力技术建造大量的桥梁。我国体外预应力混凝土技术研究和应用起步较晚,1990年通车的福州洪塘大桥引桥为我国首座采用体外预应力混凝土建造的连续梁桥。通过总结工程实践经验和研究成果,《公路桥梁加固设计规范》(JTG/T J22—2008)、《预应力混凝土结构设计规范》(JGJ 369—2016)、《公路钢筋混凝土及预应力混凝土桥涵设计规范》(JTG 3362—2018)等先后提供了既有桥梁体外预应力加固计算方法和设计方法、新建体外预应力混凝土结构的计算方法和设计方法,这些设计规范的推出将极大推动我国体外预应力混凝土在桥梁工程、建筑工程中的应用。

预应力技术设计理论将进一步发展,推进预应力混凝土结构的可靠性、耐久性和经济性更为协调一致,预应力施工工艺将进一步完善,预应力应用领域将进一步扩大。

第三节　预应力混凝土知识体系及学习方法

预应力混凝土知识体系包括材料特性、锚固体系、施工工艺、养护方式、结构体系、工作环境、荷载特征和荷载作用时间等,其核心内容是预应力筋和混凝土材料特性、有效预加应力、结构体系及使用荷载,学习预应力混凝土知识应围绕核心内容而展开。结构体系理论及结构荷载理论将在专业课程中学习。图1-7为按概率极限状态设计的预应力混凝土知识体系框架,它是本书内容设置的依据。

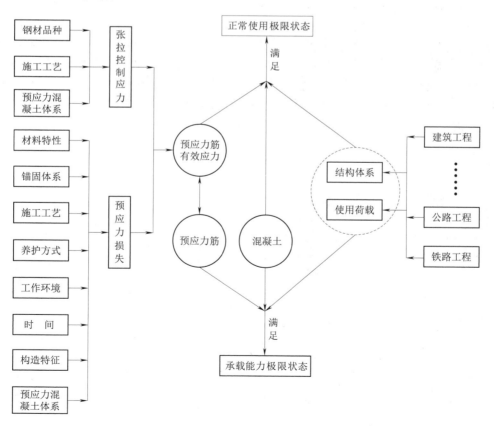

图1-7　预应力混凝土知识体系

预应力筋中预应力由施工时的张拉控制应力和预应力损失确定,前者主要与预应力筋品种、施工工艺及预应力混凝土类别有关,后者则几乎涉及预应力混凝土结构的材料特性、构造特征、施工工艺及结构服役期间的工作环境、使用荷载等各个方面。因此,第二章讨论预应力混凝土所用材料的特性和施工工艺,第三章讨论预应力筋中有效预应力的计算,它们是理解预应力混凝土工作机理和进行结构分析和设计的基础。

结构可靠性包括安全性、适用性和耐久性。预应力混凝土结构首先必须满足结构安全性要求,即满足承载能力极限状态要求,这是第四章的内容。

第五章讨论从施工至使用各阶段预应力混凝土受弯构件的截面应力分析,第六章讨论预应力混凝土构件变形和裂缝的计算和控制。第五章内容是对构件承载能力计算的补充,亦是第六章内容的基础。控制变形和裂缝是满足结构适用性和耐久性要求的主要内容。

在第二至第六章知识基础上,第七章讨论预应力混凝土受弯构件的设计。

上述第二章至第七章讨论对象为预应力筋与混凝土完全黏结的(体内黏结)预应力混凝土,第八章介绍无黏结预应力混凝土结构设计,第九章介绍体外预应力混凝土结构设计。

我国与预应力混凝土结构设计相关的现行规范或规程主要有《混凝土结构设计规范》(GB 50010—2010)、《铁路桥涵设计规范(极限状态法)》(Q/CR 9300—2018)、《公路钢筋混凝土及预应力混凝土桥涵设计规范》(JTG 3362—2018)、《预应力混凝土结构设计规范》(JGJ 369—2016)、《无黏结预应力混凝土结构技术规程》(JGJ 92—2016)等,各规范中符号规定存在明显差异。为便于统一介绍各规范中预应力混凝土结构设计基本原理,比较各规范异同,本书采用统一符号而非介绍某规范就采用该规范符号规定。无特别说明时,本书中符号采用如下约定:预应力筋、普通钢筋和混凝土的下标为"p"、"s"、"c",材料强度标准值下标为"k",材料强度设计值下标为"d",受压区的截面特性和材料性能参数右上标加撇(如 f_{pd}、f'_{pd} 分别为预应力筋抗拉、抗压强度设计值)。各设计规范的材料性能符号规定及本书采用的符号参见附表。

通过对本课程学习,学生应准确建立预应力基本概念,深刻理解预应力混凝土力学性能和工作原理,全面掌握预应力混凝土结构设计基本理论,构建具有宽广视野和创新能力的预应力混凝土结构知识体系,为进一步学习和研发现代预应力混凝土技术奠定基础。

第二章

预应力混凝土材料及
预应力施工工艺

　　预应力混凝土材料主要有预应力筋、非预应力筋(普通钢筋)和混凝土。从预应力筋被张拉的施工阶段至预应力混凝土构件的使用阶段，预应力筋始终承受很高拉应力、控制截面混凝土承受较高压应力，因此，预应力筋和混凝土首先必须满足一定的强度要求；根据使用环境、使用特征等不同，预应力筋和混凝土还须满足相应的性能要求。由于在施工中要建立预应力，需要特制的张拉设备和专门的施工技术，因而与钢筋混凝土相比，预应力混凝土施工工艺有着显著不同的特点。

第一节　预应力筋

一、预应力筋的性能要求

1. 高强度

　　为了保证预应力混凝土构件在正常使用阶段不发生开裂或延缓开裂，荷载作用下受拉区的混凝土必须永久保持较高的预压应力，相应地，预应力筋需永久保持较高的拉应力。工程实践表明，预应力筋被张拉后由于混凝土收缩、徐变和预应力筋松弛等影响，预应力筋中的应力会随时间而降低，因此，只有在张拉时采用高张拉应力，才能在扣除预应力降低量后预应力筋仍能保持足够大的拉应力，这说明预应力筋必须采用高强度钢材。

2. 良好的塑性和加工性能

　　为保证预应力混凝土破坏前有明显的变形预兆，预应力筋必须满足一定的拉断伸长率要求；为便于弯曲和转折布置，预应力筋必须满足一定的弯折次数要求；为保证加工质量，如采用镦头锚板时需保证钢筋头部镦粗后不影响原有力学性能，预应力筋还需具有良好的加工性能。

3. 良好的黏结性能

　　对于有黏结预应力混凝土，预应力筋必须与混凝土(先张法构件)或水泥浆(后张法构件)完好黏结，以保证预应力筋和混凝土之间有可靠的黏结力，同时可防止外界空气进入而发生预应力筋锈蚀，此时要求预应力筋具有良好的与混凝土黏结的能力。

4. 低松弛

　　在高应力状态下预应力筋将发生松弛，使预拉应力随时间而降低，采用低松弛高强度钢材不仅可减少预拉应力降低量，为结构分析带来方便，亦可节约钢材。

5. 良好的耐腐蚀性能

预应力钢绞线和预应力钢丝中单根钢丝断面面积较小,在高应力状态下对锈坑腐蚀、应力腐蚀及氢脆腐蚀敏感,自开始腐蚀至失效历时很短,通常在无任何先兆情况下发生脆性破坏,因此,预应力筋需具有良好耐腐蚀性能。在一些特殊环境下(如化工厂)工作的预应力混凝土,预应力筋应具有更高的耐腐蚀能力。

二、预应力筋的种类

预应力筋包括高强钢丝、钢绞线和高强度钢筋三类。

1. 高强钢丝

高强钢丝又称碳素钢丝,是用含碳量 0.5% ~ 0.8% 的优质高碳素钢盘条经索氏体化处理、酸洗、镀铜、拉拔、矫直、回火、卷盘等工艺后生产得到。高强钢丝具有强度高、塑性好、使用方便等特点,在预应力混凝土结构中被广泛使用。

按表面形状特征,高强钢丝分为光面钢丝、刻痕钢丝和螺旋肋钢丝。单根光面钢丝可用于小型构件;当需布置多根光面钢丝时,由于施工和经济等因素,常采用多根钢丝组成的平行钢丝束,或将钢丝捻扭成钢绞线使用。螺旋肋钢丝表面沿长度方向上具有规则间隔的肋条[见图 2 – 1(a)],刻痕钢丝表面沿长度方向上具有规则间隔的压痕[见图 2 – 1(b)],因此螺旋肋钢丝和刻痕钢丝与混凝土黏结性能好,大量应用于先张法预应力混凝土构件中。

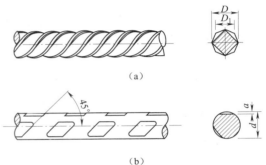

图 2 – 1　螺旋肋钢丝和刻痕钢丝外形示意图

高强钢丝按加工状态分为冷拉钢丝和消除应力钢丝。冷拉钢丝(WCD)用盘条通过拔丝模或轧辊经冷加工而成,以盘卷供货;将高强钢丝冷拔后进行低温(一般低于 500 ℃)矫直并经回火处理后得到矫直回火钢丝,又称为消除应力钢丝。矫直回火可消除钢丝中由于冷拔引起的残余应力,提高钢丝的比例极限、屈服强度和弹性模量,改善钢丝的塑性性能,同时使钢丝具有良好地伸直性,方便施工。

消除应力钢丝分为普通松弛钢丝(WNR)和低松弛钢丝(WLR)两种,通过矫直工序后在适当温度下进行短时热处理得到的消除应力钢丝为普通松弛钢丝。将高强钢丝冷拔后在受拉状态下进行消除应力回火处理,钢丝发生塑性变形(轴应变),可得到低松弛钢丝,与普通松弛钢丝相比其松弛值大为降低,低松弛钢丝的应力松弛率仅为普通松弛钢丝的 1/4 ~ 1/3。

高强钢丝直径通常为 4 ~ 12 mm,公称抗拉强度有 1 470 MPa、1 570 MPa、1 670 MPa、1 770 MPa、1 860 MPa 五个等级。在工程结构中常采用 $\phi5$、$\phi7$、$\phi9$ 规格高强钢丝。

《预应力混凝土用钢丝》(GB/T 5223—2014)规定,按此标准交货的预应力钢丝产品标志应包含公称直径、强度级别、加工状态代号、外形编号(光圆钢丝 P,螺旋肋钢丝 H,刻痕钢丝 I)和标准编号等信息,如直径 5 mm、抗拉强度 1 860 MPa 的冷拉光圆钢丝,标记为 5.00 – 1860 – WCD – P – GB/T 5223—2014。

2. 钢绞线

钢绞线是将多根冷拉光圆钢丝或刻痕钢丝在绞线机上同向捻制(左捻或右捻)得到。工程中常用的有两股(1×2)、三股(1×3)、七股(1×7)和十九股(1×19)钢绞线(见图 2 – 2)。钢绞线中的钢丝直径常用 2.5 mm、2.9 mm、3.0 mm、4.0 mm、5.0 mm、6.0 mm 等几种。由冷拉光圆钢丝捻制成的钢绞线称为标准型钢绞线[见图 2-2(c)],由刻痕钢丝捻制成的钢绞线称为刻痕钢绞线,捻制后再经冷拔成的钢绞线称为模拔型钢绞线[见图 2-2(d)]。由于模拔时钢丝间相互挤压,钢绞线内部空隙降低,外径减少,与相同直径的标准型钢绞线相比模拔型钢绞线能有效增加截面面积和周边面积,同时便于锚固。

钢绞线按结构可细分为 8 类,分别为用两根钢丝捻制的钢绞线(1×2),用三根钢丝捻制的钢绞线(1×3),用三根刻痕钢丝捻制的钢绞线(1×3I),用七根钢丝捻制的标准型钢绞线(1×7),用六根刻痕钢丝和一根光圆中心钢丝捻制的钢绞线(1×7I),用七根钢丝捻制又经模拔的钢绞线[(1×7)C],用十九根钢丝捻制的 1+9+9 西鲁式钢绞线(1×19S)[见图 2-2(e)],用十九根钢丝捻制的 1+6+6/6 瓦林吞式钢绞线(1×19W)[见图 2-2(f)]。常用钢绞线公称抗拉强度分为 1 470 MPa、1 570 MPa、1 670 MPa、1 720 MPa、1 770 MPa、1 820 MPa、1 860 MPa 和 1 960 MPa等级。

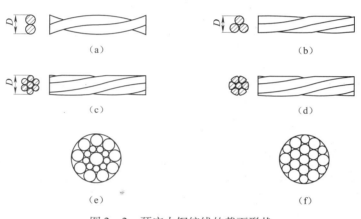

图 2-2　预应力钢绞线的截面形状

目前工程中以七股钢绞线最为常用,七股钢绞线是由六根相同直径钢丝围绕中间一根直径略大钢丝(比外围直径大 2.5%)捻制而成,根据钢丝直径不同,有公称直径为 9.5 mm、11.1 mm、12.7 mm、15.2 mm、15.7 mm、17.8 mm、18.9 mm、21.6 mm 等规格。大跨结构采用大吨位预应力束时,可采用十九股钢绞线,公称直径有 17.8 mm、19.3 mm、20.3 mm、21.8 mm、28.6 mm 等规格。

《预应力混凝土用钢绞线》(GB/T 5224—2014)规定,预应力钢绞线产品标志应包含结构代号、公称直径、强度级别和标准编号等信息,如公称直径 15.2 mm、抗拉强度 1 860 MPa 的七根钢丝捻制的标准型钢绞线,标记为 1×7-15.2-1860-GB/T 5224—2014。

3. 高强度钢筋

按照钢材获得高强度途径的不同,预应力混凝土结构中的高强度钢筋可分为热处理钢筋、预应力螺纹钢筋、冷拉钢筋、冷轧带肋钢筋和冷轧扭钢筋等。

热处理钢筋由热轧低合金钢筋盘条经淬火和回火的调质热处理得到;预应力螺纹钢筋是用热轧工艺在整根钢筋表面上轧出不带纵肋的螺纹型粗钢筋(见图 2-3);冷拉钢筋通过冷拉热轧低合金钢筋至强化阶段后卸载得到;冷轧带肋钢筋和冷轧扭钢筋为低合金钢筋盘条经轧制得到。

工程中常用预应力螺纹钢筋,其力学性能应满足《预应力混凝土用螺纹钢筋》(GB/T 20065—2016)规定。预应力螺纹钢筋按屈服强度分为 PSB785、PSB830、PSB930、PSB1080、PSB1200 五个级别(PSB后的数字代表屈服强度),公称直径 15~75 mm。工程中常用公称直径为 18 mm、25 mm、32 mm、40 mm、50 mm 的预应力螺纹钢筋。

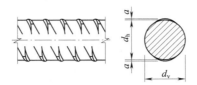

图 2 - 3   预应力螺纹钢筋外形

三、预应力筋的物理力学性能

1. 预应力筋的应力 - 应变曲线

高强钢丝和钢绞线的应力 - 应变曲线如图 2 - 4 所示。图中应力 - 应变曲线有如下特征：曲线有最高点，其对应的应力称为极限抗拉强度(σ_b)；曲线起点至最高点间没有明显的屈服点，亦没有明显的屈服台阶；应力到达 a 点前(约为 $0.65\sigma_b$)，应变与应力基本成线性关系，钢筋具有明显的弹性性质。

热处理钢筋和冷轧带肋钢筋的应力-应变曲线变化特点与图 2 - 4 基本相似。工程上，常将没有明显屈服台阶的钢筋称为硬钢。硬钢只有一个强度指标，即 b 点所对应的极限抗拉强度 σ_b，但它不能作为钢筋强度取值的依据，因为 σ_b 所对应的塑性变形通常超过结构使用要求。为了充分发挥钢材的强度，同时控制钢材的塑性以满足结构延性要求，一般以应力-应变曲线中卸载时残余塑性变形 0.2%或 0.1% 所对应的应力 $\sigma_{0.2}$ 或 $\sigma_{0.1}$ 作为硬钢的特征屈服强度(亦称为条件屈服强度、条件流限、协定流限)。我国规范将 $\sigma_{0.2}$ 作为特征屈服强度，一般取 $\sigma_{0.2} = 0.85\sigma_b$ 为硬钢的强度指标。

预应力螺纹钢筋的应力-应变曲线同普通钢筋类同，有明显的屈服台阶，其强度标准值根据屈服强度确定。

基于试验得到的应力-应变曲线，在弹性范围内(见图 2 - 4 中的 Oa 段)取切线模量作为预应力筋的弹性模

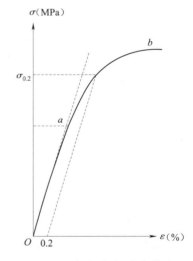

图 2 - 4   硬钢的应力-应变曲线

量。预应力筋的弹性模量按表 2 - 1 取用。预应力混凝土构件中通常布置大量非预应力筋，因此表 2 - 1 中亦给出了常用普通钢筋的弹性模量。钢绞线由钢丝同向捻制得到，钢丝间有空隙，钢绞线受到拉力后钢丝间相互挤压，因此其弹性模量略低于相应钢丝的弹性模量。

表 2 - 1   钢筋弹性模量

钢筋种类	弹性模量(MPa)
消除应力钢丝(光面钢丝、螺旋肋钢丝、刻痕钢丝)	2.05×10^5
钢绞线	1.95×10^5
预应力螺纹钢筋	2.0×10^5
HPB300	2.1×10^5
HRB400、HRBF400、RRB400	2.0×10^5

2. 预应力筋的强度指标和力学性能要求

我国目前常用预应力筋抗拉强度标准值见表 2-2。

《混凝土结构设计规范》、《铁路桥梁设计规范(极限状态法)》及《公路钢筋混凝土及预应力混凝土桥涵设计规范》给出了常用预应力筋的抗拉、抗压强度设计值,见表 2-3。《混凝土结构设计规范》还给出了中强度预应力钢丝(f_{ptk} 为 800 MPa、970 MPa、1 270 MPa)的抗拉强度设计值(分别对应 510 MPa、650 MPa、810 MPa)和抗压强度设计值 410 MPa。

表 2-4 为《铁路桥涵设计规范(极限状态法)》中预应力筋的抗拉强度标准值,表 2-5 为《铁路桥梁设计规范》中预应力筋的抗拉、抗压强度设计值。

表 2-2　预应力筋抗拉强度标准值

预应力筋种类		直　径(mm)	符　号	f_{ptk}(MPa)
钢绞线	1×3(三股)	$d=8.6$、10.8、12.9	ϕ^S	1 470、1 570、1 720、1 860、1 960
	1×7(七股)	$d=9.5$、12.7、15.2、17.8		1 720、1 860、1 960
		$d=21.6$		1860
消除应力钢丝	光　面螺旋肋	$d=5$	ϕ^P ϕ^H	1 570、1 770、1 860
		$d=7$		1 570
		$d=9$		1 470、1 570
预应力螺纹钢筋		$d=18$、25、32、40、50	ϕ^T	785、930、1 080

表 2-3　预应力筋抗拉、抗压强度设计值(MPa)

预应力筋种类	f_{pd}	f'_{pd}
钢绞线 1×7 (七股)	$f_{ptk}=1 720$ — 1 170(1 220)	390
	$f_{ptk}=1 860$ — 1 260(1 320)	
	$f_{ptk}=1 960$ — 1 330(1 390)	
消除应力钢丝	$f_{ptk}=1 470$ — 1 000(1 040)	410
	$f_{ptk}=1 570$ — 1 070(1 110)	
	$f_{ptk}=1 770$ — 1 200	
	$f_{ptk}=1 860$ — 1 260(1 320)	
预应力螺纹钢筋	$f_{ptk}=540$ — 450	400
	$f_{ptk}=785$ — 650	
	$f_{ptk}=930$ — 770	
	$f_{ptk}=1 080$ — 900	

注:表中无括号的数据录自《公路钢筋混凝土及预应力混凝土桥涵设计规范》(JTG 3362),括号内数据为《混凝土结构设计规范》(GB 50010)中的不同取值。

表 2 - 4　预应力筋抗拉强度标准值(MPa)

预应力筋		公称直径(mm)	抗拉强度标准值(MPa)
种　类	型　号		
预应力钢丝	—	4 ~ 5	1 470、1 570、1 670、1 770、1 860
		6 ~ 7	1 470、1 570、1 670、1 770、1 860
钢绞线	标准型 (1×7)	12.7	1 770、1 860、1 960
		15.2	1 470、1 570、1 670、1 720、1 860、1 960
		15.7	1 770、1 860
	模拔型 (1×7)C	12.7	1 860
		15.2	1 820
预应力螺纹钢筋	PSB830	—	830
	PSB980	—	980

注:表中数据录自《铁路桥涵设计规范(极限状态法)》(Q/CR 9300)。

表 2 - 5　《铁路桥涵设计规范(极限状态法)》预应力筋抗拉、抗压强度设计值(MPa)

预应力筋		公称直径(mm)	抗拉强度设计值	抗压强度设计值
种　类	型　号			
预应力钢丝	$f_{ptk}=1\ 470$	4,5,6,7	945	410
	$f_{ptk}=1\ 570$	4,5,6,7	1 010	
	$f_{ptk}=1\ 670$	4,5,6,7	1 075	
	$f_{ptk}=1\ 770$	4,5,6,7	1 140	
	$f_{ptk}=1\ 860$	4,5,6,7	1 200	
钢绞线	标准型 (1×7)	12.7	1 140,1 200,1 260	390
		15.2	945,1 010,1 075,1 105,1 200,1 260	
		15.7	1 140,1 200	
	模拔型 (1×7)C	12.7	1 200	
		15.2	1 170	
预应力螺纹钢筋	PSB830	—	660	400
	PSB980	—	780	

注:表中数据录自《铁路桥涵设计规范(极限状态法)》(Q/CR 9300)。

　　预应力混凝土中预应力筋的力学性能应满足国家标准《预应力混凝土用螺纹钢筋》(GB/T 20065—2016)、《预应力混凝土用钢丝》(GB/T 5223—2014)、《预应力混凝土用钢绞线》(GB/T 5224—2014)规定。

　　工程中常用的预应力螺纹钢筋的力学性能应符合表 2 - 6 要求,以屈服强度区分等级,其代号以 PSB 后加规定屈服强度最小值表示。

表 2-6　预应力螺纹钢筋的力学性能

级别	屈服强度 R_{cL}（MPa）大于等于	抗拉强度 R_m（MPa）大于等于	断后伸长率 A（%）大于等于	最大力下总伸长率 A_{gt}（%）大于等于	应力松弛性能	
					初始应力	1 000 h 后应力松弛率 V_r（%）
PSB785	785	980	8			
PSB830	830	1 030	7			
PSB930	930	1 080	7	3.5	$0.7R_m$	≤4.0%
PSB1080	1 080	1 230	6			
PSB1200	1 200	1 330	6			

　　工程中常用的消除应力光圆钢丝及螺旋肋钢丝的力学性能应符合表 2-7 要求；对于消除应力刻痕钢丝，所有规格钢丝弯曲次数均应大于 3，其他力学性能要求同表 2-7。

　　工程中常用的七股钢绞线、十九股钢绞线的力学性能应符合表 2-8 要求。

表 2-7　消除应力光圆及螺旋肋钢丝的力学性能

公称直径 d_m（mm）	公称抗拉强度 R_m（MPa）	0.2% 屈服力 $F_{P0.2}$（kN）大于等于	最大力总伸长率（$L_0=200$ mm）A_{gt}（%）大于等于	反复弯曲性能		应力松弛性能	
				弯曲次数（次/180°）大于等于	弯曲半径 R（mm）	初始力相当于实际最大力百分数（%）	1 000 h 应力松弛率（%）小于等于
4.00		16.22		3	10		
5.00		25.32		4	15		
6.00		36.47		4	15		
7.00	1 470	49.64		4	20		
8.00		64.84		4	20		
9.00		82.07		4	25		
10.00		101.32		4	25	70	2.5
4.00		17.37	3.5	3	10	80	4.5
5.00		27.12		4	15		
6.00		39.06		4	15		
7.00	1 570	53.16		4	20		
8.00		69.44		4	20		
9.00		87.89		4	25		
10.00		108.51		4	25		

公称直径 d_m (mm)	公称抗拉强度 R_m (MPa)	0.2% 屈服力 $F_{P0.2}$ (kN) 大于等于	最大力总伸长率($L_0 = 200$ mm) A_{gt}(%) 大于等于	反复弯曲性能		应力松弛性能	
				弯曲次数（次/180°）大于等于	弯曲半径 R (mm)	初始力相当于实际最大力百分数（%）	1 000 h 应力松弛率（%）小于等于
4.00	1 670	18.47	3.5	3	10	70	2.5
5.00		28.85		4	15		
6.00		41.54		4	15		
7.00		56.55		4	20		
8.00		73.86		4	20		
9.00		93.50		4	25		
4.00	1 770	19.58		3	10		
5.00		30.58		4	15	80	4.5
6.00		44.03		4	15		
7.00		59.94		4	20		
7.50		68.81		4	20		
4.00	1 860	20.57		3	10		
5.00		32.13		4	15		
6.00		46.27		4	15		
7.00		62.98		4	20		

表 2-8(a)　1×7 结构钢绞线力学性能

钢绞线结构	公称直径 D_m (mm)	公称抗拉强度 R_m (MPa)	0.2% 屈服力 $F_{P0.2}$ (kN) 大于等于	最大力总伸长率($L_0 \geqslant 500$ mm) A_{gt}(%) 大于等于	应力松弛性能	
					初始力相当于实际最大力百分数（%）	1 000 h 应力松弛率（%）小于等于
1×7	15.20	1 470	181	3.5	70	2.5
	4.80	1 570	194			
	5.00	1 670	206			
	9.50	1 720	83.0			
	11.10		113		80	4.5
	12.70		150			
	15.20		212			
	17.80		288			

续表

钢绞线结构	公称直径 D_m(mm)	公称抗拉强度 R_m(MPa)	0.2%屈服力 $F_{P0.2}$(kN) 大于等于	最大力总伸长率 ($L_0 \geqslant 500$ mm) A_{gt}(%) 大于等于	应力松弛性能	
					初始力相当于实际最大力百分数(%)	1 000 h应力松弛率(%) 小于等于
1×7	15.70	1 770	234	3.5	70	2.5
	21.60		444			
	9.50	1 860	89.8			
	11.10		121			
	12.70		162			
	15.20		229			
	15.70		246			
	17.80		311			
	18.90		360			
	21.60		466			
	9.50	1 960	94.2		80	4.5
	11.10		128			
	12.70		170			
	15.20		241			
1×7I	12.70	1 860	162			
	15.20		229			
(1×7)C	12.70	1 860	183			
	15.20	1 820	264			
	18.00	1 720	338			

注:0.2%屈服力 $F_{P0.2}$ 不小于整根钢绞线最大力 F_m 的88%～95%。

表 2−8(b)　1×19 结构钢绞线力学性能

钢绞线结构	公称直径 D_m(mm)	公称抗拉强度 R_m(MPa)	0.2% 屈服力 $F_{P0.2}$(kN) 大于等于	最大力总伸长率($L_0 \geqslant 500$ mm) A_{gt}(%) 大于等于	应力松弛性能	
					初始力相当于实际最大百分数(%)	1 000 h 应力松弛率(%) 小于等于
1×19S (1+9+9)	28.60	1 720	805	3.5	70	2.5
	17.8	1 770	334			
	19.3		379			
	20.3		422			
	21.8		488			
	28.6		829			
	20.3	1 810	432			
	21.8		499			
	17.8	1 860	341		80	4.5
	19.3		400			
	20.3		444			
	21.8		513			
1×19W (1+6+6)	28.6	1 720	805			
		1 770	829			
		1 860	854			

注:0.2% 屈服力 $F_{P0.2}$ 不小于整根钢绞线最大力 F_m 的 88% ~95%。

四、预应力筋应力松弛

被张拉后预应力筋始终保持高应力,当长度保持不变时钢筋中应力随时间增长而降低的现象,称为应力松弛(又称徐舒)。应力松弛与持荷时间、钢筋种类、初始张拉应力及环境温度等有关,它们之间的相互关系由试验得到。

预应力筋受力的初始时段应力松弛发展快,后期发展慢。FIP(国际预应力混凝土协会)给出,第一个小时发生的应力松弛量为 100 h 的 50%,100 h 发生的应力松弛量为 1 000 h 的 55%。1 000 h 以后发生的应力松弛量相当小,但七八年后仍然可观测到松弛现象。因此,设计计算中松弛值一般按 1 000 h 发生的应力松弛量来考虑。

对于同一品种预应力筋,初始应力愈大,应力松弛愈大;当钢筋中应力小于 $0.5f_{ptk}$ 时,应力松弛量很小,一般可忽略不计;当钢筋中应力大于 $0.8f_{ptk}$ 时,应力松弛值急剧增加,松弛变化量与应力增量呈非线性关系。

应力松弛与预应力筋种类有关。预应力螺纹钢筋较小,预应力钢丝、钢绞线等由于冷拔其应力松弛值较大,经捻扭的钢绞线又略大些,Ⅱ级松弛(低松弛)预应力筋为Ⅰ级松弛(普通松弛)预应力筋应力松弛的 1/4 ~1/3。

温度对应力松弛影响很大。应力松弛值随温度升高而增加;温度升高引起的应力松弛不会随温度回降而恢复,这种松弛将长期存在。研究表明,初始应力为 $0.6 \sim 0.75f_{ptk}$ 时,相对于 20 ℃时预应力筋持荷 1 000 h 的应力松弛,40 ℃时应力松弛量可达 1.5 ~2.0 倍,60 ℃时应力松弛量可达 2.5 ~ 3.5 倍，100 ℃ 时应力松弛量可达 7.5 倍以上。因此，对于采用蒸汽养护或在高温环境下工作的预应力混凝土结构，必须考虑温度对应力松弛的影响。

确定应力松弛终极值和中间值与时间、材料强度、初始应力等影响因素的关系，是计算应力松弛对结构影响的基础。应力松弛终极值及中间值变化规律由试验确定，各种规范中均有明确规定，但给出中间值变化规律的方式不同。一般有两种方式，一种是直接给出与时间相关的中间值（计算时间从预应力筋被锚固开始），另一种是提供计算应力松弛随时间发展的方程。我国现行结构设计规范中均给出了应力松弛终极值的计算公式，与时间相关的中间值则可通过其与终极值的比值列表得到（见表 3-4）。我国结构设计规范中应力松弛终极值的计算模式为

$$\sigma_{\mathrm{REL}} = \xi_1 \xi_2 \left(\lambda_1 \frac{\sigma_{\mathrm{p}}}{f_{\mathrm{ptk}}} - \lambda_2 \right) \sigma_{\mathrm{p}} \tag{2-1}$$

式中　σ_{REL}——预应力筋应力松弛终极值；

ξ_1——与预应力筋张拉方式有关的系数，一次张拉取 1.0，超张拉取 0.9；

ξ_2——与预应力筋种类有关的系数，不同规范取值不同；

λ_1、λ_2——与预应力筋种类有关的系数，不同规范取值不同，见表 3-3；

f_{ptk}——预应力筋的抗拉强度标准值；

σ_{p}——传力锚固时预应力筋的应力。

我国规范中将预应力筋张拉后持荷 40 d（960 h）的应力松弛取为终极值，其后的损失值与此相同。《混凝土结构设计规范》、《铁路桥涵设计规范（极限状态法）》和《公路钢筋混凝土及预应力混凝土桥涵设计规范》中给出的应力松弛终极值计算方法见表 3-3。

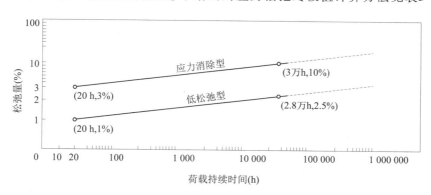

图 2-5　预应力筋应力松弛与持荷时间的关系

美国学者经过长达 9 年的试验，在统计回归分析 400 多例试验结果（见图 2-5）基础上，提出了预应力筋应力松弛损失随时间发展的计算模式：

$$\sigma_{\mathrm{REL}}(t) = \frac{\ln(t)}{A} \left(\frac{\sigma_{\mathrm{p}}}{f_{\mathrm{py}}} - 0.55 \right) \sigma_{\mathrm{p}} \tag{2-2}$$

式中　$\sigma_{\mathrm{REL}}(t)$——预应力筋锚固后持荷 t h 的应力松弛值；

f_{py}——应力筋标准屈服应力；

σ_{p}——传力锚固时预应力筋的应力；

A——与预应力筋种类有关的系数，低松弛型取 40 ~ 45，一般应力消除型取 10。

美国混凝土协会 ACI318-14、美国各州公路桥梁规范 AASHTO LRFD（2nd Edition，1998）、加拿大混凝土结构设计标准 CSA A23.3-04 等采用式（2-2）的计算模式。

五、预应力筋的疲劳强度

对于重复或反复荷载作用下的预应力混凝土结构,如桥梁、吊车梁等,在使用期内预应力筋的应力发生经常性的波动。预应力筋及其锚具抵抗这种应力波动的能力,称为抗疲劳能力,它主要取决于预应力筋应力波动幅值、应力循环特征、反复加载次数(循环次数)及初始缺陷等因数。

目前关于材料疲劳强度主要有两种表达方式。一种是指在一定的应力比(最小应力与最大应力之比)情况下,经过一定循环次数(通常为200万次)荷载作用后,材料发生疲劳破坏的最大应力值;另一种是指对应于一定下限或上限应力值,经过一定循环次数荷载作用后,引起破坏的应力幅值。目前趋向于采用后一种方法描述和校核材料的抗疲劳性能。

疲劳破坏源于损伤部位(表面或内部)的微裂纹扩展。刻痕钢丝在加工过程中易产生损伤,因此其疲劳强度比光圆钢丝疲劳强度低;通过锚具建立预加力的预应力筋,在锚固过程中会产生某种程度的损伤,因此经过锚固的预应力筋的疲劳强度低于其原材料的疲劳强度。

预应力筋的疲劳应力比值定义为

$$\rho_p^f = \frac{\sigma_{p,min}^f}{\sigma_{p,max}^f} \tag{2-3}$$

式中 $\sigma_{p,max}^f$、$\sigma_{p,min}^f$——疲劳验算时,同一层预应力筋的最大、最小应力。

应力幅值定义为

$$\Delta\sigma_p^f = \sigma_{p,max}^f - \sigma_{p,min}^f \tag{2-4}$$

对应于一定的循环次数(通常为200万次)及工程中典型的最小应力值,可以通过控制应力幅值来防止预应力筋的疲劳破坏。表2-9为《混凝土结构设计规范》和《铁路桥涵设计规范(极限状态法)》疲劳验算时预应力筋应力幅的限值。

表2-9 预应力筋疲劳应力幅限值(MPa)

钢 筋 种 类	疲劳应力幅限值			
	《混凝土结构设计规范》			《铁路桥涵设计规范(极限状态法)》
	$\rho_p^f = 0.7$	$\rho_p^f = 0.8$	$\rho_p^f = 0.9$	
消除应力钢丝($f_{ptk} = 1570$)	240	168	88	150
钢绞线($f_{ptk} = 1570$)	144	118	70	140
预应力螺纹钢筋				80

注:表中括号内数字适用于《混凝土结构设计规范》。

《混凝土结构设计规范》规定,预应力筋的应力幅限值根据疲劳应力比值按照表2-9线性内插确定;当 $\rho_p^f \geq 0.9$ 时不作预应力筋疲劳验算;当有充分依据时,可对表中规定的疲劳应力幅限值作适当调整。

对于不允许开裂预应力混凝土结构,预应力筋应力波动幅值较小,一般能满足抗疲劳要求;对于允许出现裂缝的预应力混凝土结构,预应力筋应力波动幅值较大,通常均需进行疲劳验算。

第二节 混凝土

从施工阶段张拉预应力筋开始至预应力混凝土结构服役结束,预应力筋始终处于高应力工作状态,且这种高应力状态无论从节约材料的角度还是从充分发挥预应力混凝土结构的优点出发均是必需的。由此对所采用的混凝土提出相应要求,即混凝土必须具有高抗压强度,以与预应力的高拉应力相匹配;混凝土必须具有较高的抗变形能力及较低的收缩、徐变,以减少预应力筋的应力降低量,以保证预应力筋始终在高应力状态下工作;混凝土必须在早期具有较高的强度和弹性模量,以满足施工进度要求。同时,所采用的混凝土还必须满足耐久性等预应力结构用混凝土的要求。

一、混凝土的强度要求

各规范对预应力结构采用的混凝土均给出了强度要求,《铁路桥涵混凝土结构设计规范》、《公路钢筋混凝土及预应力混凝土桥涵设计规范》规定混凝土强度等级不得低于C40;《混凝土结构设计规范》规定混凝土强度等级不宜低于C40,且不应小于C30,但在一类环境中、设计使用年限为100年的预应力混凝土结构其强度等级最低为C40。预应力混凝土结构中必须采用高强度混凝土,其原因如下:

(1)与高强度预应力筋相匹配,以保证预应力筋强度的充分发挥,并能有效地减小截面尺寸、减轻自重,是预应力混凝土结构向大跨、轻型发展的基础;

(2)在施工、运输、吊装及使用各个阶段,预应力混凝土结构各部位混凝土均可能受到很高的压应力,采用高强度混凝土不仅能充分发挥强度、具有良好的经济效益,更为设计的灵活性提供便利;

(3)预应力筋锚固区受到很高的局部应力,混凝土的高强度是设计经济、安全局部承压区的前提;

(4)混凝土高强度意味着高弹性模量和相对低的徐变,此为预应力筋保持高拉应力状态提供了有利条件。

表2-10为《混凝土结构设计规范》和《铁路桥涵设计规范(极限状态法)》混凝土强度标准值(在铁路规范中称为极限强度),《公路钢筋混凝土及预应力混凝土桥涵设计规范》混凝土强度标准值取值与《混凝土结构设计规范》相同;表2-11为《混凝土结构设计规范》、《铁路桥涵设计规范(极限状态法)》及《公路钢筋混凝土及预应力混凝土桥涵设计规范》混凝土强度设计值。

表2-10 混凝土强度标准值(MPa)

混凝土强度等级 规范名称	C40	C45	C50	C55	C60	C65	C70	C75	C80
	轴心抗压强度标准值								
《混凝土结构设计规范》	26.8	29.6	32.4	35.5	38.5	41.5	44.5	47.4	50.2
《铁路桥涵设计规范 (极限状态法)》	27.0	30.0	33.5	37.0	40.0	—	—	—	—
	轴心抗拉强度标准值								
《混凝土结构设计规范》	2.39	2.51	2.64	2.74	2.85	2.93	2.99	3.05	3.11
《铁路桥涵设计规范 (极限状态法)》	2.70	2.90	3.10	3.30	3.50	—	—	—	—

表 2-11 混凝土强度设计值(MPa)

混凝土强度等级 规范名称	C40	C45	C50	C55	C60	C65	C70	C75	C80
	轴心抗压强度设计值								
《混凝土结构设计规范》	19.1	21.1	23.1	25.3	27.5	29.7	31.8	33.8	35.9
《公路钢筋混凝土及预应力混凝土桥涵设计规范》	18.4	20.5	22.4	24.4	26.5	28.5	30.5	32.4	34.6
《铁路桥涵设计规范（极限状态法）》	18.6	20.7	23.1	5	27.6	—	—	—	—
	轴心抗拉强度设计值								
《混凝土结构设计规范》	1.71	1.80	1.89	1.96	2.04	2.09	2.14	2.18	2.22
《公路钢筋混凝土及预应力混凝土桥涵设计规范》	1.65	1.74	1.83	1.89	1.96	2.02	2.07	2.10	2.14
《铁路桥涵设计规范（极限状态法）》	1.80	1.93	2.07	2.20	2.33	—	—	—	—

目前我国预应力结构用混凝土普遍采用 C40~C50 强度等级，C55 以上强度等级混凝土正在越来越多被使用；在一些发达国家，商业混凝土制品一般为 C50~C80 强度等级。目前，超过 C80 强度等级混凝土实际工程中用得还较少，当被使用时，现行规范通常规定其超过 80 MPa 部分强度不予计算，仅作为强度储备。在预应力混凝土结构中使用越来越高强度的混凝土是一种必然的发展趋势。

二、混凝土的耐久性要求

根据预应力结构的耐久性等级要求，混凝土需具有相应的氯离子扩散系数、抗裂性、护筋性、耐蚀性、抗冻性、耐磨性及抗碱-骨料反应性等耐久性要求。预应力结构用混凝土的氯离子总含量不应超过胶凝材料总量的 0.06%，最小水泥用量 300 kg/m³，当掺入粉煤灰时其掺量不宜大于 30%。预应力混凝土孔道灌浆材料宜采用低碱硅酸盐水泥或低碱普通硅酸盐水泥并掺入优质粉煤灰和适量外加剂配制，不得加入铝粉或含有氯盐、硝酸盐等有害成分的外加剂，各种原材料带入混凝土的氯离子含量应严格控制在胶凝材料总量的 0.06% 以内。

三、混凝土变形模量

我国现行规范采用的混凝土弹性模量为应力-应变图原点处的切线模量。由于混凝土为非线性材料，直接测试弹性模量较困难，通常从抗压强度推算得到，其间关系由试验给出。

《混凝土结构设计规范》和《公路钢筋混凝土及预应力混凝土桥涵设计规范》中混凝土弹性模量 E_c 按式(2-5)计算：

$$E_c = \frac{10^5}{2.2 + \dfrac{34.7}{f_{cu,k}}} \ (\text{MPa}) \qquad (2-5)$$

式中 $f_{cu,k}$——混凝土立方体抗压强度标准值(MPa)。

《铁路桥涵设计规范(极限状态法)》中混凝土弹性模量 E_c 按式(2-6)计算：

$$E_c = 10^4 (f_{cm})^{\frac{1}{3}} \ (\text{MPa}) \qquad (2-6)$$

式中　f_{cm}——混凝土棱柱体抗压强度平均值(MPa)。

表 2-12 为根据式(2-5)和式(2-6)得到的混凝土弹性模量。

表 2-12　混凝土弹性模量(10^4 MPa)

规范名称	混凝土强度等级								
	C40	C45	C50	C55	C60	C65	C70	C75	C80
《混凝土结构设计规范》	3.25	3.35	3.45	3.55	3.60	3.65	3.70	3.75	3.80
《铁路桥涵设计规范（极限状态法）》	3.40	3.45	3.55	3.60	3.65	—	—	—	—

事实上,混凝土弹性模量是一个随时间发展的变量,在早期($t<28$ d)时增长速度较快,后期($t>28$ d)增加幅度较小。在进行预应力混凝土结构施工阶段变形分析及与徐变有关的时变效应分析时,需要确定加载时刻混凝土的弹性模量。欧洲混凝土协会及国际预应力混凝土委员会模式规范 CEB FIP(Model Code 2010)给出的混凝土时变弹性模量计算式为

$$E_c(t) = E_c \sqrt{e^{s(1-\sqrt{28/t})}} \tag{2-7}$$

式中　t——混凝土龄期(d);

E_c——混凝土龄期 28 d 时的弹性模量;

s——取决于水泥种类,普通水泥和快硬水泥取为 0.25,快硬高强水泥取为 0.20。

试验研究表明,混凝土剪切模量 G_c 和泊松比 ν_c 与应力大小有关,当混凝土受到的应力小于 $0.5f_c$ 时可近似取为常量。ν_c 值通常在 0.17 ~ 0.23 间变化,常用值取为 1/6 或 0.2;G_c 值很难由试验直接测试获得,一般按弹性理论由 E_c 和 ν_c 计算得到:$G_c = E_c/2(1+\nu_c)$。《混凝土结构设计规范》和《公路钢筋混凝土及预应力混凝土桥涵设计规范》取 $G_c = 0.4E_c$、$\nu_c = 0.2$,《铁路桥涵设计规范(极限状态法)》取 $G_c = 0.43E_c$、$\nu_c = 0.2$。

四、混凝土的疲劳强度及疲劳变形模量

混凝土在荷载作用前就存在微裂缝,荷载的重复作用引起微裂缝的扩展,从而导致混凝土在小于极限强度的应力状态下发生(疲劳)破坏。试验研究表明,混凝土没有一个相应于荷载重复次数 $N \to \infty$ 的"耐久极限",混凝土疲劳强度主要与最大应力及应力循环特征有关。

《混凝土结构设计规范》规定,对于承受反复荷载作用的预应力混凝土构件,需验算混凝土的疲劳强度。混凝土轴心抗压、轴心抗拉疲劳强度设计值 f_c^f、f_t^f 应按表 2-11 中的混凝土强度设计值乘以相应的疲劳强度修正系数 γ_p 确定,修正系数 γ_p 应根据不同的疲劳应力比值 ρ_c^f 按表 2-13 和表 2-14 采用。当混凝土承受拉—压疲劳应力作用时,疲劳强度修正系数 γ_p 取 0.6。

混凝土疲劳应力比值 ρ_c^f 应按式(2-8)计算:

$$\rho_c^f = \frac{\sigma_{c,min}^f}{\sigma_{c,max}^f} \tag{2-8}$$

式中　$\sigma_{c,min}^f$、$\sigma_{c,max}^f$——疲劳验算时截面同一纤维上的混凝土最小、最大应力。

《混凝土结构设计规范》规定,混凝土的疲劳变形模量 E_c^f 按表 2-15 取用。

表 2 – 13   混凝土受压疲劳强度修正系数

ρ_c^f	$0 \leqslant \rho_c^f < 0.1$	$0.1 \leqslant \rho_c^f < 0.2$	$0.2 \leqslant \rho_c^f < 0.3$	$0.3 \leqslant \rho_c^f < 0.4$	$0.4 \leqslant \rho_c^f < 0.5$	$\rho_c^f \geqslant 0.5$
γ_P	0.68	0.74	0.80	0.86	0.93	1.0

表 2 – 14   混凝土受拉疲劳强度修正系数

ρ_c^f	$0 < \rho_c^f < 0.1$	$0.1 \leqslant \rho_c^f < 0.2$	$0.2 \leqslant \rho_c^f < 0.3$	$0.3 \leqslant \rho_c^f < 0.4$	$0.4 \leqslant \rho_c^f < 0.5$
γ_P	0.63	0.66	0.69	0.72	0.74
ρ_c^f	$0.5 \leqslant \rho_c^f < 0.6$	$0.6 \leqslant \rho_c^f < 0.7$	$0.7 \leqslant \rho_c^f < 0.8$	$\rho_c^f \geqslant 0.8$	—
γ_P	0.76	0.80	0.90	1.00	—

表 2 – 15   混凝土疲劳变形模量(10^4 MPa)

混凝土强度等级	C40	C45	C50	C55	C60	C65	C70	C75	C80
E_c^f	1.50	1.55	1.60	1.65	1.70	1.75	1.80	1.85	1.90

五、混凝土的长期变形性能

混凝土的长期变形性能主要指混凝土的徐变和收缩性能,两者均为混凝土的固有特性,其变形随时间而变化。徐变和收缩不但引起预应力损失,而且影响结构的长期变形。一般情况下,预应力混凝土结构中预应力筋偏心布置,结构长期在偏心受压和受弯状态下工作,徐变和收缩将使结构挠度或拱度随时间而增加,过大的变形影响结构的正常使用。控制徐变和收缩引起的长期挠度或拱度增量,是预应力混凝土结构设计中的重要指标。

1. 混凝土的长期变形性能——徐变

在持续不变荷载作用下,混凝土的变形随时间延续而增加,这种现象称为混凝土的徐变。徐变发生的机理十分复杂,目前尚未完全被人们所认识,已经形成的较一致的看法是徐变主要与水化水泥浆体中吸附水的运动及凝胶体逐渐将受力传递给骨料等有关。影响混凝土徐变的主要因素有加载时混凝土龄期、荷载持续时间、应力水平、构件截面特征、构件工作环境湿度和温度及混凝土中骨料种类和含量、水泥品种、水灰比等。当混凝土受到的应力 $\sigma_c < 0.4 \sim 0.5 f_{ck}$ (f_{ck} 为混凝土强度标准值)时,徐变行为基本上表现为线性,某一时刻荷载增量引起的徐变基本上与先前荷载引起的徐变无关,叠加原理有效。试验研究表明,混凝土徐变在受荷后初期发展快、后期发展慢,荷载持续20年时仍然可以观测到徐变的发生,但其量值已经相当小。如果以荷载持续时间20年时的徐变为终值,则持荷2周时发生的徐变为终值的18% ~35%(平均为26%),持荷3个月时发生的徐变为终值的40% ~70%(平均为55%),持荷1年时发生的徐变为终值的64% ~83%(平均为76%)。为计算方便,常认为极限徐变为持荷1年时发生的徐变值的4/3。

混凝土徐变对预应力混凝土结构的受力和变形有重要影响。徐变将引起混凝土压应变的增加,从而导致预应力筋的应力损失;预应力混凝土中通常都配置普通钢筋,在正常使用荷载作用下普通钢筋不会发生蠕变,混凝土徐变必然受到钢筋的约束,从而引起截面上钢筋和混凝土间发生应力重分布,即随时间增长同一截面内钢筋应力增加、混凝土应力降低;对于超静定结构,在施工过程中发生体系转换时,从先期结构继承下来的应力所产生的徐变受到后期结构的约束,将在结构中引起内力重分布;预应力混凝土受弯构件在自重及预加应力作用下,截面通常长期承受不均匀受压,混凝土的徐变导致截面曲率绝对值依时而递增,梁体的挠度或拱度亦随时间而增长；对于偏心受压构件，徐变将使附加偏心距增大，导致构件承载力降低。

图 2-6 为混凝土徐变变化规律示意图。在混凝土龄期 t_0 时施加应力 $\sigma(t_0)$，即刻在混凝土中产生弹性应变 $\varepsilon_e(t_0)$；在任意 $t(t > t_0)$ 时刻，混凝土的总应变包括弹性应变和徐变引起的应变；若 t_1 时刻卸载，则弹性应变部分即刻恢复，其值接近于 t_0 时刻所产生的弹性应变 $\varepsilon_e(t_0)$，其后随着时间的增长，又有部分应变 $\varepsilon_{ce}(t_2, t_1)$ $(t_2 \gg t_1)$ 恢复，此部分称为滞后弹性应变（又称为徐弹），而有一部分应变 $\varepsilon_{cp}(t_2, t_1)$ 无法恢复，此部分称为滞后塑性应变（又称为徐塑）。

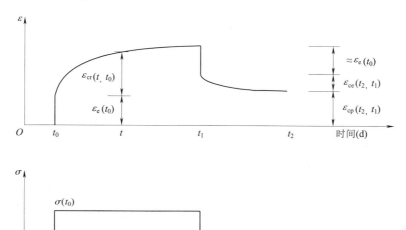

图 2-6 混凝土徐变变化规律示意图

混凝土徐变通常用徐变系数或徐变柔量来表示。设混凝土在龄期 t_0 时刻受到常应力 $\sigma(t_0)$ 作用，则在 $t(t > t_0)$ 时刻混凝土的应变（见图 2-6）为

$$\varepsilon(t, t_0) = \varepsilon_e(t_0) + \varepsilon_{cr}(t, t_0) = \frac{\sigma(t_0)}{E_c} + \varepsilon_{cr}(t, t_0)$$

则有

$$\varepsilon(t, t_0) = \varepsilon_e(t_0) \left[1 + \frac{\varepsilon_{cr}(t, t_0)}{\varepsilon_e(t_0)} \right] = \varepsilon_e(t_0) \left[1 + \varphi(t, t_0) \right] \qquad (2-9)$$

及

$$\varepsilon(t, t_0) = \sigma(t_0) \left[\frac{1}{E_c} + \frac{\varphi(t, t_0)}{E_c} \right] = \sigma(t_0) J(t, t_0) \qquad (2-10)$$

式中 $\sigma(t_0)$——混凝土龄期 t_0 时刻加载引起的混凝土应力；

$\varepsilon_e(t_0)$——混凝土龄期 t_0 时刻由应力引起的混凝土弹性应变；

$\varepsilon_{cr}(t, t_0)$——混凝土龄期 t_0 时刻加载至 t 时刻由于徐变引起的混凝土应变（徐变应变）；

E_c——混凝土的弹性模量；

$\varphi(t, t_0)$——t_0 时刻加载至 t 时刻混凝土的徐变系数，$\varphi(t, t_0) = \dfrac{\varepsilon_{cr}(t, t_0)}{\varepsilon_e(t_0)}$；

$J(t, t_0)$——t_0 时刻加载至 t 时刻混凝土的徐变柔量，$J(t, t_0) = \dfrac{1}{E_c} + \dfrac{\varphi(t, t_0)}{E_c}$。

式（2-9）和式（2-10）中引出了徐变系数 $\varphi(t, t_0)$（徐变应变与加载时弹性应变之比）和徐

变柔量 $J(t,t_0)$(单位应力作用下计算时刻的总应变)概念,它们是计算徐变对预应力混凝土结构影响的基础。对于混凝土徐变是否有终极值目前尚无定论,但对于结构来说,一定时间(如20年)后发生的徐变值对结构的影响很小,可以忽略不计。试验研究表明,混凝土徐变变形通常为加载时弹性变形的 $1 \sim 4$ 倍,在极干燥环境下可能达6倍以上。

结构设计规范一般均给出了徐变系数的计算公式,目前在世界上被广泛使用的主要有三种计算模型,即欧洲混凝土委员会 - 国际预应力协会模式规范 CEB - FIP(Model Code 1978)、CEB - FIP(Model Code 1990)及 ACI209 R - 92 报告建议的徐变模型。上述徐变模型均为基于大量试验结果的经验公式或半理论半经验公式,但其建立模型的思想不同:CEB - FIP(MC 1990)和 ACI209 R - 92 的徐变模型根据持荷状态下徐变发展规律(图 2 - 6 中 $t_0 \to t_1$ 时段)得到,而 CEB - FIP(MC 1978)的徐变模型则根据加载初始时段内的徐变发展规律和卸载后应变变化规律(图 2 - 6 中 $t_1 \to t_2$ 时段)并结合黏弹性体变形理论而得到。

需要强调的是,在图 2 - 6 中,$t_0 \to t_1$ 时段内混凝土的弹性模量是一个与时间有关的变量[见式(2 - 7)],因此式(2 - 9)和式(2 - 10)中混凝土弹性模量的取值影响徐变系数的定义方式,这说明用徐变柔量描述徐变更为合适。在 CEB - FIP 徐变模型中,混凝土弹性模量采用标准养护下 28 天时的值 $E_c(28 \text{ d})$,而 ACI209 徐变模型则采用加载时刻的值 $E_c(t_0)$。

我国《公路钢筋混凝土及预应力混凝土桥涵设计规范》采用 CEB - FIP(MC90)徐变模型,《铁路桥涵设计规范(极限状态法)》采用 CEB - FIP(MC78)徐变模型,《混凝土结构设计规范》在附录中直接给出了混凝土徐变系数终值的列表。美国建筑设计规范(混凝土结构)ACI318 - 14 等采用 ACI209 R - 92 徐变模型,CEB - FIP(MC2010)基于 CEB - FIP(MC90)徐变模型推出了修正后的徐变模型。

《公路钢筋混凝土及预应力混凝土桥涵设计规范》给出的混凝土徐变系数计算公式:

$$\varphi(t,t_0) = \varphi_0 \cdot \beta_c(t - t_0) \tag{2-11}$$

$$\varphi_0 = \phi_{RH} \cdot \beta(f_{cm}) \cdot \beta(t_0) \tag{2-12}$$

$$\phi_{RH} = 1 + \frac{1 - RH/RH_0}{0.46 \ (h/h_0)^{\frac{1}{3}}} \tag{2-13a}$$

$$\beta(f_{cm}) = \frac{5.3}{(f_{cm}/f_{cm0})^{0.5}} \tag{2-13b}$$

$$\beta(t_0) = \frac{1}{0.1 + (t_0/t_1)^{0.2}} \tag{2-13c}$$

$$\beta_c(t - t_0) = \left[\frac{(t - t_0)/t_1}{\beta_H + (t - t_0)/t_1} \right]^{0.3} \tag{2-13d}$$

$$\beta_H = 150 \left[1 + \left(1.2 \frac{RH}{RH_0} \right)^{18} \right] \frac{h}{h_0} + 250 \leqslant 1\,500 \tag{2-13e}$$

式中 t_0 ——加载时刻的混凝土龄期(d);

   t ——计算时刻的混凝土龄期(d);

   $\varphi(t,t_0)$ ——龄期 t_0 时刻加载、龄期 t 时刻的混凝土徐变系数;

   φ_0 ——名义徐变系数;

   β_c ——加载后徐变随时间发展的系数;

   f_{cm} ——强度等级为 C20 ~ C50 混凝土在 28 d 龄期时平均立方体抗压强度(MPa),
      $f_{cm} = 0.8 f_{cu,k} + 8$ MPa;

   $f_{cu,k}$ ——龄期为 28 d,具有 95% 保证率的混凝土立方体抗压强度标准值(MPa);

β_{RH}——与年平均相对湿度相关的系数；

RH——环境年平均相对湿度(%)；

β_{sc}——依水泥种类而定的系数，一般硅酸盐水泥或快硬水泥取5，快硬高强水泥取8；

H——构件理论厚度(mm)，$H = 2A/u$，A 为构件截面积，u 为构件与大气接触的周边长度；

$RH_0 = 100\%$，$h_0 = 100$ mm，$t_1 = 1$ d，$f_{cm0} = 10$ MPa。

表2-16列出了按公式(2-12)计算的强度等级为C20～C50混凝土的名义徐变系数 ϕ_0。

表2-16　混凝土名义徐变系数

加载龄期 (d)	40%≤RH<70%				70%≤RH<99%			
	理论厚度 h(mm)				理论厚度 h(mm)			
	100	200	300	≥600	100	200	300	≥600
3	3.90	3.50	3.31	3.03	2.83	2.65	2.56	2.44
7	3.33	3.00	2.82	2.59	2.41	2.26	2.19	2.08
14	2.92	2.62	2.48	2.27	2.12	1.99	1.92	1.83
28	2.56	2.30	2.17	1.99	1.86	1.74	1.69	1.60
60	2.21	1.99	1.88	1.72	1.61	1.51	1.46	1.39
90	2.05	1.84	1.74	1.59	1.49	1.39	1.35	1.28

注：(1)本表适用于一般硅酸盐类水泥或快硬水泥而成的混凝土；

(2)本表适用于季节变化的平均温度 -20 ℃ ～ +40 ℃；

(3)本表数值系按 C40 混凝土计算所得，对强度等级为 C50 及以上的混凝土表中数值应乘以 $\sqrt{32.4/f_{ck}}$；

(4)计算时，表中年平均相对湿度 40%≤RH<70%，取 RH=55%，70%≤RH<99%，取 RH=80%；

(5)构件的实际理论厚度和加载龄期为表列中间值时，混凝土名义收缩徐变系数可按直线内插法求得。

《铁路桥涵设计规范(极限状态法)》给出的混凝土徐变系数计算公式：

$$\varphi(t,t_0) = \beta_a(t_0) + 0.4\beta_d(t-t_0) + \varphi_f[\beta_f(t) - \beta_f(t_0)] \qquad (2-14)$$

$$\beta_a(t_0) = 0.8\left[1 - \frac{f_{t_0}}{f_\infty}\right] \qquad (2-15)$$

$$\varphi_f = \varphi_1 \cdot \varphi_2 \qquad (2-16)$$

式中　$\varphi(t,t_0)$——龄期 t_0 时刻加载、龄期 t 时刻混凝土的徐变系数；

$\beta_a(t_0)$——考虑加载后最初几天产生的不可恢复应变的系数；

$\beta_d(t-t_0)$——表征随时间而增长的滞后弹性应变的系数，可从图2-7查取；

φ_f——流塑系数(徐塑系数)；

φ_{f1}——与构件工作时周围环境相关的系数，可按表2-17查取；

φ_{f2}——与构件理论厚度 h 相关的系数，可从图2-8查取；

$\beta_f(t)$、$\beta_f(t_0)$——表征随混凝土龄期而增长的滞后弹性应变的系数，与构件理论厚度 h 有关，可从图2-9查取；

f_{t_0}/f_∞——龄期 t_0 时混凝土强度与强度终值的比值，可从图2-11查取。

上述公式中的构件理论厚度 h 按式(2-17)计算：

$$h = \lambda \frac{2A}{u} \qquad (2-17)$$

式中　λ ——系数,按表 2-17 查取;

　　　A ——构件截面(混凝土)面积(mm^2);

　　　u ——构件与大气接触的截面周边长度(mm)。

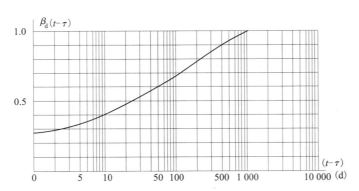

图 2-7　随时间而增长的滞后弹性应变图　　　图 2-8　理论厚度对徐变影响系数图

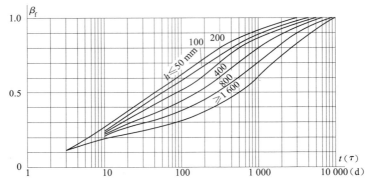

图 2-9　随混凝土龄期而增长的塑性应变图

表 2-17　φ_{fl}、λ 值

环境条件	相对湿度	φ_{fl}	λ
水中	—	0.8	30
很潮湿大气	90%	1.0	5
野外一般条件	70%	2.0	1.5
很干燥的大气	40%	3.0	1.0

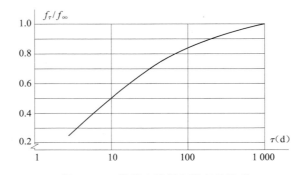

图 2-10　混凝土龄期和强度的关系

式(2-14)中,$0.4\beta_d(t-t_0)$体现可恢复徐变(徐弹,图2-6中ε_{ce}),$\varphi_f[\beta_f(t)-\beta_f(t_0)]$体现不可恢复徐变(徐塑,图2-6中$\varepsilon_{cp}$),$\beta_a(t_0)$体现与加载时混凝土强度有关的加载后最初几天产生的不可恢复应变影响,根据试验结果得到。在日本铁路设计标准-混凝土(1992年10月)中不考虑$\beta_a(t_0)$项。

为便于计算,《铁路桥涵设计规范(极限状态法)》给出了常用构件在一般加载情况下的徐变系数终值$\varphi(\infty,t_0)$,见表2-18。

表2-18　混凝土徐变系数终值和收缩应变

加载龄期 (d)	徐变系数终值 ϕ_∞				收缩应变终值 $\varepsilon_\infty \times 10^6$			
	理论厚度 $\dfrac{2A}{u}$ (mm)				理论厚度 $\dfrac{2A}{u}$ (mm)			
	100	200	300	≥600	100	200	300	≥600
3	3.00	2.50	2.30	2.00	250	200	170	110
7	2.60	2.20	2.00	1.80	230	190	160	110
10	2.40	2.10	1.90	1.70	217	186	160	110
14	2.20	1.90	1.70	1.50	200	180	160	110
28	1.80	1.50	1.40	1.20	170	160	150	110
≥60	1.40	1.20	1.10	1.00	140	140	130	110

注:实际构件的理论厚度和加载龄期为表列中间值时,可按直线内插法求得。

在试验研究基础上,美国学者D. E. Branson于1964年提出了徐变系数计算模型:

$$\varphi(t,t_0) = \frac{(t-t_0)^B}{A+(t-t_0)^B}\varphi_\infty \tag{2-18}$$

式中　$\varphi(t,t_0)$——龄期t_0时加载、龄期t时的混凝土徐变系数;

φ_∞——混凝土徐变系数终值,与加载时混凝土龄期、构件平均厚度、工作环境湿度等有关,可根据公式计算;

A、B——与混凝土特性、构件截面特征、工作环境等有关的参数。

试验研究表明,在典型工作环境、常规重量混凝土采用湿养护或蒸汽养护时,A值(以天为单位)一般在$6\sim30$间变化,B值一般在$0.4\sim0.8$间变化,当湿养护7天或蒸汽养护$1\sim3$天后加载,可取$A=10$、$B=0.6$,根据式(2-18)得到ACI209 R-92的徐变系数计算模式:

$$\varphi(t,t_0) = \frac{(t-t_0)^{0.6}}{10+(t-t_0)^{0.6}}\varphi_\infty \tag{2-19}$$

美国混凝土协会规范ACI 318-14、美国公路桥涵设计规范AASHTO LRFD(1998)及加拿大混凝土结构设计标准CSA A23.3-04等徐变系数计算公式采用式(2-19)的模式。

2. 混凝土的长期变形性能——收缩

混凝土在空气中体积变小的现象称为收缩。收缩主要与构件工作环境湿度、水泥品种、骨料性质、混凝土强度、养护条件及构件截面特征有关。混凝土收缩持续时间长达数十年,其长期收缩一般可达$(300\sim800)\times10^{-6}$,在极端环境下甚至达$1100\times10^{-6}$。一般情况下,混凝土收缩应变为其轴心受拉应变峰值的$3\sim6$倍,因此收缩常常是混凝土结构表面开裂、内部产生裂缝的主要原因。另外,混凝土收缩同与时间有关的混凝土徐变及预应力筋应力松弛一起,对预应力混凝土结构的受力和变形产生重要影响。

产生混凝土收缩变形的机理主要包括下列几个方面。

(1)自生收缩。指水泥浆水化反应过程中化学结合水和水泥一起在早期硬化过程中产生的收缩(水泥水化物的体积小于参与水化的水和水泥的体积),又称"硬化收缩",其量值与干燥收缩相比很小。这种收缩与外界湿度无关。

(2)干燥收缩。当混凝土承受干燥作用时,混凝土内大空隙及粗毛细孔中的自由水(亦称游离水)首先向外界运动,自由水的损失并不引起干燥收缩;然后,细孔和微毛细孔中的水产生毛细压力,水泥石承受这种压力后产生压缩变形(称为"毛细收缩");最后,吸附水蒸发,引起水泥石的显著压缩变形(称为"吸附收缩")。"吸附收缩"是干燥收缩的主要部分,亦是混凝土收缩变形的主要部分。

(3)碳化收缩。在有水的条件下,混凝土中的氢氧化钙和空气中的碳酸气体(如 CO_2)产生化学反应,生成 $CaCO_3$ 等,由此导致氢氧化钙缺失,引起混凝土的局部收缩。碳化收缩和干燥收缩相伴发生,两者共同作用导致混凝土表面开裂和面层碳化。碳化收缩在一般环境中不作单独计算,仅在特殊环境中的持久强度与表面裂缝分析中加以考虑。

《公路钢筋混凝土及预应力混凝土桥涵设计规范》中混凝土的收缩应变计算公式如下:

$$\varepsilon_{sh}(t,t_s) = \varepsilon_{sh0}\beta_s(t - t_s) \qquad (2-20)$$

$$\varepsilon_{sh0} = \varepsilon_{sh}(f_{cm})\beta_{RH} \qquad (2-21a)$$

$$\varepsilon_{sh}(f_{cm}) = [160 + 10\beta_{sc}(9 - f_{cm}/f_{cm0})] \times 10^{-6} \qquad (2-21b)$$

$$\beta_{RH} = 1.55[1 - (RH/RH_0)^3] \qquad (2-21c)$$

$$\beta_s(t - t_s) = \left[\frac{(t - t_s)/t_1}{350(h/h_0)^2 + (t - t_s)/t_1}\right]^{0.5} \qquad (2-21d)$$

式中　t——计算考虑时刻的混凝土龄期(d);

t_s——收缩开始时的混凝土龄期(d),可假定为 $3 \sim 7$ d;

$\varepsilon_{sh}(t,t_s)$——收缩开始时的龄期为 t_s,计算考虑的龄期为 t 时的收缩应变;

ε_{sh0}——名义收缩系数,按表 2-19 查用;

β_s——收缩随时间发展的系数;

β_{RH}——与年平均相对湿度相关的系数。

按式(2-22)计算自 t_0 至 t 时的收缩应变值 $\varepsilon_{sh}(t,t_0)$:

$$\varepsilon_{sh}(t,t_0) = \varepsilon_{sh0}[\beta_s(t - t_s) - \beta_s(t_0 - t_s)] \qquad (2-22)$$

《混凝土结构设计规范》未给出收缩应变计算公式,但给出了与预加力施加时间、构件理论厚度有关的混凝土收缩应变终极值,见表 2-20。

《铁路桥涵设计规范(极限状态法)》中给出的收缩应变参见表 2-18。

表 2-19　混凝土的名义收缩系数 $\varepsilon_{sh0} \times 10^3$

$40\% \leqslant RH < 70\%$	$70\% \leqslant RH < 90\%$
0.529	0.310

注:(1)本表适用于一般硅酸盐类水泥或快硬水泥而成的混凝土;

(2)本表适用于季节变化的平均温度 -20 ℃ $\sim +40$ ℃;

(3)本表数值系按 C40 混凝土计算所得,对强度等级为 C50 及以上的混凝土表中数值应乘以 $\sqrt{32.4/f_{ck}}$;

(4)计算时,表中年平均相对湿度 $40\% \leqslant RH < 70\%$,取 $RH = 55\%$;$70\% \leqslant RH < 99\%$,取 $RH = 80\%$。

表 2 – 20 混凝土收缩应变终极值 ε_∞（$\times 10^{-4}$）

预加力时的 混凝土龄期(d)	理论厚度 $2A/u$(mm)			
	100	200	300	≥600
3	2.50	2.00	1.70	1.10
7	2.30	1.90	1.60	1.10
10	2.17	1.86	1.60	1.10
14	2.00	1.80	1.60	1.10
28	1.70	1.60	1.50	1.10
≥60	1.40	1.40	1.30	1.00

注：(1)预加力时的混凝土龄期,对先张法构件可取 3 ~ 7 d,对后张法构件可取 7 ~ 28 d;
(2) A 为构件截面面积, u 为该截面与大气接触的周边长度;
(3)当实际构件的理论厚度和预加力时的混凝土龄期为表列中间值时,可按线性内插法确定。

美国、加拿大规范普遍采用的混凝土收缩应变计算模型类同式(2 – 18),即

$$\varepsilon_{sh}(t,t_0) = \frac{(t-t_0)^D}{C+(t-t_0)^D}\varepsilon_{sh,\infty} \qquad (2-23)$$

式中　$\varepsilon_{sh}(t,t_0)$——龄期 t_0 时养护结束至 t 时的混凝土收缩应变;

　　　$\varepsilon_{sh,\infty}$——混凝土收缩应变终值;

　　　C、D——与混凝土特性、构件截面特征、工作环境等有关的参数。

试验研究表明,在典型工作环境、常规重量混凝土采用湿养护或蒸汽养护时, C 值(以天为单位)一般在 20 ~ 130 间变化, D 值一般在 0.9 ~ 1.0 间变化, $\varepsilon_{sh,\infty}$ 值在 415×10^{-6} ~ 1070×10^{-6} 间变化,当湿养护 7 天时取 $C = 35$、 $D = 1.0$,蒸汽养护 1 ~ 3 天时取 $C = 55$、 $D = 1.0$ 。标准条件下混凝土收缩应变终值平均值取为 780×10^{-6} ,计算时需根据构件平均厚度、工作环境湿度、混凝土黏度、混凝土中加汽含量及构件最小尺寸等因素进行调整。

第三节　预应力施加方法及施工工艺

对混凝土结构施加预应力有两类方法,即外部预加应力法和内部预加应力法。外部预加应力法通过调节外部反力(如堆重物或对结构进行顶推),使混凝土结构受到预压应力;内部预加应力法主要通过张拉预应力筋并锚固于混凝土使混凝土受压而实现。内部预加应力还可采用电热法、自张法和横张法等。电热法根据物体热胀冷缩原理,首先在预应力筋上通过强大的电流,使其在短时间内发热伸长,然后切断电源,利用锚固后预应力筋的冷缩来建立预应力;自张法通过混凝土在养护过程中产生的体积膨胀,带动预先埋设的预应力筋一起伸长,而混凝土同时受压,以实现预应力施加。自张法得到的预应力混凝土称为自应力混凝土。

工程实践中主要用机械法通过张拉预应力筋并锚固来建立预应力,根据张拉预应力筋和浇筑混凝土的先后次序,可分为先张法和后张法。

一、先张法

先张法是指先张拉预应力筋,后浇筑混凝土的施工方法。先张法施工工艺流程见图2–11,

包括下列步骤:(1)制作张拉台座,在台座上按设计的数量、线形、位置要求布设预应力筋;(2)张拉预应力筋;(3)临时锚固预应力筋,并浇筑混凝土;(4)待混凝土凝结硬化到一定强度(一般不低于混凝土设计强度的80%,以保证钢筋和混凝土间具有足够的黏结力;同时为避免徐变值过大,混凝土弹性模量不应低于28 d弹性模量的80%),放松预应力筋(一般采用切断预应力筋方法),依靠预应力筋回缩及其与混凝土间的黏结力、咬合力建立预应力体系。

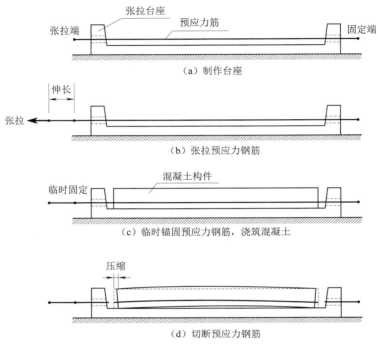

图2-11   先张法施工工艺流程示意图

先张法构件中要求具有足够的传递长度,以确保预应力筋施加的预压力传入到混凝土。一方面,对于一些离端部不远的截面就必须承受相当大弯矩的构件,如铁路轨枕,应使传力在尽可能短的距离内完成,可采用以下措施:放松预应力筋时混凝土保证已达到较高的抗压强度;增加预应力筋的截面积、降低预应力筋中的应力水平;增大预应力筋的表面积(如采用多根直径小的钢丝),增强黏结力;采用螺旋肋钢丝或刻痕钢丝,增强咬合力。另一方面,对于一些构件如简支梁,则需要增大传力长度,以避免端部受到过大的偏心荷载或过大的横向拉应力而导致开裂,此时,可将预应力筋端部套上塑料鞘或涂上油脂(常称此法为"绝缘")。

先张法构件预应力筋主要采用高强钢丝、钢绞线和冷拉钢筋等,以获得良好的自锚性能。制作先张法构件所用的设备,除了张拉钢筋的千斤顶,还需要有专门制作的台座及临时锚固装置,锚固装置常用夹具。台座需有足够的强度、刚度和稳定性。

先张法适用于预应力筋为直线或折线的中、小型混凝土构件。先张法优点是施工工艺简单,生产效率高,试件质量易保证,锚夹具可重复使用。

二、后张法

后张法是指先浇筑混凝土,当混凝土凝结硬化到一定强度后直接在构件上张拉预应力筋并锚固的施工方法。后张法施工工艺流程见图2-12,包括下列步骤:(1)预留预应力筋孔道,浇筑混凝土;(2)待混凝土凝结硬化到一定强度(一般不低于混凝土设计强度的80%,混凝土弹性模量不应低于28 d弹性模量的80%),将预应力筋穿入孔道,千斤顶抵住构件张拉预应力筋;(3)锚固预应力筋;(4)对于有黏结预应力混凝土,灌注孔道水泥浆,使预应力筋和混凝土黏结、共同工作,并可防止水汽等进入孔道腐蚀钢筋。对于埋设在梁体内的锚具,浇筑混凝土进行封锚。

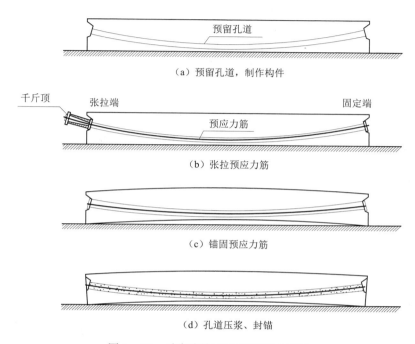

(a) 预留孔道,制作构件

(b) 张拉预应力筋

(c) 锚固预应力筋

(d) 孔道压浆、封锚

图 2 - 12 后张法施工工艺流程示意图

后张预应力混凝土通过永久存留于构件体内的锚具建立预应力体系。由于在混凝土凝结硬化后张拉,预应力筋易制成各种曲线线形,因此,后张预应力混凝土适用性好,大量应用于预制、现浇的中、大型结构。

施工时可采用两端同时张拉预应力筋,亦可采用一端锚固一端张拉预应力筋,施工方法选取依赖于预应力筋曲线线形和长度引起的管道壁抵抗张拉钢筋的摩阻力大小、张拉预应力筋施工空间限制等因素。

后张预应力混凝土的预留孔道由埋入式或抽拔式制孔器来形成。埋入式制孔器通常采用金属或塑料波纹管,在浇筑混凝土前埋设、固定于预应力筋位置(用专门的定位钢筋定位),浇筑混凝土后直接形成预留孔道;抽拔式制孔器常采用橡胶抽拔芯棒和外包胶管,浇筑混凝土前埋设于预应力筋位置,待混凝土凝结硬化到一定强度(一般为初凝期),抽拔出橡胶芯棒和外包胶管,以形成预留孔道。

第四节 预应力锚固体系

预应力锚固体系的功能是将预应力筋中预拉力安全、可靠地传递到混凝土中。锚固体系包括锚具、夹具和连接器。

　　后张法构件中的锚具,通常为永久锚固装置,可分为两类,即安装在预应力筋端部且可以张拉的张拉端锚具,以及安装在预应力筋端部且通常埋入混凝土中、不可以张拉的固定端锚具。夹具,又称工具锚,用于先张法构件的施工中,是为保持预应力筋的拉力并将其固定在生产台座(或设备)上的临时性锚固装置;或者在后张法构件施工时,在张拉千斤顶或设备上夹持预应力筋的临时性锚固装置。

　　连接器是用于连接预应力筋的装置,可将分段的预应力筋或分段张拉、锚固的预应力筋连接成一条长束,常用于节段施工的预应力混凝土结构。

　　预应力筋锚固区域要承受巨大的集中力,需要特别设计抗局部承压、抗劈裂的锚下加强区,通常采取在锚具(锚垫板)下加设螺旋钢筋或钢筋网片等措施;当相邻两个锚固区距离较近时,锚固区中间部位亦需加强抗拉裂能力。

一、锚具、夹具和连接器的锚固性能

　　锚具、夹具和连接器应具有可靠的锚固性能、足够的承载能力和良好的适用性,以保证充分发挥预应力筋的强度,并安全地实施预应力张拉作业。根据国家标准《预应力筋用锚具、夹具和连接器》(GBT 14370—2015),锚具的静载锚固性能,应由预应力筋—锚具组装件静载试验测定的锚具效率系数 η_a 和达到实测极限抗拉力时预应力筋受力长度的总伸长率 ε_{Tu}(%)确定。体内、体外束中预应力钢材用锚具的效率系数按式(2-24)计算:

$$\eta_a = \frac{F_{Tu}}{n \times F_{pm}} \qquad (2-24)$$

式中　n ——预应力筋—锚具组装件中预应力筋根数;

　　　F_{Tu} ——预应力筋—锚具组装件的实测极限拉力;

　　　F_{pm} ——预应力筋单根试件的实测平均极限抗拉力,也可以表示为 $F_{pm} = f_{pm}A_p$;

　　　f_{pm} ——试验所用预应力钢材的实测极限抗拉强度平均值;

　　　A_p ——预应力筋—锚具组装件中各根预应力钢材特征(公称)截面面积之和。

　　锚具静载锚固性能的两个指标—锚具效率系数、总伸长率应同时满足下列要求:

$$\eta_a \geq 0.95; \varepsilon_{Tu} \geq 2.0\%$$

　　预应力筋—锚具组装件应通过 200 万次疲劳荷载性能试验,试验中,钢材类预应力筋应力上限应为预应力筋公称抗拉强度的 65%,疲劳应力幅值不应小于 80 MPa。预应力筋—锚具组装件经历 200 万次循环荷载后,锚具不应发生疲劳破坏;预应力筋因锚具夹持作用发生疲劳破坏的截面积不应小于组装件中预应力筋总截面积的 5%。对用于有抗震要求结构的锚具,预应力筋—锚具组装件还应满足循环次数为 50 次的周期荷载试验,试件经 50 次循环荷载后预应力筋在锚具夹持区域不应发生破断。

　　夹具效率系数按式(2-25)计算:

$$\eta_g = \frac{F_{Tu}}{F_{ptk}} \qquad (2-25)$$

式中　F_{Tu} ——预应力筋—夹具组装件的实测极限拉力;

　　　F_{ptk} ——预应力筋的公称极限抗拉力。

　　夹具的静载锚固性能应满足 $\eta_g \geq 0.95$ 要求。

二、锚具、夹具和连接器的分类

　　自 20 世纪 20 年代法国弗莱西奈(FREYSSINET)创造了第一个实用的预应力锚具至今,全世界已经开发了一百多种预应力锚固体系,目前常用的仅十多种锚固体系,国外如法国弗莱西

奈体系、瑞士 VSL 体系、德国地伟达(DYWIDAG)体系、英国 CCL 体系、瑞士 BBRV 体系等,国内如 YM 体系、OVM 体系、DM 体系、LM 体系等。

锚具、夹具和连接器按锚固方式不同,可分为夹片式、支承式、锥塞式和握裹式四种。

1. 夹片式锚具

夹片式锚具由夹片、锚板及锚垫板组成[见图 2-13、图 2-19(a)和图 2-19(b)],通过放松千斤顶时被张拉预应力筋的回缩,带动夹片楔紧于锚板上的锥形孔洞,以实现锚固。夹片有两分式和三分式,其开缝形式有平行预应力筋方向的直缝和呈一定角度(倾斜方向与钢绞线捻扭方向相反)的斜缝两种。目前夹片式锚具广泛应用于锚固 7 根 $\phi5$ 或 $\phi4$ 的钢绞线和 6~7 根平行钢丝组成的钢丝束,每个夹片锚固一根钢绞线或钢丝束,一个锚板上可锚固一根至几十根钢绞线或钢丝束。

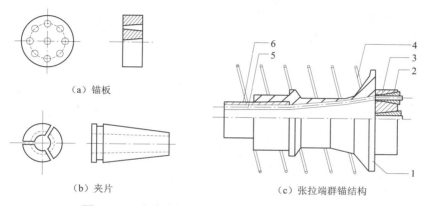

(a) 锚板

(b) 夹片

(c) 张拉端群锚结构

图 2-13 夹片式锚具构造与张拉端群锚结构形式

1-锚下垫板;2-夹片;3-锚板;4-螺旋筋;5-钢绞线;6-波纹管

夹片式锚具锚固性能可靠,适用面广,其锚固体系可以满足各种不同预应力混凝土结构的需要,如在一个锚板上锚固多根钢绞线的群锚体系[见图 2-13(c)],可满足锚固大吨位的要求,目前在国际上被广泛采用,且有广阔的发展前景,而在一个平面内锚固多根钢绞线的扁锚体系(锚板呈扁平状,钢绞线一般水平布置),则适用于后张预应力混凝土构件厚度较薄的地方,如用于桥梁结构桥面及房屋建筑楼板等的横向预应力。

2. 支承式锚具

最常用支承式锚具有两种,一种是镦头锚具,另一种是螺帽锚具。镦头锚具用于锚固高强钢丝束,螺帽锚具用于锚固高强粗钢筋。

镦头锚工作原理是将高强钢丝束穿过已经钻孔(孔径比钢丝稍大一些)的锚杯或锚板,采用专门的镦头设备(如液压冷镦器)将高强钢丝的端头镦粗成蘑菇形或平台形,镦头就被支承在锚杯或锚板上(见图 2-14 和图 2-15);固定端的锚板直接支承在垫板上,张拉端锚板则是被张拉到设计位置后借助螺母或扩建片支承在垫板上,通过垫板将预压力传给混凝土。镦头锚在国际上称为 BBRV 体系,取锚具发明者和施工方法发明者四人名字的开头字母组成(M. Bikenmaeir, A. Brandestini, M. R. Ros 和 K. Vogt),图 2-14 为 BBRV 体系锚具。国内研制、生产的镦头锚具可锚固几根至一百多根标准强度为 1 570 MPa、1 680 MPa 的 $\phi5$、$\phi7$ 高强钢丝,广泛应用于后张预应力混凝土结构,图 2-15 为 DM 型锚具张拉端和锚固端的构造示意图,外观轮廓见图 2-19(c)。

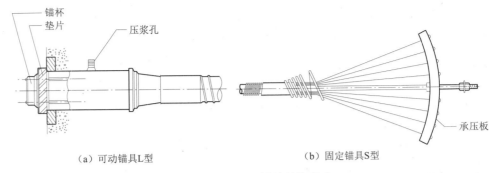

（a）可动锚具L型　　　　　　　　　　（b）固定锚具S型

图 2 - 14　BBRV 锚具结构形式

镦头锚施工操作简便,锚具变形和钢丝回缩量少,锚固可靠,应力亦可根据需要方便地调整;但其钢丝的下料长度要求严格,压缩损失不易控制。镦头锚可用于短束锚固。

螺帽锚具可锚固高强光圆粗钢筋和螺纹钢筋。锚固光圆粗钢筋时,在粗钢筋端部滚压出螺纹,或在端部焊接一段螺丝杆,利用螺母对螺杆的支承作用将预应力筋锚固在垫板上,这种体系称为螺丝端杆锚固体系(亦称为轧丝锚),由螺丝端杆、螺母、垫板等组成(见图 2 - 16)。高强预应力螺纹钢筋容许在钢筋的任意位置直接加螺帽进行锚固[见图 2 - 19(d)],亦可在任意位置方便地连接加长,且其与混凝土间有良好的握裹力,因此被大量应用。螺丝端杆锚具应用越来越少。

螺帽锚具制造简单,用钢量省,施工方便,锚固可靠且预应力损失小,可重复使用,因此被广泛应用于短小预应力构件及施工中临时拉杆锚固体系。

3. 锥塞式锚具

锥塞式锚具由环形锚圈和锥形锚塞组成[见图 2 - 17 和图 2 - 19(e)],可锚固 12 ~ 30 根 $\phi5$ 高强钢丝及 12 ~ 24 根 $\phi7$ 高强钢丝,亦可用于锚固 6 ~ 12 根 $7\phi4$、$7\phi5$ 钢绞线。这种锚具最早由法国弗莱西奈(FREYSSINET)提出,故又称为弗式锚。锥塞式锚具工作原理是在张拉预应力筋后,顶压锥形锚塞,将预应力筋卡在锚圈和锚塞之间,当千斤顶放松,钢丝回缩带动锚塞向锚孔小端运动,直至锚具内阻碍钢丝或钢绞线滑动的阻力增大到与钢丝或钢绞线的拉力相平衡为止。为了锚塞能随同钢丝或钢绞线回缩运动,要求锚塞与钢丝或钢绞线间的摩擦系数大于锚圈与钢丝或钢绞线间的摩擦系数,因此锚塞表面制成齿纹,且要求表面硬度高。

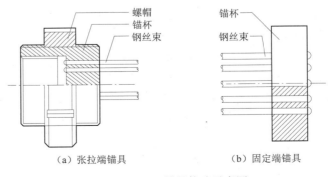

（a）张拉端锚具　　　　　　　　　　（b）固定端锚具

图 2 - 15　DM 锚具构造示意图

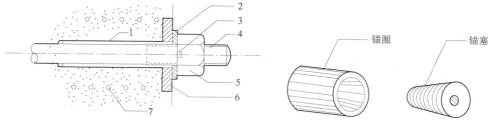

图 2 - 16　螺丝端杆锚具构造示意图
1 - 预留孔道;2 - 圆垫圈;3 - 排起槽;4 - 钢筋;
5 - 锚固螺母;6 - 锚垫板;7 - 螺旋钢筋

图 2 - 17　锥塞式锚具构造示意图

　　锚圈和锚塞通常采用 45 号优质碳素钢制造,有些厂家采用 20Cr 或其他强度更高的钢材制造锚塞,锚垫板采用 Q235 钢制造。

　　锥塞式锚具构造简单,价格低廉,施工方便,但其缺点是钢丝回缩量大,所引起的预应力损失亦大。

　　4. 握裹式锚具

　　当需要将预应力筋中后张力直接传至混凝土时,可将预应力筋端部挤压成梨形(又称扎花),通过凝结硬化混凝土对钢筋的握裹作用实现将预压力传给混凝土。图 2 - 18 为常采用的固定端扎花(H 型)锚具结构形式,图片参见图 2 - 19(f),它包括带梨形自锚头的一段钢绞线、支托梨形自锚头的钢筋支架、螺旋筋、约束圈、金属波纹管等。

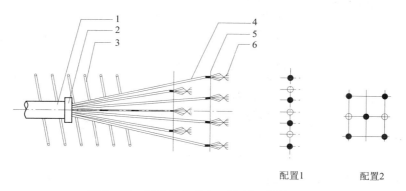

图 2 - 18　固定端扎花(H 型)锚具结构形式
1 - 波纹管;2 - 约束环;3 - 螺旋筋;4 - 钢绞线;5 - 隔架;6 - 钢绞线扎花球头

三、张拉预应力筋的千斤顶简介

　　张拉预应力筋的设备为千斤顶,分为穿心式、拉杆式、锥锚式和台座式四种。其中,穿心式千斤顶又可分为穿心单作用式、穿心双作用式和穿心拉杆式三类,其中穿心式液压双作用千斤顶最为常用。

　　穿心式千斤顶沿千斤顶轴线有一穿心孔道,供预应力筋穿过,适用于张拉预应力钢丝束、钢铰线束。施工时,千斤顶需和高压油泵配合使用,张拉和回顶的动力均由高压油泵的高压油提供,油表上显示预应力筋张拉力。根据结构的不同,又分为普通穿心式千斤顶(见图 2 - 20)和前卡式千斤顶(见图 2 - 21)。普通穿心式千斤顶用于群锚整体张拉;前卡式千斤顶主要用于单孔

（a）锚板与夹片

（b）夹片式锚固体系

（c）DM墩头锚具

（d）预应力螺纹钢筋螺帽锚具

（e）钢制锥形锚具（又称弗式锚）

（f）固定端扎花（H型）锚固体系

图 2-19　部分锚具及锚固体系图片

张拉,适用于多种规格尺寸的高强钢丝束及钢绞线,亦可用于群锚的逐根张拉、故障排除、退锚、补张拉。穿心式千斤顶已经广泛应用于铁路桥梁、公路桥梁、高层建筑等土木工程结构的预应力筋张拉施工。

拉杆式千斤顶是以活塞杆作为拉力杆件,适用于张拉带螺杆锚具或夹具的钢筋、钢筋束,主要用于单根或成组模外先张法、后张法或后张自锚工艺中。图 2-22 为拉杆式千斤顶构造示意图,将预应力螺纹钢筋张拉端与连接头相连,张拉完成后旋紧螺帽,千斤顶退油完成锚固。因其构造简单,操作容易,应用广泛。

锥锚式千斤顶,又称弗氏锚千斤顶,主要用于张拉带有钢质锥形锚具的钢丝束和钢铰线束。

图 2-20　穿心式千斤顶

图 2-21　前卡式千斤顶

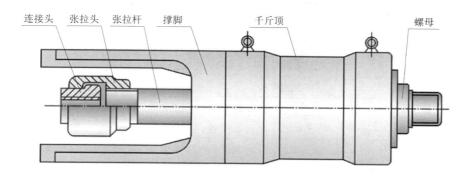

图 2 - 22 拉杆式千斤顶

四、孔道压浆及封锚

后张有黏结预应力混凝土中的孔道压浆工艺是整个后张预应力施工工序中最重要的方面之一,主要目的有:

(1)防止预应力钢材的腐蚀;

(2)为预应力钢材和混凝土间提供有效的黏结;

(3)填充管道的空间以防积水和冰冻;

(4)使混凝土截面成为整体。

压浆材料为水泥浆,浆体水胶比应低于构件本身混凝土,公路桥梁中一般不宜大于0.4,《铁路后张法预应力混凝土梁管道压浆技术条件》(QCR 409—2017)规定不应超过0.33。为了提供对预应力钢材的腐蚀防护,灰浆必须是碱性的,且应具有较低的渗透性和收缩性、良好的流动性和均匀性及足够的抗压强度和黏结强度。

水泥浆一般应掺入适量经验证的掺和料,常用的有减水剂、缓凝剂、引气剂、钢筋阻锈剂、微膨胀剂。减水剂和缓凝剂有助于在给定水灰比条件下水泥浆的流动性,减少泌出的水,防止在高压压浆时离析,延迟灰浆的凝结;引气剂可提高凝结阶段的防冻能力;膨胀剂使水泥浆微膨胀以补偿收缩,保证孔道密实。

压浆的浆体性能应满足相关规程要求,表 2 - 21 列出了《铁路后张法预应力混凝土梁管道压浆技术条件》(QCR 409—2017)的相关指标及要求。浆体抗压强度和抗折强度按 40 mm × 40 mm × 160 mm 棱柱试体在标准养护后进行测定,《铁路桥涵设计规范(极限状态法)》规定,管道压浆用水泥浆强度等级不应低于 M35。

表 2 - 21 浆体性能指标

序号	检验项目		性能指标
1	凝结时间(h)	初凝	≥4
2		终凝	≤24
3	流动度	出机流动度	18 ± 4
4		30 min 流动度	≤28
5	泌水率	自由泌水率	0
6		3 h 泌水率	≤0.1%

续表

序号	检验项目		性能指标
7	压力泌水率	0.22 MPa(当孔道垂直高度≤1.8 m)	≤3.5%
8		0.36 MPa(当孔道垂直高度>1.8 m)	
9	充盈度		合格
10	7 d 强度(MPa)	抗折	≥6.5
11		抗压	≥35
12	28 d 强度(MPa)	抗折	≥10
13		抗压	≥50
14	24 h 自由膨胀率		≤0~3%
15	含气量		≤2%~4%
16	氯离子含量		0.6%

　　《公路钢筋混凝土及预应力混凝土桥涵设计规范》规定,预应力钢筋管道压浆用水泥浆,按 40 mm × 40 mm × 160 mm 试件,标准养护 28 d,按《水泥胶砂强度检验方法(ISO 法)》(GB/T 17671)的规定,测得的抗压强度不应低于 50 MPa。为减少收缩,可通过试验掺入适量膨胀剂。

　　对预应力筋预加应力后,压浆应尽快进行。压浆前用压缩空气检查管道是否堵塞或泄漏,在炎热的气候条件下可用水冲刷管道,但应考虑管道内剩余的水对水灰比的影响。管道压浆不应中断,对垂直管道适宜用低速压浆,对长或大的预应力筋应用较高速度压浆,在炎热气候下可能需要更高速度的压浆。对于特别长大管道,亦可采用真空辅助压浆工艺。

　　在预加应力施加完毕后,埋设于梁体内的锚具周围应设置构造钢筋与梁体钢筋连接,然后浇筑混凝土进行封锚。封锚用混凝土强度等级不低于构件本身混凝土强度等级的80%,且不低于 C30(公路桥梁)或 C35(铁路桥梁)。《铁路桥涵设计规范(极限状态法)》还规定,锚头与垫板接触四周应采用防水材料进行防水处理。

第 三 章
预应力筋有效应力计算

第一节 预应力筋有效应力的概念

在结构被使用前预应力筋所建立的预拉应力的永久存在,是预应力混凝土结构正常使用和永久使用的前提,分析不同阶段预应力筋应力是理解和运用预应力混凝土的基础。张拉预应力筋端部并将其锚固是获得预拉应力最常用的方法,此时应力的大小与张拉端应力有关;应力与应变互为依存,在预应力筋被张拉后所有影响其变形的因素均将改变其应力大小,如锚固时预应力筋回缩、混凝土收缩和徐变引起构件缩短等均影响预应力筋的变形,同时在高应力状态下预应力筋本身将发生应力松弛,因此,预应力筋中的拉应力随时间而变化。研究表明,这些变化均使拉应力降低,产生应力损失。在某一时刻,预应力筋锚固前瞬间张拉端的应力扣除此后产生的各项预应力损失后的应力,称为有效应力。

确定有效应力涉及两方面:张拉时张拉端应力和各项预应力损失。

一、预应力筋的张拉控制应力

预应力筋锚固前瞬间张拉端的应力称为张拉控制应力,记为 σ_{con}。对于后张法构件是指梁体内锚下的钢筋应力;当张拉端设有锚圈时,张拉控制应力为构件体外张拉控制应力扣除锚圈口应力损失后的值。所谓体外张拉控制应力,是指当张拉钢筋时千斤顶油压表不受其他因素干扰情况下,油压表显示的总张拉力除以预应力筋总截面面积所得的应力值。

为了充分发挥预应力的优点,张拉控制应力值应尽量定得高些,在相同预应力筋用量情况下使构件截面取得较大的预压应力,以提高构件的抗裂性;在相同抗裂性情况下,可节约预应力筋用量。然而,过大的张拉控制应力会引起以下一些问题。

(1)增加预应力筋断裂的可能性。在后张法构件中,千斤顶一次张拉多束预应力筋时,张拉控制力为所有力筋束的面积与其体外张拉控制应力相乘得到,由于同时张拉的力筋束在张拉前各束的纵向线形存在差异,张拉时在各束力筋中产生的拉力不可能相同,部分力筋束中的应力可能已超过 σ_{con};同时,同一力筋束中各根钢丝的应力也不可能完全相同,其中少数钢丝的应力可能已大大超过 σ_{con},如果 σ_{con} 定得过高,这些钢丝极可能发生破断。在先张法构件中,后种情形仍然存在。如果施工中进行超张拉(即全预应力束平均应力比 σ_{con} 高 5% ~ 10%),这种个别钢丝发生破断的现象可能更多。此外,由于气温的降低也可能使张拉后的预应力筋在与混凝土完全黏结前突然发生断裂。

(2) σ_{con} 值愈高,预应力筋应力松弛损失将愈大。研究表明,当 σ_{con} 接近钢筋的比例极限或条件屈服点时,其松弛损失值与σ_{con}的比值将急剧增加,影响结构工作性能的稳定性。

(3)σ_{con}值愈高,预应力筋的延性储备愈少,预应力混凝土构件防止脆裂的安全系数就会降低,甚至不足。

因此,张拉控制应力不宜定得太高,应留有适当的余地,一般宜在钢筋的比例极限或条件屈服点$\sigma_{0.2}$之下,国内现行相应规范均用预应力筋抗拉强度标准值f_{ptk}的百分比来表达张拉控制应力:

$$\sigma_{con} \leq \lambda f_{ptk} \tag{3-1}$$

式中λ为常系数,不同规范取值不同。

《混凝土结构设计规范》:

$$消除应力钢丝、钢绞线 \quad \lambda = 0.75$$
$$中强度预应力钢丝 \quad \lambda = 0.70$$
$$预应力螺纹钢筋 \quad \lambda = 0.85$$

《公路钢筋混凝土及预应力混凝土桥涵设计规范》:

$$钢丝、钢绞线 \quad \lambda = 0.75$$
$$预应力螺纹钢筋 \quad \lambda = 0.85$$

《公路钢筋混凝土及预应力混凝土桥涵设计规范》还规定,当对构件进行超张拉或计入锚圈口摩擦损失时,钢筋中最大控制应力(千斤顶油泵上显示的值)对钢丝和钢绞线不应超过$0.8f_{ptk}$,对精轧螺纹钢筋不应超过$0.9f_{ptk}$。

《铁路桥涵设计规范(极限状态法)》规定预应力筋锚下控制应力的λ值:

$$钢丝、钢绞线 \quad \lambda = 0.75$$
$$预应力螺纹钢筋 \quad \lambda = 0.90$$

《铁路桥涵设计规范(极限状态法)》还规定,对于直接张拉钢丝的体系,包括锚圈口摩擦损失在内,锚外钢筋中的最大张拉控制应力不应超过$0.8f_{ptk}$,对于螺纹钢筋,锚外钢筋中的最大张拉控制应力不应超过$0.95f_{ptk}$。

另一方面,从经济角度出发,钢丝、钢绞线张拉控制应力不应小于$0.40f_{ptk}$,预应力螺纹钢筋张拉控制应力不应小于$0.50f_{ptk}$。

二、预应力筋的有效应力

施工中可以通过测量预加力大小和变形来获得较准确的张拉控制应力,因此预应力筋中有效应力的确定主要依赖于各项应力损失的计算。如果预应力损失计算值比实际发生的小,施工时的预应力筋张拉控制应力就会取值过低,则预应力筋中实际有效应力值将过小,可能导致结构提前开裂,从而降低结构耐久性甚至影响正常使用;如果预应力损失计算值比实际发生的大,则实际有效预应力过大,在构件自重和预加力作用下混凝土边缘由于拉应力过大极可能开裂,对于受弯构件将产生过大的长期上拱变形,影响结构的长期工作性能,设计既不经济亦不合理。因此,较准确计算各项应力损失、从而确定预应力筋有效应力是预应力混凝土结构分析的基础,是合理设计预应力混凝土结构的前提。

进行预应力筋的应力计算时,应考虑由下列因素引起的预应力损失:

(1)预应力筋与管道壁之间摩擦引起的应力损失$\sigma_{l1}(x)$;

(2)锚具变形、钢筋回缩和分块拼装构件接缝压缩引起的应力损失$\sigma_{l2}(x)$;

(3)混凝土加热养护时,预应力筋和张拉台座之间温差引起的应力损失$\sigma_{l3}(x)$;

(4)混凝土弹性压缩引起的应力损失$\sigma_{l4}(x)$;

（5）预应力筋应力松弛引起的应力损失 $\sigma_{L5}(x,t)$；

（6）混凝土收缩和徐变引起的应力损失 $\sigma_{L6}(x,t)$；

（7）环形结构中螺旋式预应力筋对混凝土的局部挤压引起的应力损失 σ_{L7}。

仅《混凝土结构设计规范》对 σ_{L7} 提出明确规定。对于采用螺旋式预应力筋的环形构件（如电杆、压力管道、圆形容器等），预应力筋对混凝土的径向局部挤压，将使环形构件的直径有所减少，从而造成预应力筋的应力损失 σ_{L7}。σ_{L7} 的大小与构件直径成反比，当直径不大于 3 m 时，可取 $\sigma_{L7}=30$ MPa；当直径大于 3 m 时，不考虑此项应力损失。由于在桥梁、房屋等结构中 σ_{L7} 出现较少，下面不再展开讨论。

此外，尚应考虑预应力筋与锚圈口之间的摩擦、台座的弹性变形等因素引起的其他预应力损失。

上述预应力损失有的仅在先张法构件中发生，如 $\sigma_{L3}(x)$；有的通常只在后张法构件中发生，如 $\sigma_{L1}(x)$；有的在先张法、后张法构件中均发生，如 $\sigma_{L2}(x)$、$\sigma_{L4}(x)$、$\sigma_{L5}(x,t)$、$\sigma_{L6}(x,t)$。按预应力损失值是否与时间有关，可分为两大类，一类与时间无关（短暂预应力损失），如 $\sigma_{L1}(x)$ ~ $\sigma_{L4}(x)$；另一类与时间有关（长期预应力损失），如 $\sigma_{L5}(x,t)$、$\sigma_{L6}(x,t)$。

规范中预应力损失以 σ_{L1} ~ σ_{L6} 标识，无括号内的变量 x、t；考虑到讨论预应力损失时总是沿预应力筋长度方向进行，且沿预应力筋方向发生的预应力损失不一定是常量，因此，标号中统一加上沿预应力筋方向的变量 x；同时，在与时间有关的预应力损失标号中加上变量 t，以反映时变特性。

因此，任意时刻 t、任意位置（距锚下 x 处）预应力筋中的有效应力为

$$\sigma_{pe}(x,t)=\sigma_{con}-\sum\sigma_{Li}(x,t) \tag{3-2}$$

式中　$\sigma_{pe}(x,t)$——任意时刻、任意位置处预应力筋的有效应力；

　　　σ_{con}——锚固前瞬间预应力筋锚下张拉控制应力；

　　　$\sigma_{Li}(x,t)$——在计算时刻已经发生的各项预应力损失（对于与时间无关的应力损失项无时间 t 标号）。

第二节　锚固瞬间预应力筋初始有效应力的计算

建立预应力筋中的预应力必须经历两个步骤：在预应力筋中施加预拉力和锚固预应力筋。锚固瞬间预应力筋的应力损失与施工工艺、结构体系有关。

制作先张法构件时，预应力筋首先在台座上被张拉并临时锚固，然后浇筑混凝土、养护，待混凝土凝结硬化到一定强度后，切断构件端部预应力筋或放松端部张拉力（称为"放张"）以实现锚固，在锚固前预应力筋已受高拉应力作用一段时间，放张时已经发生部分应力松弛损失；由于放张时预应力筋和混凝土已黏结在一起，为平衡预应力筋中拉力混凝土将受压而缩短；锚固时，钢筋回缩和分块拼装构件接缝压密亦引起预应力筋缩短；另外，为加快施工进度，先张法构件有时采用蒸汽养护。因此，对于直线预应力筋的先张法构件，锚固瞬间预应力筋中的有效预应力一般可按式（3-3）计算：

$$\sigma_{pe}(x,t)=\sigma_{con}-[\sigma_{L2}(x)+\sigma_{L3}(x)+\sigma_{L4}(x)+\sigma_{L5}(x,t)] \tag{3-3}$$

在后张法构件中，混凝土浇筑、养护到一定强度后张拉预应力筋，预应力筋必然会与管道接触从而发生摩擦，阻碍预应力筋的受拉变形；锚固时，锚具各零件之间和锚具与预应力筋之间的相对位移、分块拼装构件接缝压密均将引起预应力筋的缩短；对于钢筋分批张拉的后张法构件，

后批张拉的预应力筋将压缩混凝土,导致已经张拉预应力筋的缩短。因此,对于有黏结后张法构件,锚固瞬间预应力筋中的有效预应力一般可按式(3-4)计算:

$$\sigma_{pe}(x,t) = \sigma_{con} - [\sigma_{L1}(x) + \sigma_{L2}(x) + \sigma_{L4}(x)] \tag{3-4}$$

预应力筋应力损失值宜根据试验确定,当无可靠试验数据时,可按下面介绍的方法计算。预应力损失与施工方法、施工过程有关,因此,分项预应力损失应按施工过程结合施工方法进行计算。

一、预应力筋与管道壁之间摩擦引起的应力损失 $\sigma_{L1}(x)$

这项预应力损失出现在后张法预应力混凝土构件中。

预应力筋通常由多波曲线组成(将直线看成曲线的特例),张拉前进行穿束。预应力筋在张拉端被张拉时,力筋受力伸长向张拉端运动;与预应力筋接触的曲线管道壁将受到径向垂直挤压力,此将引起阻碍预应力筋运动的摩擦力;管道中由于存留混凝土灰浆碎碴等引起不光滑,预应力筋对管道壁凸处的挤压力类同曲线管道,将产生阻碍预应力筋运动的摩擦力。摩擦力方向与张拉力方向相反,预应力筋中的拉力从张拉端向梁体内逐渐降低[见图3-1(a)],其应力亦相应降低,称此应力降低值为弯道摩擦引起的应力损失。对于直线管道而言,理论上预应力筋与管道壁无挤压,不发生摩擦损失,但由于施工中管道制孔器或预埋管道是支承在一定间距的定位钢筋上,制成的管道不可能完全顺直,张拉时预应力筋与管道之间必然会发生碰刮,此碰刮引起的力亦与预应力筋运动方向相反,从而使预应力筋中应力降低,称此降低值为碰刮引起的应力损失,或称管道偏差引起的摩擦损失,此值远比曲线管道摩擦引起的应力损失要小。当然,曲线管道壁中预应力筋张拉时同样会产生碰刮引起的应力损失。弯道摩擦应力损失体现曲率效应,其值取决于材料之间的摩擦系数、管道的不平整性、预应力筋对管道壁的挤压力(同预应力筋中拉力和管道夹角有关)及接触长度;碰刮应力损失体现长度效应。这两种应力损失总和称为预应力筋与管道壁之间摩擦引起的应力损失,其大小为张拉端锚下(管道口)预应力筋中应力与计算点处预应力筋应力的差值,以 $\sigma_{L1}(x)$ 表示。

$\sigma_{L1}(x)$ 常采用经典摩阻理论计算,下面推导适用于弯曲管道和直线管道的 $\sigma_{L1}(x)$ 计算式。

(1)曲线管道引起的摩阻力

在预应力筋弯道上取一微段 dx[见图3-1(a)],相应的圆心角 $d\theta$,设微段左侧(靠近张拉端)预应力筋中的张拉力为 N,则右侧预应力筋中的张拉力为 $N-dN_1$(dN_1 由摩阻引起)[见图3-1(b)]。预应力筋受拉引起管道处混凝土径向受压,若忽略微段内张拉力变化对混凝土径向压力 F 的影响,则根据力的平衡条件,有

$$F = 2N\sin\frac{d\theta}{2} \approx 2N\frac{d\theta}{2} = Nd\theta$$

上述径向压力产生的摩阻力为

$$dN_1 = -\mu dF = -\mu Nd\theta \tag{3-5}$$

式中 μ ——预应力筋和管道壁之间的摩擦系数。

(2)管道位置偏差引起的摩阻力

管道位置的偏差是随机的,可设微段由管道偏差引起的平均曲率半径为 R',相应的曲率变化为 $d\theta'$[其图示与图3-1(b)相同],则微段 dx 内由于管道偏差影响引起的摩阻力为

$$dN_2 = -\mu Nd\theta' = -\mu N\frac{dx}{R'} = -\frac{\mu}{R'}Ndx$$

令 $k = \frac{\mu}{R'}$ 为管道偏差对摩擦的影响系数,进而有

$$dN_2 = -kNdx \tag{3-6}$$

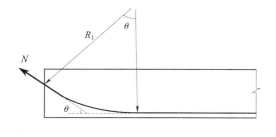

（a）张拉端预应力筋弯起段

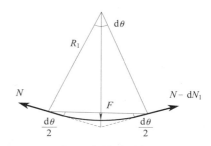

（b）微段预应力筋的受力

图 3 - 1　摩阻损失计算示意图

（3）曲线管道和管道位置偏差引起的 $\sigma_{L1}(x)$

微段 dx 内总摩擦力由上述两项组成，即

$$dN = dN_1 + dN_2 = -\mu N d\theta - kN dx = -N(\mu d\theta + k dx)$$

进而有

$$\frac{dN}{N} = -\mu d\theta - k dx \qquad (3-7)$$

对式（3 - 7）两边求积分，并引入边界条件：$x = 0$ 时，$\theta = 0$，$N = N_{con}(= A_p \sigma_{con})$，得

$$N(x) = N_{con} e^{-(\mu\theta + kx)} \qquad (3-8)$$

式（3 - 8）两边同时除以预应力筋面积 A_p，得距锚下（管道口）x 处预应力筋中的应力

$$\sigma(x) = \sigma_{con} e^{-(\mu\theta + kx)} \qquad (3-9)$$

因此，预应力筋张拉时由曲线管道摩擦和管道位置偏差引起的应力损失为

$$\sigma_{L1}(x) = \sigma_{con} - \sigma(x) = \sigma_{con}\left[1 - e^{-(\mu\theta + kx)}\right] \qquad (3-10)$$

式中　σ_{con} ——张拉时预应力筋锚下张拉控制应力；

$\quad\quad\theta$ ——从锚下至计算点处预应力筋弯起角之和，以 rad（弧度）计；

$\quad\quad x$ ——从锚下至计算点处管道长度，以 m（米）计；也可近似取该段管道长度在某一轴
　　　　上的投影长度，如对于梁体纵向预应力筋，可取为张拉端锚下至计算点在梁长方
　　　　向的投影长度；

$\quad\quad\mu$ ——预应力筋与管道之间的摩擦系数；

$\quad\quad\kappa$ ——单位长度内管道对于设计位置的偏差系数。

μ、κ 应根据试验数据确定，当无可靠资料时可参考表 3 - 1（a）或表 3 - 1（b）取用。

当 $\mu\theta + kx$ 不大于 0.3 时，$\sigma_{L1}(x)$ 可按式（3 - 11）近似计算：

$$\sigma_{L1}(x) = \sigma_{con}(\mu\theta + \kappa x) \qquad (3-11)$$

表 3 - 1（a）　μ、κ 值

管道类型	μ	k
橡胶管抽芯成型的管道	0.55	0.001 5
钢管抽芯成型的管道	0.55	0.001 5
铁皮套管	0.35	0.003 0
金属波纹管	0.20 ~ 0.26	0.002 0 ~ 0.003 0

注：本表数据录自《铁路桥涵设计规范（极限状态法）》。

表 3 - 1(b)　μ、κ 值

管道成型方式		κ	μ	
			钢绞线、钢丝束	精轧螺纹钢筋
体内预应力钢筋	预埋金属波纹管	0.001 5	0.20 ~ 0.25(0.25)	0.50
	预埋塑料波纹管	0.001 5	0.14 ~ 0.20(0.15)	—
	预埋铁皮管	0.003 0(–)	0.35	0.40
	预埋钢管	0.001 0	0.25(0.30)	—
	抽芯成型	0.001 5(0.001 4)	0.55	0.60

注:本表无括号的数据录自《公路钢筋混凝土及预应力混凝土桥涵设计规范》,括号内数据为《混凝土结构设计规范》中取不同的值。

在式(3 – 10)中,对按抛物线、圆弧曲线变化的空间曲线及可分段后叠加的广义空间曲线,预应力筋弯起角之和 θ 可按式(3 – 12)和式(3 – 13)计算。

抛物线、圆弧曲线:

$$\theta = \sqrt{\alpha_v^2 + \alpha_h^2} \qquad (3 - 12)$$

广义空间曲线:

$$\theta = \sum \sqrt{\Delta\alpha_v^2 + \Delta\alpha_h^2} \qquad (3 - 13)$$

式中　α_v、α_h ——按抛物线、圆弧曲线变化的空间预应力筋在竖直向、水平向投影所形成抛物线、圆弧曲线的弯转角;

$\Delta\alpha_v$、$\Delta\alpha_h$ ——广义空间曲线预应力筋在竖直向、水平向投影所形成分段曲线的弯转角增量。

为了减少摩阻损失,设计和施工中常采用如下措施:

(1)采用两端张拉。如对称的预应力筋,在钢筋中间计算点处管道长度和总弯起角均为单端张拉时的一半,可有效降低摩阻损失。

(2)避免采用过长的预应力筋,或采用分段张拉。在多跨预应力混凝土连续梁中,有时需要设计较长的预应力筋,但过大的摩阻损失使长预应力筋不经济,甚至预应力筋中的应力达不到设计要求或规范要求,此时,可采用分段预应力筋,分段张拉、锚固;或采用分段张拉,用预应力筋连接器接长。

(3)在施工规范许可情况下,可对预应力筋进行超张拉。超张拉可整体提高预应力筋中的应力,使摩阻损失最大值处(如跨中截面)预应力筋中的应力达到合理指标。超张拉施工工艺必须满足相关规范要求,如《公路桥涵施工技术规范》(JTG/T F50—2011)规定,超张拉可比设计规定提高 5% ,但在任何情况下均不得超过设计规定的最大张拉控制应力。而《铁路混凝土工程施工技术指南》规定,高速铁路预应力混凝土梁的预加力施工过程中,不允许进行超张拉施工。

二、锚具变形、钢筋回缩和接缝压缩引起的应力损失 $\sigma_{l2}(x)$

这项应力损失发生在预应力筋锚固瞬间,与锚具类型和混凝土拼接块件接缝等有关。以采用钢绞线的后张法预应力混凝土构件为例,当张拉结束千斤顶退油瞬间,钢绞线回缩拖动夹片楔入锚孔,实现锚固,千斤顶承受的拉力转由锚具承受,锚具受到很大的压力而变形,锚下垫板缝隙被压密,引起应力损失;钢筋回缩本身也引起应力损失;当构件采取分块拼装,接缝被压密也将引起应力损失。以上因素综合造成的应力损失表示为 $\sigma_{l2}(x)$ 。

(1)先张法结构中直线预应力筋的 $\sigma_{l2}(x)$

设由锚具变形、预应力筋锚固回缩和分块拼装构件接缝压密等引起的直线预应力筋的总长度变化为 Δl ,则 Δl 沿预应力筋长度是均匀分布的,即直线预应力筋应力损失沿其长度均匀分

布,计算公式为

$$\sigma_{l2}(x) = \frac{\sum \Delta l}{l} E_p \qquad (3-14)$$

式中　Δl ——锚具变形、预应力筋回缩和构件接缝压密值(以 mm 计),应根据试验实测数据确定;当无可靠资料时,可按规范提供的数据取值;一个锚具变形、钢筋回缩和一条接缝的压缩变形值,可按表 3 - 2 取用;

　　　l ——预应力筋的有效长度;

　　　E_p ——预应力筋的弹性模量。

对于带螺帽锚具,《公路钢筋混凝土及预应力混凝土桥涵设计规范》还规定,采用一次张拉锚固时, Δl 宜取 2 ~ 3 mm,采用二次张拉锚固时, Δl 可取 1 mm。

表 3 - 2　锚头变形、预应力筋回缩和构件接缝压缩计算值(mm)

锚头、接缝类型		表现形式	计算值
钢丝束钢制锥形锚头		钢筋回缩及锚头变形	8(6)
夹片式锚	有顶压时	锚具回缩	4(4)(5)
	无顶压时		6(6)(6 ~ 8)
水泥砂浆接缝		接缝压缩	1(1)(1)
环氧树脂砂浆接缝		接缝压缩	0.05(1)
带螺帽的锚具螺帽缝隙		缝隙压密	1(1 ~ 3)(1)
每块后加垫板的缝隙		缝隙压密	1(2)(1)
镦头锚具			(1)(1)

注:无括号的数据为《铁路桥涵设计规范(极限状态法)》值,第一括号内数据为《公路钢筋混凝土及预应力混凝土桥涵设计规范》值,第二括号内数据为《混凝土结构设计规范》值。

(2)后张法结构中预应力筋的 $\sigma_{l2}(x)$

对于后张法预应力混凝土结构中直线预应力筋的 $\sigma_{l2}(x)$,计算公式同式(3 - 14),不致引起大的误差;对于曲线预应力筋,必须考虑钢筋锚固回缩时管道反摩阻的影响。钢筋张拉时,曲线预应力筋与管道壁间摩擦阻碍钢筋运动引起应力损失,同样,锚固瞬间预应力筋回缩将受到管道壁的摩擦力作用而阻碍钢筋的回缩运动,此摩阻力方向与张拉钢筋时的摩阻力方向相反,故称之为反向摩阻力,由此引起的应力损失称为锚固损失。当预应力筋与管道间的摩擦作用较大时,此锚固损失可能集中发生在靠近张拉端的部分钢筋长度内。

曲线预应力筋 $\sigma_{l2}(x)$ 的计算原理是:预应力筋在锚固损失影响区段内的总变形与锚具变形、钢筋回缩和接缝压缩等引起的总变形相同。《混凝土结构设计规范》附录中给出了各种索形锚固损失的分段计算式,《铁路桥涵设计规范(极限状态法)》和《公路钢筋混凝土及预应力混凝土桥涵设计规范》在附录中均给出了考虑反向摩阻力影响的锚具变形、钢筋回缩和接缝压缩引起的应力损失的简化计算方法。由于这些方法有的相当简化,且使用条件受限制,因此下面先讨论适用于各种预应力筋形状的锚固损失的统一计算方法,再讨论规范给出的公式。

(一)统一计算方法

在进行考虑反摩阻锚固损失分析时,假定反摩阻摩擦系数、管道偏差系数与预应力筋张拉时的相同。

设预应力筋由多波曲线(x_i, R_i)组成,直线段 $R_i = \infty$ (x_i 为预应力筋第 i 段曲线的长度,可近似取为沿构件轴向的投影长度;R_i 为第 i 段曲线的半径)。锚固前瞬间预应力筋中应力分布如图 3 – 2 中曲线 $A'SB$ 所示。锚固时,预应力筋张拉端发生 Δl 的回缩值,当预应力筋与管道壁的摩擦力较大时,此回缩引起的应力损失将被反向摩阻力在回缩影响长度 l_f 内完全平衡,l_f 以远的预应力筋应力仍如锚固前分布。锚固时预应力筋的不动点 S 称为 l_f 的极点。由于回缩时发生的反向摩阻力与张拉时摩阻力的摩擦系数相等,可认为同一位置正、反向摩阻力相等,则锚固瞬间预应力筋中应力分布如图 3 – 2 中曲线 $A''SB$ 所示,且 $AA' = AA''$。

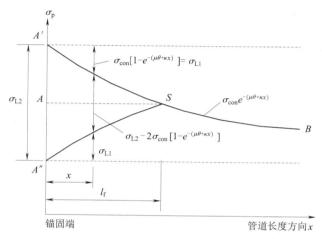

图 3 – 2 锚固瞬间预应力筋的应力分布

因此,距张拉端任一点处锚固引起的应力损失为

$$\sigma_{l2}(x) = \sigma_{l2} - 2\sigma_{con}\left[1 - e^{-(\mu\theta + \kappa x)}\right] \tag{3 – 15}$$

式中 σ_{l2} ——锚下预应力筋的锚固损失值;

$\sigma_{l2}(x)$ ——张拉时沿力筋长度方向距锚下 x 处锚固损失值。

设锚固瞬间由于锚具变形、锚垫板缝隙压密、钢筋回缩等引起的总变形量为 Δl,由于预应力筋在锚固损失影响区段内的总变形与锚具变形、钢筋回缩和接缝压缩等引起的总变形相同,则有

$$\Delta l = \int_0^{l_f} \frac{\sigma_{l2}(x)}{E_p}\,\mathrm{d}x \tag{3 – 16}$$

式中 l_f ——预应力筋回缩影响长度(锚下至不动点 S 的距离)。

将式(3 – 15)代入式(3 – 16),得

$$\Delta l = \frac{(\sigma_{l2} - 2\sigma_{con})l_f}{E_p} + \frac{2\sigma_{con}}{E_p}\int_0^{l_f} e^{-(\mu\theta + \kappa x)}\,\mathrm{d}x \tag{3 – 17}$$

引入边界条件,当 $x = l_f$ 时 $\sigma_{l2} = 0$,由式(3 – 15)得

$$\sigma_{l2} = 2\sigma_{con}\left[1 - e^{-(\mu\theta + \kappa l_f)}\right] \tag{3 – 18}$$

对于直线和二次曲线组成的预应力筋,任意点处 θ 为 x 的线性函数,则可设

$$-\left[\mu\theta(x) + \kappa x\right] = \alpha x + \beta \tag{3 – 19}$$

对于高次曲线段,可用分段直线或二次曲线近似描述。

令 $c = \dfrac{\Delta l E_p}{2\sigma_{con}}$,将式(3 – 19)代入式(3 – 17),得

$$l_f = \frac{1}{\alpha} - \left(\frac{c}{e^\beta} + \frac{1}{\alpha}\right)e^{-\alpha l_f} \tag{3 – 20}$$

式(3-20)即为求预应力筋回缩影响长度 l_f 的计算式,可用迭代法编程计算,亦可将 $e^{-\alpha l_i}$ 按泰勒级数展开,取前几项得到适用于手算的近似计算式。

由式(3-15)、式(3-18)和式(3-20)得

$$\sigma_{12}(x) = 2\sigma_{con}(e^{\alpha x+\beta} - e^{\alpha' l_f+\beta'}) \tag{3-21}$$

在 $x \le l_f$ 区段内,预应力筋中有效应力为

$$\sigma_p(x) = \sigma_{con}(2e^{\alpha' l_f+\beta'} - e^{\alpha x+\beta}) \tag{3-22}$$

式中　α、β——计算点 x 所在区段的值;

α'、β'——l_f 不动点 S 所在区段的值。

对于如图3-3(为计算方便,图中 x 取为横坐标值,对于梁体纵筋而言 x 为梁长方向值,与前面有所不同)所示的典型预应力筋形状,α、β 值由式(3-23)计算:

$$\alpha = -\kappa - \frac{\mu}{R_i}, \beta = -\sum_{i=1}^{m-1}\frac{x_{i+1}-x_i}{R_i}\mu \tag{3-23}$$

式中　m——预应力筋曲线段总数;

R_i——第 i 段预应力筋曲线段的半径;

x_i、x_{i+1}——第 i 段预应力筋曲线段的起点坐标和终点坐标。

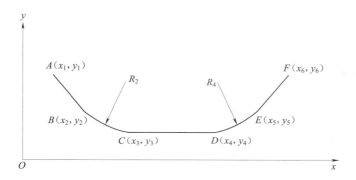

图3-3　预应力筋的典型形状

当预应力筋与管道间的摩擦作用较小时,由锚具变形、钢筋回缩等引起的反摩阻应力损失分布在预应力筋的全长范围内,由式(3-20)计算的影响长度 l_f 的理论解将不存在,此时,可通过延拓管道和预应力筋的虚拟长度来解决。

(二)分段计算方法(规范方法)

设计规范中给出的计算考虑反向摩阻力影响的锚具变形、钢筋回缩和接缝压缩引起的应力损失的简化方法,一般采用如下假定:将张拉时正摩阻应力损失的指数曲线简化为直线;同一曲线段内反摩阻应力损失线性分布;正摩阻和反摩阻的摩擦系数相同。

(1)《铁路桥涵设计规范(极限状态法)》附录D计算方法

对于两端张拉的图3-3所示对称布置典型形状预应力筋建立反向摩阻计算公式。计算曲线段总变形时采用曲线两端应变的平均值。

锚固前瞬间预应力筋中应力分布如图3-4中曲线 $A'B'SC$ 所示。假定钢筋回缩不动点 S 位于 B 点和 C 点之间,锚固瞬间预应力筋中应力分布为图3-4中的 $A''B''SC$。其中 $A'B'(A''B'')$、$B'S(B''S)$ 均为直线,即假定力筋在各段内线性变化。设钢筋回缩在 AS 段内完成,根据假定,并注意到 σ_{12} 为预应力筋回缩时理论不动点 S 处正摩阻损失的两倍,有

$$\Delta l = \int_0^{l_f} \frac{\sigma_{12}(x)}{E_p} dx = \Delta l_{AB} + \Delta l_{BS} \approx \overline{\varepsilon_{AB}} x_1 + \overline{\varepsilon_{BS}}(l_f - x_1)$$

$$= \left[2 \times \frac{1}{2}\left(\frac{\sigma_{con} - \sigma_S}{E_p} + \frac{\sigma_B - \sigma_S}{E_p} \right) \right] x_1 + \left(2 \times \frac{1}{2}\frac{\sigma_B - \sigma_S}{E_p} \right)(l_f - x_1)$$

$$(3 - 24)$$

式中 $\overline{\varepsilon_{AB}}$ ——AB 段内由于锚固损失引起的预应力筋平均应变;

$\quad\quad \overline{\varepsilon_{BS}}$ ——BS 段内由于锚固损失引起的预应力筋平均应变;

$\quad\quad \sigma_B$ ——锚固瞬间 B 处预应力筋的应力;

$\quad\quad \sigma_S$ ——锚固瞬间 S 处预应力筋的应力;

$\quad\quad x_1$ ——AB 段预应力筋在构件轴向投影长度(与图 3 - 3 中的坐标含义不同)。

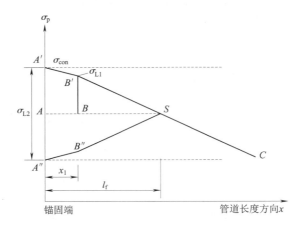

图 3 - 4 锚固瞬间预应力筋中应力分布简图

将张拉时正摩阻应力损失的指数曲线简化为直线,有

$$\sigma_B = \sigma_{con}(1 - \kappa x_1) \quad\quad\quad (3 - 25a)$$

$$\sigma_S = \sigma_{con}\left\{ 1 - \left[\kappa l_f + \frac{\mu}{R_2}(l_f - x_1) \right] \right\} \quad\quad (3 - 25b)$$

将式(3 - 25a)和式(3 - 25b)代入式(3 - 24),可求解得

$$l_f = \sqrt{\frac{\dfrac{\Delta l E_p}{\sigma_{con}} + \dfrac{\mu}{R_2} x_1^2}{\kappa + \dfrac{\mu}{R_2}}} \quad\quad\quad (3 - 26)$$

由此可得到锚固时锚下发生损失后预应力筋的应力为

$$\sigma_0 = \sigma_{con}\left[1 - 2\kappa l_f - \frac{2\mu}{R_2}(l_f - x_1) \right] \quad\quad (3 - 27)$$

回缩不动点处预应力筋的应力为

$$\sigma_s = \sigma_{con}\left[1 - \kappa l_f - \frac{\mu}{R_2}(l_f - x_1) \right] \quad\quad (3 - 28)$$

式(3 - 26)~式(3 - 28)即为规范中当 $x_1 < l_f < x_2$ 时,锚固瞬间锚下和钢筋回缩不动点位置的预应力筋应力计算公式。

同理,当 $x_2 < l_f < l/2$ 时,有

$$l_f = \sqrt{\frac{1}{\kappa}\left[\frac{\Delta l E_p}{\sigma_{con}} - \frac{\mu}{R_2}(x_2^2 - x_1^2)\right]} \tag{3-29}$$

$$\sigma_0 = \sigma_{con}\left[1 - 2\kappa l_f - \frac{2\mu}{R_2}(x_2 - x_1)\right] \tag{3-30}$$

$$\sigma_s = \sigma_{con}\left\{1 - \left[\kappa l_f + \frac{\mu}{R_2}(x_2 - x_1)\right]\right\} \tag{3-31}$$

$$\sigma_{l2} = \sigma_{con}\left[2\kappa l_f + \frac{2\mu}{R_2}(x_2 - x_1)\right] \tag{3-32}$$

当 $l_f > l/2$ 时，钢筋回缩不动点不存在，此时

$$\sigma_{l2} = \sigma_{con}\left[1 - \frac{\kappa l}{2} - 2\mu\frac{(x_2 - x_1)}{R_2}\left(1 - \frac{x_2}{l} - \frac{x_1}{l}\right)\right] - \frac{2\Delta l E_p}{l} \tag{3-33}$$

（2）《公路钢筋混凝土及预应力混凝土桥涵设计规范》附录 B 计算方法

假定反摩阻应力损失沿预应力筋全长线性分布（图 3-4 中 $A'B'SC$ 和 $A''B''S$ 均为直线），考虑式（3-16），可得一端张拉一端锚固预应力筋反向摩擦影响长度计算公式：

$$l_f = \sqrt{\frac{\sum \Delta l E_p}{\Delta \sigma_d}} \tag{3-34}$$

其中，$\Delta \sigma_d$ 为单位长度由管道摩擦引起的预应力损失，按式（3-35）计算：

$$\Delta \sigma_d = \frac{\sigma_{con} - \sigma_l}{l} \tag{3-35}$$

式中 σ_{con}——张拉端锚下控制应力；

σ_l——预应力筋扣除沿途摩擦损失后锚固端应力；

l——预应力筋张拉端至锚固端的距离。

当 $l_f < l$ 时，距锚下 x 处预应力筋的反向摩擦应力损失为

$$\Delta \sigma(x) = \sigma_{l2}\frac{l_f - x}{l_f} \tag{3-36}$$

$$\sigma_{l2} = 2\Delta \sigma_d l_f \tag{3-37}$$

式中 σ_{l2}——$l_f < l$ 时考虑反向摩阻损失的预应力筋张拉端锚下应力损失。

当 $l_f > l$ 时，说明反向摩阻应力损失沿预应力筋全长分布，此时，距锚下 x' 处预应力筋的反向摩擦应力损失为

$$\Delta \sigma'_x = \sigma'_{l2} - 2x'\Delta \sigma_d \tag{3-38}$$

式中 σ'_{l2}——$l_f > l$ 时考虑反向摩阻损失的预应力筋张拉端锚下应力损失。

对于两端张拉且反向摩阻损失影响长度有重叠时，在重叠范围内同一截面扣除正摩擦和反向摩擦损失后预应力筋应力损失可取：两端分别张拉、锚固，分别计算正摩擦和反向摩擦应力损失，分别将张拉端锚下控制应力减去上述应力计算结果所得较大值。

（3）《混凝土结构设计规范》附录 J 计算方法

《混凝土结构设计规范》附录 J 中考虑反向摩阻影响的预应力筋张拉端锚下应力损失计算方法采用的假定及计算公式与《公路钢筋混凝土及预应力混凝土桥涵设计规范》附录 B 的大致相同，同时给出了常用束形的后张曲线预应力筋和折线预应力筋的计算公式。

抛物线形预应力钢筋可近似按圆弧形曲线预应力钢筋考虑。当其对应的圆心角 $\theta \leqslant 45°$（无黏结预应力筋为 $\theta \leqslant 90°$），由于锚具变形和钢筋内缩，在反向摩擦影响长度范围内的预应力损失值可按式（3-39）计算：

$$\sigma_{l2} = 2\sigma_{con}l_f\left(\frac{\mu_f}{r_c} + \kappa\right)\left(1 - \frac{x}{l_f}\right) \tag{3-39}$$

反向摩擦影响长度 l_f 可按式(3-40)计算:

$$l_f = \sqrt{\frac{\Delta l E_p}{1\,000\sigma_{con}\left(\dfrac{\mu}{r_c} + \kappa\right)}} \tag{3-40}$$

式中　r_c——圆弧形曲线预应力筋的半径。

其他符号意义同前。

三、预应力筋与台座之间温差引起的应力损失 $\sigma_{l3}(x)$

这项损失仅发生在采用蒸汽或其他方法加热养护混凝土的先张法构件中。

先张法构件中,预应力筋的张拉和锚固是在常温下进行的。为了缩短构件的生产周期,有时采用蒸汽和其他方法加热养护混凝土,由于台座通常固定于大地上,环境温度变化不会改变两台座之间的距离,因此,升温 Δt 养护混凝土时,相当于在构件混凝土和台座之间产生温差 Δt。加热养护时,预应力筋与混凝土间尚未完全黏结,钢筋受热而伸长,而两台座之间的距离并未改变,结果预应力筋相当于发生松弛而引起应力下降;降温时,预应力筋与混凝土间已黏结成整体,产生黏结力,钢筋和混凝土同时收缩(由于钢筋和混凝土有接近的线膨胀系数,完全可以忽略降温时两者之间的应力差),加热养护时产生的应力损失不能恢复。

设张拉时的自然温度为 t_1,混凝土加热养护时预应力筋的最高温度为 t_2,温差为 $\Delta t = t_2 - t_1$,则预应力筋由此温差引起的变形为

$$\Delta l = \alpha\Delta t l \tag{3-41}$$

式中　α——预应力筋的线膨胀系数,一般取 $\alpha = 1.0 \times 10^{-5}/℃$;

　　　l——预应力筋的有效长度。

预应力筋由温差引起的应力损失为

$$\sigma_{l3}(x) = \frac{\Delta l}{l}E_p = \alpha\Delta t E_p = \alpha E_p(t_2 - t_1) \tag{3-42}$$

式中　E_p——预应力筋的弹性模量,可取 $E_p = 2.0 \times 10^5$ MPa;

　　　t_2——加热养护时预应力筋最高温度(℃);

　　　t_1——预应力筋张拉时的自然温度(℃)。

若将预应力筋线膨胀系数和弹性模量值代入式(3-42),$\alpha E_p = 2.0$ MPa/℃,则有

$$\sigma_{l3}(x) = 2(t_2 - t_1) \tag{3-43}$$

加热养护温差引起的应力损失只是在预应力筋和混凝土尚未完全黏结情况下才能发生,当钢筋和混凝土黏结能共同工作后就不会发生因温差引起的应力损失。利用这个关系,可采用分阶段升温养护来减少温差引起的应力损失。第一阶段先用低温养护,温差控制在 20 ℃左右,以此计算预应力损失;当混凝土到达相当强度(混凝土和预应力筋间产生的黏结力足以阻止它们的相对滑动)后,继续升温养护,后者将不会产生温差引起的应力损失。如果台座与构件共同处于养护环境中(如采用钢台座制作小构件,钢台座随温差变形没有受到大地约束),则不需计算此项应力损失。

四、混凝土弹性压缩引起的应力损失 $\sigma_{l4}(x)$

先张法和后张法构件中均可能发生这种预应力损失,但发生的条件不同。

(1)先张法构件

先张法构件端部放张时,钢筋与混凝土已黏结在一起,由台座承受的预应力筋中的拉力转

由混凝土承受(混凝土受压),因而预应力筋截面重心处的混凝土中将产生 $\varepsilon_c(x)[=\varepsilon_p(x)]$ 的压应变,此应变引起预应力筋的应力损失,其值为

$$\sigma_{l4}(x) = \varepsilon_p(x)E_p = \varepsilon_c(x)E_p = \frac{\sigma_c(x)}{E_c}E_p = \alpha_{Ep}\sigma_c(x) \tag{3-44}$$

式中　E_c——混凝土弹性模量;

E_p——预应力筋弹性模量;

α_{Ep}——预应力筋弹性模量与混凝土弹性模量之比;

$\sigma_c(x)$——放张时由预压力引起的预应力筋截面重心处混凝土的截面正应力,由下式计算:

$$\sigma_c(x) = \frac{N_{p0}}{A_0} + \frac{N_{p0}e_p^2}{I_0}$$

A_0、I_0——预应力混凝土构件换算截面面积和换算截面惯性距;

e_p——预应力筋截面重心至换算截面重心的距离;

N_{p0}——混凝土应力为零时预应力筋的预压力(扣除相应阶段的应力损失)。

(2)后张法构件

后张法构件中如果所有预应力筋同时张拉,则不需考虑弹性压缩引起的应力损失,因为混凝土压缩在张拉过程中产生,而千斤顶读数是考虑了混凝土压缩影响的预应力筋中的拉力。然而,后张法构件中通常有多束预应力筋,一般采用分批张拉、锚固预应力筋。张拉后批预应力筋,必然使构件受压而缩短,已经张拉的预应力筋必随之缩短,从而产生应力损失。张拉分批数愈多,第一批张拉的预应力筋产生的应力损失愈大。最后一批张拉的预应力筋无压缩引起的应力损失。

设张拉第 $i+m$ 批预应力筋时,在第 i 批张拉的预应力筋截面重心处混凝土产生应力 $\sigma_{i,i+m}(x)$,则此处的混凝土和第 i 批张拉的预应力筋均产生下列应变:

$$\varepsilon_{i,i+m}(x) = \frac{\sigma_{i,i+m}(x)}{E_c} \tag{3-45}$$

式中　E_c——混凝土弹性模量。

$\varepsilon_{i,i+m}(x)$ 将引起第 i 批张拉预应力筋的应力变化,因此,第 i 批张拉的预应力筋由于张拉后面预应力筋引起的应力损失为

$$\sigma_{l4}(x) = \sum_{m=1}^{n-i}E_p\varepsilon_{i,i+m} = \sum_{m=1}^{n-i}E_p\frac{\sigma_{i,i+m}}{E_c} = \alpha_{Ep}\sum_{m=1}^{n-i}\sigma_{i,i+m} = \alpha_{Ep}\sigma_c(x) \tag{3-46}$$

式中　$\sigma_{l4}(x)$——混凝土弹性压缩引起的应力损失;

n——预应力筋分批张拉的总批数;

$n-i$——后面张拉预应力筋的总批数;

α_{Ep}——预应力筋弹性模量与混凝土弹性模量之比;

$\sigma_c(x)$——在先张拉预应力筋截面重心处,由于后来张拉各批预应力筋而产生的混凝土的正应力。

式(3-46)为《铁路桥涵设计规范(极限状态法)》和《公路钢筋混凝土及预应力混凝土桥涵设计规范》中给出的计算式。

后张法构件中通常采用曲线预应力筋,各束预应力筋的形状区别较大,位置不同,且各个管道中的预应力筋面积(张拉力)也不一定相同,因此,要准确计算式(3-46)是十分烦琐的,一般手工计算难以完成,可采用简化方法计算。

第一批张拉的预应力筋的应力损失最大,最后一批张拉的预应力筋的应力损失为零,为计算方便,应力损失取为所有预应力筋应力损失的平均值,因此式(3-46)可以简化为

$$\sigma_{L4}(x) = \frac{1}{n}\sum_{i=1}^{n}(i-1)\alpha_{Ep}\Delta\sigma_c(x) = \alpha_{Ep}\Delta\sigma_c(x)\frac{1}{n}\sum_{i=1}^{n}(i-1) = \frac{n-1}{2}\alpha_{Ep}\Delta\sigma_c(x)$$

$$(3-47a)$$

式中　$\Delta\sigma_c(x)$——在先张拉预应力筋截面重心处,由于后来张拉每批预应力筋而产生的混凝土的正应力,按下式计算:

$$\Delta\sigma_c(x) = \frac{1}{n}\sigma_{pc}(x)$$

$\sigma_{pc}(x)$——全部预应力筋重心处,由所有预应力筋产生的混凝土正应力。

式(3-47a)常写为下面形式:

$$\sigma_{L4}(x) = \frac{n-1}{2n}\alpha_{Ep}\sigma_{pc}(x)$$

$$(3-47b)$$

在后张法构件中,$\sigma_{pc}(x)$ 或 $\Delta\sigma_c(x)$ 沿构件长度方向一般不相同,为简化计算可取代表性截面上的 $\sigma_{pc}(x)$ 或 $\Delta\sigma_c(x)$,如简支梁取跨度 1/4 截面处的 $\sigma_{pc}(x)$ 或 $\Delta\sigma_c(x)$;对于连续梁、连续刚构可取若干有代表性截面上 $\sigma_{pc}(x)$ 或 $\Delta\sigma_c(x)$ 的平均值。

上述分析表明,分批张拉的各批预应力筋弹性压缩引起的应力损失不同,其有效应力不等,施工中常采用补张拉来弥补先张拉预应力筋由于弹性压缩引起的应力损失。

五、预应力筋与锚圈口摩擦等引起的锚口摩阻应力损失 σ_{L01}

规范对此损失没有明确规定符号,由于此损失发生在预应力筋张拉阶段,可以记之为 σ_{L01}。当采用钢制锥形锚具(弗式锚),预应力筋在锚圈口处发生弯折,张拉时预应力筋和锚圈口产生摩擦,引起摩阻应力损失,其值可达 $(7\% \sim 13\%)\sigma_{con}$。当采用夹片式锚具,锚板上最外围锚孔直径一般比预应力筋管道直径大(当需锚固的钢束越多,锚板上最外围锚孔直径越大,其钢束与张拉力方向的斜角越大),钢束在锚圈口弯折,张拉时弯折处产生摩阻应力损失,《预应力筋用锚具、夹具和连接器》(GBT 14370—2015)规定,夹片式锚具的锚口摩阻损失不宜大于 6%,工程中其值一般在 $(2\% \sim 3\%)\sigma_{con}$。一些规范建议 σ_{L01} 应根据试验确定。

考虑预应力筋与锚圈口摩擦引起的应力损失后,张拉锚固前预应力筋锚下应力为

$$\sigma_{con,m} = \sigma_{con} - \sigma_{L01}$$

$$(3-48)$$

有应力损失 σ_{L01} 的前述各公式中的 σ_{con} 用上面 $\sigma_{con,m}$ 代替。

第三节　任意时刻预应力筋有效应力的计算

根据式(3-2)~式(3-4),只要求解预应力筋锚固后至计算时刻预应力筋中的应力损失,即计算与时间有关的长期应力损失,即可得到任意时刻预应力筋中有效应力。需要注意的是,先张法预应力混凝土由于在浇筑混凝土前张拉预应力筋,预应力筋传力锚固时已发生部分松弛应力损失[见式(3-3)],锚固后的应力损失是锚固后再发生的松弛应力损失与混凝土受压后收缩、徐变引起的应力损失之和;而后张法先预应力混凝土在张拉预应力筋同时混凝土受压,预应力筋松弛应力损失与混凝土收缩、徐变引起的应力损失同时发生,锚固后的应力损失包括所有松弛应力损失与混凝土受压后收缩、徐变引起的应力损失。

与时间有关的预应力筋应力松弛、混凝土收缩和徐变引起的应力损失值,往往到若干年后才趋于稳定。研究表明,预应力筋应力松弛随时间的发展与预应力筋的强度和初始应力值及材料品质相关,预应力筋应力松弛将引起混凝土应力的降低;混凝土徐变不仅与结构截面特征、工

作环境、混凝土养护方式等有关,更与受载时混凝土龄期、荷载大小相关,因此预应力筋初始应力和变化的松弛应力均影响混凝土徐变的发展;同时,收缩和徐变导致混凝土变形随时间而增加,使构件缩短,从而引起预应力筋应力的降低,此降低值又将影响此后的徐变效应和预应力筋的应力松弛。需特别指出的是,通常的预应力混凝土结构中均配置大量非预应力筋,在结构正常工作的应力范围内,非预应力筋不会发生徐变,混凝土的自由收缩和徐变受到非预应力筋的约束,同一截面上混凝土和钢筋间将发生应力重分布,即钢筋应力增加、混凝土应力降低,从而影响预应力损失的发展。因此,预应力筋应力松弛、混凝土收缩和徐变引起的应力损失相互影响、密不可分。

国内外现行规范大都将预应力筋应力松弛引起的应力损失和混凝土收缩、徐变引起的应力损失分开计算,研究表明所得出的累加损失值与统一考虑计算得到的损失值有时偏差较大。对于重要的预应力混凝土结构或对长期工作性能要求很高的结构,如对长期上拱度要求严格的高速铁路无砟轨道预应力混凝土简支梁,必须综合考虑预应力筋应力松弛、混凝土收缩和徐变对应力损失及结构变形的影响,采用分时步等方法进行与时间有关的结构分析;对于一般的预应力混凝土结构,可以用规范提供的简化方法进行计算。下面首先给出预应力筋应力松弛、混凝土收缩和徐变共同引起的应力损失计算公式,再结合规范方法进行讨论。

一、预应力筋应力松弛、混凝土收缩和徐变引起的应力损失

设 t_0 时刻预应力筋完成锚固,预应力筋重心处混凝土产生应力 $\sigma_{\mathrm{pc}}(t_0)$,若不考虑钢筋对混凝土收缩的约束影响,$t_0$ 时刻加载至 t 时刻由于混凝土自由收缩引起的预应力筋重心处的预应力筋应力损失为

$$\sigma_{\mathrm{L,sh}}(x,t) = E_{\mathrm{p}}\varepsilon_{\mathrm{p,sh}}(t,t_0) = E_{\mathrm{p}}\varepsilon_{\mathrm{sh}}(t,t_0) \tag{3-49}$$

式中　$\varepsilon_{\mathrm{p,sh}}(t,t_0)$——$t-t_0$ 时段内混凝土自由收缩引起的预应力筋重心处的预应力筋应变增量,与该处混凝土自由收缩应变 $\varepsilon_{\mathrm{sh}}(t,t_0)$ 相同。

不考虑钢筋对混凝土徐变的约束影响时,t_0 时刻加载至 t 时刻由于混凝土自由徐变引起的预应力筋重心处的预应力筋应力损失为

$$\begin{aligned}\sigma_{\mathrm{L,cr}}(x,t) &= E_{\mathrm{p}}\varepsilon_{\mathrm{p,cr}}(t,t_0) = E_{\mathrm{p}}\varepsilon_{\mathrm{cr}}(t,t_0)\\ &= E_{\mathrm{p}}\frac{\sigma_{\mathrm{pc}}(t_0)}{E_{\mathrm{c}}}\varphi(t,t_0) = \alpha_{\mathrm{Ep}}\sigma_{\mathrm{pc}}(t_0)\varphi(t,t_0)\end{aligned} \tag{3-50}$$

式中　$\varepsilon_{\mathrm{p,cr}}(t,t_0)$——$t-t_0$ 时段内混凝土自由徐变引起的预应力筋重心处的预应力筋应变增量,与该处混凝土自由徐变应变 $\varepsilon_{\mathrm{cr}}(t,t_0)$ 相同;

$\varphi(t,t_0)$——t_0 时刻加载至 t 时刻混凝土的徐变;

$\alpha_{\mathrm{Ep}} = E_{\mathrm{p}}/E_{\mathrm{c}}$——预应力筋与混凝土弹性模量之比。

因此,不考虑钢筋对混凝土收缩、徐变的约束影响时,混凝土自由徐变、收缩引起的预应力筋重心处的预应力筋应力损失为

$$\sigma_{\mathrm{L,sh}}(x,t) + \sigma_{\mathrm{L,cr}}(x,t) = E_{\mathrm{p}}\varepsilon_{\mathrm{sh}}(t,t_0) + \alpha_{\mathrm{Ep}}\sigma_{\mathrm{pc}}(t_0)\varphi(t,t_0) \tag{3-51}$$

实际上,工程中的预应力混凝土结构(公路桥梁、铁路桥梁等)均布置大量普通钢筋(非预应力筋),这些普通钢筋和预应力筋将约束混凝土收缩、徐变变形,从而降低其预应力损失。基于任意时刻的截面内力平衡方程和变形协调条件,可推导得到 t_0 时刻加载至 t 时刻钢筋(包括预应力筋和普通钢筋)对混凝土收缩、徐变引起的应力损失的约束折减系数为

$$\lambda(x,t) = \frac{1}{1 + (\alpha_{\mathrm{Es}}\rho_{\mathrm{s}} + \alpha_{\mathrm{Ep}}\rho_{\mathrm{p}})\rho_{\mathrm{ps}}[1 + \chi(t,t_0)\varphi(t,t_0)]} \tag{3-52}$$

式中　$\chi(t,t_0)$ ——t_0 时刻加载至 t 时刻混凝土的老化系数;通常在 $0.6 \sim 0.9$ 范围内变化,一般
　　　　　　　　可取 0.82,较精确的值可查表或按公式计算;

　　　　$\rho_p = A_p/A_c$ ——预应力筋的截面配筋率;

　　　　$\rho_s = A_s/A_c$ ——非预应力钢筋的截面配筋率;

　　　　$\alpha_{Es} = E_s/E_c$ ——普通钢筋与混凝土弹性模量之比;

　　　　A_c、I_c ——混凝土净截面面积、净截面惯性矩;

　　　　$r = \sqrt{I_c/A_c}$ ——混凝土净截面回转半径;

　　　　e、e_{ps} ——混凝土截面重心至所有钢筋重心和预应力筋重心的距离,$\rho_{ps} = 1 + \dfrac{e_{ps}}{r^2}$。

　　一方面,混凝土收缩、徐变引起的应力损失将降低预应力筋的应力松弛发展;另一方面,预应力筋的应力松弛将降低混凝土应力,从而降低混凝土收缩、徐变引起的应力损失发展,这说明混凝土收缩、徐变引起的应力损失和预应力筋应力松弛是相互影响、相互折减的,为简化计算,一般采用对预应力筋固有应力松弛进行折减的方法。结合式(3-51)和式(3-52),可得到综合考虑混凝土收缩和徐变、预应力筋应力松弛相互影响的 t_0 时刻加载至 t 时刻在所有钢筋(包括预应力筋和普通钢筋)重心处预应力筋的应力损失计算公式:

$$\sigma_{L5}(x,t) + \sigma_{L6}(x,t) = \frac{\alpha_{Ep}\sigma_{pc}(t_0)\varphi(t,t_0) + E_p\varepsilon_{sh}(t,t_0)}{1 + (\alpha_{Es}\rho_s + \alpha_{Ep}\rho_p)\rho_{ps}[1 + \chi(t,t_0)\varphi(t,t_0)]} + \zeta(t,t_0)\sigma_r(t,t_0)$$

$$(3-53)$$

式中　$\sigma_{pc}(t_0)$ ——t_0 时刻所有钢筋(包括预应力筋和普通钢筋)重心处混凝土的应力[扣除短暂应力损失的影响,按式(3-3)或式(3-4)计算];

　　　　$\sigma_r(t,t_0)$ ——预应力筋在长度保持不变时在 $t-t_0$ 时段内应力降低值(称固有松弛);

　　　　$\zeta(t,t_0)$ ——考虑收缩、徐变影响的预应力筋固有松弛折减系数,与收缩、徐变及截面特性、钢筋布置和配筋率等有关,一般可取为 $0.60 \sim 0.85$;对于先张法构件,应考虑钢筋锚固前已发生的松弛应力损失的影响。

　　式(3-53)右端第一项是目前我国各种规范中混凝土收缩、徐变引起的预应力筋应力损失计算的基础,由此可得到各规范的计算公式。

二、规范中预应力筋应力松弛引起的应力损失 $\sigma_{L5}(x)$ 的计算

　　预应力筋应力松弛主要与材料品质、初始拉应力值、钢筋的极限强度及持荷时间等有关,其相互关系由试验得到。试验通常在常温 20 ℃、初始应力范围$(0.6 \sim 0.8)f_{pk}$ 的情况下进行。

　　《铁路桥涵设计规范(极限状态法)》《公路钢筋混凝土及预应力混凝土桥涵设计规范》中精轧螺纹钢筋由于应力松弛引起的预应力损失终值采用下列值:

一次张拉　　　　　　　　　　$\sigma_{L5}(x,t) = 0.05\sigma_{con}$　　　　　　　　　　(3-54)

超张拉时　　　　　　　　　　$\sigma_{L5}(x,t) = 0.035\sigma_{con}$　　　　　　　　　(3-55)

　　《混凝土结构设计规范》中预应力螺纹钢筋由于应力松弛引起的预应力损失终值采用下列值:

$$\sigma_{L5}(x,t) = 0.03\sigma_{con} \quad\quad\quad (3-56)$$

　　预应力钢丝、钢绞线由于应力松弛引起的预应力损失终值,《公路钢筋混凝土及预应力混凝土桥涵设计规范》《混凝土结构设计规范》采用表 3-3 中公式计算,《铁路桥涵设计规范(极限状态法)》计算公式同《混凝土结构设计规范》。表 3-3 中,σ_{pe} 为预应力筋有效应力,f_{ptk} 为预应

力筋抗拉强度标准值。

《混凝土结构设计规范》还规定,对于中强度预应力钢丝,由于应力松弛引起的预应力损失终值采用下列值:

$$\sigma_{l5}(x,t) = 0.08\sigma_{con} \tag{3-57}$$

将式(3-54)~式(3-57)及表3-3中计算得到的终值乘以表3-4中的系数,可得到预应力筋被张拉后不同时间的应力松弛引起的应力损失值。

表3-3 预应力钢丝、钢绞线由于应力松弛引起的预应力损失终值(MPa)

	《公路钢筋混凝土及预应力混凝土桥涵设计规范》		《混凝土结构设计规范》	
Ⅰ级松弛	$\psi\zeta\left(0.52\dfrac{\sigma_{pe}}{f_{ptk}} - 0.26\right)\sigma_{pe}$	$\zeta = 1.0$	$0.4\psi\left(\dfrac{\sigma_{con}}{f_{ptk}} - 0.5\right)\sigma_{con}$	
Ⅱ级松弛		$\zeta = 0.3$	$\lambda_1\left(\dfrac{\sigma_{con}}{f_{ptk}} - \lambda_2\right)\sigma_{con}$	$\sigma_{con} \leq 0.7f_{ptk}: \lambda_1 = 0.125, \lambda_2 = 0.5$ $\sigma_{con} > 0.7f_{ptk}: \lambda_1 = 0.2, \lambda_2 = 0.575$
说明	一次张拉 $\psi = 1.0$,超张拉 $\psi = 0.9$			

表3-4 钢筋松弛损失中间值与终极值的比值

时间(d)	2	10	20	30	≥40
比值	0.50	0.61	0.74	0.87	1.0

三、规范中混凝土收缩和徐变引起的应力损失 $\sigma_{l6}(x,t)$ 的计算

基于式(3-53),结合试验研究结果,得到我国目前设计规范中 $\sigma_{l6}(x,t)$ 的计算公式。

对于一般的预应力混凝土构件,《混凝土结构设计规范》规定预应力损失终值可按下列方法确定:

先张法构件
$$\sigma_{l6}(x,t\to\infty) = \frac{60 + 340\dfrac{\sigma_{pc}}{f'_{cu}}}{1 + 15\rho} \tag{3-58a}$$

$$\sigma'_{l6}(x,t\to\infty) = \frac{60 + 340\dfrac{\sigma'_{pc}}{f'_{cu}}}{1 + 15\rho'} \tag{3-58b}$$

后张法构件
$$\sigma_{l6}(x,t\to\infty) = \frac{55 + 300\dfrac{\sigma_{pc}}{f'_{cu}}}{1 + 15\rho} \tag{3-59a}$$

$$\sigma'_{l6}(x,t\to\infty) = \frac{55 + 300\dfrac{\sigma'_{pc}}{f'_{cu}}}{1 + 15\rho'} \tag{3-59b}$$

式中　$\sigma_{pc}、\sigma'_{pc}$ ——在受拉区、受压区预应力筋合力点处的混凝土法向应力;

　　　f'_{cu} ——施加预应力时的混凝土立方体抗压强度;

　　　$\rho、\rho'$ ——受拉区、受压区预应力筋和非预应力筋的配筋率。

计算式(3-58)、式(3-59)中的 $\sigma_{pc}、\sigma'_{pc}$ 时,预应力损失值仅考虑混凝土预压前(第一批)

的损失，σ_{pc}、σ_{pc}' 值不得大于 $0.5 f_{cu}'$。当结构处于年平均相对湿度低于 40% 的环境下，按式(3-58)、式(3-59)的计算值应增加 30%。

对于重要的结构构件，《混凝土结构设计规范》规定预应力损失终值可按式(3-60a)和式(3-60b)计算：

$$\sigma_{L6}(x,t\to\infty) = \frac{0.9\alpha_{Ep}\sigma_{pc}(t_0)\varphi(\infty,t_0) + E_p\varepsilon_{sh}(\infty,t_0)}{1+15\rho} \qquad (3-60a)$$

$$\sigma_{L6}'(x,t\to\infty) = \frac{0.9\alpha_{Ep}\sigma_{pc}'(t_0)\varphi(\infty,t_0) + E_p\varepsilon_{sh}(\infty,t_0)}{1+15\rho'} \qquad (3-60b)$$

式中 $\sigma_{L6}(x,t\to\infty)$ ——构件受拉区预应力筋合力点处由混凝土收缩、徐变引起的预应力损失终值；

$\sigma_{L6}'(x,t\to\infty)$ ——构件受压区预应力筋合力点处由混凝土收缩、徐变引起的预应力损失终值；

σ_{pc}、σ_{pc}' ——构件受拉区、受压区预应力筋合力点处由预加力和梁自重产生的混凝土法向压应力；

ρ、ρ' ——构件受拉区、受压区全部纵向钢筋配筋率，$\rho = \dfrac{A_p + A_s}{A}$，$\rho' = \dfrac{A_p' + A_s'}{A}$；

A、A' ——先张法构件取换算截面面积，后张法构件取净截面面积。

《公路钢筋混凝土及预应力混凝土桥涵设计规范》中混凝土收缩、徐变引起的预应力损失按式(3-61a)和式(3-61b)计算：

$$\sigma_{L6}(x,t) = 0.9\frac{\alpha_{Ep}\sigma_{pc}(t_0)\varphi(t,t_0) + E_p\varepsilon_{sh}(t,t_0)}{1+15\rho\rho_{ps}} \qquad (3-61a)$$

$$\sigma_{L6}'(t) = 0.9\frac{\alpha_{Ep}\sigma_{pc}'(t_0)\varphi(t,t_0) + E_p\varepsilon_{sh}(t,t_0)}{1+15\rho'\rho_{ps}'} \qquad (3-61b)$$

式中 $\sigma_{L6}(x,t)$、$\sigma_{L6}'(t)$ ——构件受拉区、受压区全部纵向钢筋截面重心处由混凝土收缩、徐变引起的预应力损失；

σ_{pc}、σ_{pc}' ——构件受拉区、受压区全部纵向钢筋截面重心处由预应力产生的混凝土法向压应力；

i ——截面回转半径，$i^2 = \dfrac{I}{A}$，对先张法构件取换算截面特性，对后张法构件取净截面特性；

e_p、e_p' ——构件受压区、受拉区预应力筋截面重心至构件截面重心的距离；

e_s、e_s' ——构件受压区、受拉区纵向普通钢筋截面重心至构件截面重心距离；

e_{ps}、e_{ps}' ——构件受压区、受拉区预应力筋和普通钢筋截面重心至构件截面重心轴的距离，$e_{ps} = \dfrac{A_p e_p + A_s e_s}{A_p + A_s}$，$e_{ps}' = \dfrac{A_p' e_p' + A_s' e_s'}{A_p' + A_s'}$；

ρ_{ps}、ρ_{ps}'——$\rho_{ps} = 1 + \dfrac{e_{ps}^2}{i^2}$，$\rho_{ps}' = 1 + \dfrac{e_{ps}'^2}{i^2}$。

《铁路桥涵设计规范(极限状态法)》中混凝土收缩、徐变引起的预应力损失按下式计算：

$$\sigma_{L6}(x,t\to\infty) = \frac{0.8\alpha_{Ep}\sigma_{pc}(t_0)\varphi(\infty,t_0) + E_p\varepsilon_{sh}(\infty,t_0)}{1+\left[1+\dfrac{\varphi(\infty,t_0)}{2}\right]\rho\rho_{ps}} \qquad (3-62)$$

第四节　规范中关于预应力筋有效应力的计算

对于重要的预应力混凝土结构及对预应力敏感的结构(如高速铁路中无砟轨道预应力混凝土梁),需结合施工过程严格按式(3-2)~式(3-4)及式(3-53)计算任意时刻、任意位置预应力筋的有效应力,同时结合使用状况进行预应力全过程分析。由于预应力混凝土结构中(尤其是大跨预应力混凝土桥梁结构)通常有多种线形的预应力筋,鉴于施工因素同种线形预应力筋不一定保证能够同时张拉、锚固,其与时间相关的预应力损失就不同,但为简化计算,通常按同种线形预应力筋在相同位置、相同时刻具有相同的预应力损失取用,计算结果不致引起大的误差。

严格按式(3-2)~式(3-4)及式(3-53)计算需要相当大的工作量,对于一般的预应力混凝土结构,通常情况下可按规范方法进行近似计算,即首先将与时间有关的各项应力损失分开计算,然后在张拉控制应力中扣除第一、第二阶段应力损失来得到传力锚固时及之后(结构正常使用阶段)的预应力筋有效应力,即按表3-5计算(对于后张法构件,应考虑预应力筋与锚圈口摩擦引起的应力损失 σ_{L01})。

表3-5　预应力筋有效应力的规范计算方法

计算对象	预应力筋有效应力
传力锚固时(考虑第一批损失)	$\sigma_{con} - \sigma_{LI}$
传力锚固后(正常使用时)(考虑第一批、第二批损失)	$\sigma_{con} - (\sigma_{LI} + \sigma_{LII})$

《混凝土结构设计规范》各阶段预应力损失按下列规定计算:

先张法构件:

第一阶段应力损失

$$\sigma_{LI} = \sigma_{l1}(x) + \sigma_{l2}(x) + \sigma_{l3}(x) + \sigma_{l5}(x,t\to\infty) \tag{3-63}$$

第二阶段应力损失

$$\sigma_{LII} = \sigma_{l6}(x,t\to\infty) \tag{3-64}$$

后张法构件:

第一阶段应力损失

$$\sigma_{LI} = \sigma_{l1}(x) + \sigma_{l2}(x) \tag{3-65}$$

第二阶段应力损失

$$\sigma_{LII} = \sigma_{l5}(x,t\to\infty) + \sigma_{l6}(x,t\to\infty) + \sigma_{l7}(x) \tag{3-66}$$

《混凝土结构设计规范》规定,按式(3-63)~式(3-66)计算的总预应力损失值小于下列数值时,应按下列数值取用:先张法构件100 MPa,后张法构件80 MPa。

式(3-63)~式(3-66)表明,《混凝土结构设计规范》中没有将压缩引起的应力损失 $\sigma_{l4}(x)$ 纳入应力损失计算公式中,但在规范中说明了其计算方法。《混凝土结构设计规范》还规定,先张法构件由于钢筋应力松弛引起的损失值 $\sigma_{l5}(x,t)$ 在第一批和第二批损失中所占的比例如需区分,可根据实际情况确定。

《公路钢筋混凝土及预应力混凝土桥涵设计规范》与《铁路桥涵设计规范(极限状态法)》各阶段预应力损失按下列规定计算:

先张法构件:

第一阶段应力损失

$$\sigma_{LI} = \sigma_{l2}(x) + \sigma_{l3}(x) + \sigma_{l4}(x) + 0.5\sigma_{l5}(x,t) \tag{3-67}$$

第二阶段应力损失 $\qquad \sigma_{LII} = 0.5\sigma_{L5}(x,t) + \sigma_{L6}(x,t)$ (3-68)

后张法构件:

第一阶段应力损失 $\qquad \sigma_{LI} = \sigma_{L1}(x) + \sigma_{L2}(x) + \sigma_{L4}(x)$ (3-69)

第二阶段应力损失 $\qquad \sigma_{LII} = \sigma_{L5}(x,t) + \sigma_{L6}(x,t)$ (3-70)

式(3-63)、式(3-67)表明,对于先张法构件的第一阶段应力损失,《混凝土结构设计规范》与公路、铁路桥涵设计规范的规定不同,主要区别是《混凝土结构设计规范》中列入了管道摩阻应力损失项 $\sigma_{L1}(x)$。实际上,对于直线预应力筋的先张法构件,张拉预应力筋时不存在管道摩阻应力损失;但对折线或曲线预应力筋的先张法构件,张拉时在预应力筋转向装置处产生摩阻应力损失。因此,对于先张法构件,计算第一阶段应力损失时,应根据预应力筋形式、是否存在转向装置来判断是否考虑管道摩阻应力损失项 $\sigma_{L1}(x)$。

在进行初步设计时,必须预估预应力筋的有效应力,才能进行预应力筋用量估算和布置,但在没有完成初步设计前 $\sigma_{L1}(x)$、$\sigma_{L6}(x,t)$ 等无法估算,即不能根据式(3-2)或表3-5获得预应力筋中有效应力。

为便于初步设计,一些规范或手册给出了预应力损失值,如美国后张混凝土协会 PCI、美国混凝土协会和土木工程学会 ACI-ASCE 第 423 委员会、美国各州公路桥梁设计规范 AASHTO、欧洲混凝土协会 CEB 及国际预应力混凝土委员会 FIP 等。其中,AASHTO 和 FIP 给出的总应力损失数值见表3-6、表3-7。预应力损失中已包括混凝土弹性压缩、徐变、收缩、预应力筋应力松弛引起的预应力损失,适用于标准养护、典型工作环境下常规混凝土的情形,对偏离上述情况严重的应进行修正。

表3-6　AASHTO 总预应力损失值

预应力筋型号	预应力损失(MPa)	
	$f_c = 27.6$ MPa	$f_c = 34.5$ MPa
先张法中预应力钢绞线	—	310
后张法中预应力钢丝和钢绞线 后张法中高强钢筋	221 152	228 159

表3-7　CEB-FIP 后张构件总预应力损失值

后张法预应力筋型号	预应力损失(MPa)	
	梁	板
1 862 MPa 级应力消除型钢绞线 1 655 MPa 级应力消除型钢丝	241	207
高强钢筋	172	138
1 862 MPa 级低松弛钢绞线	138	103

美国学者和工程师林同炎亦提出了预应力损失分项估算方法(见表3-8)。表3-8中数据是总结20世纪50年代~70年代长期应用过的普通应力消除钢绞线和钢丝(强度为1862 MPa 和1655 MPa)后得出的,适用于一般天气条件下养护和工作的结构,且这些数据考虑了适当的超

张拉以降低锚固损失和摩擦损失,凡未被抵消的摩擦损失需另加。当条件偏离一般情况时,上述损失值应根据实际情况作适当调整,如当构件的平均预应力较高时,增加应力损失值。

表 3 - 8　预应力损失估算

预应力损失		先张(σ_{con} 的百分比)	后张(σ_{con} 的百分比)
分项损失	混凝土弹性压缩	4	1
	混凝土徐变	6	5
	混凝土收缩	7	6
	预应力松弛	8	8
合计损失		25	20

　　我国预应力混凝土采用的原材料、结构特征、结构工作环境和施工方法等与国外存在差别,对预应力损失的估算应立足我国国情,尤其对大跨预应力混凝土桥梁,必须进行详细的预应力损失计算。原铁道部专业设计院曾对我国跨度为 8 ~ 40 m 的标准铁路先张、后张直线、曲线预应力混凝土简支 T 梁进行计算、分析,提出估算预应力筋截面面积时预应力损失取值建议:除摩擦损失外的预应力损失,对先张梁可取 20% ~ 30% 的张拉控制应力,对后张梁可取 25% ~ 40% 的张拉控制应力;总体上,跨度越大,预应力损失越大。

　　值得注意的是,按式(3 - 2)或按表 3 - 5 计算得到的是仅由预加力引起的有效应力,并不一定是预应力混凝土构件在施工或使用阶段预应力筋中的真实应力,因为恒载、活载等均引起钢筋应力发生变化。如对于后张预应力混凝土桥梁结构,预应力筋锚固后施工的桥面系和桥面附属结构重量将在预应力筋中产生应力,而上述有效应力的计算显然不考虑这些影响;桥梁正常使用阶段,车辆行驶时亦将在预应力筋中产生应力,上述有效应力的计算亦不考虑此影响。

　　[例 3 - 1]　某跨度为 4.0 m 的先张法预应力混凝土圆孔板,计算跨径 $l_0 = 3.8$ m,截面尺寸如图 3 - 5 所示,混凝土强度等级为 C40,预应力钢筋为消除应力钢丝 12 - $\phi^P 4$ 。该板制作要求:长线张拉台座长度 $l = 80$ m,预应力钢丝为一次张拉,锚具变形和钢丝内缩值 $a = 5$ mm,蒸汽养护,受张拉钢丝与台座之间温差 $\Delta t = 20$ ℃,混凝土达到设计强度等级的 75% 时,放松预应力钢丝。试按《混凝土结构设计规范》计算该板预应力损失。

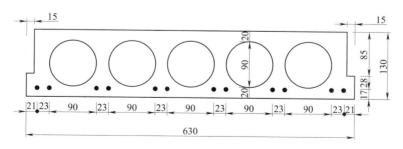

图 3 - 5　截面尺寸(单位:mm)

　　[解]　1. 将圆孔板截面换算为 I 形截面
　　将圆孔板换算为等面积、等形心、等惯性矩的宽 b_1 、高 h_1 的矩形截面,则有

$$\pi d^2 / 4 = b_1 h_1 \quad , \quad \frac{\pi d^4}{64} = \frac{1}{12} b_1 h_1^3$$

解得

$$b_1 = \frac{\pi}{2\sqrt{3}}d = \frac{3.1416}{2\sqrt{3}}90 = 82 \text{ mm}$$

$$h_1 = \sqrt{3}d/2 = \sqrt{3} \times 90/2 = 78 \text{ mm}$$

将圆孔截面换算为 I 形截面,如图 3-6 所示,其中

$$b_f = 630 \text{ mm}; b'_f = 630 - 30 = 600 \text{ mm}; b = b'_f - nb_1 = 600 - 5 \times 82 = 190 \text{ mm};$$

$$h_f = 20 + \frac{90 - 78}{2} = 26 \text{ mm}, h_2 = h - 2h_f = 130 - 2 \times 26 = 78 \text{ mm}$$

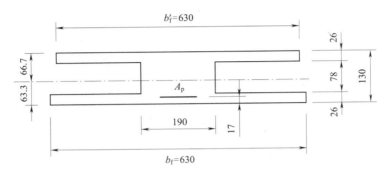

图 3-6　换算 I 形截面(单位:mm)

2. 计算参数

$$f_{ck} = 26.8 \text{ MPa}, f_{tk} = 2.39 \text{ MPa}, f_c = 19.1 \text{ MPa}, E_c = 3.25 \times 10^4 \text{ MPa}; f_{ptk} = 1570 \text{ MPa},$$

$$f_{pd} = 1250 \text{ MPa}, E_p = 2.05 \times 10^5 \text{ MPa}$$

3. 截面特性计算

$$\alpha_{Ep} = E_p/E_c = 2.05 \times 10^5/3.25 \times 10^4 = 6.31$$

换算截面面积为

$$A_0 = 600 \times 26 + 78 \times 190 + 26 \times 630 + (6.31 - 1) \times 150.80 = 47601 \text{ mm}^2$$

换算截面对下缘的面积矩为

$$S_0 = 600 \times 26 \times (130 - 26/2) + 78 \times 190 \times (26 + 78/2) + 26 \times 630 \times 26/2 +$$

$$(6.31 - 1) \times 150.80 \times 17 = 3015053 \text{ mm}^3$$

换算截面重心至板下缘的距离为

$$y_0 = S_0/A_0 = 3015053/47601 = 63.3 \text{ mm}$$

换算截面重心至板上缘距离为

$$y_2 = 130 - y_0 = 130 - 63.3 = 66.7 \text{ mm}$$

预应力筋合力点至换算截面重心距离为

$$e_{p0} = y_0 - a_p = 63.3 - 17 = 46.3 \text{ mm}$$

故换面截面惯性矩为

$$I_0 = \frac{1}{3} \times (630 - 190) \times 26^3 + \frac{1}{3} \times 190 \times 130^3 + (600 - 190) \times 26 \times$$

$$(130 - 26/2)^2 + \frac{1}{12} \times (600 - 190) \times 26^3 + (6.31 - 1) \times 150.8 \times 17^2 -$$

$$47601 \times 63.3^2 = 1.028 \times 10^8 \text{ mm}^4$$

4. 预应力损失计算

张拉控制应力　$\sigma_{con} = 0.75f_{ptk} = 0.75 \times 1570 = 1177.5$ MPa

（1）锚具变形及钢丝内缩引起的预应力损失

$$\sigma_{l2} = \frac{a}{l}E_p = \frac{5}{80 \times 10^3} \times 2.05 \times 10^5 = 12.8 \text{ MPa}$$

（2）混凝土加热养护，受张拉钢丝与承受拉力的台座之间的温差所引起的预应力损失

$$\sigma_{l3} = 2\Delta t = 2 \times 20 = 40 \text{ MPa}$$

（3）钢丝应力松弛引起的预应力损失

一次张拉　$\psi = 1.0$

$$\sigma_{l5} = 0.4\psi\left(\frac{\sigma_{con}}{f_{ptk}} - 0.5\right)\sigma_{con}$$
$$= 0.4 \times 1.0 \times (0.75 - 0.5) \times 1177.5 = 117.75 \text{ MPa}$$

故混凝土预压前第一批损失值（考虑 σ_{l5} 已完成60%）为

$$\sigma_{lI} = \sigma_{l2} + \sigma_{l3} + 0.6\sigma_{l5} = 12.8 + 40 + 0.6 \times 117.75 = 123.45 \text{ MPa}$$

（4）由混凝土收缩徐变所引起预的预应力损失

预应力筋的合力（第一批损失出现后）为

$$N_{p0I} = (\sigma_{con} - \sigma_l)A_p = (1177.5 - 123.45) \times 150.8 = 158\,950 \text{ N}$$
$$e_{p0I} = 46.3 \text{ mm}$$

预应力筋合力点处混凝土的法向应力为

$$\sigma_{pc} = \frac{N_{p0I}}{A_0} + \frac{N_{p0I}e_{p0I}^2}{I_0} = \frac{158\,950}{47\,601} + \frac{158\,950 \times 46.3^2}{1.028 \times 10^8} = 6.654 \text{ MPa}$$

受拉区预应力筋配筋率为

$$\rho = A_p/A_0 = 150.8/47601 = 0.003\,17$$

预应力筋在混凝土达到强度等级的75%时放张，故

$$f'_{cu} = 0.75 \times 40 = 30 \text{ MPa}$$

所以　　　　　$\dfrac{\sigma_{pc}}{f'_{cu}} = \dfrac{6.654}{30} = 0.222 < 0.5$　　（满足要求）

$$\sigma_{l6} = \frac{60 + 340\dfrac{\sigma_{pc}}{f'_{cu}}}{1 + 15\rho} = \frac{60 + 340 \times 0.222}{1 + 15 \times 0.00317} = 129.33 \text{ MPa}$$

因此，混凝土预压后第二批预应力损失：

$$\sigma_{lII} = 0.4\sigma_{l5} + \sigma_{l6} = 0.4 \times 117.75 + 129.33 = 176.43 \text{ MPa}$$

总预应力损失值为

$$\sigma_l = \sigma_{lI} + \sigma_{lII} = 123.45 + 176.43 = 299.88 \text{ MPa}$$

[例3-2]　已知跨径为25 m的后张法预应力混凝土T梁，计算跨度 $l_0 = 24.20$ m，梁长 24.90 m，梁端锚固点间距离 $l_a = 24.60$ m，跨中截面尺寸见图3-7。主梁采用C40混凝土，配置了4束抗拉强度为1 860 MPa的 $\phi^s12.70$ 高强钢绞线，OVM13-7锚具单端张拉，采用预埋金属波纹管成孔，孔径为60 mm。其中 N_3、N_4 束以8°弯起，N_1、N_2 束以12°弯起，钢束弯起见图3-8。当混凝土到达设计强度后，分批张拉各钢束，先张拉 N_3 和 N_4 钢束，再张拉 N_1 和 N_2 钢束。主梁所处大气环境的相对湿度为55%，主梁自重平均为15.71 kN/m。试按《公路钢筋混凝土及预应力混凝土桥涵设计规范》计算跨中预应力损失。

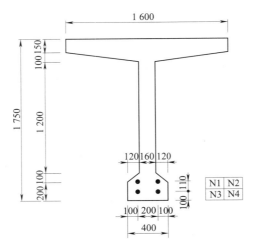

图 3-7　跨中截面(单位:mm)

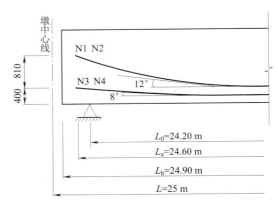

图 3-8　钢束弯起图(单位:mm)

[解]　1. 计算参数

(1)钢束几何尺寸

θ —— 弯起角;

C —— 竖曲线起弯点之间的高差。

由于两端各留 0.5m 的直线段,对于 N1、N2 钢束,有

$$C_1 = 1\,210 - 210 - 500 \times \sin 12° = 896\,\text{mm}$$

对于 N3、N4 钢束,有

$$C_2 = 400 - 100 - 500 \times \sin 8° = 230\,\text{mm}$$

r —— 曲线半径,$r = C/(1 - \cos\theta)$;

l_1 —— 曲线部分水平投影线长,$l_1 = r\sin\theta$;

l_2 —— 跨中部分直线长度,$l_2 = l_a - 2l_1$。

各钢束几何尺寸见表 3-9。

表 3-9　钢束几何尺寸表

钢束号	θ (°)	C (mm)	$r = C/(1-\cos\theta)$ (mm)	$l_1 = r\sin\theta$ (mm)	$l_2 = l_a - 2l_1$ (mm)
N1、N2	12	896	41 002	8 524	7 552
N3、N4	8	230	23 633	3 289	18 022

(2)其余参数

$$f_{cd} = 18.4\,\text{MPa}, f_{pd} = 1\,260\,\text{MPa}, f_{pk} = 1\,860\,\text{MPa},$$

$$A_p = 4 \times 690.9 = 2\,763.6\,\text{mm}^2, a_p = \frac{2 \times 100 + 2 \times 210}{4} = 155\,\text{mm},$$

$$\alpha_{Ep} = E_p/E_c = \frac{1.95 \times 10^5}{3.25 \times 10^4} = 6, h_0 = h - a_p = 1\,750 - 155 = 1\,595\,\text{mm}$$

2. 各项预应力损失计算

(1)预应力筋与管道壁之间摩擦引起的预应力损失 σ_{L1}

$$\sigma_{con} = 0.75 f_{pk} = 0.75 \times 1\,860 = 1\,395.0\,\text{MPa}$$

$$\sigma_{L1} = \sigma_{con}\left[1 - e^{-(\mu\theta + kx)}\right]$$

查得 $\mu = 0.20, k = 0.0015$

跨中截面 $x = l_a/2 = 24.60/2 = 12.30$ m

故对于 N1、N2 钢束 $(\theta = 12° = 0.209 \text{ rad})$，有

$$\sigma_{L1} = \sigma_{con}\left[1 - e^{-(\mu\theta + kx)}\right] = 1395 \times \left[1 - e^{-(0.20 \times 0.209 + 0.0015 \times 12.30)}\right] = 81.57 \text{ MPa}$$

对于 N3、N4 钢束 $(\theta = 8° = 0.140 \text{ rad})$，有

$$\sigma_{L1} = \sigma_{con}\left[1 - e^{-(\mu\theta + kx)}\right] = 1395 \times \left[1 - e^{-(0.20 \times 0.140 + 0.0015 \times 12.30)}\right] = 63.32 \text{ MPa}$$

（2）预应力筋由锚具变形、钢筋回缩和接缝压缩引起的预应力损失（考虑反向摩擦影响）σ_{L2}

夹片式锚具无顶压时，$\Delta l = 6$ mm。

对于 N1、N2 束，反摩擦影响长度为 l_f 为

$$l_f = \sqrt{\frac{\sum \Delta l E_p}{\Delta \sigma_d}}$$

由于采用单端张拉，式中 $l = l_a = 24\,600$ mm。

$$\sigma_{L1} = \sigma_{con}\left[1 - e^{-(\mu\theta + kx)}\right] = 1\,395 \times \left[1 - e^{-(0.20 \times 0.209 + 0.0015 \times 24.60)}\right] = 105.58 \text{ MPa}$$

$$\Delta \sigma_d = \frac{\sigma_0 - \sigma_L}{l} = \frac{\sigma_{L1}}{l_a} = \frac{105.58}{24\,600} = 4.292 \times 10^{-3} \text{ MPa/mm}$$

则

$$l_f = \sqrt{\frac{6 \times 1.95 \times 10^5}{4.292 \times 10^{-3}}} = 16\,510 \text{ mm} < l = 24\,600 \text{ mm}$$

$$\Delta \sigma = 2\Delta \sigma_d l_f = 2 \times 4.292 \times 10^{-3} \times 16\,510 = 141.72 \text{ MPa}$$

$$\sigma_{L2} = \Delta \sigma \frac{l_f - x}{l_f} = 141.72 \times \frac{16\,510 - 12\,300}{16\,510} = 36.14 \text{ MPa}$$

同理，对于 N3、N4 钢束，有

$$\sigma_{L1} = 1\,395 \times \left[1 - e^{-(0.20 \times 0.140 + 0.0015 \times 24.60)}\right] = 87.66 \text{ MPa}$$

$$\Delta \sigma_d = \frac{87.66}{24\,600} = 3.563 \times 10^{-3} \text{ MPa}$$

所以

$$l_f = \sqrt{\frac{6 \times 1.95 \times 10^5}{3.563 \times 10^{-3}}} = 18\,121 \text{ mm}$$

$$\Delta \sigma = 2\Delta \sigma_d l_f = 2 \times 3.563 \times 10^{-3} \times 18\,121 = 129.13 \text{ MPa}$$

$$\sigma_{L2} = \Delta \sigma \frac{l_f - x}{l_f} = 129.13 \times \frac{18\,121 - 12\,300}{18\,121} = 41.48 \text{ MPa}$$

（3）混凝土弹性压缩引起的预应力损失 σ_{L4}

钢束的张拉顺序为 N3 – N4 – N1 – N2，因此有

$$\sigma_{L4} = \frac{m - 1}{2}\alpha_{Ep}\Delta\sigma_{PC}$$

式中，$\alpha_{Ep} = 6, m = 4, \Delta\sigma_{PC}$ 为一束预应力钢筋在全部钢筋重心处产生的混凝土应力，可取平均值。

$$\Delta\sigma_{PC} = \frac{1}{4}\left(\frac{N_p}{A_n} + \frac{N_p e_{pn}}{I_n}y_n\right)$$

$$\sigma_{pe} = \sigma_{con} - \sigma_L = \sigma_{con} - \sigma_{L1} - \sigma'_{L2}$$

$$N_p = \sigma_{pe}A_p - \sigma_{L6}A_s = \sigma_{pe}A_p \text{（相应阶段，}\sigma_{L6}\text{ 为零）}$$

$$e_{pn} = \frac{\sigma_{pe}A_p y_{pn} - \sigma_{L6}A_s y_{sn}}{N_p} = \frac{\sigma_{pe}A_p y_{pn}}{N_p} = \frac{\sum N_{pi}y_{pni}}{\sum N_{pi}}$$

N1、N2 钢束 $\sigma_{pe} = 1\,395 - 81.57 - 36.14 = 1\,277.29\ \text{MPa}$

$$N_p = 1\,277.29 \times 2 \times 690.9 = 1\,764\,959\ \text{N}$$

N3、N4 钢束 $\sigma_{pe} = 1\,395 - 63.32 - 41.48 = 1\,290.20\ \text{MPa}$

$$N_p = 1\,290.20 \times 2 \times 690.9 = 1\,782\,798\ \text{N}$$

$$e_{pn} = \frac{1\,764\,959 \times (1\,176 - 210) + 1\,782\,798 \times (1\,176 - 100)}{1\,764\,959 + 1\,782\,798} = 1\,021\ \text{mm}$$

$$\Delta\sigma_{pc} = \frac{1}{4}\left(\frac{N_p}{A_n} + \frac{N_p e_{pn}}{I_n}y_n\right)$$

$$= \frac{1}{4} \times \left(\frac{1\,764\,959 + 1\,782\,798}{616\,690} + \frac{(1\,764\,959 + 1\,782\,798) \times 1\,021}{2.166\,63 \times 10^{11}} \times (1\,176 - 155)\right)$$

$$= 5.706\ \text{MPa}$$

$$\sigma_{l4} = \frac{(4-1)}{2} \times 6 \times 5.706 = 51.35\ \text{MPa}$$

(4)预应力筋松弛引起的预应力损失 σ_{l5}

N1、N2 钢束 $\sigma_{pe} = 1\,225.94\ \text{MPa}$

$$\sigma_{l5} = \psi\zeta\left(0.52\frac{\sigma_{pe}}{f_{pk}} - 0.26\right)\sigma_{pe}$$

$$= 1 \times 0.3 \times \left(0.52\frac{1\,225.94}{1860} - 0.26\right) \times 1\,225.94 = 30.43\ \text{MPa}$$

N3、N4 钢束 $\sigma_{pe} = 1\,258.85\ \text{MPa}$

$$\sigma_{l5} = \psi\zeta\left(0.52\frac{\sigma_{pe}}{f_{pk}} - 0.26\right)\sigma_{pe}$$

$$= 1 \times 0.3 \times \left(0.52\frac{1\,258.85}{1\,860} - 0.26\right) \times 1\,258.85 = 34.72\ \text{MPa}$$

(5)混凝土收缩、徐变引起的预应力损失 σ_{l6}

本算例受压区不设预应力筋,且暂不计普通钢筋影响,故

$$\sigma_{l6}(t) = \frac{0.9 \times [E_p\varepsilon_{cs}(t,t_0) + \alpha_{Ep}\sigma_{pc}\varphi(t,t_0)]}{1 + 15\rho\rho_{PS}}$$

式中各项参数计算如下:

① $E_p = 1.95 \times 10^5\ \text{MPa}$

② $\varepsilon_{cs}(t,t_0)$ 设传力锚固时龄期 $t_0 = 7$ 天,计算龄期为徐变终值对应的 t_u。桥梁所处环境年平均相对湿度为 55%,构件毛截面积为

$$A = 1\,600 \times 150 + \frac{100}{2} \times (160 + 1\,600) + 1\,200 \times 160 + \frac{100}{2} \times (160 + 400) + 200 \times 400$$

$$= 628\,000\ \text{mm}^2$$

截面周长为

$$u = 1\,600 + 150 \times 2 + 2 \times \sqrt{100^2 + 720^2} + 1200 \times 2 + 2 \times \sqrt{100^2 + 120^2} + 2 \times 200 + 400$$

$$= 6\,866\ \text{mm}$$

理论厚度为

$$h = 2A/u = 2 \times 628\,000/6\,866 = 182.9\ \text{mm}$$

查表得 $\varepsilon_{cs}(t_u, t_0) = 0.46 \times 10^{-3}$

③ $\alpha_{Ep} = 6$

④ σ_{pc} 为全部钢筋重心处由预加力产生的混凝土法向压应力,仅考虑第一批应力损失 $\sigma_{pe} =$

$\sigma_{\text{con}} - \sigma_{\text{L}} = \sigma_{\text{con}} - \sigma_{\text{L1}} - \sigma_{\text{L2}} - \sigma_{\text{L4}}$，已在计算 σ_{L5} 中解得。

N1、N2 钢束　　　　　　　　　　$\sigma_{\text{pe}} = 1\,225.94\ \text{MPa}$

N3、N4 钢束　　　　　　　　　　$\sigma_{\text{pe}} = 1\,258.85\ \text{MPa}$

由 $\sigma_{\text{pc}} = \dfrac{N_p}{A_n} + \dfrac{N_p e_{\text{pn}}}{I_n} y_n$，$N_p = \sigma_{\text{pe}} A_p$，$e_{\text{pn}} = \dfrac{\sigma_{\text{pe}} A_p y_{\text{pn}}}{N_p}$，得

N1、N2 束　　　　　　　　$N_p = 1\,225.94 \times 2 \times 690.9 = 1\,694\,004\ \text{N}$

N3、N4 束　　　　　　　　$N_p = 1\,238.85 \times 2 \times 690.9 = 1\,711\,843\ \text{N}$

$$e_{\text{pn}} = \frac{\sigma_{\text{pe}} A_p y_{\text{pn}}}{N_p} = \frac{\sum N_{pi} y_{\text{pni}}}{\sum N_{pi}} = \frac{1\,694\,004 \times (1\,176 - 210) + 1\,711\,843 \times (1\,176 - 100)}{1\,694\,004 + 1\,711\,843}$$

$$= 1\,021\ \text{mm}$$

所以

$$\sigma_{\text{pc1}} = \frac{1\,694\,004 + 1\,711\,843}{616\,690} + \frac{(1\,694\,004 + 1\,711\,843) \times 1\,021}{2.166\,63 \times 10^{11}} \times (1\,176 + 155) = 21.91\ \text{MPa}$$

一期恒载弯矩(梁体自重产生的跨中弯矩)：$M_{\text{d1}} = 1\,150\ \text{kN} \cdot \text{m}$

二期恒载弯矩：$M_{\text{d2}} = 322\ \text{kN} \cdot \text{m}$

由于徐变计算点为 t_u，长达数十年，故应力计算采用换算截面，得

$$\sigma_{\text{d}} = \frac{(M_{\text{d1}} + M_{\text{d2}}) \times y_0}{I_0} = \frac{(1\,150 + 322) \times 10^6 \times 1\,150}{2.335\,05 \times 10^{11}} = 7.25\ \text{MPa}$$

所以扣除自重影响后混凝土应力

$$\sigma_{\text{pc}} = \sigma_{\text{pc1}} - \sigma_{\text{d}} = 21.91 - 7.25 = 14.66\ \text{MPa} < 0.5 f_{\text{cu}} = 0.3 \times 35 = 17.5\ \text{MPa}$$

⑤由理论厚度及计算龄期查得 $\phi(t, t_0) = 2.95$

⑥构件受拉区配筋率：$\rho = (A_p + A_s)/A_n = \dfrac{4 \times 690.9}{616\,690} = 0.004\,48$

⑦$\rho_{\text{ps}} = 1 + \dfrac{e_{\text{ps}}^2}{i^2}$，其中 $e_{\text{ps}} = 1\,176 - 155 = 1021\ \text{mm}$

$$i^2 = \frac{I_n}{A_n} = \frac{2.166\,63 \times 10^{11}}{616\,690} = 3.513\,32 \times 10^5\ \text{mm}^2$$

$$\rho_{\text{ps}} = 1 + \frac{1\,021^2}{3.513\,32 \times 10^5} = 3.967$$

综合上述分析,得到

$$\sigma_{\text{L6}}(t) = \frac{0.9 \left[E_p \varepsilon_{\text{cs}}(t, t_0) + \alpha_{\text{Ep}} \sigma_{\text{pc}} \phi(t, t_0) \right]}{1 + 15 \rho \rho_{\text{ps}}}$$

$$= \frac{0.9 \times \left[1.95 \times 10^5 \times 0.46 \times 10^{-3} + 6 \times 14.66 \times 2.95 \right]}{1 + 15 \times 0.004\,48 \times 3.967}\ \text{MPa}$$

$$= 248.12\ \text{MPa}$$

3. 跨中截面预应力损失合计

N1、N2 束

$$\sigma_{\text{L}} = \sigma_{\text{L1}} + \sigma_{\text{L2}} + \sigma_{\text{L4}} + \sigma_{\text{L5}} + \sigma_{\text{L6}} = 81.57 + 36.14 + 51.35 + 31.17 + 248.12 = 448.35\ \text{MPa}$$

N3、N4 束

$$\sigma_{\text{L}} = \sigma_{\text{L1}} + \sigma_{\text{L2}} + \sigma_{\text{L4}} + \sigma_{\text{L5}} + \sigma_{\text{L6}} = 63.32 + 41.48 + 51.35 + 32.09 + 248.12 = 436.36\ \text{MPa}$$

第四章

预应力混凝土构件
承载能力计算

第一节　构件承载力计算一般表达式

计算预应力混凝土构件承载力并使其满足规范要求,是为了保证构件在正常施工和正常使用阶段能承受可能出现的各种作用,在设计规定的偶然事件发生时和发生后能保持必需的整体稳定性,达到设计预期的安全性。

承载力计算针对构件受力特征进行包括抗拉、抗压、抗弯、抗剪、抗扭及拉、压、弯、剪、扭组合作用下的计算。我国《混凝土结构设计规范》和《公路钢筋混凝土及预应力混凝土桥涵设计规范》、《铁路桥涵设计规范(极限状态法)》均采用以概率理论为基础的极限状态设计法,以分项系数的设计表达式进行设计,预应力混凝土构件承载能力极限状态计算采用下列表达式:

$$\gamma_0 S \leq R \qquad\qquad (4-1)$$

$$R = (f_d, a) \qquad\qquad (4-2)$$

式中　　γ_0——结构重要性系数;

　　　　S——承载能力极限状态下作用效应组合的设计值;

　　　　R——结构构件的承载力设计值;

$R = (f_d, a)$——结构构件的承载力函数;

　　　　f_d——材料强度设计值;

　　　　a——构件几何参数的标准值(采用设计规定的公称值,或根据几何参数概率分布的某个分位值确定)。

各种规范中 γ_0、S 和 R 表达式及各参数取值不一定相同,但它们相互关联,在每一种规范内自成体系,其取值整体上体现设计时对结构安全裕度的考虑。

表 4-1 为设计规范中结构重要性系数 γ_0 的取值。

表 4-1　结构重要性系数 γ_0 取值

规范名称	γ_0		
	1.1	1.0	0.9
《混凝土结构设计规范》	安全等级为一级或设计使用年限 100 年以上结构	安全等级为二级或设计使用年限 50 年以上的结构	安全等级为三级或设计使用年限 5 年及以下结构

规 范 名 称	γ_0		
	1.1	1.0	0.9
《公路钢筋混凝土及预应力混凝土桥涵设计规范》	设计安全等级为一级	设计安全等级为二级	设计安全等级为三级
《铁路桥涵设计规范（极限状态法）》	设计安全等级为一级	设计安全等级为二级	设计安全等级为三级

表4-1中，《混凝土结构设计规范》《铁路桥涵设计规范（极限状态法）》中取值均为"不小于"或"大于"，《公路钢筋混凝土及预应力混凝土桥涵设计规范》中取值均为"等于"。地震设计状况下，结构重要性系数取1.0。

应注意的是，进行承载力验算时，《混凝土结构设计规范》中结构重要性系数在计算公式中没有显示出现，将之包含在荷载设计值的表达式中，而《公路钢筋混凝土及预应力混凝土桥涵设计规范》中结构重要性系数则在计算公式中显示出现，为方便讨论，将式（4-1）左侧统一写成下面形式：

$$S_d = \gamma_0 S$$

S_d 表示考虑结构重要性系数的承载能力极限状态下作用效应组合设计值，本书中将用同一个符号 S_d 表示作用效应组合设计值（即承载力验算时左侧项不再出现结构重要性系数 γ_0），其意义和量值应根据具体规范来确定。

第二节　预应力混凝土受弯构件正截面承载力计算

预应力混凝土受弯构件截面承载力计算包括正截面承载力计算和斜截面承载力计算。对于预应力混凝土受弯构件正截面破坏阶段的工作机理和破坏特征，国内外学者认识比较一致，各种规范中正截面承载力的计算公式形式基本相差不大。

一、正截面破坏形态和承载力计算特点

受弯构件正截面承载力，有时称作极限抗弯强度或极限弯矩。在破坏阶段，预应力混凝土受弯构件和钢筋混凝土受弯构件的破坏形态和破坏机理类似，但又有其自身特点。受拉区预应力筋和普通钢筋配筋率不同，预应力混凝土受弯构件可能发生低筋破坏、超筋破坏和适筋破坏。

1. 低筋破坏

对于受弯预应力混凝土构件，截面上增加的荷载弯矩，将被拉区预应力筋和普通钢筋拉力的增加、压区混凝土压力的增加及截面中拉力和压力间力臂的增长所平衡。若配筋率过低，一旦受拉区混凝土出现裂缝，受拉预应力筋和普通钢筋极可能立即被拉断，引起梁体的突然破坏，这种破坏形式称为低筋破坏。破坏的原因是拉区混凝土开裂时即刻将承受的拉力转移到受拉预应力筋和普通钢筋，由于钢筋总量过少，钢筋由于无法承受突然转移过来的附加力而被拉断。发生低筋破坏时梁体裂缝少，变形不明显，属脆性破坏，各国规范要求在设计时不允许出现这种破坏形式，一般用最小配筋率或极限弯矩与开裂弯矩的最小比值来保证。《混凝土结构设计规范》和《公路钢筋混凝土及预应力混凝土桥涵设计规范》规定，拉区纵向钢筋的配筋率必须满足下列要求：

$$\frac{M_u}{M_{cr}} \geq 1.0 \tag{4-3a}$$

式中　M_u——构件的正截面受弯承载力设计值；

　　　　M_{cr}——构件的正截面开裂弯矩。

美国房屋设计规范 ACI318 规定，包括有黏结预应力筋和普通钢筋的配筋率必须满足：

$$\frac{M_u}{M_{cr}} \geqslant 1.2 \tag{4-3b}$$

我国《PPC 设计建议》规定的最小配筋率同式(4-3b)。

2. 超筋破坏

在拉区混凝土开裂后，截面中拉区钢筋拉力和压区混凝土压力组成的力臂大小变化是有限的，荷载的继续增加将导致压区混凝土压力的快速增长，若配筋率过高，在拉区预应力筋和普通钢筋未达屈服强度(或名义屈服强度)时压区混凝土由于压力过大而突然被压碎，从而引起构件破坏，这种破坏形式称为超筋破坏。发生超筋破坏时虽然压区边缘混凝土纤维应变已达极限应变 ε_{cu}，但梁体挠度小，裂缝很细，构件破坏前没有明显预兆，属脆性破坏。各国规范均列出条文避免使用超筋设计，一是这种构件破坏突然，使用时难以防范危险；二是这种设计浪费材料；再者，在超静定结构中无法实现弯矩(内力)重分布，因为超筋设计在破坏时截面转动能力差，难以形成塑性铰，易于形成局部破坏，影响结构的承载能力。

3. 适筋破坏

如果配筋合适，在拉区混凝土开裂后，随着荷载增加，裂缝不断扩展，中性轴不断上升(力臂增大)，梁体变形明显；当拉区预应力筋和普通钢筋发生屈服时，中性轴急剧上升，梁体变形快速增加，随后压区混凝土被压碎，梁体发生破坏，此现象称为适筋破坏。在发生这种破坏前，构件变形大，预兆明显，属延性破坏，是设计所追求的。从充分发挥材料能力出发，最理想的设计应是：当弯曲破坏时，拉区钢筋和压区混凝土同时达到或接近各自的极限强度。

预应力混凝土受弯构件普遍采用钢绞线或高强钢丝束，由于其没有明显的屈服强度与屈服台阶，预应力混凝土适筋梁和超筋梁间并没有明确的界限配筋率。但从设计出发，又必须确保结构不发生脆性破坏。规范中采用的方法是结合试验结果选取合适的预应力筋应力值作为"屈服强度"，由此给出受压区混凝土的界限受压高度，以预防超筋破坏。根据界限受压高度，结合截面内力平衡方程，可得到适筋梁和超筋梁间的界限配筋率。

试验研究表明，脆性破坏和延性破坏的区别可以通过考察拉区最外层钢筋的净应变 ε_t 值(普通钢筋为拉应变绝对值，预应力筋为消压后的应变增量)来判断。美国 ACI-318 规范规定，若受弯构件破坏时拉区最外层钢筋的净应变 ε_t 小于受压混凝土极限压应变 ε_{cu}(对于预应力混凝土结构，ε_{cu} 可取为 0.002)，截面承载力由抗压控制，破坏前变形不大，预兆不明显，属脆性破坏；若拉区最外层钢筋净应变 ε_t 达到或超过 0.005，截面承载力由抗拉控制，破坏前变形大、裂缝多，预兆明显，属延性破坏。对于大多数延性设计(适筋梁)，ε_t 会达到 0.005，截面承载力由抗拉控制；对于有较小轴力和较大弯矩同时作用的构件，ε_t 可能会在 0.003~0.005 之间；对于连续梁和框架结构，内力重分布依赖于塑性铰的延性，因此形成塑性铰部位的最外层钢筋净应变 ε_t 一般至少为 0.075，这再次说明超静定结构中必须避免超筋设计，尽量降低配筋率。

与钢筋混凝土受弯构件相比，预应力混凝土受弯构件截面承载力分析有两点明显不同：一是预应力混凝土受外荷载作用前钢筋和混凝土已经存在初始应力；二是高强钢材没有明显屈服台阶，钢材进入塑性后，随变形增加而变化的应力是未知量，需要假定高强钢材的应力应变关系曲线后才能进行截面承载力分析。如果受压区设置预应力筋，由于初始应力的存在，破坏时预应力筋应力达不到抗压强度，确定截面承载力必须先计算压区预应力筋的应力值。大量试验表明，达到极限状态时，拉区预应力筋应力没有达到极限强度，一般在其条件流限 $\sigma_{0.2}$(或 $\sigma_{0.1}$)和极限强度之间，因此为简化计算，一般假定条件流限 $\sigma_{0.2}$ 为设计强度。

二、正截面承载能力计算基本假定

进行预应力混凝土受弯构件正截面承载力计算时，通常采用如下基本假定：

（1）截面应变保持平面。即符合平截面假定，在受弯前后沿截面高度的混凝土应变与距中性轴距离成正比。

（2）不计拉区混凝土对承载力的贡献。忽略受弯构件受拉区混凝土在中性轴附近未开裂部分对承载力的贡献。

（3）变形协调。对于有黏结预应力混凝土，预应力筋、普通钢筋和混凝土黏结良好，钢筋与混凝土交接处变形相同。

（4）纵向体内钢筋的应力等于钢筋应变与其弹性模量的乘积，但其值应符合下列要求：

$$-f'_{sd} \leqslant \sigma_{si} \leqslant f_{sd} \tag{4-4a}$$

$$-(f'_{pd} - \sigma'_{p0i}) \leqslant \sigma_{pi} \leqslant f_{pd} \tag{4-4b}$$

式中　σ_{si}、σ_{pi} ——第 i 层纵向普通钢筋、预应力筋的应力，正值表示拉应力、负值表示压应力；

　　　f_{sd}、f'_{sd} ——纵向普通钢筋的抗拉强度设计值和抗压强度设计值；

　　　f_{pd}、f'_{pd} ——纵向预应力筋的抗拉强度设计值和抗压强度设计值；

　　　σ'_{p0i} ——压区第 i 层预应力筋截面重心处的混凝土压应力为零时（消压状态）的受压区预应力筋应力。

《混凝土结构设计规范》还规定了正截面承载力计算时受压混凝土的应力、应变关系曲线：

当 $\varepsilon_c \leqslant \varepsilon_0$ 时

$$\sigma_c = f_c \left[1 - \left(1 - \frac{\varepsilon_c}{\varepsilon_0} \right)^n \right] \tag{4-5}$$

当 $\varepsilon_0 < \varepsilon_c \leqslant \varepsilon_{cu}$ 时

$$\sigma_c = f_c \tag{4-6}$$

$$n = 2 - \frac{1}{60}(f_{cu,k} - 50) \tag{4-7}$$

$$\varepsilon_0 = 0.002 + 0.5(f_{cu,k} - 50) \times 10^{-5} \tag{4-8}$$

$$\varepsilon_{cu} = 0.0033 - (f_{cu,k} - 50) \times 10^{-5} \tag{4-9}$$

式中　σ_c ——混凝土压应变为 ε_c 时的混凝土压应力；

　　　f_c ——混凝土轴心抗压强度设计值；

　　　ε_0 ——混凝土压应力刚达到 f_c 时的混凝土应变，当计算的 ε_0 值小于 0.002 时，取为 0.002；

　　　ε_{cu} ——正截面的混凝土极限压应变，处于非均匀受压时，按式（4-7）计算，如计算的 ε_{cu} 值大于 0.0033，取为 0.0033；当处于轴心受压时取为 ε_0；

　　　$f_{cu,k}$ ——混凝土立方体抗压强度标准值；

　　　n ——系数，当计算的 n 值大于 2.0 时，取为 2.0。

基于上述假定，可建立以截面应变相容和截面上力的平衡为基础的截面承载力理论分析方法和简化计算方法。

混凝土受压极限应变 ε_{cu} 值一般在 0.002～0.008 之间，各规范规定值并不完全相同，但取值通常在 0.002～0.0035 之间。受弯构件中混凝土截面非均匀受压时，《混凝土结构设计规范》规定 ε_{cu} 取 0.0033；《公路钢筋混凝土及预应力混凝土桥涵设计规范》规定，当混凝土强度等级为

C50 及以下时，ε_{cu} 取 0.003 3，当混凝土强度等级为 C80 时，ε_{cu} 取 0.003，中间强度等级用直线插值求得。美国 ACI318 规范中 ε_{cu} 取 0.003，对于预应力混凝土 ε_{cu} 亦可取为 0.002；CEB – FIP（Model 2010）、加拿大混凝土结构设计标准 CSA A 23.3 – 04 中 ε_{cu} 取为 0.003 5。

三、受压区混凝土的等效矩形应力图

　　极限状态时，预应力混凝土受弯构件正截面受压混凝土的应力图形可根据平截面假定和式(4 – 5) ~ 式(4 – 9)的关系画出。由于式(4 – 5) ~ 式(4 – 9)是基于试验结果的经验公式，考虑到混凝土本构关系受强度、浇筑方法等影响，要得出精确的受压区混凝土的应力图形是困难的；从实际出发，这亦是不必要的，因设计中可通过选择合理的分项系数或安全系数来满足构件具有足够的安全度。虽然如此，计算时采用由平截面假定和式(4 – 5) ~ 式(4 – 9)得出的受压区混凝土的应力图形，仍感烦琐，实用方法是将之简化成等效的应力图形。等效原则是两种图形的合力大小相等、合力作用点重合。等效应力图形可以采用适于计算的任何图形形式，常用的有矩形、梯形、抛物线形，尤以矩形最为常用。图 4 – 1 为预应力混凝土受弯构件极限状态下受压区混凝土的等效矩形应力图。

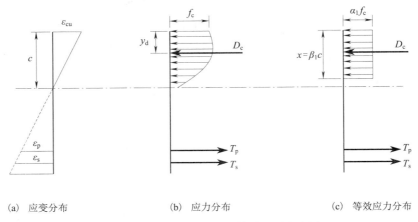

　　(a)　应变分布　　　　　　　　(b)　应力分布　　　　　　　(c)　等效应力分布

图 4 – 1　受压区混凝土的等效矩形应力图

　　极限状态时，压区边缘混凝土应变达极限应变 ε_{cu}，根据平截面假定，距中性轴 y 处压区混凝土应变为 $\varepsilon_{c,y} = \dfrac{y}{c}\varepsilon_{cu}$，将之代入混凝土应力应变关系 $\sigma_{c,y} = \sigma_c(\varepsilon_{c,y})$，得压区混凝土合力及其作用点位置：

$$D_c = \int_0^c \sigma_c(\varepsilon_{c,y}) b(y)\,\mathrm{d}y \tag{4 – 10a}$$

$$y_D = \frac{\displaystyle\int_0^c \sigma_c(\varepsilon_{c,y}) b(y)(c - y)\,\mathrm{d}y}{\displaystyle\int_0^c \sigma_c(\varepsilon_{c,y}) b(y)\,\mathrm{d}y} \tag{4 – 10b}$$

式中　c——受压区混凝土高度；
　　ε_{cu}——非均匀受压时的混凝土极限压应变；
　　$b(y)$——截面宽度；
　　y_D——压区混凝土合力作用点距压区外边缘的距离。
　　将压区混凝土应力图形化为压应力为 $\alpha_1 f_c$ 的等效矩形，按等效原则，有

$$D_c = \alpha_1 f_c \int_0^c b(y)\,\mathrm{d}y \qquad (4-10\mathrm{c})$$

$$y_D = \beta_1 \frac{\int_0^c (c-y) b(y)\,\mathrm{d}y}{\int_0^c b(y)\,\mathrm{d}y} \qquad (4-10\mathrm{d})$$

式中　β_1——受压区混凝土等效应力矩形高度与原始应力图形高度的比值；

　　　α_1——受压区混凝土等效应力矩形宽度与原始应力图形宽度的比值；

　　　f_c——混凝土轴心抗压强度设计值。

由式(4-10a)~式(4-10d)，可求解 α_1、β_1。

在试验研究和理论分析基础上，我国规范将压区混凝土等效应力图形按下列规定确定：

受压区混凝土等效应力矩形宽度

$$\sigma_c = \alpha_1 f_c \qquad (4-10\mathrm{e})$$

受压区混凝土等效应力矩形高度

$$x = \beta_1 c \qquad (4-10\mathrm{f})$$

不同规范中 α_1、β_1 取值不同，一般 α_1 值在 0.65~1.0 之间，β_1 值在 0.67~0.90 之间。《混凝土结构设计规范》规定，当混凝土强度等级不超过 C50 时，α_1 取 1.0，β_1 取 0.8；当混凝土强度等级为 C80 时，α_1 取 0.94，β_1 取 0.74，其间按线性内插法确定。《公路钢筋混凝土及预应力混凝土桥涵设计规范》规定 α_1 取为常值 1.0，当混凝土强度等级不超过 C50 时 β_1 取 0.8，当混凝土强度等级为 C80 时 β_1 取 0.74，其中间取值按线性内插法确定。《铁路桥涵设计规范(极限状态法)》中 α_1 取为常值 1.0。

应当指出，根据式(4-10a)~式(4-10d)，对于矩形截面，按式(4-10e)、式(4-10f)确定的矩形应力图形计算具较好的精度，但对于三角形、圆形及宽度变化剧烈的截面，按式(4-10e)、式(4-10f)确定的矩形应力图形计算时，会带来一定误差。

需要说明的是，对相同强度等级混凝土，《混凝土结构设计规范》和《公路钢筋混凝土及预应力混凝土桥涵设计规范》、《铁路桥涵设计规范(极限状态法)》规定的混凝土轴心抗压强度设计值不同(见表2-11)，符号亦不同。按图4-1(c)计算承载力时，《混凝土结构设计规范》中压区混凝土强度为 $\alpha_1 f_c$(f_c 为规范规定的混凝土轴心抗压强度设计值)，《公路钢筋混凝土及预应力混凝土桥涵设计规范》《铁路桥涵设计规范(极限状态法)》中压区混凝土强度为 f_{cd}(f_{cd} 为规范规定的混凝土轴心抗压强度设计值，$\alpha_1 = 1.0$)。为便于讨论，本书材料强度设计值符号按附录的附表取用，只是计算时具体数值应根据相应规范进行取值。

四、相对界限受压区高度 ξ_b

为了保证受弯构件不发生由于超筋引起的脆性破坏，常用而有效的方法是控制构件截面上混凝土的受压区高度在合适的范围内。受压区高度值大，说明破坏时中性轴位置靠近受拉区边缘，按平截面理论，受拉区最外层钢筋的应变小，梁体曲率和变形亦小，属脆性破坏。为避免这种脆性破坏，有两种途径：一是确保破坏时受拉区最外层钢筋发生足以保证构件延性破坏的最小应变值；二是确保破坏源于受拉区钢筋发生屈服。此两种途径可以统一起来，即以受拉区最外层钢筋发生屈服时的应变作为最小应变值，由此得到界限受压区高度的概念——受压区混凝土达到极限压应变 ε_{cu} 且受拉区最外层钢筋亦达到屈服拉应变时的受压区高度，此正体现受拉区纵向钢筋与受压区混凝土同时发生破坏的界限状态。为描述方便，规范中用界限受压区混凝土高度与截面有效高度的比值——相对界限受压区高度 ξ_b 来表示。

对于配置有明显屈服台阶预应力筋的受弯构件,根据定义可直接得到相对界限受压区高度 ξ_b ;对于配置无明显屈服台阶预应力筋的受弯构件,需首先假定名义上的"屈服点",我国规范取残余塑性应变为 0.2% 时对应的应力为名义屈服应力(条件流限 $\sigma_{0.2}$),以保证构件有足够的延性。

为讨论方便,仅选取受拉区配置预应力筋的受弯构件进行分析,计算时钢筋强度按规范规定取为设计值。图 4-2 为根据平截面假定得到的不同破坏状态下截面上的应变分布图。

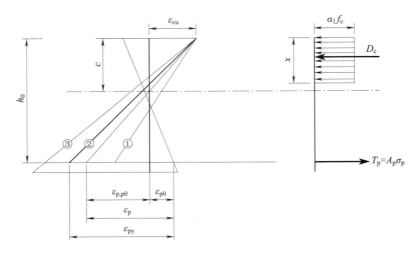

（a）应变分布　　　　　　（b）等效应力分布图形

图 4-2　不同破坏状态下截面上的应变分布
①适筋破坏　②界限破坏　③适筋破坏

1. 预应力筋有明显屈服台阶时的相对界限受压区高度 ξ_b

由图 4-2,得

$$\frac{c}{h_0} = \frac{\varepsilon_{cu}}{\varepsilon_{p,p0} + \varepsilon_{cu}} \tag{4-11}$$

式中　h_0——截面有效高度,为拉区预应力筋合力点至压区边缘的距离;

c——混凝土实际受压高度;

ε_{cu}——非均匀受压时的混凝土极限压应变;

$\varepsilon_{p,p0}$——受拉预应力筋从消压至破坏的应变增量,$\varepsilon_{p,p0} = \varepsilon_p - \varepsilon_{p0}$,$\varepsilon_{p0} = \sigma_{p0}/E_p$,其中 ε_p 为破坏时预应力筋的总应变,σ_{p0}、ε_{p0} 为受拉预应力筋合力点处混凝土应力为零时的预应力筋应力和应变,E_p 为预应力筋弹性模量,界限破坏时有 $\varepsilon_{p,p0} = \varepsilon_{pd} - \varepsilon_{p0}$,$\varepsilon_{pd} = f_{pd}/E_p$,$f_{pd}$ 为有明显屈服台阶的预应力筋抗拉强度设计值。

相对受压区高度 ξ 定义为

$$\xi = \frac{x}{h_0} \tag{4-12}$$

式中　x——受压区混凝土等效应力矩形的高度,$x = \beta_1 c$,β_1 为等效换算系数。

将 $x = \beta_1 c$ 代入式(4-11),并引入相对界限受压区高度 ξ_b ,有

$$\xi_b = \frac{x_b}{h_0} = \frac{\beta_1 \varepsilon_{cu}}{\varepsilon_{cu} + \varepsilon_{p,p0}} = \frac{\beta_1}{1 + \dfrac{\varepsilon_{p,p0}}{\varepsilon_{cu}}} = \frac{\beta_1}{1 + \dfrac{f_{pd} - \sigma_{p0}}{E_p \varepsilon_{cu}}} \tag{4-13}$$

2. 预应力筋没有明显屈服台阶时的相对界限受压区高度 ξ_b

对于没有明显屈服台阶的预应力筋，我国规范取残余塑性应变为 0.2% 所对应的应力 $\sigma_{0.2}$ 为条件流限，则达到 $\sigma_{0.2}$ 时预应力筋中的应变为 $0.002 + \varepsilon_{pd}$（见图 4-3），因此预应力筋从消压至破坏的应变增量为

$$\varepsilon_{p,p0} = 0.002 + \varepsilon_{pd} - \varepsilon_{p0} \qquad (4-14)$$

式中　ε_{pd}——对应于 $\sigma_{0.2}$（条件流限）的预应力筋弹性应变，$\varepsilon_{pd} = \sigma_{0.2}/E_p$；

　　　ε_{p0}——受拉预应力筋合力点处混凝土应力为零时的预应力筋应变。

将预应力筋强度用设计值表示，同前面的推导，有

$$\xi_b = \frac{\beta_1 \varepsilon_{cu}}{\varepsilon_{cu} + 0.002 + \varepsilon_{pd} - \varepsilon_{p0}} = \frac{\beta_1}{1 + \dfrac{0.002}{\varepsilon_{cu}} + \dfrac{f_{pd} - \sigma_{p0}}{E_p \varepsilon_{cu}}} \qquad (4-15)$$

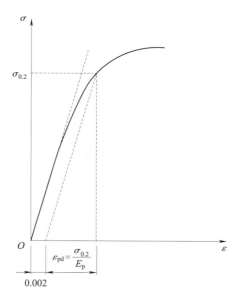

图 4-3　硬钢应力达条件流限时的应变

结合截面内力平衡，由相对界限受压区高度可推导得到超筋破坏和适筋破坏间的界限配筋率，即最大配筋率。如对于仅在受拉区配置预应力筋的矩形截面受弯构件，有

$$\rho_{max} = \frac{A_p}{bh} \approx \frac{A_p}{bh_0} = \frac{\xi_b f_{ck}}{f_{pd}} \qquad (4-16)$$

式中　f_{ck}——混凝土强度标准值。

对于其他截面形式，可得到形如式（4-16）的最大配筋率与相对界限受压区高度间的关系式，从而有下列关系：

适筋破坏　　　　　$\varepsilon_p > \varepsilon_{pd}, x < x_b = \xi_b h_0, \xi < \xi_b, \rho < \rho_{max}$

界限破坏　　　　　$\varepsilon_p = \varepsilon_{pd}, x = x_b = \xi_b h_0, \xi = \xi_b, \rho = \rho_{max}$

超筋破坏　　　　　$\varepsilon_p < \varepsilon_{pd}, x > x_b = \xi_b h_0, \xi > \xi_b, \rho > \rho_{max}$

受拉区配置有不同性质的钢筋时，相对界限受压区高度应分别计算，并取其较小值。

3. 规范中相对界限受压区高度 ξ_b 的取值

取 $\varepsilon_{p,p0} = 0.004$，与 $\sigma_{0.2}$ 相应的应变取 $\varepsilon_{pd} = 0.0084$，相对受压区高度取为混凝土实际受压高度，$\varepsilon_{cu}$ 取为 0.003，得到《铁路桥涵设计规范（极限状态法）》中预应力筋相对界限受压区高度

ξ_b 的取值:

$$\xi_b = \frac{c}{h_0} = \frac{\varepsilon_{cu}}{\varepsilon_{pd} - \varepsilon_{p,p0} + \varepsilon_{cu}} \approx 0.4 \qquad (4-17)$$

用相同方法可计算得到非预应力筋的相对界限受压区高度,表 4-2 为《铁路桥涵设计规范(极限状态法)》给出的预应力筋及非预应力筋的相对界限受压区高度 ξ_b。

《混凝土结构设计规范》和《公路钢筋混凝土及预应力混凝土桥涵设计规范》中 ξ_b 由式(4-13)、式(4-15)代入不同的混凝土极限应变、预应力筋强度、弹性模量后计算得到。表 4-3 为《公路钢筋混凝土及预应力混凝土桥涵设计规范》给出的钢绞线、钢丝和预应力螺纹钢筋及普通钢筋的相对界限受压区高度 ξ_b。

表 4-2 《铁路桥涵设计规范(极限状态法)》中相对界限受压区高度 ξ_b

钢筋种类 \ 混凝土强度等级	C50 及以下	C55、C60
HPB300	0.59	0.57
HRB400	0.54	0.52
HRB500	0.50	0.48
钢绞线、钢丝	0.40	0.38
预应力螺纹钢筋	0.40	0.38

表 4-3 《公路钢筋混凝土及预应力混凝土桥涵设计规范》中相对界限受压区高度 ξ_b

钢筋种类 \ 混凝土强度等级	C50 及以下	C55、C60	C65	C75、C80
HPB300	0.58	0.56	0.54	—
HRB400、HRBF400、RRB400	0.53	0.51	0.49	—
HRB500	0.49	0.47	0.46	—
钢绞线、钢丝	0.40	0.38	0.36	0.35
预应力螺纹钢筋	0.40	0.38	0.36	—

注:截面受拉区内配置不同种类钢筋时,相对界限受压区高度应选用相应于各种钢筋的较小者。

五、预应力混凝土受弯构件正截面受弯承载力计算

预应力混凝土受弯构件正截面受弯承载力计算方法有完全分析法和简化方法。

完全分析法又称为全过程分析法,在基本假定基础上可以分析任意截面形状、任意配筋形式的受弯构件正截面承载力。全过程分析法可得到较精确的计算结果,但计算过程过于复杂,尤其不适合手算。各规范均给出基于压区混凝土等效应力图形的简化方法。

下面介绍考虑受弯构件拉区、压区均配置预应力筋和普通钢筋的典型情形下的承载力计算基本公式。

1. 矩形截面受弯构件正截面受弯承载力计算

矩形截面预应力混凝土受弯构件正截面承载力计算图式如图 4-4 所示。

在图 4-4 中,以拉区预应力筋和普通钢筋合力作用点为参考点,建立力矩平衡方程,可得正截面抗弯承载力计算公式:

$$M_d \leqslant f_{cd}bx\left(h_0 - \frac{x}{2}\right) + f'_{sd}A'_s(h_0 - a'_s) + \sigma'_p A'_p(h_0 - a'_p) \qquad (4-18)$$

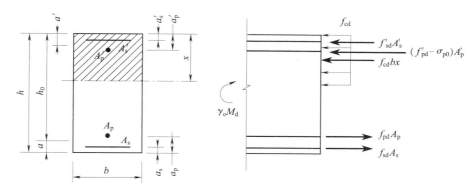

图 4-4 矩形截面受弯构件正截面承载力计算示意图

混凝土受压区高度 x 可按式(4-19)计算：

$$f_{sd}A_s + f_{pd}A_p = f_{cd}bx + f'_{sd}A'_s + \sigma'_p A'_p \tag{4-19}$$

截面受压区高度应符合下列要求：

$$x \leqslant \xi_b h_0 \tag{4-20}$$

当受压区配有纵向普通钢筋和预应力筋且预应力筋受压，即 σ'_p 为正时，尚需符合下面要求：

$$x \geqslant 2a' \tag{4-21}$$

当受压区仅配纵向普通钢筋，或配普通钢筋和预应力筋且预应力筋受拉，即 σ'_p 为负时，尚需符合下面要求：

$$x \geqslant 2a'_s \tag{4-22}$$

式中　M_d——弯矩设计值；

　　f_{cd}——混凝土轴心抗压强度设计值；

　　σ'_p——压区预应力筋应力，$\sigma'_p = f'_{pd} - \sigma'_{p0}$；

　　σ'_{p0}——受压区预应力筋合力点处混凝土法向应力等于零时预应力筋的应力；

　　f_{sd}、f'_{sd}——纵向普通钢筋的抗拉强度设计值和抗压强度设计值；

　　f_{pd}、f'_{pd}——纵向预应力筋的抗拉强度设计值和抗压强度设计值；

　　A_s、A'_s——受拉区、受压区纵向普通钢筋的截面面积；

　　A_p、A'_p——受拉区、受压区纵向预应力筋的面积；

　　b——矩形截面宽度；

　　h_0——截面有效高度，$h_0 = h - a$，此处 h 为截面全高；

　　a、a'——受拉区、受压区普通钢筋和预应力筋的合力点至受拉区边缘、受压区边缘的距离；

　　a'_s、a'_p——受压区普通钢筋合力点、预应力筋合力点至受压区边缘的距离。

对于纵向普通钢筋的抗拉强度设计值和抗压强度设计值，《混凝土结构设计规范》以 f_y、f'_y 表示，《铁路桥涵设计规范（极限状态法）》以 f_{std}、f_{scd} 表示，《公路钢筋混凝土及预应力混凝土桥涵设计规范》以 f_{sd}、f'_{sd} 表示，上述符号具相同的物理意义且取值相同或接近，本书统一以 f_{sd}、f'_{sd} 形式表示。预应力筋的抗拉强度设计值和抗压强度设计值以 f_{pd}、f'_{pd} 形式表示。

下面讨论极限状态时受压区预应力筋的应力取值 $\sigma'_p = f'_{pd} - \sigma'_{p0}$。在正常使用阶段，预应力筋中预应力损失全部完成；压区预应力筋的有效应力为 σ'_{pe}，压区预应力筋合力点处混凝土的压应力为 σ'_{pc}；随荷载增加，最后由于压区混凝土压碎而截面发生破坏。假想将受压区预应力筋从

有效应力 σ'_{pe} 至压区混凝土破坏时的应力分为两个阶段。设在某荷载作用下,预应力筋合力作用点处的混凝土压应力变为零(即消压状态),此时对应的受压区预应力筋应力为 σ'_{p0} (拉应力,从 σ'_{pe} 变为 σ'_{p0}),此为第一阶段。荷载继续增加至压区混凝土压碎、破坏,此为第二阶段,破坏时受压混凝土最外层纤维应变达 ε_{cu} ($\approx 0.002 \sim 0.003\,5$),$\varepsilon_{\text{cu}}$ 亦为本阶段中的应变增量,相应地在压区预应力筋中产生压应变 $\Delta\varepsilon'_{\text{p}}$,如果中性轴位置与压区预应力筋合力作用点处有一定距离[如满足式(4 – 22)],则可认为此阶段受压区预应力筋应变增量 $\Delta\varepsilon'_{\text{p}}$ 可达 0.002 左右,亦即在第二阶段受压区预应力筋应力增量(压应力)约为

$$\Delta\sigma'_{\text{p}} = E_{\text{p}}\Delta\varepsilon'_{\text{p}} \approx E_{\text{p}} \times 0.002 \approx f'_{\text{pd}}$$

若取应力以压为正、以拉为负(在压区),综合上述两个阶段,则可得受压区混凝土破坏时受压区预应力筋的应力为

$$\sigma'_{\text{p}} = f'_{\text{pd}} - \sigma'_{\text{p0}} \tag{4 – 23}$$

式中 f'_{pd}——预应力筋抗压强度设计值;

  σ'_{p0}——压区预应力筋合力作用点处的混凝土压应力为零时(消压状态)的受压区预应力筋应力,简称为消压应力。

2. T 形截面受弯构件正截面受弯承载力计算

T 形截面和 I 形截面受弯构件正截面抗弯承载力计算方法和计算公式相同,计算时需首先判断中性轴位置。当中性轴位置位于翼缘板内,其计算公式与矩形截面的相同,仅需将计算式中矩形截面宽度用翼缘板宽度代替[见图 4 – 5(a)];当中性轴位置位于腹板内,则需另建立计算式。

图 4 – 5(b)为中性轴位置位于腹板内时的 T 形截面承载力计算图式。

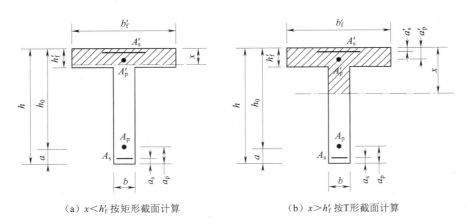

(a) $x<h'_{\text{f}}$ 按矩形截面计算   (b) $x>h'_{\text{f}}$ 按T形截面计算

图 4 – 5 T 形截面受弯构件正截面承载力计算示意图

中性轴位置的判别:

(1)当符合下列条件时,中性轴位置在翼板内,应以宽度为 b'_{f} 的矩形截面计算正截面抗弯承载力为

$$f_{\text{sd}}A_{\text{s}} + f_{\text{pd}}A_{\text{p}} \leqslant f_{\text{cd}}b'_{\text{f}}h'_{\text{f}} + f'_{\text{sd}}A'_{\text{s}} + (f'_{\text{pd}} - \sigma'_{\text{p0}})A'_{\text{p}} \tag{4 – 24}$$

(2)当不符合上式条件时,中性轴位置在腹板内,计算承载力时应考虑截面腹板受压作用。

在图 4 – 5(b)中以拉区预应力筋和普通钢筋合力作用点为参考点,建立力矩平衡方程,可得中性轴位置在腹板内的 T 形截面正截面抗弯承载力计算公式为

$$M_{\text{d}} \leqslant f_{\text{cd}}\left[bx\left(h_0 - \frac{x}{2}\right) + (b'_{\text{f}} - b)h'_{\text{f}}\left(h_0 - \frac{h'_{\text{f}}}{2}\right) \right] + f'_{\text{sd}}A'_{\text{s}}(h_0 - a'_{\text{s}})$$
$$+ (f'_{\text{pd}} - \sigma'_{\text{p0}})A'_{\text{p}}(h_0 - a'_{\text{p}}) \tag{4 – 25}$$

此时,受压区高度 x 可按式(4-26)计算,且需满足式(4-21)~式(4-23)的要求,即

$$f_{sd}A_s + f_{pd}A_p = f_{cd}\left[bx + (b'_f - b)h'_f\right] + f'_{sd}A'_s + (f'_{pd} - \sigma'_{p0})A'_p \qquad (4-26)$$

式中　h'_f——T形或I形截面受压翼缘厚度;

　　　b'_f——T形或I形截面受压翼缘的有效宽度。

按上述公式进行抗弯承载力计算时,受压区高度应满足式(4-20)、式(4-21)或式(4-22)要求。

箱形截面预应力混凝土受弯构件的正截面抗弯承载力可按上述方法进行计算。

3. 关于公式限制条件的讨论

式(4-18)、式(4-24)和式(4-25)的适用条件是受压区高度满足式(4-20)、式(4-21)和式(4-22)。式(4-20)中 $x \le \xi_b h_0$ 是限制混凝土受压区高度,以使构件不发生超筋引起的脆性破坏;式(4-21)中 $x \ge 2a'$ 是保证构件破坏时受压预应力筋应变能达到 ε'_{pd}(约为0.002),即是保证进行承载力计算时式(4-23)能够使用,下面加以解释。

通过图4-6来建立受压区高度与受压区普通钢筋和预应力筋的合力点至受压区边缘距离 a' 之间的关系。

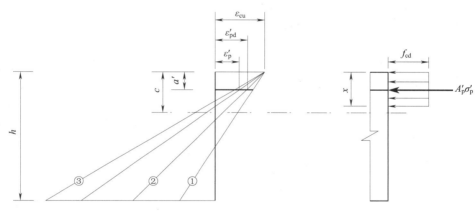

图4-6　截面应变示意图
① $\varepsilon'_p > \varepsilon'_{pd}$　② $\varepsilon'_p = \varepsilon'_{pd}$　③ $\varepsilon'_p < \varepsilon'_{pd}$

由平截面假定和变形协调条件,有

$$\frac{x}{a'} = \beta_1 \frac{c}{a'} = \frac{\beta_1 \varepsilon_{cu}}{\varepsilon_{cu} - \varepsilon_{cp}}$$

式中　ε_{cp}——受压预应力筋合力作用点处从消压至破坏产生的混凝土压应变。

为使上式能够使用,需有 $\varepsilon_{cp} = \varepsilon'_{pd} = f'_{pd}/E_p$,则

$$\frac{x}{a'} = \frac{\beta_1 \varepsilon_{cu}}{\varepsilon_{cu} - \dfrac{f'_{pd}}{E_p}}$$

上式中给定混凝土强度等级和预应力筋品种,即提供 ε_{cu}、f'_{pd} 值,就可得出比值。将常用混凝土和预应力筋的相应值代入上式,取均值,有

$$\frac{x}{a'} = 2.0$$

如果 $x \ge 2.0a'$,则能够确保极限状态时式(4-23)成立。

同理,如果 $x \ge 2a'_s$,则能够确保破坏时受压区普通钢筋发生屈服。

如果 $x < 2.0a'$，则破坏时中性轴离受压区预应力筋近，$\varepsilon'_p < \varepsilon'_{pd}$，此时可用变形协调分析法得出受压区预应力筋的应力

$$\sigma'_p = \varepsilon_{cu}E_p\left(\frac{\beta_1 a'_p}{x} - 1\right) + \sigma'_{p0} \tag{4-27}$$

实际计算时常采用简化方法，以避免受压受预应力筋应力的计算。规范规定，当计算中考虑受压区纵向钢筋但不符合式（4-21）、式（4-22）的条件时，受弯构件正截面抗弯承载力的计算应采用下列方法（见图4-4）：

（1）当受压区配有纵向普通钢筋和预应力筋，且预应力筋受压时，假定压区混凝土的压力点与压区预应力筋和普通钢筋合力作用点相同，以此为参考点，建立力矩平衡方程，得

$$M_d \leqslant f_{pd}A_p(h - a_p - a') + f_{sd}A_s(h - a_s - a') \tag{4-28}$$

（2）当受压区仅配有纵向普通钢筋，或配有纵向普通钢筋和预应力筋，且预应力筋受拉时，假定压区混凝土的压力点与压区普通钢筋合力作用点相同，以此为参考点，建立力矩平衡方程，得

$$M_d \leqslant f_{pd}A_p(h - a_p - a'_s) + f_{sd}A_s(h - a_s - a'_s) - (f'_{pd} - \sigma'_{p0})A'_p(a'_p - a'_s) \tag{4-29}$$

式中　a_s、a_p——受拉区普通钢筋合力点、预应力筋合力点至受拉区边缘的距离。

[**例 4-1**]　已知跨径 25 m 的公路后张法预应力混凝土 T 梁，计算跨度为 24.20 m，跨中截面尺寸和预应力筋布置如图 4-7 所示。混凝土强度等级为 C40，预应力钢筋采用 4 束抗拉标准强度为 1 860 MPa 的 7ϕ^s12.7 低松弛钢绞线，跨中最大正弯距设计值为 4 853.20 kN·m。结构重要性系数取 1.0，试按《公路钢筋混凝土及预应力混凝土桥涵设计规范》验算该梁跨中正截面抗弯强度。

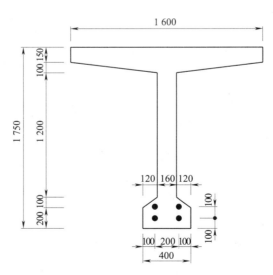

图 4-7　跨中截面及配筋示意图（单位：mm）

[**解**]　1. 计算参数

$$\gamma_0 = 1.0, f_{cd} = 18.4 \text{ MPa}$$

$$f_{pd} = 1\,260 \text{ MPa}$$

$$A_p = 4 \times 690.9 = 2\,763.6 \text{ mm}^2$$

$$a_p = \frac{2 \times 100 + 2 \times 210}{4} = 155 \text{ mm}$$

$$h_0 = h - a_p = 1750 - 155 = 1595 \text{ mm}$$

2. 判别 T 梁类型

$$f_{pd} A_p = 1260 \times 2763.6 = 3482136 \text{ N}$$

$$f_{cd} b'_f h'_f = 18.4 \times 1600 \times 150 = 4416000 \text{ N}$$

所以
$$f_{cd} b'_f h'_f > f_{pd} A_p$$

属于第一类 T 梁,应按照宽度为 b'_f 的矩形截面计算其承载力。

3. 承载力计算

$$x = \frac{f_{pd} A_p}{f_{cd} b} = \frac{1260 \times 2763.6}{18.4 \times 1600} = 118 \text{ mm} < \xi_b h_0 = 0.4 \times 1595 = 638 \text{ mm}$$

$$M_u = f_{cd} b x (h_0 - x/2) = 18.4 \times 1600 \times 118 \times (1595 - 118/2) = 5.336 \times 10^9 \text{ Nmm}$$

$$= 5.336 \times 10^3 \text{ kN} \cdot \text{m} > \gamma_0 M_d = 1.0 \times 4.853 \times 10^3 \text{ kN} \cdot \text{m} = 4.853 \times 10^3 \text{ kN} \cdot \text{m}$$

满足正截面抗弯承载力要求。

(备注:本例中未计入纵向非预应力钢筋对承载力的影响,而将其作为承载力储备。)

[**例 4-2**]　已知某铁路后张法预应力混凝土 T 梁,计算跨度为 32 m,梁体混凝土强度等级为 C45,预应力钢筋采用 5 束抗拉强度标准值为 1860 N/mm² 的标准型 9ϕ^s15.2 高强钢铰线。T 梁设计安全等级为二级。跨中截面如图 4-8 所示,跨中弯矩设计值为 9836.8 kN·m。试按《铁路桥涵设计规范(极限状态法)》验算该截面的抗弯强度。

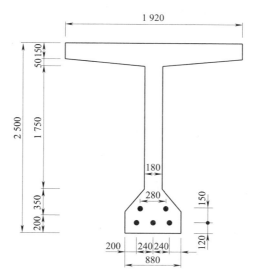

图 4-8　跨中截面及配筋示意图(单位:mm)

[**解**]　1. 计算参数

$$f_{cd} = 22.5 \text{ MPa}, f_{ptk} = 1860 \text{ MPa}$$

$$f_{ptd} = 1320 \text{ MPa}$$

$$A_p = 5 \times 1.26 \times 10^3 = 6.3 \times 10^3 \text{ mm}^2$$

$$a_p = \frac{3 \times 120 + 2 \times 270}{5} = 180 \text{ mm}$$

$$h_0 = h - a_p = 2\,500 - 180 = 2\,320 \text{ mm}$$

2. 判断类型

$$f_{ptd}A_p = 1\,320 \times 6.3 \times 10^3 = 8.315 \times 10^6 \text{ N}$$

$$f_{cd}b_f'h_f' = 22.5 \times 1\,920 \times (150 + 50/2) = 7.56 \times 10^6 \text{ N}$$

所以

$$f_{ptd}A_p > f_{cd}b_f'h_f'$$

故属于第二类 T 梁。

3. 承载力计算

由 $f_{ptd}A_p = f_{cd}\left[bx + (b_f' - b)h_f'\right]$，得

$$x = \left[\frac{f_{ptd}A_p}{f_{cd}} - (b_f' - b)h_f'\right]\bigg/ b$$

$$= \left[1\,320 \times 6.3 \times 10^3/22.5 - (1\,920 - 180) \times 175\right]/180 = 361.7 \text{ mm}$$

满足

$$x \leqslant 0.4h_p = 0.4 \times 2\,320 = 928.0 \text{ mm}$$

$$M_u = f_{cd}\left[bx\left(h_0 - \frac{x}{2}\right) + (b_f' - b)h_f'\left(h_0 - \frac{h_f'}{2}\right)\right]$$

$$= 22.5 \times \left[180 \times 261.3 \times (2\,320 - 261.3/2) + (1\,920 - 180) \times\right.$$

$$\left. 175 \times (2\,320 - 175/2)\right]$$

$$= 1.76 \times 10^{10} \text{ N} \cdot \text{mm} = 1.76 \times 10^4 \text{ kN} \cdot \text{m} > \gamma_0 M = 1.0 \times 9\,836.8$$

$$= 0.984 \times 10^4 \text{ kN} \cdot \text{m}$$

满足正截面抗弯承载力要求。

[**例 4 - 3**]   已知一多层房屋的后张法预应力混凝土层面梁，梁长 12 m，计算跨度 11.7 m，跨中截面尺寸及配筋如图 4 - 9 所示。已知该梁承受均布荷载，跨中弯矩设计值为 623.8 kN·m，混凝土强度等级为 C50，预应力钢筋采用 2 束 5ϕ^s9.5 低松弛钢绞线，抗拉强度标准值为 1 860 N/mm²。试按《混凝土结构设计规范》验算该截面抗弯强度。

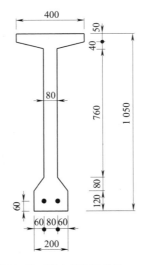

图 4 - 9   跨中截面(单位:mm)

[**解**]   1. 计算参数

$$f_{py} = 1\,320 \text{ MPa}, f_c = 23.1 \text{ MPa}$$

$$A_p = 2 \times 5 \times 54.8 = 548 \text{ mm}^2, a_p = 60 \text{ mm}$$

$$h_0 = h - a_p = 1\,050 - 60 = 990 \text{ mm}$$

2. 判定类型

$$f_{py}A_p = 1\,320 \times 548 = 723\,360 \text{ N}$$

$$\alpha_1 f_c b_f' h_f' = 1.0 \times 23.1 \times \left[400 \times 50 + \frac{1}{2} \times (400 + 80) \times 40\right] = 683\,760 \text{ N} < f_{py}A_p$$

故属于第二类 T 梁。

3. 承载力计算

$$x = \frac{1}{b}\left[\frac{f_{py}A_p}{\alpha_1 f_c} - (b_f' - b)h_f'\right]$$

$$= \frac{1}{80}\left[\frac{1\,320 \times 548}{1.0 \times 23.1} - (400 - 80) \times (50 + 40/2)\right] = 111.4 \text{ mm}$$

$$M_u = \alpha_1 f_c bx\left(h_0 - \frac{x}{2}\right) + \alpha_1 f_c (b_f' - b)h_f'\left(h_0 - \frac{h_f'}{2}\right) = 1.0 \times 23.1 \times 80 \times 111.4 \times$$

$$(990 - 111.4/2) + 1.0 \times 23.1 \times (400 - 80) \times 70 \times (990 - 70/2)$$

$$= 686\,496\,925 \text{ N} \cdot \text{mm} = 686.5 \text{ kN} \cdot \text{m} > M_d = 623.8 \text{ kN} \cdot \text{m}$$

满足正截面抗弯承载力要求。

第三节 预应力混凝土受弯构件斜截面承载力计算

预应力混凝土受弯构件斜截面承载力计算包括斜截面抗剪承载力计算和斜截面抗弯承载力计算。一般情况下,需对下列部位进行斜截面承载力计算:

(1)距支点半梁高处的截面;

(2)腹板宽度变化处截面;

(3)变高度梁高度突变处截面;

(4)受拉区钢筋弯起点处截面;

(5)锚于受拉区的纵向钢筋开始不受力处的截面;

(6)箍筋间距或数量改变处的截面;

(7)连续梁和悬臂梁中间支点横隔梁边缘处截面。

由于不同荷载类型作用下的受弯构件截面上斜裂缝出现后其抗剪工作机理复杂,目前尚未取得完全一致看法,尤其在破坏阶段对各因素对抗剪承载力的影响难以完全理论化,因此,目前各国各规范给出的斜截面抗剪承载力计算公式大都为基于理论分析和试验结果的半理论半经验公式,且其计算公式形式差别较大。

一、斜截面破坏形态和承载力影响因素

试验研究表明,在荷载作用下,预应力混凝土受弯构件截面上可能出现和剪力有关的弯—剪裂缝和腹剪裂缝。在弯矩和剪力均较大的部位,当受拉区边缘正应力超过混凝土抗拉强度时,出现垂直构件轴向的竖向弯曲裂缝;随荷载增加,当正应力和剪应力组合产生的主拉应力超过混凝土抗拉强度,竖向裂缝上端沿垂直主拉应力方向发展,形成弯—剪裂缝(见图 4-10)。在剪力较大、弯矩较小的部位,在弯曲裂缝出现之前由于主拉应力超过混凝土抗拉强度,腹板中部将出现沿斜向的腹剪裂缝(见图 4-10)。随荷载继续增加,构件可能发生沿斜截面的斜拉、剪压和斜压等破坏形式。

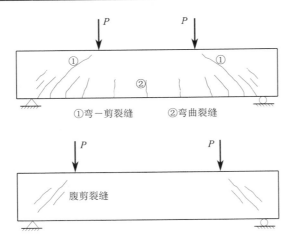

图 4 - 10   斜截面裂缝种类示意图

通常情况下,可以通过限制截面尺寸防止发生斜压破坏,通过限制箍筋间距和增设弯筋防止发生斜拉破坏,因此,实际中最常见的是剪压破坏。发生剪压破坏前,一般已经有一条较长、较宽的主斜裂缝,如果截面内纵向主筋配置较多,且锚固可靠,则主斜裂缝两侧绕未开裂部位的转动受到限制,受压区混凝土在压力和剪力共同作用下由于抗剪承载力不足而发生剪切破坏;如果构件内纵向主筋配置不够,或锚固不可靠,则由于钢筋屈服或滑动致使构件斜裂缝两侧的部分绕未开裂部位(类似铰)转动,受压区缩小,斜裂缝进一步扩展,最终受压区混凝土被压碎,发生斜截面弯曲破坏。目前规范中斜截面承载力计算均基于剪压破坏形式,包括斜截面抗剪承载力计算和斜截面抗弯承载力计算,分别对应于上述的斜截面剪切破坏和斜截面弯曲破坏。

大量试验研究表明,预应力混凝土构件斜截面承载力主要与预应力、剪跨比、混凝土强度、纵向钢筋配筋率及腹筋、截面特征等因素有关。

1. 预应力

试验研究表明,预应力对构件的抗剪承载力起有利作用。在构件出现裂缝前,纵向预应力降低混凝土中主拉应力值,使将出现的斜裂缝与构件轴向的倾角变小,即预应力不但延缓和限制斜裂缝的出现和发展,而且还改变斜裂缝的位置和方向,影响剪力破坏模式。斜裂缝的倾角变小,使得斜截面投影长度增加,增大混凝土剪压区面积且使更多竖直箍筋参与抗剪工作,从而提高了抗剪承载力。

2. 剪跨比

对于简支梁,剪跨比 m 定义为集中荷载至相邻支点的距离 a(称为剪跨)与截面有效高度 h_0 之比,它实质上体现了截面上正应力与剪应力的比值关系:

$$m = \frac{a}{h_0} = \frac{Va}{Vh_0} = \frac{M}{Vh_0} = \frac{\sigma(M)}{\tau(V)} \qquad (4-30)$$

式中 V 为剪弯范围内截面中的剪力。由于计算截面上同时存在弯矩和剪力,其他形式荷载亦可写成上述关系,因此称 $m = M/Vh_0$ 为广义剪跨比。剪跨比大,弯矩影响大,构件的抗剪承载力低;剪跨比小,剪力影响大,构件的抗剪承载力高。

3. 混凝土强度

斜截面剪切破坏由于压区混凝土在压力和剪力共同作用下抗剪承载力不足而发生,斜截面弯曲破坏由于受压区混凝土被压碎而发生,因此,斜截面承载力随混凝土强度提高而增大,其相互关系可以用二次曲线或线性近似表示。

4. 纵向钢筋配筋率

纵向预应力筋和普通钢筋可以限制截面中性轴的上移,增加受压混凝土的面积,从而提高斜截面承载力;纵向钢筋配筋率大,则销栓作用大,销栓作用所传递的剪力亦增大。研究表明,斜截面承载力随纵向钢筋配筋率近似成线性增长。

5. 腹筋

后张预应力混凝土受弯构件支点附近普遍采用弯起预应力筋,而靠近支点的一定距离范围内正是荷载作用下易于发生斜截面破坏的区段,因此,与斜裂缝相交的弯起预应力筋不但延缓、约束了斜裂缝的发展,同时提供了竖向的抗剪能力,从而极大地提高了斜截面承载力。与斜裂缝相交的弯起普通钢筋由于提供竖向抗力,亦提高了构件的斜截面承载力。研究表明,斜截面承载力与弯起普通钢筋数量基本成线性关系。

箍筋与斜裂缝相交,与剪力方向相同,能有效地约束斜裂缝的发展及显著地提高斜截面承载力;箍筋与压区纵向钢筋一起约束混凝土侧向变形,提高混凝土极限压应变,增大了构件延性,同时提高了抗剪能力;箍筋亦有助于增强拉区纵向钢筋的销栓作用。研究表明,斜截面承载力与箍筋数量基本成线性关系。

6. 截面特征

对于 T 形和 I 形截面,适当增加受压翼缘的宽度可提高截面抗剪能力(对斜压破坏和剪压破坏可提高 10 ~ 25% ,对斜拉破坏没有帮助);增加腹板宽度亦可提高抗剪能力。

二、预应力混凝土受弯构件斜截面抗剪承载力计算

1. 斜截面抗剪承载力计算模式

考虑最一般情形,预应力混凝土受弯构件抗剪承载力由四个部分组成,即

$$V_u = V_c + V_{sv} + V_s + V_p \tag{4-31}$$

式中　V_u——构件抗剪承载力;

　　　V_c——斜截面内由混凝土提供的抗剪承载力;

　　　V_{sv}——斜截面内由箍筋和竖向预应力筋(不考虑预应力影响)提供的抗剪承载力;

　　　V_s——斜截面内由普通钢筋提供的抗剪承载力;

　　　V_p——斜截面内由预应力筋提供的抗剪承载力。

斜裂缝出现后,受弯构件的工作机理十分复杂,目前尚未能用解析方法对之进行完全的理论分析,国内外规范中抗剪承载力计算公式均为基于本国或本行业的半理论半经验公式或经验公式,因此,各规范对式(4-31)中的分项计算或各项之间相互影响的综合考虑方法差别较大。

《铁路桥涵设计规范(极限状态法)》给出的抗剪承载力计算模式与式(4-31)相同,由四部分构成。

《公路钢筋混凝土及预应力混凝土桥涵设计规范》给出的抗剪承载力计算模式为

$$V_u = \alpha_p V_{cs} + V_{sb} + V_{pb} \tag{4-32}$$

式中　V_{cs}——斜截面内混凝土和箍筋及竖向预应力筋共同提供的抗剪承载力;

　　　α_p——预应力对斜截面内混凝土和箍筋及竖向预应力筋共同提供的抗剪承载力的提高系数;

　　　V_{sb}——与斜截面相交的弯起非预应力筋提供的抗剪承载力;

　　　V_{pb}——与斜截面相交的弯起预应力筋提供的抗剪承载力。

式(4-32)中混凝土和箍筋及竖向预应力筋对抗剪承载力的贡献综合考虑,并考虑了预应力、异号荷载、受压翼缘等对这种综合贡献的影响;与斜截面相交的弯起普通钢筋和预应力筋对

抗剪承载力的贡献则单独考虑。在 V_{cs} 计算式中,混凝土强度指标采用抗压强度标准值(即混凝土强度等级)。

《混凝土结构设计规范》给出的抗剪承载力计算模式为

$$V_u = V_{cs} + V_{sb} + V_{pb} + V_{pl} \tag{4-33}$$

式中　V_{cs}——斜截面内混凝土和箍筋及竖向预应力筋共同提供的抗剪承载力,$V_{cs} = \alpha_{cv} V_c + V_{sv}$,其中 α_{cv} 为斜截面混凝土受剪承载力系数;

V_{pl}——预加力所提高的抗剪承载力。

式(4-33)中预应力筋对抗剪承载力的贡献完全单独考虑,且分为两部分,一部分为预加力对抗剪承载力的贡献,另一部分为与斜截面相交的弯起预应力筋对抗剪承载力的贡献;斜截面内混凝土和箍筋及竖向预应力筋共同提供的抗剪承载力 $V_{cs} = \alpha_{cv} V_c + V_{sv}$,计算形式上混凝土和箍筋单独简单叠加,实际上考虑了荷载特性、剪跨比等的影响。

2.《公路钢筋混凝土及预应力混凝土桥涵设计规范》关于斜截面抗剪承载力的计算

图 4-11 为以剪切破坏特征为基础的斜截面抗剪承载力计算示意图。

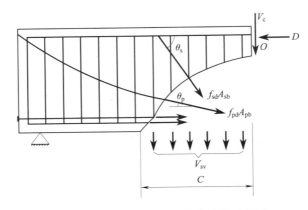

图 4-11　斜截面抗剪承载力计算示意图

(1)斜截面内混凝土的抗剪承载力 V_c

根据大量试验资料,矩形截面受弯构件斜截面内混凝土的抗剪承载力可表示为

$$V_c = k_0 \frac{(2 + 0.6P)}{m} \sqrt{f_{cu,k}} \, bh_0$$

式中　V_c——斜截面内混凝土的抗剪承载力设计值(kN);

$f_{cu,k}$——边长为 150 mm 的混凝土立方体抗压强度标准值,即混凝土强度等级;

P——斜截面内纵向受拉钢筋的配筋百分率;

k_0——考虑试验结果间混凝土标准试件、箍筋抗拉强度设计值的变化以及纵向受拉钢筋的配筋百分率和计量单位的改变等因数的影响系数;

b——斜截面受压端正截面处,矩形截面宽度,或 T 形和 I 形截面腹板宽度(mm);

h_0——斜截面受压端正截面的有效高度,自纵向受拉钢筋合力点至受压边缘的距离(mm)。

(2)斜截面内箍筋和竖向预应力筋的抗剪承载力 V_{sv}

与斜截面(斜裂缝)相交的箍筋提供的抗剪承载力为

$$V_{sv} = k_1 f_{sd,v} \sum A_{sv}$$

式中　V_{sv}——与斜截面相交的箍筋抗剪承载力设计值;

k_1 ——箍筋受力不均匀系数;

$f_{sd,v}$ ——箍筋抗拉强度设计值;

A_{sv} ——斜截面内配置在同一截面的箍筋各肢总截面面积。

计算与斜截面相交的总箍筋面积需先计算斜截面的水平投影长度 C。根据试验结果,破坏阶段斜截面的水平投影长度主要与剪跨比和截面有效高度有关,可近似取 $C \approx 0.6mh_0$ [m 按式 (4-30) 计算,但不大于 3],因此有

$$V_{s,v} = k_1 f_{sv,d}\left(0.6mh_0 \frac{A_{sv}}{s_v}\right) = 0.6k_1 mf_{sd,v}\rho_{sv}bh_0$$

式中 ρ_{sv} ——斜截面内箍筋配筋率,$\rho_{sv} = A_{sv}/s_v b$,s_v 为箍筋间距(mm)。

其他符号意义同前。

与斜截面(斜裂缝)相交的竖向预应力筋,不考虑预应力影响时其提供的抗剪承载力与箍筋类似,因此竖向预应力筋提供的抗剪承载力为

$$V_{p,v} = k_1 f_{pv,d}\left(0.6mh_0 \frac{A_{pv}}{s_{pv}}\right) = 0.6k_1 mf_{pd,v}\rho_{pv}bh_0$$

式中 ρ_{pv} ——斜截面内竖向预应力筋配筋率,$\rho_{pv} = A_{pv}/s_{pv}b$;

s_{pv} ——竖向预应力筋间距(mm);

$f_{pd,v}$ ——竖向预应力筋抗拉强度设计值;

A_{pv} ——斜截面内配置在同一截面的竖向预应力筋总截面面积。

因此,斜截面内箍筋和竖向预应力筋提供的抗剪承载力为

$$V_{sv} = 0.6k_1 mf_{sd,v}\rho_{sv}bh_0 + 0.6k_1 mf_{pd,v}\rho_{pv}bh_0$$

上述单独分析了混凝土、箍筋和竖向预应力筋抗剪承载力。大量试验研究表明,两者相互影响,简单叠加将会过高估计混凝土、箍筋和竖向预应力筋的抗剪承载力,因此,需求得它们共同作用时的最小值(见图 4-12)。简便的方法是将 V_c 与 V_{sv} 相加,然后求极值(最小值)。

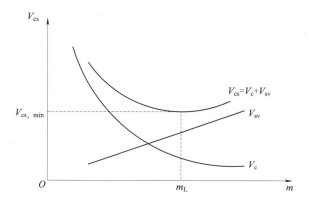

图 4-12 混凝土和箍筋的抗剪承载力与剪跨比的关系

将 V_c 与 V_{sv} 相加,有

$$V_{cs} = V_c + V_{sv} = k_0 \frac{(2+0.6P)}{m}\sqrt{f_{cu,k}}bh_0 + 0.6k_1 mf_{sd,v}\rho_{sv}bh_0 + 0.6k_1 mf_{pd,v}\rho_{pv}bh_0$$

由 $\dfrac{dV_{cs}}{dm} = 0$,得 m_L;将 m_L 代入上式得到 $V_{cs,min}$,结合试验资料选取系数 k_0、k_1 值,整理后得到规范中 V_{cs}(kN)的计算式:

$$V_{cs} = 0.45 \times 10^{-3} bh_0 \sqrt{(2 + 0.6P)} \sqrt{f_{cu,k}(\rho_{sv}f_{sd,v} + 0.6\rho_{pv}f_{pd,v})} \quad (4-34)$$

(3)弯起钢筋的抗剪承载力 V_{sb}、V_{pb}

弯起普通钢筋的抗剪承载力为其承载力在竖向(与剪力平行方向)的分量,即

$$V_{sb} = 0.75 \times 10^{-3} f_{sd} \sum A_{sb} \sin\theta_s \quad (4-35)$$

式中　V_{sb}——与斜截面相交的弯起普通钢筋抗剪承载力设计值;

　　　A_{sb}——斜截面内在同一弯起平面的弯起普通钢筋的截面面积;

　　　θ_s——在斜截面受压端正截面处弯起普通钢筋的切线与水平线的夹角;

　　　f_{sd}——弯起普通钢筋抗拉强度设计值。

式中 0.75 为考虑弯起钢筋受力不均匀及剪压脆性破坏性质等因素的系数。

同理,弯起预应力筋的抗剪承载力为

$$V_{pb} = 0.75 \times 10^{-3} f_{pd} \sum A_{pb} \sin\theta_p \quad (4-36)$$

式中　V_{pb}——与斜截面相交的弯起预应力筋抗剪承载力设计值;

　　　A_{pb}——斜截面内在同一弯起平面的弯起预应力筋的截面面积(mm^2);

　　　θ_p——在斜截面受压端正截面处弯起预应力筋的切线与水平线的夹角;

　　　f_{pd}——弯起预应力筋抗拉强度设计值。

当采用竖向预应力筋时,可视竖向预应力筋的作用与箍筋一样处理,即将式(4-34)中 ρ_{sv} 和 $f_{sd,v}$ 换以 ρ_{pv} 和 $f_{pd,v}$,ρ_{pv} 和 $f_{pd,v}$ 分别为竖向预应力筋的配筋率和抗拉强度设计值。

综合上述讨论,可得到规范中矩形、T 形和 I 形截面的受弯构件配置箍筋和弯起钢筋时的斜截面抗剪承载力计算公式为

$$V_d \leq V_{cs} + V_{sb} + V_{pb} \quad (4-37)$$

其中

$$V_{cs} = 0.45 \times 10^{-3} \alpha_1 \alpha_2 \alpha_3 bh_0 \sqrt{(2 + 0.6P)} \sqrt{f_{cu,k}(\rho_{sv}f_{sd,v} + 0.6\rho_{pv}f_{pd,v})} \quad (4-38)$$

式中　V_d——斜截面受压端上由作用(或荷载)效应所产生的最大剪力组合设计值(kN),对变高度(承托)的连续梁和悬臂梁,当该截面处于变高度梁段时,则应考虑作用于截面的弯矩引起的附加剪应力的影响;

　　　V_{cs}——斜截面内混凝土和箍筋及竖向预应力筋共同的抗剪承载力设计值(kN);

　　　V_{sb}——与斜截面相交的弯起普通钢筋抗剪承载力设计值(kN);

　　　V_{pb}——与斜截面相交的弯起预应力筋抗剪承载力设计值(kN);

　　　α_1——异号弯矩影响系数,计算简支梁和连续梁近边支点梁段的抗剪承载力时,$\alpha_1 = 1.0$;计算连续梁和悬臂梁近中间支点梁段的抗剪承载力时,$\alpha_1 = 0.9$;

　　　α_2——预应力提高系数,对预应力混凝土受弯构件,$\alpha_2 = 1.25$,但当由钢筋合力引起的截面弯矩与外弯矩的方向相同时,或允许出现裂缝的预应力混凝土受弯构件,取 $\alpha_2 = 1.0$;

　　　α_3——受压翼缘的影响系数,矩形截面取 $\alpha_3 = 1.0$;T 形和 I 形截面取 $\alpha_3 = 1.1$;

　　　b——斜截面受压端正截面处,矩形截面宽度(mm),或 T 形和 I 形截面腹板宽度(mm);

　　　h_0——截面的有效高度(mm),取斜截面剪压区对应正截面处、自纵向受拉钢筋合力点至受压边缘的距离;

　　　P——斜截面内纵向受拉钢筋的配筋百分率,$P = 100\rho$,$\rho = (A_p + A_s)/bh_0$,当 $P > 2.5$,取 $P = 2.5$;

　　　$f_{cu,k}$——边长为 150 mm 的混凝土立方体抗压强度标准值(Mpa),即混凝土强度等级;

ρ_{sv}——斜截面内箍筋配筋率;

ρ_{pv}——斜截面内竖向预应力筋配筋率;

$f_{sd,v}$——箍筋抗拉强度设计值;

$f_{pd,v}$——竖向预应力筋抗拉强度设计值。

式(4-37)中 V_{sb}、V_{pb} 由式(4-35)、式(4-36)计算。箱形截面受弯构件的斜截面抗剪承载力的验算,可参照上述进行。

式(4-37)适用于等截面预应力混凝土受弯构件的抗剪承载力计算。对于变高度(承托)的连续梁和悬臂梁,在变高度梁段内应考虑附加剪应力的影响。

进行斜截面承载能力验算时,斜截面投影长度 C(见图4-11)按式(4-39)计算:

$$C = 0.6mh_0 \tag{4-39}$$

$$m = \frac{M_d}{V_d h_0} \tag{4-40}$$

式中 C——斜截面水平投影长度(m);

m——广义剪跨比,当 $\lambda > 3$ 时,取 $\lambda = 3$;

h_0——截面的有效高度(m),取斜截面剪压区对应正截面处、自纵向受拉钢筋合力点至受压边缘的距离;

M_d——相应于最大剪力组合设计值的弯矩组合设计值(MN·m)。

为了保证斜截面不发生斜压破坏或斜裂缝开展过宽,规范采用限制截面尺寸或提高混凝土强度等级的方法,即矩形、T形和I形截面受弯构件的抗剪截面应符合下列要求:

$$V_d \le 0.51 \times 10^{-3} bh_0 \sqrt{f_{cu,k}} \tag{4-41}$$

式(4-41)规定了给定截面尺寸和混凝土强度的受弯构件斜截面最大抗剪能力,即抗剪承载力的上限值,如果不满足,则需调整截面尺寸或提高混凝土强度。

设计中,如果矩形、T形和I形截面受弯构件符合式(4-42)要求,可不进行斜截面承载力计算,仅需按构造要求配置箍筋,即

$$V_d \le 0.5 \times 10^{-3} \alpha_2 f_{td} bh_0 \tag{4-42}$$

式(4-42)用于确定无腹筋受弯构件和有腹筋受弯构件的界限,是斜截面抗剪承载力的下限值。

3.《混凝土结构设计规范》关于斜截面抗剪承载力的计算

矩形、T形和I形截面的受弯构件,当配置箍筋和弯起钢筋时,其斜截面的抗剪承载力计算公式为

$$V_d \le V_{cs} + V_{pl} + 0.8f_{sd}A_{sb}\sin\theta_s + 0.8f_{pd}A_{pb}\sin\theta_p \tag{4-43}$$

式中 V_d——构件斜截面上的最大剪力设计值;

V_{cs}——斜截面内混凝土和箍筋共同提供的抗剪承载力;

V_{pl}——由预加力所提高的构件的抗剪承载力设计值,$V_{pl} = 0.05N_{p0}$,N_{p0} 为计算截面上混凝土法向预应力为零时的纵向预应力筋和普通钢筋的合力($N_{p0} \le 0.3f_cA_0$,f_c 为混凝土抗压强度设计值,A_0 为构件换算截面面积),计算合力 N_{p0} 时不考虑弯起预应力筋的作用。

其他符号意义同前。

式(4-43)中0.8为弯起钢筋应力不均匀系数,主要考虑弯起钢筋与斜截面相交位置的不确定性及其应力可能达不到屈服强度的影响。

运用式(4-43)计算时,对合力 N_{p0} 引起的截面弯矩与外弯矩方向相同的情况,以及预应力混凝土连续梁和允许出现裂缝的预应力混凝土简支梁,均应取 $V_{pl}=0$;对先张法预应力混凝土构件,在计算合力 N_{p0} 时,应考虑预应力钢筋传递长度的影响。

对于一般构件,由混凝土和箍筋共同提供的抗剪承载力 V_{cs} 按式(4-44a)计算:

$$V_{cs} = \alpha_{cv} f_{td} b h_0 + f_{sd,v} \frac{A_{sv}}{s_v} h_0 \qquad (4-44a)$$

式中 f_{td} ——混凝土轴心抗拉强度设计值;

α_{cv} ——斜截面混凝土受剪承载力系数,对于一般受弯构件取 0.7;

s_v ——沿构件长度方向的箍筋间距(mm);

A_{sv} ——斜截面内配置在同一截面的箍筋各肢总截面面积(mm^2)。

对集中荷载作用下(包括作用有多种荷载,其中集中荷载对支座截面或节点边缘所产生的剪力值的 75% 以上的情况)的独立梁,剪跨比对抗剪承载力影响明显,此时由混凝土和箍筋共同提供的抗剪承载力由式(4-44b)计算:

$$V_{cs} = \frac{1.75}{m+1} f_{td} b h_0 + f_{sd,v} \frac{A_{sv}}{s} h_0 \qquad (4-44b)$$

式中 m ——计算截面的剪跨比,当 $m<1.5$ 时取 $\lambda=1.5$,当 $m>3$ 时取 $m=3$。

虽然式(4-44a)和式(4-44b)将混凝土和箍筋共同提供的抗剪承载力写成由混凝土、箍筋单独贡献的分项形式,实际上两者相互影响,不能将之视为两者贡献的简单叠加。另外,在 V_{cs} 计算式中,采用的是混凝土抗拉强度设计值,以适应从低强度到高强度混凝土构件受剪承载力的变化。

对于一般情况下的矩形、T形和I形截面受弯构件,当符合式(4-45)的要求时:

$$V_d \leqslant 0.7 f_{td} b h_0 + 0.05 N_{p0} \qquad (4-45)$$

以及对于集中荷载作用下的独立梁,当符合式(4-46)的要求时:

$$V_d \leqslant \frac{1.75}{m+1} f_{td} b h_0 + 0.05 N_{p0} \qquad (4-46)$$

均可不进行斜截面的抗剪承载力计算,仅需根据规范有关规定,按构造要求配置箍筋。

对于受拉边倾斜的矩形、T形和I形截面的受弯构件(见图4-13),其斜截面的抗剪承载力应符合式(4-47)~式(4-49)规定:

$$V_d \leqslant V_{cs} + V_{sp} + 0.8 f_{sd} A_{sb} \sin\theta_s \qquad (4-47)$$

$$V_{sp} = \frac{M_d - 0.8(\sum f_{sd,v} A_{sv} + \sum f_{sd} A_{sb} \sin\theta_{sb})}{z + c\tan\beta} \tan\beta \qquad (4-48)$$

$$\sigma_{pe} A_p \sin\beta \leqslant V_{sp} \leqslant (f_{sd} A_s + f_{pd} A_p) \sin\beta \qquad (4-49)$$

式中 V_d ——构件斜截面上的最大剪力设计值;

M_d ——构件斜截面受压区末端的弯矩设计值;

V_{cs} ——斜截面内混凝土和箍筋共同提供的抗剪承载力,按式(4-44a)或式(4-44b)计算;

V_{sp} ——构件斜截面上受拉边倾斜的预应力筋和普通钢筋合力设计值在垂直方向的投影;

V_{sp} ——构件斜截面上受拉边倾斜的预应力筋和普通钢筋合力设计值在垂直方向的投影;

z_{sv} ——同一截面内的箍筋的合力至斜截面受压区合力点的距离;

z_{sb} ——同一弯起平面内的弯起钢筋的合力至斜截面受压区合力点的距离;

z ——斜截面受拉区始端处纵向受拉钢筋合力的水平分力至斜截面受压区合力点的距

离,可近似取 $z \approx 0.9h_0$;

β——斜截面受拉区始端处倾斜的纵向受拉钢筋的倾角;

c——斜截面的水平投影长度,可近似取 $c \approx h_0$。

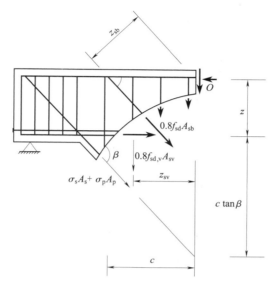

图 4 – 13　受拉边倾斜的弯构件斜截面抗剪承载力计算示意图

为了防止构件发生斜压破坏,必须控制构件的截面尺寸,规范规定了控制条件。对于矩形、T 形和 I 形截面的受弯构件,其受剪截面应符合下列条件:

当 $h_w/b \leqslant 4$ 时

$$V_d \leqslant 0.25\beta_c f_{cd}bh_0 \tag{4-50}$$

当 $h_w/b \geqslant 6$ 时

$$V_d \leqslant 0.2\beta_c f_{cd}bh_0 \tag{4-51}$$

当 $4 < h_w/b < 6$ 时,按式(4-47)和式(4-48)计算值线性内插确定。

式中　f_{cd}——混凝土轴心抗压强度设计值;

β_c——混凝土强度影响系数,当混凝土强度等级不超过 C50 时,取为 1.0;当混凝土强度等级为 C80 时,取为 0.8;其间按线性内插法确定;

b——矩形截面的宽度,T 形截面或 I 形截面的腹板宽度;

h_0——截面的有效高度;

h_w——截面的腹板高度:对矩形截面,取有效高度;对 T 形截面,取有效高度减去翼缘高度;对 I 形截面,取腹板净高。

4.《铁路桥涵设计规范(极限状态法)》关于斜截面抗剪强度的计算

矩形、T 形和 I 形截面受弯构件,当配置箍筋和弯起钢筋时,其斜截面的抗剪承载力计算公式为

$$V_d \leqslant V_c + V_{sv} + 0.8f_{sd}A_{sb}\sin\theta_s + 0.8\sigma_{pe}A_{pb}\sin\theta_p \tag{4-52a}$$

矩形、T 形和 I 形截面的简支受弯构件,当仅配置箍筋时,其斜截面的抗剪承载力计算公式为

$$V_d \leqslant V_c + V_{sv} \tag{4-52b}$$

其中
$$V_c = \frac{0.6}{m}(1 + 0.35p)f_{td}bh_0\beta\alpha \qquad (4-53)$$

$$V_{sv} = 0.8(0.35 + 0.4m)(\rho_{sv}f_{sd,v} + \rho_{pv}f_{pd,v})bh_0 \qquad (4-54)$$

式中　V_d——斜截面上最大设计剪力;

　　　V_c——斜截面上混凝土抗剪承载力;

　　　V_{sv}——斜截面上箍筋抗剪承载力;

　　　β——预应力影响的提高系数,按式(4-55)计算;

　　　α——T形和I形截面的受压翼缘伸出部分的抗剪作用系数,按式(4-56)计算;

　　　m——计算截面的剪跨比,按式(4-40)计算,当 $m < 1.0$ 时取 $m = 1.0$,当 $m > 3.0$ 时取 $m = 3.0$;

　　　σ_{pe}——弯起预应力筋的有效应力;

　　　f_{td}——混凝土抗拉强度设计值;

　　　p——$p = 100\rho$,ρ 为斜截面受拉区纵向钢筋的配筋率,按式(4-57)计算;

　　　b——腹板宽度;

　　　h_0——截面的有效高度,计算 λ、C 时用斜截面顶端截面的 h_0 ,计算 p、V_c 时用斜截面底部截面的 h_0 ;

　　　A_{sv}——个截面上箍筋的总截面面积;

　　　$f_{s,v}$——箍筋的计算强度;

　　　ρ_{sv}、ρ_{pv}——弯起普通钢筋和预应力筋的配筋率,$\rho_{sv} = A_{sv}/S_{sv}b$,$\rho_{pv} = A_{pv}/S_{pv}b$;

　　　S_{sv}、S_{pv}——普通箍筋钢筋和预应力箍筋的间距;

　　　$f_{sd,v}$——箍筋抗拉强度设计值;

　　　$f_{pd,v}$——竖向预应力筋抗拉强度设计值;

　　　A_{sv},A_{pv}——同一截面上普通箍筋钢筋和预应力箍筋各肢的总截面面积。

　　其他符号意义同前。

　　从式(4-53)看到,纵向预应力对斜截面抗剪承载力的影响通过在混凝土抗剪承载力项中引入预应力影响的提高系数 β 来体现。

　　式(4-52)~式(4-54)中其他参量按式(4-55)~式(4-57)计算:

$$\beta = 1 + \frac{M_0}{M} = 1 + \lambda \leqslant 2.0 \qquad (4-55)$$

$$\alpha = 1 + \frac{h_f^2}{b_w h_0} \qquad (4-56)$$

$$\rho = \frac{A_p + A_{pb} + A_s}{bh_0} \leqslant 0.03 \qquad (4-57)$$

式中　M_0——消压弯矩;

　　　M——正常使用极限状态的荷载频遇、准永久组合引起的弯矩;

　　　λ——预应力度,按式(1-8)计算;

　　　V_{sv}——正常使用极限状态的荷载效应组合引起的弯矩;

　　　h_f——T形和I形截面的受压翼缘板高度;

　　　b_w——计算截面处腹板厚度;当钢束通过腹板中,其直径 $\phi \geqslant b_w/8$ 时,应取名义腹板厚度 $b_{wn} = b_w - \frac{1}{2}\sum\phi$;

　　　A_p——斜截面受拉区纵向预应力筋截面面积;

A_s——斜截面受拉区纵向普通钢筋截面面积。

其他符号意义同前。

矩形、T形和I形截面的简支受弯构件,在剪力作用下,截面尺寸应满足腹板斜压破坏承载力要求,即验算截面处最大剪力设计值 $V_d \leqslant 0.25 f_{cd} b h_0$;如果满足 $V_d \leqslant 0.52 f_{td} b h_0$,可不进行斜截面抗剪强度计算,仅需按构造要求配置箍筋。

等高矩形、T形和箱形截面的连续梁,斜截面抗剪承载力计算公式为

$$V_d \leqslant \frac{0.34}{0.18 + m}(1 + \overline{\lambda_u})(2 + p) f_{td} b h_0 + 0.8(0.35 + 0.4m)(\rho_{sv} f_{sd,v} + \rho_{pv} f_{pd,v}) b h_0$$

$$(4-58)$$

$$\overline{\lambda_u} = \frac{\lambda_u^+ + \lambda_u^-}{2} \tag{4-59}$$

$$\lambda_u^+ = \frac{M_0^+}{M_u^+}, \lambda_u^- = \frac{|M_0^-|}{|M_u^-|} \tag{4-60}$$

式中　$\overline{\lambda_u}$——平均预应力度,$M_u = 2M$,M_0、M 意义参见式(4-55)的说明。

其他符号意义同前。

三、预应力混凝土受弯构件斜截面抗弯承载力计算

通常情况下,斜截面受弯破坏不控制设计,只要纵向受拉钢筋设计合理(钢筋截断时有足够的延伸长度或弯起位置合适等,规范中通常给出了相应规定),则不需要进行斜截面抗弯承载力计算。当不满足规范的相应规定时,仍需进行斜截面抗弯承载力计算。

1.《公路钢筋混凝土及预应力混凝土桥涵设计规范》斜截面抗弯承载力计算

图4-14为斜截面抗弯承载力计算示意图。

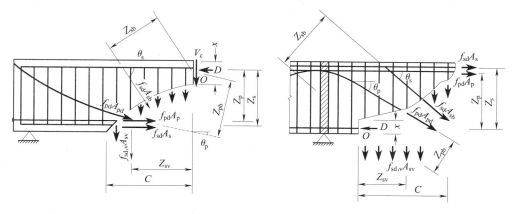

(a)简支梁和连续梁近边支点梁段　　　　(b)悬臂梁和连续梁近中间支点梁段

图4-14　斜截面抗弯承载力计算示意图

预应力混凝土受弯构件斜截面弯曲破坏时,假定与斜裂缝相交的纵向钢筋、箍筋和弯起钢筋及受压混凝土均达到其强度设计值。在图4-14中以压区混凝土合力作用点为参考点,建立力矩平衡方程,得斜截面抗弯承载力能力计算公式:

$$M_d \leqslant f_{sd} A_s Z_s + f_{pd} A_p Z_p + \sum f_{sd} A_{sb} Z_{sb} + \sum f_{pd} A_{pb} Z_{pb} + \sum f_{sd,v} A_{sv} Z_{sv} \tag{4-61}$$

此时,最不利的斜截面水平投影长度按式(4-62)试算确定:

$$V_d = \sum f_{sd} A_{sb} \sin\theta_s + \sum f_{pd} A_{pb} \sin\theta_p + \sum f_{sd,v} A_{sv} \quad\quad (4-62)$$

式中　　M_d——斜截面受压端正截面上由作用(荷载)效应所产生的最大弯矩组合设计值;

　　　　V_d——斜截面受压端上由作用(或荷载)效应所产生的最大剪力组合设计值;

f_{sd}、f_{pd}、$f_{sd,v}$——普通钢筋、预应力筋及箍筋的抗拉强度设计值;

　　A_{sb}、A_{pb}、A_{sv}——斜截面内在同一弯起平面的弯起普通钢筋、弯起预应力筋的截面面积及斜截面内配置在同一截面的箍筋各肢总截面面积;

　　　Z_s、Z_p——受压区混凝土压力合力点至纵向钢筋的距离;

Z_{sb}、Z_{pb}、Z_{sv}——受压区混凝土压力合力点至弯起钢筋及箍筋的距离;

　　　θ_s、θ_p——在斜截面受压端正截面处弯起普通钢筋和弯起预应力筋的切线与水平线的夹角。

规范规定,如果按下列要求进行设计,则不需要进行斜截面抗弯承载力计算:纵向钢筋不宜在受拉区内截断;如需截断时,则应从按正截面抗弯承载力计算充分利用该钢筋强度的截面至少延伸($l_a + h_0$)长度;如需弯起,则弯起点应设在按正截面抗弯承载力计算充分利用该钢筋强度的截面以外至少 $h_0/2$(此处 l_a 为受拉钢筋最小锚固长度,h_0 为梁截面有效高度)。对截断钢筋延伸长度的规定实质上是保证斜截面上纵向受拉钢筋提供的抗弯强度与斜截面受压端正截面处由纵向受拉钢筋提供的抗弯强度相等,以此避免斜截面抗弯承载力的计算;对钢筋弯起点的规定,实质上是保证斜截面上由于纵向钢筋弯曲而损失的抗弯承载力能够由弯起钢筋完全补偿,以此避免斜截面抗弯承载力的计算。

2.《混凝土结构设计规范》斜截面抗弯承载力计算

与《公路钢筋混凝土及预应力混凝土桥涵设计规范》斜截面抗弯承载力计算基本相同,其计算公式为

$$M_d \le (f_{sd} A_s + f_{pd} A_p) Z + \sum f_{sd} A_{sb} Z_{sb} + \sum f_{pd} A_{pb} Z_{pb} + \sum f_{sd,v} A_{sv} Z_{sv} \quad\quad (4-63)$$

斜截面的水平投影长度 C 按式(4-64)确定:

$$V_d = \sum f_{sd} A_{sb} \sin\theta_s + \sum f_{pd} A_{pb} \sin\theta_p + \sum f_{sd,v} A_{sv} \quad\quad (4-64)$$

式中　　M_d——弯矩设计值;

　　　　V_d——斜截面受压区未端剪力设计值;

　　　　Z——纵向非预应力和预应力受拉钢筋合力点至受压区合力点的距离,可近似取 $0.9 h_0$。

在计算先张法预应力混凝土构件端部锚固区的斜截面抗弯承载力时,式(4-63)和式(4-64)中 f_{pd} 按下列规定确定:

锚固区内的纵向预应力筋抗拉强度设计值在锚固起点处取为零,在锚固终点处取为 f_{pd},在两点之间按线性内插法确定。

3.《铁路桥涵设计规范(极限状态法)》斜截面抗弯强度计算

受弯构件斜截面抗弯强度计算公式为

$$M_d \le f_{pd} \left(\sum A_p Z_p + \sum A_{pb} Z_{pb} \right) + f_{sd} \left(\sum A_s Z_s + \sum A_{sv} Z_{sv} \right) \quad\quad (4-65)$$

式中　　M_d——通过斜截面顶端的正截面内的最大设计弯矩。

　　　　其他符号意义同前。

计算斜截面抗弯强度时,最不利斜截面的位置按下列条件通过试算确定:

$$V_j \le f_{pd} \sum A_{pb} \sin\theta_p + f_{sd} \sum A_{sb} \sin\theta_s + f_{sd,v} \sum A_{sv} \quad\quad (4-66)$$

式中　　V_j——通过斜截面顶端的正截面内最大弯矩时的相应剪力。

[例4-4] 基本参数见例4-1，预应力筋纵向布置见图4-15，距支座1/2梁高处截面的剪力设计值为 $V_d = 895.20$ kN，箍筋采用双肢 $\Phi 10@100$，预应力钢束弯起角度为8°。试按《公路钢筋混凝土及预应力混凝土桥涵设计规范》验算该截面抗剪强度。

[解] 1. 计算参数

$$f_{cu,k} = 40 \text{ MPa}, f_{sv} = 330 \text{ MPa}$$

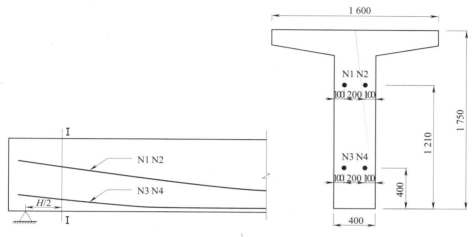

图4-15 预应力钢筋纵向布置示意图　　　　图4-16 I-I截面

$$a_p = \frac{1210 + 400}{2} = 805 \text{ mm}$$

$$h_0 = h - a_p = 1750 - 805 = 945 \text{ mm}$$

2. 截面尺寸复核

$$\gamma_0 V_d = 1.0 \times 895.2 = 895.2 \text{ kN}$$

$$0.51 \times 10^{-3} \sqrt{f_{cu,k}} bh_0 = 0.51 \times 10^{-3} \times \sqrt{40} \times 400 \times 945 = 1219.24 \text{ kN} \geqslant \gamma_0 V_d$$

满足最小截面尺寸要求。

3. 斜截面抗剪承载力

$$\gamma_0 V_d \leqslant V_{cs} + V_{sb} + V_{pb}$$

$$V_{cs} = \alpha_1 \alpha_2 \alpha_3 0.45 \times 10^{-3} bh_0 \sqrt{(2 + 0.6P)\sqrt{f_{cu,k}} \rho_{sv} f_{sv}}$$

$$P = 100\rho = 100(A_p + A_{pb})/bh_0$$

$$= 100 \times 2763.6/(400 \times 945) = 0.731$$

$$\rho_{sv} = A_{sv}/s_v b = \frac{157.08}{100 \times 400} = 0.003\,927$$

$$V_{cs} = 1.0 \times 1.25 \times 1.1 \times 0.45 \times 10^{-3} \times 400 \times 945 \times \sqrt{(2 + 0.6 \times 0.731)\sqrt{40} \times 0.003\,927 \times 330}$$

$$= 1045.63 \text{ kN}$$

$$V_{pd} = 0.75 \times 10^{-3} \times f_{pd} \times \sum A_{pb} \sin \theta_p$$

$$= 0.75 \times 10^{-3} \times 1260 \times 4 \times 690.9 \times \sin 8° = 363.46 \text{ kN}$$

$$V = V_{cs} + V_{pd} = 1045.63 + 363.46 = 1409.09 \text{ kN} \geqslant \gamma_0 V_d = 895.2 \text{ kN}$$

满足斜截面抗剪承载力要求。

[**例4－5**]   基本参数同例4－2，$L/4$ 处截面尺寸不变，剪力设计值为 6.73×10^2 kN，对应弯矩为 3.81×10^3 kN·m，截面消压弯矩为 4.58×10^3 kN·m，剪跨比为1.2。箍筋采用HPB300，双肢 $\phi 10@200$ 布置，N1和N2预应力钢束弯起角度为3°(见图4－17)，其余钢束尚未弯起，预应力筋有效应力为830 MPa。试按《铁路桥涵设计规范(极限状态法)》验算 $L/4$ 处截面的抗剪强度。

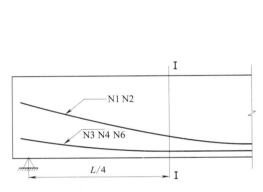

图4－17   预应力钢筋纵向布置示意图

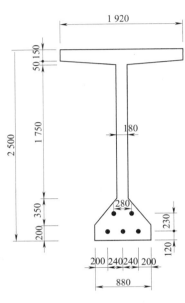

图4－18   I－I截面

[**解**] 1. 计算参数

$f_{td} = 1.8$ MPa，$f_{sd,v} = 240$ MPa，

$A_{sv} = 2 \times \dfrac{\pi}{4} \times 10^2 = 157.1$ mm²，$\rho_{sv} = A_{sv}/S_{sv}b = 157.1/(200 \times 180) = 0.004$

$A_p = 3 \times 1.26 \times 10^3 = 3.78 \times 10^3$ mm²，$A_{pb} = 2 \times 1.26 \times 10^3 = 2.52 \times 10^3$ mm²

$a_p = (3 \times 120 + 2 \times 350)/5 = 212$ mm，$h_0 = h - a_p = 2500 - 212 = 2288$ mm

2. 承载力计算

$\beta = 1 + \dfrac{M_0}{M} = 1 + \dfrac{4580}{3810} = 2.20$ ，取 $\beta = 2.0$

$\rho = \dfrac{A_p + A_{pb} + A_s}{bh_0} = \dfrac{(3.78 + 2.52) \times 10^3}{170 \times 2288} = 0.02$，$p = 100\rho = 100 \times 0.02 = 2.0 < 3$

$\phi = 10$ mm $< b_w/8 = 880/8 = 110$ mm，故偏安全取 $b_w = 880$ mm。因此有

$$\alpha = 1 + \dfrac{h_f^2}{b_w h_0} = 1 + \dfrac{150 \times 150}{880 \times 2288} = 1.01$$

$$V_c = \dfrac{0.6}{m}(1 + 0.35p)f_{td}bh_0\beta\alpha = \dfrac{0.6}{1.2} \times (1 + 0.35 \times 2) \times$$

$$1.8 \times 180 \times 2288 \times 2.0 \times 1.01 = 519.32 \text{ kN}$$

$$V_{sv} = 0.8(0.35 + 0.4m)(\rho_{sv}f_{sd,v} + \rho_{pv}f_{pd,v})bh_0$$

$$= 0.8 \times (0.35 + 0.4 \times 1.2) \times 240 \times 0.004 \times 180 \times 2288 = 262.52 \text{ kN}$$

$$\sigma_{pe}A_{pb}\sin\theta_p = 830 \times 2.52 \times 10^3 \times \sin3° = 109.47\ \text{kN}$$

因此，可得

$$V_c + V_{sv} + 0.8f_{sd}A_{sb}\sin\theta_s + 0.8\sigma_{pe}A_{pb}\sin\theta_p = 519.32 + 262.52 + 87.58$$
$$= 869.42\ \text{kN} > V_d = 6.73 \times 10^2\ \text{kN}$$

满足斜截面抗剪承载力要求。

[例4-6]　基本参数同例4-3，钢铰线采用直线布置，$L/4$处剪力设计值为$V = 238.5\ \text{kN}$，截面尺寸见图4-9，箍筋采用双肢$\phi8@200$，混凝土法向应力等于零时受拉钢筋的合力$N_{p0} = 612.4\ \text{kN}$，试按《混凝土结构设计规范》验算其斜截面抗剪承载力。

[解]　1. 计算参数

$f_c = 23.1\ \text{MPa}$；$f_t = 1.89\ \text{MPa}$；$f_{yv} = 210\ \text{MPa}$；$h_0 = 990\ \text{mm}$；$A_0 = 128\ 149\ \text{mm}^2$

2. 截面尺寸复核

$$h_w/b = 760/80 = 9.5 \geqslant 6$$

$$0.2\beta_c f_c bh_0 = 0.2 \times 1.0 \times 23.1 \times 80 \times 990 = 365\ 904\ \text{N} \geqslant V = 238\ 500\ \text{N}$$

$$N_{p0} = 612.4 < 0.3f_c A_0 = 0.3 \times 21.3 \times 128\ 149 = 818\ 872\ \text{N} = 818.872\ \text{kN}$$

截面尺寸满足要求。

3. 承载力计算

预应力筋未弯起，故应满足$V \leqslant V_{cs} + V_p$

$$V_{cs} = 0.7f_t bh_0 + f_{yv}\frac{A_{sv}}{S}h_0$$

$$= 0.7 \times 1.89 \times 80 \times 990 + 210 \times 2 \times 50.3/200 \times 990 = 209\ 355\ \text{N} = 209.4\ \text{kN}$$

$$V_p = 0.05N_{p0} = 0.05 \times 612.4 = 30.6\ \text{kN}$$

$$V_{cs} + V_p = 209.4 + 30.6 = 240.0\ \text{kN} > V = 238.5\ \text{kN}$$

满足斜截面抗剪承载力要求。

第四节　预应力混凝土受拉构件截面承载力计算

预应力混凝土受拉构件分为轴心受拉构件、偏心受拉构件，后者又分为小偏心受拉构件和大偏心受拉构件。拉力合力作用线与构件截面形心重合时称为轴心受拉构件，在实际工程中真正的轴心受拉构件较少。偏心受拉构件的外力可以是与构件截面形心不重合的轴向拉力，亦可以是轴向拉力与弯矩的组合作用。

预应力混凝土受拉构件从与开始受力至破坏可分为三个阶段，即混凝土开裂前的工作阶段，混凝土开裂至普通钢筋屈服前的工作阶段及普通钢筋屈服后至破坏的工作阶段。破坏时，普通钢筋和预应力筋均被拉断。承载力计算以第三阶段为依据。

一、轴心受拉构件截面承载力计算

预应力混凝土轴心受压构件的正截面抗拉承载力计算公式：

$$N_d \leqslant f_{sd}A_s + f_{pd}A_p \tag{4-67}$$

式中　N_d——轴向力组合设计值；

　　　A_s、A_p——普通钢筋、预应力筋的全部截面积；

　　　f_{sd}、f_{pd}——普通钢筋、预应力筋的抗拉强度设计值。

二、偏心受拉构件截面承载力计算

偏心受拉构件的外荷载可以等效为一个轴向拉力及其相应的偏心矩,按偏心矩的不同,偏心受拉构件分为小偏心受拉构件和大偏心受拉构件,两者的工作机理和破坏形态不同,相应的承载力计算公式亦不同。

小偏心受拉和大偏心受拉以偏心拉力(等效轴拉力)作用位置为判别依据。当偏心拉力作用在一侧普通钢筋和预应力筋合力点(A_s、A_p合力点或A'_s、A'_p合力点)时,可以认为破坏时轴拉力荷载完全由一侧的普通钢筋和预应力筋承受(不考虑该侧混凝土开裂后的传力作用),另一侧普通钢筋和预应力筋不受力。此为小偏心受拉和大偏心受拉的临界位置。

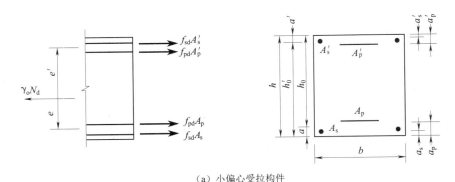

(a)小偏心受拉构件

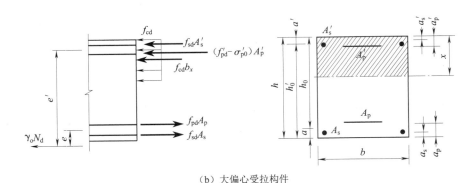

(b)大偏心受拉构件

图 4 - 19 矩形截面偏心受拉构件截面承载力计算

图4-19为配置有预应力筋和普通钢筋的小偏心受拉、大偏心受拉构件截面承载力计算示意图。当偏心拉力作用在A_s、A_p合力点与A'_s、A'_p合力点之间时,构件为小偏心受拉(见图4-19a)。随作用荷载的增加,靠近拉力一侧的混凝土首先开裂;荷载继续增加,远离拉力一侧的混凝土亦发生开裂,轴拉力完全由钢筋承担;临近破坏时,靠近拉力一侧的普通钢筋和预应力筋首先达到屈服强度或条件屈服点。基于此破坏特征,以远离拉力一侧的普通钢筋和预应力筋合力点为参考点取矩,得预应力混凝土矩形截面小偏心受拉构件承载力计算公式为

$$N_d e \leqslant f_{sd}A'_s(h_0 - a'_s) + f_{pd}A'_p(h_0 - a'_p) \qquad (4-68a)$$

$$N_d e' \leqslant f_{sd}A_s(h'_0 - a_s) + f_{pd}A_p(h'_0 - a_p) \qquad (4-68b)$$

式中 N_d——轴向力组合设计值;

f_{sd}、f_{pd}——普通钢筋、预应力筋的抗拉强度设计值;

A_s、A'_s、A_p、A'_p——单侧普通钢筋和预应力筋的截面积；

a_s、a'_s、a_p、a'_p——单侧普通钢筋合力作用点和预应力筋合力作用点至相应边缘距离。

其他符合意义参见图 4 - 19(a)。

当偏心拉力作用在 A_s 和 A_p 合力点与 A'_s 和 A'_p 合力点之外时,构件为大偏心受拉(见图 4 - 19b)。在荷载作用下,远离拉力一侧的混凝土和钢筋始终处于受压状态。随作用荷载的增加,靠近拉力一侧的混凝土首先开裂;临近破坏时,如果远离拉力一侧的受压钢筋配置合适,受拉侧普通钢筋和预应力筋首先达到屈服强度或条件屈服点,随后拉区钢筋被拉断的同时压区钢筋发生屈服、压区混凝土达到极限压应变而被压碎,构件破坏。如果受压侧钢筋配置过多,则构件破坏源于受拉侧钢筋的屈服,而受压侧钢筋仍未达屈服强度;如果受压侧钢筋配置过少,则构件破坏源于该侧受压混凝土的压碎,而受拉侧钢筋仍未达屈服强度。后者具脆性破坏性质。

规范中预应力混凝土矩形截面大偏心受拉构件的承载力计算以配筋合适时的破坏特征为基础。由图 4 - 19(b)可知,取构件轴线方向力的平衡及以受拉侧普通钢筋和预应力筋的合力点为参考点取矩,得

$$N_d \leq f_{sd}A_s + f_{pd}A_p - f'_{sd}A'_s - (f'_{pd} - \sigma'_{p0})A'_p - f_{cd}bx \tag{4-69}$$

$$N_d e \leq f_{cd}bx\left(h_0 - \frac{x}{2}\right) + f'_{sd}A'_s(h_0 - a'_s) + (f'_{pd} - \sigma'_{p0})A'_p(h_0 - a'_p) \tag{4-70}$$

截面受压区高度应符合下列要求:

$$x \leq \xi_b h_0$$

当受压区配有纵向普通钢筋和预应力筋,且预应力筋受压时

$$x \geq 2a'$$

当受压区仅配纵向普通钢筋或配普通钢筋和预应力筋,且预应力筋受拉时

$$x \geq 2a'_s$$

第五节 预应力混凝土偏心受压构件截面承载力计算

一、偏心受压构件截面承载力计算的一般性问题

在进行预应力混凝土偏心受压构件截面承载力分析前,先讨论构件破坏形态及其特征等一般性问题,它是建立承载力计算公式的基础。

1. 偏心受压构件破坏形态及其特征

试验研究表明,在破坏阶段,预应力混凝土偏心受压构件与钢筋混凝土偏心受压构件的破坏形态基本相同,其破坏特征随等效轴压力偏心矩、配筋率等不同而变化,分为小偏心受压和大偏心受压。

对于小偏心受压构件,如果远离压力侧配筋适当,则截面破坏源于靠近压力侧压区混凝土达到极限压应变、全部或部分钢筋受压屈服,破坏时通常另一侧钢筋未达屈服强度(受压较小或受拉);如果偏心距较小,且靠近压力侧配筋较多而远离压力侧配筋较少,压力作用于素混凝土截面形心和换算截面形心之间,则截面破坏源于远离压力侧压区混凝土达到极限压应变、混凝土被压碎。两种破坏特征表明,小偏心受压构件的破坏均源于混凝土被压碎,称之为"压破坏",具脆性破坏性质。

对于大偏心受压构件,如果配筋适当,截面破坏源于远离压力侧钢筋受拉屈服,随后压力侧

混凝土达到极限压应变、混凝土被压碎。通常称这种破坏特征为"拉破坏",破坏前变形明显,具塑性破坏性质。

2. 偏心受压构件承载力计算基本假定

上述偏心受压构件破坏特征表明,截面破坏最终与混凝土被压碎有关,此与受弯构件相似。试验研究表明,偏心受压构件和受弯构件的受力特性类同,受弯构件承载力的计算理论和方法适用于偏心受压构件。因此,计算偏心受压构件承载力的基本假定与受弯构件相同,计算公式的适用条件亦一致,判别小偏心受压构件和大偏心受压构件的方法可借助受弯构件中界限相对受压区高度来进行。

3. 大、小偏心受压破坏的判别

设 ε_p 为远离偏心压力侧预应力筋的应变,则可根据下列关系判别构件的大、小偏心受压破坏:

小偏心受压破坏　　$\varepsilon_p < \varepsilon_{pd}, x > x_b = \xi_b h_0, \xi > \xi_b$

界限破坏　　　　　$\varepsilon_p = \varepsilon_{pd}, x = x_b = \xi_b h_0, \xi = \xi_b$

大偏心受压破坏　　$\varepsilon_p > \varepsilon_{pd}, x < x_b = \xi_b h_0, \xi < \xi_b$

上述界限相对受压区高度 ξ_b 需根据式(4-13)或式(4-15)计算,即对预应力螺纹钢筋等软钢,用式(4-13)计算 ξ_b,对钢丝和钢绞线等硬钢,用式(4-15)计算 ξ_b。

4. 普通钢筋和预应力筋应力的取值

对于小偏心受压破坏($x > x_b = \xi_b h_0$),远离压力侧(受压较小或受拉)预应力筋 $\sigma_p < f_{pd}$,普通钢筋 $\sigma_s < f_{sd}$,则可以根据平截面假定和变形协调分析,得到以下结果:

普通钢筋

$$\sigma_{si} = \varepsilon_{cu} E_s \left(\frac{\beta_1 h_{0i}}{x} - 1 \right) \tag{4-71}$$

$$-f'_{sd} \leqslant \sigma_{si} \leqslant f_{sd} \tag{4-72}$$

式中　β_1——受压区混凝土等效应力矩形高度与原始应力图形高度的比值,按规范规定取值。

当 σ_{si} 为拉应力且其值大于普通钢筋抗拉强度设计值 f_{sd} 时,取 $\sigma_{si} = f_{sd}$;当 σ_{si} 为压应力且其绝对值大于普通钢筋抗压强度设计值 f'_{sd} 时,取 $\sigma_{si} = -f'_{sd}$。

预应力筋

$$\sigma_{pi} = \varepsilon_{cu} E_p \left(\frac{\beta_1 h_{0i}}{x} - 1 \right) + \sigma_{p0i} \tag{4-73}$$

$$-(f'_{pd} - \sigma_{p0i}) \leqslant \sigma_{pi} \leqslant f_{pd} \tag{4-74}$$

当 σ_{pi} 为拉应力且其值大于预应力筋抗拉强度设计值 f_{pd} 时,取 $\sigma_{pi} = f_{pd}$;当 σ_{pi} 为压应力且其绝对值大于 $(f'_{pd} - \sigma_{p0i})$ 的绝对值时,取 $\sigma_{pi} = -(f'_{pd} - \sigma_{p0i})$。

式中　x——截面受压区高度;

$\quad\quad h_{0i}$——第 i 层纵向钢筋截面重心至受压较大边边缘的距离;

$\quad\quad E_s$——普通钢筋的弹性模量;

$\sigma_{si}、\sigma_{pi}$——第 i 层纵向普通钢筋、预应力筋的应力,正值表示拉应力,负值表示压应力;

$\quad\quad \sigma_{p0i}$——第 i 层纵向预应力筋截面重心处混凝土法向应力等于零时,预应力筋中的应力;

$\quad\quad \varepsilon_{cu}$——混凝土极限压应变。

式(4-71)、式(4-73)需根据不同的混凝土极限应变 ε_{cu} 和钢筋弹性模量来求解钢筋应力,且未知的截面受压区高度 x 出现在分母,使求解 x 变得麻烦,为简化计算,纵向钢筋应力可按式(4-75)和式(4-76)进行近似计算:

普通钢筋

$$\sigma_{si} = \frac{f_{sd}}{\xi_b - \beta_1}\left(\frac{x}{h_{0i}} - \beta_1\right) \qquad (4-75)$$

预应力筋

$$\sigma_{pi} = \frac{f_{pd} - \sigma_{p0i}}{\xi_b - \beta_1}\left(\frac{x}{h_{0i}} - \beta_1\right) \qquad (4-76)$$

5. 偏心距增大系数 η

试验表明,对于较大长细比的偏心受压构件,在偏心压力作用下将发生弯曲,此附加弯曲增加了轴压力的偏心矩,这种影响可通过偏心距增大系数 η 来反映。一般当 $l_0/i \geq 17.5$(i 为截面回转半径)时,偏心受压构件计算时必须考虑 η 的影响。

《混凝土结构设计规范》规定,偏心受压构件的正截面承载力计算时,应计入轴向压力在偏心方向存在的附加偏心距 e_a,其值应取 20 mm 和偏心方向截面最大尺寸的 1/30 两者中的较大值。

《铁路桥涵设计规范(极限状态法)》规定,偏心距增大系数 η 按式(4-77)计算:

$$\eta = 1 + \frac{1}{1\,400e_i/h_0}\left(\frac{l_0}{h}\right)^2 \xi_1\xi_2 \qquad (4-77)$$

$$\xi_1 = 0.2 + 2.7\frac{e_i}{h_0} \leq 1.0 \qquad (4-78)$$

$$\xi_2 = 1.15 - 0.01\frac{l_0}{h} \leq 1.0 \qquad (4-79)$$

$$e_i = e_a + e_0 \qquad (4-80)$$

式中　l_0——构件的计算长度;

e_0——轴向力对截面重心的初始偏心矩;

e_a——附加偏心矩,应取 20 mm 和偏心方向截面最大尺寸的 1/30 两者中的较大值;

h_0——截面有效高度;

h——截面总高度;

ξ_1——荷载偏心率对截面曲率的影响系数;

ξ_2——构件长细比对截面曲率的影响系数。

《公路钢筋混凝土及预应力混凝土桥涵设计规范》规定,偏心距增大系数 η 按式(4-81)计算:

$$\eta = 1 + \frac{1}{1\,300e_0/h_0}\left(\frac{l_0}{h}\right)^2 \xi_1\xi_2 \qquad (4-81)$$

式(4-81)中 ξ_1、ξ_2 按式(4-78)、式(4-79)计算。

二、偏心受压构件承载力计算

预应力混凝土偏心受压构件常用截面形式有矩形、T 形、I 形(箱形)及圆形和环形。类同于受弯构件,根据基本假定和力的平衡方程,易于建立矩形、T 形及 I 形截面的偏心受压构件的承载力计算公式;对于圆形和环形截面的偏心受压构件,如果直接根据基本假定列出平衡方程,则其计算相当烦琐,因此,通常将沿截面梯形应力分布的受压及受拉钢筋应力简化为等效矩形应力图形,其计算结果与精确法相比误差并不大。

下面介绍矩形截面和 T 形截面偏心受压构件正截面承载力计算。

1. 矩形截面偏心受压构件正截面承载力计算

矩形截面偏心受压构件的正截面抗压承载力的计算图示见图 4-20。

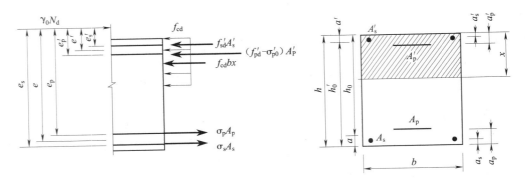

图 4-20　矩形截面偏心受压构件正截面承载力计算

沿偏心压力 N 方向建立力的平衡方程,得

$$N_\mathrm{d} \leqslant f_\mathrm{cd}bx + f'_\mathrm{sd}A'_\mathrm{s} + (f'_\mathrm{pd} - \sigma'_\mathrm{p0})A'_\mathrm{p} - \sigma_\mathrm{s}A_\mathrm{s} - \sigma_\mathrm{p}A_\mathrm{p} \qquad (4-82)$$

对远离偏心压力侧预应力筋和普通钢筋合力作用点处取矩,得

$$N_\mathrm{d}e \leqslant f_\mathrm{cd}bx\left(h_0 - \frac{x}{2}\right) + f'_\mathrm{sd}A'_\mathrm{s}(h_0 - a'_\mathrm{s}) + (f'_\mathrm{pd} - \sigma'_\mathrm{p0})A'_\mathrm{p}(h_0 - a'_\mathrm{p}) \qquad (4-83)$$

式中　e——轴向力作用点至截面受拉边或受压较小边纵向钢筋 A_s 和 A_p 合力点的距离;

　　　h_0——截面受压较大边边缘至受拉边或受压较小边纵向钢筋合力点的距离,$h_0 = h - a$。

　　　其他符号意义同前。

《铁路桥涵设计规范(极限状态法)》中 e 按式(4-84)计算:

$$e = \eta e_\mathrm{i} + y_\mathrm{sp} \qquad (4-84)$$

$$e_\mathrm{i} = e_0 + e_\mathrm{a} \qquad (4-85)$$

式中　e_0——轴向力对截面重心的偏心距,$e_0 = M_\mathrm{d}/N_\mathrm{d}$;

　　　e_a——附加偏心距,$e_\mathrm{a} = h/30$;

　　　y_sp——预应力筋和普通钢筋合力点至截面重心的距离;

　　　η——偏心受压构件轴向力偏心距增大系数,按式(4-77)计算。

《公路钢筋混凝土及预应力混凝土桥涵设计规范》中 e 按式(4-86)计算:

$$e = \eta e_0 + \frac{h}{2} - a \qquad (4-86)$$

式(4-86)中偏心受压构件轴向力偏心距增大系数 η 按式(4-81)计算。

《混凝土结构设计规范》中 $e = e_0 + e_\mathrm{a}$,附加偏心距 e_a 取 20 mm 和偏心方向截面最大尺寸的 1/30 两者中的较大值。

截面受拉或受压较小边纵向钢筋的应力 σ_s 和 σ_p 应按下述情况取用:当 $\xi \leqslant \xi_\mathrm{b}$ 时为大偏心受压构件,取 $\sigma_\mathrm{s} = f_\mathrm{sd}$,$\sigma_\mathrm{p} = f_\mathrm{pd}$,此处,相对受压区高度 $\xi = x/h_0$;当 $\xi > \xi_\mathrm{b}$ 时为小偏心受压构件,此时,《混凝土结构设计规范》中 σ_s 和 σ_p 按式(4-71)、式(4-73)或式(4-75)、式(4-76)计算,《铁路桥涵设计规范(极限状态法)》中 σ_s 和 σ_p 按式(4-75)、式(4-76)计算($\beta_1 = 0.8$),《公路钢筋混凝土及预应力混凝土桥涵设计规范》中 σ_s 和 σ_p 按式(4-71)、式(4-73)计算。

在承载力计算中,若考虑截面受压较大边的纵向钢筋时,应满足

$$x \geqslant 2a', x \geqslant 2a'_\mathrm{s}$$

对小偏心受压构件,当轴向力作用在纵向钢筋 A'_s 和 A'_p 合力点与 A_s 和 A_p 合力点之间时,抗压承载力计算尚应符合下列规定(图 4-20 中对 A'_s 和 A'_p 合力点取矩):

$$N_d e' \leqslant f_{cd} bh \left(h'_0 - \frac{h}{2} \right) + f_{sd} A_s (h'_0 - a_s) + (f_{pd} - \sigma_{p0}) A_p (h'_0 - a_p) \tag{4-87}$$

$$e' = \frac{h}{2} - a' - (e_0 - e_a) \tag{4-88}$$

式中 e'——轴向力作用点至截面受压较大边纵向钢筋 A'_s 和 A'_p 合力点的距离,《公路钢筋混凝土及预应力混凝土桥涵设计规范》取 $e_a = 0$;

　　　　h'_0——截面受压较小边边缘至受压较大边纵向钢筋合力点的距离,$h'_0 = h - a'$。

2. T 形截面偏心受压构件承载力计算

翼缘位于截面受压较大边的 T 形截面或 I 形截面偏心受压构件,当受压区高度 $x \leqslant h'_f$ 时,按宽度为 b'_f 的矩形截面计算;受压区高度 $x > h'_f$ 时,按 T 形截面计算。在图 4-21 中沿偏心压力 N 方向建立力的平衡方程,得

$$N_d \leqslant f_{cd} [bx + (b'_f - b) h'_f] + f'_{sd} A'_s + (f'_{pd} - \sigma'_{p0}) A'_p - \sigma_s A_s - \sigma_p A_p \tag{4-89}$$

对远离偏心压力侧预应力筋和普通钢筋合力作用点处取矩,得

$$N_d e \leqslant f_{cd} \left[bx \left(h_0 - \frac{x}{2} \right) + (b'_f - b) h'_f \left(h_0 - \frac{h'_f}{2} \right) \right] +$$

$$f'_{sd} A'_s (h_0 - a'_s) + (f'_{pd} - \sigma'_{p0}) A'_p (h_0 - a'_p) \tag{4-90}$$

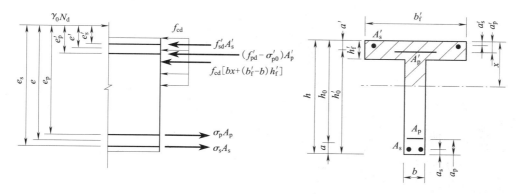

图 4-21　T 形截面受压构件正截面抗压承载力计算

截面受拉边或受压较小边纵向钢筋的应力 σ_s 和 σ_p 的取值方法,以及考虑截面受压较大边受压钢筋时受压区高度 x 的限制条件,同前面矩形截面计算公式的相应内容。

翼缘位于截面受拉或受压较小边的 T 形截面和 I 形截面构件,当 $x > h - h_f$ 时,其正截面抗压承载力计算应考虑翼缘受压部分的作用。

对翼缘位于截面受压较大边的 T 形截面小偏心受压构件,当轴向力作用在纵向钢筋 A'_s 和 A'_p 合力点与 A_s 和 A_p 合力点之间时,尚应按下列规定进行计算:

$$N_d e' \leqslant f_{cd} \left[bh \left(h'_0 - \frac{h}{2} \right) + (b'_f - b) h'_f \left(\frac{h'_f}{2} - a' \right) \right] +$$

$$f'_{sd} A_s (h'_0 - a_s) + (f'_{pd} - \sigma_{p0}) A_p (h'_0 - a_p) \tag{4-91}$$

对翼缘位于截面受压较小边的 T 形截面小偏心受压构件,尚应按下列规定计算(图 4-21 中对 A'_s 和 A'_p 合力点取矩):

$$N_{\mathrm{d}}e' \leq f_{\mathrm{cd}}\Big[bh\Big(h_0' - \frac{h}{2}\Big) + (b_{\mathrm{f}} - b)h_{\mathrm{f}}\Big(h_0' - \frac{h_{\mathrm{f}}}{2}\Big)\Big] +$$
$$f_{\mathrm{sd}}'A_{\mathrm{s}}(h_0' - a_{\mathrm{s}}) + (f_{\mathrm{pd}}' - \sigma_{\mathrm{p0}})A_{\mathrm{p}}(h_0' - a_{\mathrm{p}}) \tag{4-92}$$

式中　b_{f}、h_{f}——位于截面受压较小边的翼缘宽度和厚度;

　　　　e'——轴向力作用点至截面受压较大边纵向钢筋 A_{s}' 和 A_{p}' 合力点的距离,按式(4-88)计算。

[**例 4-7**] 已知一先张法偏心受压墩柱,计算高度 $l_0 = 5$ m,矩形截面尺寸为 220×680 mm,混凝土强度等级 C40,预应力钢筋采用 3 根直径 12 mm 的预应力螺纹钢筋,抗拉强度标准值 $f_{\mathrm{pk}} = 785$ MPa,非预应力钢筋采用 HRB400,A_{s} 采用 2Φ10(作为构造钢筋,不考虑受力),A_{s}' 采用 2Φ14,钢筋布置见图 4-22。扣除各项预应力损失后,当预应力钢筋重心处混凝土法向应力为零时预应力筋的应力 $\sigma_{\mathrm{p0}} = 450.2$ MPa。该短柱上作用偏心距 $e_0 = 175$ mm 的竖向力 1.230×10^3 kN,试按《公路钢筋混凝土及预应力混凝土桥涵设计规范》验算该柱正截面抗压承载力。

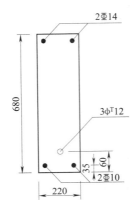

图 4-22　截面及钢筋布置图(单位:mm)

[**解**]　1. 计算参数

$$f_{\mathrm{cd}} = 18.4 \text{ MPa}, f_{\mathrm{sd}}' = 330 \text{ MPa}, E_{\mathrm{p}} = 2.0 \times 10^5 \text{ MPa},$$
$$b = 220 \text{ mm}, h_0 = 680 \text{ mm}, A_{\mathrm{s}}' = 308 \text{ mm}^2,$$
$$\varepsilon_{\mathrm{cu}} = 0.0033, \beta = 0.80, \sigma_{\mathrm{p0}} = 450.2 \text{ MPa},$$
$$A_{\mathrm{p}} = 339 \text{ mm}^2$$
$$\eta = 1 + \frac{1}{1\,400 e_0/h_0}(l_0/h)^2 \times \xi_1 \xi_2$$

式中　　　　$$\xi_1 = 0.2 + 2.7 \frac{e_0}{h_0} = 0.2 + 2.7 \times \frac{175}{620} = 0.962$$

$$\xi_2 = 1.15 - 0.01 \frac{l_0}{h}$$
$$= 1.15 - 0.01 \times \frac{5\,000}{680} = 1.076 > 1.0$$

取　　　　　　　　　　　　$$\xi_2 = 1.0$$

可得　　　$$\eta = 1 + \frac{1}{1\,400 \times 175/620} \times (5\,000/680)^2 \times 0.962 \times 1.0 = 1.132$$

$$a = a_{\mathrm{p}} = 60 \text{ mm}, a' = a_{\mathrm{s}}' = 35 \text{ mm}, A_{\mathrm{p}} = 3 \times \frac{\pi}{4} \times 12^2 = 339 \text{ mm}^2$$

$$h_0 = h - a = 680 - 60 = 620 \text{ mm}, \quad A'_s = 2 \times \frac{\pi}{4} \times 14^2 = 308 \text{ mm}^2$$

$$f_{pd} = 650 \text{ MPa}, \quad f_{pk} = 785 \text{ MPa}$$

2. 判断大小偏心受压

$$e_0 = 175 \text{ mm} < 0.3 h_0 = 0.3 \times 620 = 186 \text{ mm}$$

故按小偏心受压试算。

对 γN_d 作用点取矩,由内力平衡可得

$$f_{cd} b x (e - h_0 - x) = \sigma_p A_p e_p + \sigma_s A_s e_s$$

其中

$$\sigma_p = \varepsilon_{cu} E_p \left(\frac{\beta h_0}{x} - 1 \right) + \sigma_{p0}, \quad \text{且 } \sigma_p \text{ 满足} - (f'_{pd} - \sigma_{p0}) \leqslant \sigma_p \leqslant f_{pd}$$

考虑到 $A_s = 0$,由上式得

$$f_{cd} b x \left(e_s - h_0 + \frac{x}{2} \right) + f'_{sd} A'_s e'_s = \left[\varepsilon_{cu} E_p \left(\frac{\beta h_0}{x} - 1 \right) + \sigma_{p0} \right] A_p e_p$$

化简得

$$\frac{1}{2} f_{cd} b x^3 + f_{cd} b (e - h_0) x^2 + (f'_{sd} A'_s e'_s + \varepsilon_{cu} E_p A_p e_p - \sigma_{p0} A_p e_p) x - \varepsilon_{cu} E_p \beta h_0 A_p e_p = 0$$

代入各参数后化简得

$$x^3 - 284 x^2 + 21\,356 x - 2.621 \times 10^7 = 0$$

解得

$$x = 397 \text{ mm}$$

$$\xi = x/h_0 = 397/620 = 0.640 > \xi_b = 0.614$$

属于小偏心受压,与假设相符。

$$e = \eta e_0 + h/2 - a = 1.132 \times 175 + 680/2 - 60 = 478 \text{ mm}$$

$$e_p = e = 478 \text{ mm}, \quad e'_s = h/2 - \eta e_0 - a' = 680/2 - 1.132 \times 175 - 35 = 107 \text{ mm}$$

对于预应力螺纹钢筋

$$\xi_b = \frac{\beta}{1 + \dfrac{f_{pd} - \sigma_{p0}}{E_p \varepsilon_{cu}}} = \frac{0.8}{1 + \dfrac{650 - 450.2}{2.0 \times 10^5 \times 0.003\,3}} = 0.614$$

3. 承载力计算

对于小偏心构件,有

$$\sigma_p = \varepsilon_{cu} E_p \left(\frac{\beta h_0}{x} - 1 \right) + \sigma_{p0} = 0.003\,3 \times 2.0 \times 10^5 \times \left(\frac{0.8 \times 620}{397} - 1 \right) + 450.2$$

$$= 614.8 \text{ MPa} < f_{pd} = 650 \text{ MPa}$$

符合规定,因此,截面承载力为

$$f_{cd} b x + f'_{sd} A'_s - \sigma_p A_p = 18.4 \times 220 \times 397 + 330 \times 308 - 614.8 \times 339$$

$$= 1.500 \times 10^3 \text{ kN} > \gamma_0 N_d = 1.230 \times 10^3 \text{ kN}$$

$$f_{cd} b x \left(h_0 - \frac{x}{2} \right) + f'_{sd} A'_s (h_0 - a'_s)$$

$$= 18.4 \times 220 \times 397 \times \left(620 - \frac{397}{2} \right) + 330 \times 308 \times (620 - 35)$$

$$= 736.8 \text{ kN} \cdot \text{m} > \gamma_0 N_d e = 587.9 \text{ kN} \cdot \text{m}$$

故满足正截面抗压承载力要求。

第六节　预应力混凝土受扭构件承载力计算

一、预应力混凝土构件受扭破坏及承载力影响因素

预应力混凝土结构的扭转可分为两种不同的类型,一是平衡扭转,构件中的扭矩可以直接根据平衡条件求出,其大小与各构件扭转刚度无关;二是协调扭转,扭矩大小与各构件扭转刚度有关,扭矩会由于构件开裂产生内力重分布而降低。预应力混凝土弯梁桥、框架梁均是典型的协调扭转结构。

预应力混凝土受扭构件通常采用矩形、箱形、T形及I形截面。在扭矩作用下,截面中产生剪应力和主应力,当最大主拉应力达到混凝土抗拉强度极限值,在垂直主拉应力方向将发生开裂。对于没有配筋的矩形或箱形截面,裂缝首先出现在长边中点附近,裂缝与构件纵向约成45°角,裂缝出现后快速向两短边延伸,最终导致三面受拉、一面受压的空间扭曲破坏。若截面中布置沿主拉应力方向(迹线)的钢筋,则不但可延缓裂缝出现,更可在裂缝出现后继续承受扭矩荷载,提高截面抗扭能力。工程中沿主拉应力迹线布置钢筋通常难以实现,因此,一般布置与主拉应力迹线相交的纵向钢筋和箍筋来提高抗扭能力。试验研究表明,若纵向钢筋和箍筋过少,或纵向钢筋和箍筋中的一种钢筋过少,在扭矩作用下,仍会出现如素混凝土截面的扭转破坏,即裂缝一旦出现,受拉纵筋或箍筋首先达到屈服强度,裂缝快速延伸、破坏,破坏前裂缝数量少,称为少筋受扭破坏,属脆性破坏;如果布置过多纵向钢筋和箍筋,则截面开裂后其主拉应力由纵筋和箍筋承受,随扭矩继续增加,裂缝间受压混凝土首先达到抗压强度极限值,截面发生破坏,破坏时纵筋和箍筋均未达到屈服强度,称为超筋受扭破坏,属脆性破坏。如果布置的纵筋和箍筋数量及其比例合适,裂缝出现后,随扭矩继续增加,与裂缝相交的纵筋和箍筋首先达到屈服强度,扭矩仍可稍微继续增加,随裂缝扩展,受压边混凝土被压碎,截面发生破坏,破坏前有明显塑性变形,称为适筋受扭破坏,属塑性破坏。

上述分析表明,提高适当比例的纵筋、箍筋配筋量,可提高截面抗扭承载力;增大纵筋的预应力(预加力),降低主拉应力值,亦可提高截面抗扭承载力。试验研究表明,在纯扭矩作用下,仅配置纵向预应力筋的预应力混凝土受扭构件与素混凝土受扭构件的破坏形态非常相似,但预应力可大幅度提高构件抗扭承载力,最大达2.5倍以上。

实际工程中构件单独受扭转作用是很少的,通常都是弯曲和扭转同时存在,即构件同时受到弯矩、剪力和扭矩的共同作用。在弯矩、剪力和扭矩共同作用下,预应力混凝土构件截面的受力机理复杂,其破坏形态和截面承载力不仅与截面形状、配筋、预应力、材料强度等内在因素有关,更与扭弯比(扭矩/弯矩)、扭剪比(扭矩/剪力)等外部荷载条件有关。一般情况下,当扭弯比较小,截面首先发生弯矩引起的裂缝,并发生弯型破坏;当扭弯比、扭剪比较大,截面首先发生扭矩引起的裂缝,并发生扭型破坏;当扭矩、剪力均较大时,将发生剪扭型破坏。试验研究表明,弯矩、剪力和扭矩相互影响,其对构件承载力的贡献难以简单用一个统一的相关方程表示,现行计算方法大都是在单独考虑弯矩、剪力和扭矩承载力基础上,运用相关或叠加的方法,计算构件截面的承载力。

二、纯受扭预应力混凝土矩形和箱形截面构件的承载力计算

纯受扭预应力混凝土矩形和箱形截面构件的承载力由开裂后混凝土和抗扭钢筋(纵筋和箍

筋)提供,同时考虑预应力对承载力提高的影响。对比试验研究表明,预应力提高构件受扭承载力约为 $0.08\dfrac{N_{p0}}{A_0}W_t$ [各符号意义见式(4-93)的符号说明]。考虑到截面上实际应力分布不均匀等不利影响,规范中取为 $0.05\dfrac{N_{p0}}{A_0}W_t$。在钢筋混凝土矩形和箱形截面纯受扭构件承载力计算公式的基础上计入预应力影响项,得到目前规范中纯受扭预应力混凝土矩形和箱形截面构件的承载力计算公式为

$$T_d \leqslant 0.35\beta_a f_{td}W_t + 1.2\sqrt{\xi}\,\frac{f_{sd,v}A_{sv1}A_{cor}}{S_v} + 0.05\frac{N_{p0}}{A_0}W_t \tag{4-93}$$

$$\xi = \frac{f_{sd}A_{st}S_v}{f_{sd,v}A_{sv1}U_{cor}} \tag{4-94}$$

式中　T_d——扭矩组合设计值;

ξ——纯扭构件纵向钢筋与箍筋的配筋强度比;对预应力混凝土构件,当 $e_{p0}\leqslant h/6$ 且 $\xi\geqslant1.7$ 时,取 $\xi=1.7$;当 $e_{p0}>h/6$ 或 $\xi<1.7$ 时,可不考虑预应力影响项;按钢筋混凝土构件计算时,ξ 值应符合 $0.6\leqslant\xi\leqslant1.7$ 要求,当 $\xi>1.7$ 时,取 $\xi=1.7$;

β_a——箱形截面壁厚影响系数;对矩形截面,$\beta_a=1.0$;对箱形截面,按式(4-95)或式(4-96)计算,当 $\beta_a>1$ 时,取 $\beta_a=1.0$;

b——矩形截面或箱形截面宽度;

h——矩形截面或箱形截面高度;

t_1——箱形截面长边壁厚;

t_2——箱形截面短边壁厚;

f_{td}——混凝土轴心抗拉强度设计值;

W_t——矩形截面或箱形截面受扭塑性抵抗矩;

A_{sv1}——纯扭计算中箍筋的单肢截面面积;

$f_{sd,v}$——箍筋的抗拉强度设计值;

A_{st}——纯扭计算中沿截面周边对称配置的全部普通纵向钢筋截面面积;

f_{sd}——纵向钢筋的抗拉强度设计值;

A_{cor}——由箍筋内表面包围的截面核芯面积,$A_{cor}=b_{cor}h_{cor}$,此处,b_{cor} 和 h_{cor} 分别为核芯面积的短边边长和长边边长;

U_{cor}——截面核芯面积的周长,$U_{cor}=2(b_{cor}+h_{cor})$;

S_v——纯扭计算中箍筋的间距;

e_{p0}——预应力钢筋和普通钢筋的合力对换算截面重心轴的偏心距;

N_{p0}——混凝土法向预应力等于零时预应力钢筋和普通钢筋的合力,当 $N_{p0}>0.3f_{cd}A_0$ 时,取 $N_{p0}=0.3f_{cd}A_0$,此处,A_0 为构件的换算截面面积,f_{cd} 为混凝土轴向抗压强度设计值。

当按式(4-93)计算时,《公路钢筋混凝土及预应力混凝土桥涵设计规范》规定箱形截面构件的壁厚应满足 $t_2\geqslant0.1b$ 和 $t_1\geqslant0.1b$ 的条件。

《混凝土结构设计规范》规定,箱形截面壁厚影响系数按式(4-95)计算:

$$\beta_a = \frac{2.5t_w}{b_h} \tag{4-95}$$

式中　t_w——箱形截面壁厚,其值不应小于 $b_h/7$;

b_h——箱形截面腹板高度。

《公路钢筋混凝土及预应力混凝土桥涵设计规范》规定,箱形截面壁厚影响系数按下面计算:

当 $0.1b \leq t_2 \leq 0.25b$ 或 $0.1h \leq t_1 \leq 0.25h$ $\beta_a = \min\left(4\dfrac{t_2}{b}, 4\dfrac{t_1}{h}\right)$ $(4-96a)$

当 $t_2 > 0.25b$ 和 $t_1 > 0.25h$ $\beta_a = 1.0$ $(4-96b)$

式(4-93)中的截面受扭塑性抵抗矩按下面计算:

矩形截面(见图4-23a)

$$W_t = \frac{b^2}{6}(3h - b) \qquad (4-97)$$

箱形截面(见图4-23b)

$$W_t = \frac{b^2}{6}(3h - b) - \frac{(b - 2t_1)^2}{6}\left[3(h - 2t_2) - (b - 2t_1)\right] \qquad (4-98)$$

上述式中的符号意义见图4-23。

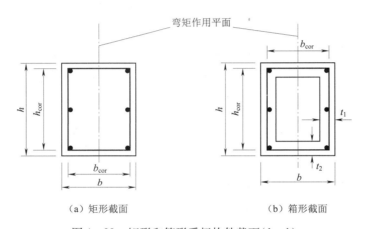

(a)矩形截面   (b)箱形截面

图4-23 矩形和箱形受扭构件截面($h > b$)

对于T形和I形截面纯扭构件,可将其截面划分为几个矩形截面,分别按式(4-93)计算其受扭承载力,然后相加。设计时,则可按各矩形截面的抗扭刚度占总截面抗扭刚度比例来确定各矩形分配到的扭矩值进行设计。

试验研究表明,纯扭构件纵向钢筋与箍筋的配筋强度比 ξ 在 $0.5 \sim 2.0$ 间变化时,构件破坏时纵向钢筋和箍筋的应力基本上均可达到屈服强度,因此,规范中将 ξ 值限制在 $0.6 \sim 1.7$;当 $\xi > 1.7$ 时,取为 $\xi = 1.7$,此是为了防止发生"部分超筋破坏"。设计时,宜取 $\xi = 1.2$。

当抗扭钢筋配置较多(超筋)时,构件的抗扭承载力取决于混凝土的强度和截面尺寸,构件将发生脆性破坏。为避免出现这种脆性破坏,可采用限制抗扭配筋率或限制应力,《公路钢筋混凝土及预应力混凝土桥涵设计规范》采用后者(其实质是控制截面尺寸不能太小),即纯扭构件截面尺寸应符合下列要求:

$$\frac{T_d}{W_t} \leq 0.51 \times 10^{-3}\sqrt{f_{cu,k}} \qquad (4-99)$$

式中 $f_{cu,k}$——混凝土立方体抗压强度标准值。

如果式(4-99)不满足,则需修改截面尺寸。

三、受弯、剪、扭作用的预应力混凝土矩形和箱形截面构件的承载力计算

预应力混凝土矩形和箱形截面构件在弯矩、剪力和扭矩共同作用下,截面承载力与荷载特征、配筋、预应力等多种因素有关,目前对各因素间的相关关系研究得还不充分,对承载力计算只能用简化方法。规范给出的计算方法采用了对混凝土抗力部分考虑相关性影响、对钢筋抗力部分运用叠加的方法。

下面介绍剪扭构件的承载力计算及弯、剪、扭共同作用下构件的配筋。

1. 剪扭构件的承载力计算

《混凝土结构设计规范》和《公路钢筋混凝土及预应力混凝土桥涵设计规范》对预应力混凝土构件抗剪承载力的计算公式不同,相应地,其在剪力和扭矩共同作用下构件的承载力计算公式亦不同,下面分开讨论。

（1）混凝土剪扭承载力的相关关系

无腹筋剪扭构件的试验表明,构件抗扭承载力随剪力的增加而降低,同样,构件抗剪承载力随扭矩的增加而降低,两者的相关关系可以近似用四分之一圆表示(见图 4 - 24),即

$$\left(\frac{V_d}{V_{d0}}\right)^2 + \left(\frac{T_d}{T_{d0}}\right)^2 = 1 \tag{4-100}$$

式中　V_d、T_d——剪扭作用下混凝土的抗剪、抗扭设计值;

　　　　V_{d0}——纯剪切作用下混凝土的抗剪承载力;

　　　　T_{d0}——纯扭转作用下混凝土的抗扭承载力。

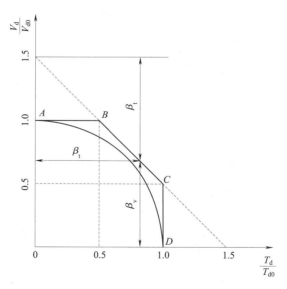

图 4 - 24　混凝土剪扭承载力的相关关系

为简化计算,将图 4 - 24 中相关曲线用三段折线表示,即

当 $\dfrac{T_d}{T_{d0}} \le 0.5$ 时(AB 段)：　　$\dfrac{V_d}{V_{d0}} = 1$（抗剪承载力不折减）

当 $0.5 < \dfrac{T_d}{T_{d0}} < 1$ 时(BC 段)：　　$T_d = \beta_t T_{d0}$、$V_d = \beta_v V_{d0}$ $\tag{4-101}$

当 $\dfrac{V_d}{V_{d0}} \leqslant 0.5$ 时(CD 段)： $\dfrac{T_d}{T_{d0}} = 1$ (抗扭承载力不折减)

根据图4-24几何关系，可得到 β_t 计算公式，将 $V_{d0} = 0.7f_{td}bh_0$ [参照式(4-44)， α_{cv} 取0.7，不计箍筋影响]、 $T_{d0} = 0.35f_{td}W_t$ [参照式(4-93)，不计纵向钢筋和箍筋及预应力影响]代入，有

$$\beta_t = \frac{1.5}{1 + \dfrac{V_d T_{d0}}{V_{d0} T_d}} = \frac{1.5}{1 + 0.5\dfrac{V_d}{T_d}\dfrac{W_t}{bh_0}} \tag{4-102}$$

$$\beta_v = 1 - \beta_t \tag{4-103}$$

式中 β_t ——剪扭构件混凝土抗扭承载力降低系数，当 $\beta_t < 0.5$ 时，取 $\beta_t = 0.5$ ；当 $\beta_t > 1$ 时，取
        $\beta_t = 1.0$ ；

        W_t ——截面受扭塑性抵抗矩，当为箱形截面剪扭构件时，应以 $\beta_a W_t$ 代替；

        b ——矩形截面宽度或箱形截面腹板宽度；

        h_0 ——平行于弯矩作用平面的矩形或箱形截面的有效宽度。

(2)《混凝土结构设计规范》关于剪扭构件承载力的计算

规范中预应力混凝土构件的斜截面承载力按一般构件和集中力作用构件分开计算[见式(4-44a)和式(4-44b)]，因此，剪扭预应力构件的承载力亦分为两种情况计算。

由式(4-44a)和式(4-93)，得一般矩形和箱形截面的剪扭构件的抗剪承载力为

$$V_d \leqslant (1.5 - \beta_t)(0.7f_{td}bh_0 + 0.05N_{p0}) + f_{sd,v}\frac{A_{sv1}}{S_v}h_0 \tag{4-104}$$

一般矩形和箱形截面的剪扭构件的抗扭承载力为

$$T_d \leqslant \beta_t\left(0.35\beta_a f_{td} + 0.05\frac{N_{p0}}{A_0}\right)W_t + 1.2\sqrt{\xi}\frac{f_{sd,v}A_{sv1}A_{cor}}{S_v} \tag{4-105}$$

式(4-104)、式(4-105)中剪扭构件混凝土抗扭承载力降低系数 β_t 按式(4-102)计算。

由式(4-44b)和式(4-104)，得集中荷载作用下矩形和箱形截面的独立剪扭构件的抗剪承载力为

$$V_d \leqslant (1.5 - \beta_t)\left(\frac{1.75}{m+1}f_{td}bh_0 + 0.05N_{p0}\right) + f_{sd,v}\frac{A_{sv1}}{S_v}h_0 \tag{4-106}$$

式中剪扭构件混凝土抗扭承载力降低系数按式(4-107)计算：

$$\beta_t = \frac{1.5}{1 + 0.2(m+1)\dfrac{V_d}{T_d}\dfrac{W_t}{bh_0}} \tag{4-107}$$

式中 m ——剪跨比。

集中荷载作用下矩形和箱形截面的独立剪扭构件的抗扭承载力计算公式同式(4-105)，但式中的 β_t 按式(4-107)计算。

上述式(4-104)~式(4-107)中符号意义见式(4-44a)、式(4-44b)、式(4-93)及式(4-102)的说明。

(3)《公路钢筋混凝土及预应力混凝土桥涵设计规范》关于剪扭构件承载力的计算

规范没有给出混凝土抗剪承载力的计算公式，在式(4-38)中抗剪承载力由混凝土和箍筋共同提供。因此，必须将式(4-101) $V_d = \beta_v V_{d0}$ 中的 β_v 转换成能适用于式(4-38)的等效系数 α_{cs} ，即

$$\alpha_{cs}V_{cs} = (1 - \beta_t)V_c + V_{sv}$$

经大量对比计算，取

$$\alpha_{cs} = \frac{10 - 2\beta_t}{9} \tag{4-108}$$

由式(4-38)、式(4-93)、式(4-108),得矩形和箱形截面剪扭构件的抗剪承载力为

$$V_d = 0.5 \times 10^{-4} \alpha_1 \alpha_2 \alpha_3 (10 - 2\beta_t) bh_0 \sqrt{(2+0.6P)} \sqrt{f_{cu,k}\rho_{sv}f_{sd,v}} \tag{4-109}$$

矩形和箱形截面的剪扭构件的抗扭承载力为

$$T_d \leqslant \beta_t \left(0.35\beta_a f_{td} + 0.05 \frac{N_{p0}}{A_0}\right) W_t + 1.2\sqrt{\xi}\frac{f_{sd,v}A_{sv1}A_{cor}}{S_v} \tag{4-110}$$

上述式(4-109)、式(4-110)中符号意义见式(4-38)、式(4-93)及式(4-102)的说明,剪扭构件混凝土抗扭承载力降低系数 β_t 按式(4-102)计算。

T形、I形截面的腹板和带翼缘箱形截面的矩形箱体作为剪扭构件,其承载力按式(4-109)、式(4-110)计算,公式中 T_d 和 W_t 应以 T_{wd} 和 W_{tw} 代替;受压翼缘或受拉翼缘作为纯扭构件,其抗扭承载力应按式(4-93)计算,式中 T_d 和 W_t 应以 T'_{fd} 和 W'_{tf} 或 T_{fd} 和 W_{tf} 代替。注意,T形和I形截面受扭构件的腹板应符合 $b/h_w \geqslant 0.15$ 的条件,此处,b 和 h_w 分别为腹板宽度和净高。

2. 弯、剪、扭作用下构件的配筋

(1)《混凝土结构设计规范》的规定

在弯矩、剪力、扭矩共同作用下,对 $h_w/b \leqslant 6$ 的矩形、T形、I形截面和 $h_w/b_w \leqslant 6$ 的箱形截面构件,其截面应符合下列条件:

当 $h_w/b \leqslant 4$ 或 $h_w/b_w \leqslant 4$ 时

$$\frac{V_d}{bh_0} + \frac{T_d}{0.8W_t} \leqslant 0.25\beta_c f_{cd} \tag{4-111}$$

当 $h_w/b = 6$ 或 $h_w/b_w = 6$ 时

$$\frac{V_d}{bh_0} + \frac{T_d}{0.8W_t} \leqslant 0.20\beta_c f_{cd} \tag{4-112}$$

式中 b ——矩形截面或箱形截面的宽度、T形、I形截面的腹板宽度;

h_0 ——截面有效高度;

β_c ——混凝土强度影响系数,当混凝土强度等级不超过C50时,取为1.0;当混凝土强度等级为C80时,取为0.8;其间按线性内插法确定;

f_{cd} ——混凝土轴心抗压强度设计值;

h_w ——截面的腹板高度:对矩形截面,取有效高度 h_0;对T形截面,取有效高度减去翼缘高度;对I形截面,取腹板净高;

t_w ——箱形截面壁厚,其值不应小于 $b_h/7$,此处 b_h 为宽度。

当 $4 < h_w/b < 6$ 或 $4 < h_w/b_w < 6$ 时,按线性内插法确定。

当 $h_w/b > 6$ 或 $h_w/b_w > 6$ 时,受扭构件的截面尺寸要求及扭曲截面承载力计算应符合专门规定。

在弯矩、剪力、扭矩共同作用下的构件,当符合下列公式的要求时:

$$\frac{V_d}{bh_0} + \frac{T_d}{W_t} \leqslant 0.7f_{td} + 0.05\frac{N_{p0}}{bh_0} \tag{4-113}$$

或

$$\frac{V_d}{bh_0} + \frac{T_d}{W_t} \leqslant 0.7f_{td} + 0.07\frac{N}{bh_0} \tag{4-114}$$

均可不进行受剪扭承载力计算,仅需按构造钢筋。

式中 N——与剪力、扭矩设计值 V_d、T_d 相应的轴向力设计值,当 $N > 0.3f_{td}A$ 时,取 $N = 0.3f_{td}A$,此处 A 为构件的截面面积。

其他符号意义同前。

式(4-111)、式(4-112)给出了抗剪扭强度的上限,若式(4-111)、式(4-112)不满足,则需加大截面尺寸或提高混凝土强度,以免由于配筋率太高而发生超筋破坏;而式(4-113)、式(4-114)则给出了抗剪扭强度的下限。

规范规定,矩形、箱形、T形、I形截面承受弯、剪、扭的构件,其纵向钢筋截面面积应分别按受弯构件的正截面受弯承载力和剪扭构件的受扭承载力计算确定,并应配置在相应的位置;箍筋截面面积应分别按剪扭构件的受剪承载力和受扭承载力计算确定,并应配置在相应的位置。当符合一定条件时,可按下面近似计算、配筋:

①当剪力小于混凝土抗剪承载力的一半时,即当 $\gamma_0 V_d \leq 0.35bh_0 f_{td}$ 或 $V_d \leq 0.875f_{td}bh_0/(\lambda + 1)$ 时,可忽略剪力不计,而按弯扭构件计算、配筋;

②当扭矩小于混凝土抗扭承载力的一半时,即当 $T_d \leq 0.175\beta_a f_{td}W_t$ 时,可忽略扭矩不计,而按弯剪构件计算、配筋。

(2)《公路钢筋混凝土及预应力混凝土桥涵设计规范》的规定

矩形、箱形、T形、I形截面承受弯、剪、扭的构件,其截面应符合下列公式要求:

$$\frac{V_d}{bh_0} + \frac{T_d}{W_t} \leq f_{cv} \qquad (4-115)$$

当符合下列条件时

$$\frac{V_d}{bh_0} + \frac{T_d}{W_t} \leq 0.50\alpha_2 f_{td} \qquad (4-116)$$

可不进行构件的抗扭承载力计算,仅需按构造钢筋计算。

式中 V_d——剪力组合设计值;

T_d——扭矩组合设计值;

f_{cv}——名义剪应力设计值,取 $f_{cv} = 0.51\sqrt{f_{cu,k}}$;

b——垂直于弯矩作用平面的矩形截面宽度或箱形截面腹板总宽度;

h_0——平行于弯矩作用平面的矩形或箱形截面的有效宽度;

W_t——截面受扭塑性抵抗矩。

式(4-115)给出了抗剪扭强度的上限,若式(4-115)不满足,则需加大截面尺寸或提高混凝土强度,以免由于配筋率太高而发生超筋破坏;而(4-116)则给出了抗剪扭强度的下限。

式(4-116)中 α_2 意义见式(4-38)的说明,当按式(4-93)的说明可不考虑预应力影响时,取 $\alpha_2 = 1$。

矩形、T形、I形和带翼缘箱形截面的弯剪扭构件,其纵向钢筋和箍筋应按下列规定计算,并分别进行配置:

①按受弯构件正截面抗弯承载力计算所需的钢筋截面面积配置纵向钢筋;

②矩形截面、T形和I形截面的腹板、带翼缘箱形截面的矩形箱体,应按剪扭构件计算纵向钢筋和箍筋;

a. 按式(4-110)计算抗扭承载力所需的纵向钢筋截面面积,并沿周边均匀对称布置;

b. 按式(4-109)、式(4-110)抗剪承载力和抗扭承载力计算箍筋截面面积。

③T形、I形和带翼缘箱形截面的受压翼缘或受拉翼缘应按式(4-93)抗扭承载力计算所需纵向钢筋和箍筋截面面积,其中纵向钢筋应沿周边对称布置。

[**例4-8**] 某矩形截面弯剪扭构件承受均布荷载作用,计算截面如图4-25所示,剪力设计值 $V = 72.1$ kN,扭矩设计值 $T = 22.3$ kN;梁体采用C40混凝土,预应力筋采用2束4ϕ^s12.7 高强钢绞线,截面偏心距 $e_{p0} = 142$ mm,抗拉强度标准值为1860 MPa;纵向普通钢筋为9Φ16的HRB335热轧钢筋,采用双肢闭合箍筋,间距为125 mm,试验算截面承载力。

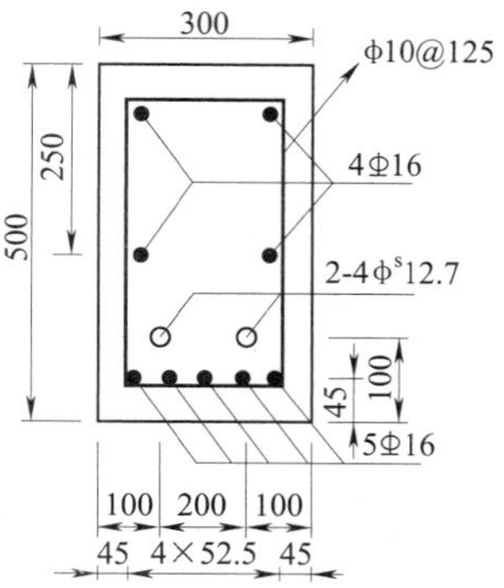

[**解**] 1. 参数和系数计算

$$f_c = 19.1 \text{ MPa}, f_{tk} = 1.71 \text{ MPa}, f_y = 300 \text{ MPa},$$

$$f_{py} = 1320 \text{ MPa}, A_p = 790 \text{ mm}^2, A_s = 1809 \text{ mm}^2,$$

$$a_p = 100 \text{ mm}, a_s = 45 \text{ mm}$$

$$a = \frac{f_{py}A_p a_p + f_y A_s a_s}{f_{py}A_p + f_y A_s}$$

$$= \frac{1320 \times 790 \times 100 + 300 \times 1809 \times 45}{1320 \times 790 + 300 \times 1809} = 81.17 \text{ mm}$$

图4-25 截面
及配筋示意图(单位:mm)

所以

$$h_0 = h - a = 500 - 81 = 419 \text{ mm}$$

2. 承载力计算

$$0.35 f_{tk} b h_0 = 0.35 \times 1.71 \times 300 \times 419 = 75231 \text{ N} > V = 72100 \text{ N}$$

故可仅按受弯构件的正截面受弯承载力和纯扭构件的受扭承载力分别验算(本例中仅进行抗扭验算,抗弯验算可见前面章节),矩形截面纯扭构件的受扭承载力应按下列计算:

$$T_d \leq \left(0.35 f_{td} + 0.05 \frac{N_{p0}}{A_0}\right) W_t + 1.2\sqrt{\xi} \frac{f_{sd,v} A_{sv1} A_{cor}}{S_v}$$

$$W_t = \frac{b^2}{6}(3h - b) = \frac{300^2}{6} \times (3 \times 500 - 300) = 1.8 \times 10^7 \text{ mm}^3$$

$$A_{cor} = b_{cor} \Delta h_{cor} = (500 - 37 \times 2) \times (300 - 37 \times 2) = 96276 \text{ mm}^2$$

纵向非预应力筋 $\quad A_{sv1} = 6 \times \frac{\pi}{4} \times 16^2 = 1206 \text{ mm}^2$

箍筋 $\quad A_{sv1} = \frac{\pi}{4} \times 10^2 = 79 \text{ mm}^2, S_v = 125 \text{ mm}$

$$u_{cor} = 2(b_{cor} + h_{cor}) = 2 \times \left[(500 - 37 \times 2) + (300 - 37 \times 2)\right] = 1304 \text{ mm}$$

所以

$$\xi = \frac{f_{sd} A_{st} S_v}{f_{sd,v} A_{sv1} U_{cor}} = \frac{300 \times 1206 \times 125}{210 \times 79 \times 1304} = 2.09 > 1.7$$

偏心距 $e_{p0} = 142 \text{ mm} > h/6 = 500/6 = 83.3 \text{ mm}$。

故不应考虑预加力影响,按钢筋混凝土纯扭构件计算,ξ取1.7,构件抗扭承载力为

$$0.35 f_{td} W_t + 1.2\sqrt{\xi} \frac{f_{sd,v} A_{sv1} A_{cor}}{S_v}$$

$$= 0.35 \times 1.71 \times 1.8 \times 10^7 + 1.2 \times \sqrt{1.7} \times 210 \times \frac{79 \times 96276}{125}$$

$$= 30765178 \text{ N} \cdot \text{mm}$$

$$= 30.76 \text{ kN} \cdot \text{m} > T = 22.3 \text{ kN} \cdot \text{m}$$

第七节　预应力锚固区承载力计算

后张法施工的预应力混凝土结构或构件通过锚具建立预加力,为平衡预应力筋拉力,锚垫板将受到巨大压力作用,面积有限的锚垫板将此压力传递给下面与之接触的混凝土,使锚垫板下面的混凝土承受很大的局部压应力,并在周边一定区域产生较大的拉应力。了解锚固区附近内力传递机理、混凝土中应力分布规律、破坏形态是进行局部受压、受拉承载力计算的基础,亦是进行锚固区设计配筋的前提。

一、锚固区应力分布特点

预应力筋可锚固于梁端部截面或梁端附近的顶板、底板和腹板上,超静定体系中亦可锚固于跨度中间的任意部位。由于局部受压区混凝土在受力、变形时受到周围混凝土的约束,处于三向应力状态,且不同锚固部位的应力分布特点不同。下面讨论荷载垂直作用于结构表面时局部受压的受力分析,典型情形如预应力筋锚固于梁端截面且与梁端截面垂直。

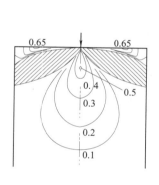

（a）一个集中荷载

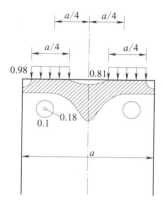

（b）两个分布荷载

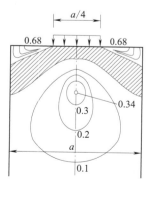

（c）一个分布荷载

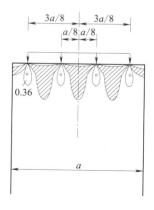

（d）四个集中荷载

图 4-26　横向应力分布示意图

　　根据大量光弹试验和理论分析结果,在集中荷载和均布荷载作用下的局部承载区横向应力分布特点如图 4-26 所示,阴影部分受压,标数字的曲线代表等值受拉应力。图中,有两个受拉区域,一个是在加载中心下方距加载面一定距离的区域,另一个是在加载端面的加载周边区域,这些部位易产生开裂。

　　图 4-27 为预应力混凝土梁端在集中力 F_L 作用下的局部应力分布示意图,在图 4-27(a)中阴影区域作用局部荷载。图 4-27(b)为沿局部受压荷载竖向中心线的纵立面上荷载作用方向(x 方向)的纵向应力 σ_x 分布示意图,在与荷载接触的端面下方混凝土受到很大的压应力,在横向离开荷载一定距离的周边范围内(如 A、A' 附近区域)则受到拉应力;沿荷载作用方向,压应力逐渐降低,周边范围受到的横向拉应力亦逐渐降低并转变为压应力;距端面距离约为梁高处开始(B 处以远),横截面上均为压应力且大小相等。此表明,梁端部锚固区应力不均匀分布主要发生在距端面约为梁高的范围内(与 Saint-Venant 原理吻合),通常称此区域为锚固区段。

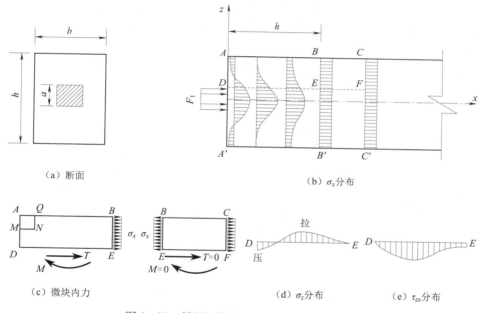

　　（a）断面　　　　　　　　　　　（b）σ_x分布

　　（c）微块内力　　　　　　（d）σ_z分布　　　　　（e）τ_{zx}分布

图 4-27　锚固区纵向、竖向应力分布示意图

　　在图 4-27(b)中取出微块 $ABED$ 和 $BCFE$,进行微块截面应力分析。微块 $ABED$ 中,由力的平衡条件,可得到 DE 截面上不仅存在剪应力 τ_{zx}(在 x 方向平衡 BE 端面合力),还存在沿 z 方向(垂直 x 方向的竖直方向)的正应力 σ_z,由 E 点取矩可得 DE 截面的弯矩及 σ_z 的分布规律,如图 4-27(d)所示;图 4-27(d)中,靠近端部的 D 点附近 σ_z 为压应力,离开端面一定距离后 σ_z 开始为拉应力,与图 4-26 的应力分布规律相同,研究表明,在 x 方向,距受压端面约 $0.1h$(h 为梁高)处混凝土应力 σ_z 由压变成拉,至 $0.25h$ 附近拉应力 σ_z 达到最大值,此区域混凝土易发生劈裂。微块 $BCFE$ 中,受均布压应力作用的两端面 BE、CF 的荷载互相平衡,EF 截面上既没有剪应力,也没有正应力[与图 4-26(a)中应力分布规律相同]。

　　上述局部受压区的应力分布特点,是设计局部加强钢筋的基础。

二、局部受压承载力计算

1. 局部受压混凝土的破坏机理

解释局部受压混凝土的工作机理和破坏机理,主要有套箍理论和剪切理论。套箍理论认为,荷载作用于混凝土结构表面部分区域时,其下面混凝土受压后引起的横向变形(膨胀)受到周围混凝土的约束(侧限),即受到套箍作用,使局部受压混凝土处于三向受压应力状态,从而提高了局部受压混凝土的抗压强度;当混凝土环向应力达到抗拉极限应力时,混凝土开裂,套箍作用消失,构件随即发生破坏。然而,试验研究结果表明,局部受压混凝土周围即使出现裂缝,外荷载仍然可以继续增加,这说明套箍理论不能完全合理解释局部受压混凝土的破坏机理。

剪切理论则认为,在荷载作用下局部受压部位可以比拟成一个带多根拉杆的拱结构(见图 4–27),在拱顶(靠近荷载附近)混凝土承受荷载方向局部荷载 F_l 和侧压力 D[见图 4–28(a)],此假定与图 4–26(a)中应力分布规律相吻合。随着荷载增加,靠近拱顶附近的拉杆由于达到抗拉强度而退出工作,甚至产生沿荷载方向的裂缝[见图 4–28(b)],但拱脚附近拉杆仍然保持工作,拉杆合力 T 作用点下移,此时的荷载称为开裂荷载。随着外荷载进一步增加,裂缝沿荷载方向扩展,拱脚拉力 T 与拱顶压力 D 力臂进一步增大,同时拉杆的不断退出工作导致 T 值的降低;当 T 值与局部荷载 F_l 的比值达到某一数值,荷载下端的混凝土逐步形成剪切破坏的楔形体[见图 4–28(c)],最终丧失承载力而发生破坏。

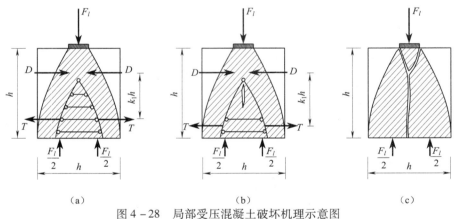

图 4–28   局部受压混凝土破坏机理示意图

我国现行《铁路桥涵设计规范(极限状态法)》中局部受压强度计算公式基于套箍理论而建立,《混凝土结构设计规范》和《公路钢筋混凝土及预应力混凝土桥涵设计规范》中局部受压承载力计算公式则基于剪切破坏理论而建立。

2. 局部受压混凝土强度

混凝土局部受压强度比轴心抗压强度大,研究表明两者存在如下关系:

$$f_{l,cd} = \beta f_{cd} \tag{4–117}$$

式中 f_{cd} ——混凝土轴心抗压强度设计值;

$f_{l,cd}$ ——局部受压混凝土抗压强度设计值;

β ——混凝土局部受压时的强度提高系数。

局部受压强度提高系数 β 可由套箍理论或剪切理论结合试验研究结果得到,约为

$$\beta = \sqrt{\frac{A_b}{A_l}} \tag{4–118}$$

式中 A_b ——局部受压混凝土的计算底面积;

  A_l ——混凝土局部受压面积,当局部受压面有孔洞时不扣除孔洞的面积;当受压面设有钢垫板时,局部受压面积应计入在垫板中按45°刚性角扩大的面积。

计算 β 时,A_b 的取值原则是其面积形心和 A_l 的面积形心重合,且两者的图形特征相一致。《公路钢筋混凝土及预应力混凝土桥涵设计规范》中 A_b 的取值如图 4-29 所示,《混凝土结构设计规范》中 A_b 的取值与此基本相同。

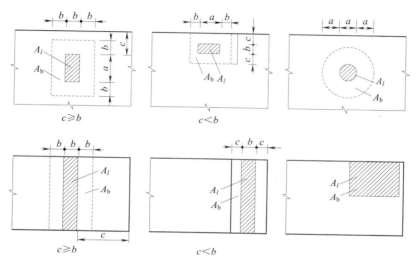

图 4-29 局部受压混凝土计算底面积 A_b 的示意图

计算 β 时,《铁路桥涵设计规范(极限状态法)》中 A_b 的取值按图 4-30 计算。

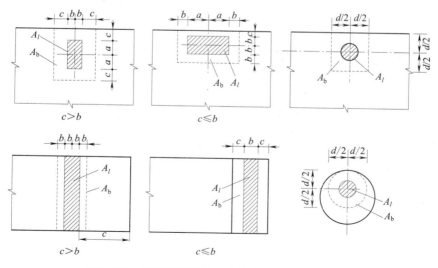

图 4-30 局部受压混凝土计算底面积 A_b 的示意图

3. 局部受压承载力计算

为满足抗裂要求,局部受压混凝土中通常配置螺旋钢筋或钢筋网,此时,局部受压承载力由局部受压素混凝土和间接钢筋共同提供,即

$$F_l = F_{l,c} + F_{l,s} \qquad (4-119)$$

式中　$F_{l,c}$——局部受压素混凝土提供的承载力;

　　　$F_{l,s}$——间接钢筋提供的承载力。

局部受压素混凝土的承载力由式(4-120)计算:

$$F_{l,c} = f_{l,cd}A_{ln} = \beta f_{cd}A_{ln} \qquad (4-120)$$

式中　A_{ln}——混凝土局部受压面积,当局部受压面有孔洞时扣除孔洞的面积;当受压面设有钢
　　　　　　　垫板时,局部受压面积应计入在垫板中按45°刚性角扩大的面积。

(1)按套箍理论计算间接钢筋提供的承载力 $F_{l,s}$

设局部受压区混凝土中配置了螺旋钢筋(见图4-31),将螺旋钢筋及其所包围的混凝土沿
对称面切开,极限状态时认为螺旋钢筋达到设计强度,在切面上一个螺距内螺旋钢筋约束混凝
土产生的拉力和局部受压混凝土受到的压力互相平衡,即有

$$2A_{ss1}f_{sd} = \sigma_r d_l s \qquad (4-121)$$

式中　d_l——局部受压面积 A_l 的直径;

　　　s——螺旋钢筋的间距(螺距);

　　　d_{cor}——螺旋钢筋所包围的直径;

　　　A_{ss1}——单根螺旋钢筋的截面积;

　　　f_{sd}——螺旋钢筋的抗拉强度设计值;

　　　σ_r——混凝土受到的径向侧压力。

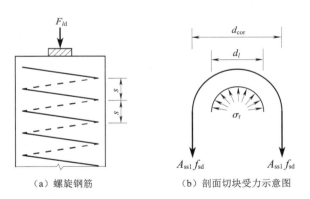

(a)螺旋钢筋　　　　　　　(b)剖面切块受力示意图

图4-31　配置螺旋钢筋时套箍强化计算示意图

螺旋钢筋的体积配筋率可通过一圈螺旋钢筋的体积与其所包围的混凝土体积相比得到,即

$$\rho_v = \frac{A_{ss1}\pi d_{cor}}{\frac{1}{4}\pi d_{cor}^2 s} = \frac{4A_{ss1}}{d_{cor}s} \qquad (4-122)$$

式中　ρ_v——螺旋钢筋的体积配筋率。

将式(4-122)代入式(4-121),得到

$$\sigma_r = \frac{1}{2}\rho_v \beta_{cor} f_{sd} \qquad (4-123)$$

式中　β_{cor}——间接钢筋对混凝土局部受压强度提高系数,按式(4-124)计算

$$\beta_{cor} = \sqrt{\frac{A_{cor}}{A_l}} \qquad (4-124)$$

式(4-124)中 A_{cor} 为方格网或螺旋形间接钢筋内表面范围内的混凝土核心面积,其重心应

与 A_l 的重心相重合,计算时按同心、对称原则取值。当 $A_{cor} > A_b$ 时,应取 $A_{cor} = A_b$。

圆柱体试件三向受压试验研究表明,混凝土受径向压应力 σ_r 时其对轴向的抗压强度提高至约为 $4\sigma_r$,则间接钢筋提供的承载力 $F_{l,s}$ 约为

$$F_{l,s} = 4\sigma_r A_{ln} = 2\rho_v \beta_{cor} f_{sd} A_{ln} \tag{4-125}$$

(2)按剪切理论计算间接钢筋提供的承载力 $F_{l,s}$

间接钢筋提供的承载力亦可以根据剪切破坏理论通过分析图 4-28(b)中剪切破坏受力得到。试验表明,当间接钢筋体积配筋率合适,且 A_b/A_l(或 β)不很大时,破坏时间接钢筋大多能达到屈服,则有

$$T_s = w_s f_{sd} A_s \tag{4-126}$$

式中　w_s——间接钢筋应力图形不完整系数,可取为 0.9;

　　　A_s——端部区段纵截面间接钢筋总面积。

T_s 的反力将作为侧压力作用于图 4-28(c)的楔形体上,即楔形体侧向受到压应力作用,根据摩尔强度理论,可推导得到间接钢筋提供的竖向承载力为

$$F_{l,s} = k A_{s0} f_{sd} \tag{4-127}$$

式中　k——间接钢筋影响系数;

　　　A_{s0}——间接钢筋的换算截面面积。

当配置螺旋筋时,将间接钢筋的换算截面面积通过式(4-122)转换为体积配筋率表示,引入系数 β_{cor}[按式(4-124)定义],由式(4-127)有

$$F_{l,s} = k\rho_v \beta_{cor}^2 f_{sd} A_{ln} \tag{4-128}$$

当配置钢筋网时,取核心面积 $A_{cor} = l_1 l_2$,通过下式将间接钢筋的换算截面面积转换为体积配筋率表示,即

$$\rho_v = \frac{n_1 A_{s1} l_1 + n_2 A_{s2} l_2}{l_1 l_2 s} \tag{4-129}$$

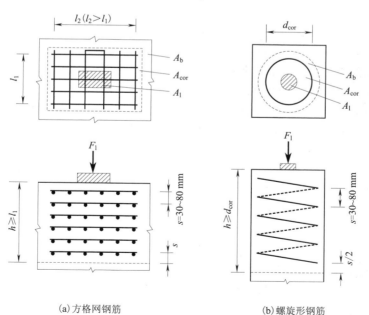

(a)方格网钢筋　　　　(b)螺旋形钢筋

图 4-32　局部受压配筋图

式中　ρ_v ——间接钢筋体积配筋率(核心面积范围内单位体积所含间接钢筋的体积,见图 4 - 32);

　　　n_1、A_{s1} ——方格网沿 l_1 方向的钢筋根数、单根钢筋的截面面积;

　　　n_2、A_{s2} ——方格网沿 l_2 方向的钢筋根数、单根钢筋的截面面积;

　　　s ——方格网间接钢筋的层距。

(3)《铁路桥涵设计规范(极限状态法)》局部受压强度计算

由式(4 - 120)和式(4 - 125),得配置间接钢筋时的局部受压混凝土的承载力为

$$F_l = \beta f_{cd} A_{ln} / \gamma_{c2} + 2\rho_v \beta_{cor} f_{sd} A_{ln} / \gamma_s \qquad (4 - 130)$$

当配置的间接钢筋为钢筋网时,式(4 - 129)仍然适用,只是间接钢筋体积配筋率按式(4 - 129)计算。

式(4 - 130)为《铁路桥涵设计规范(极限状态法)》采用的计算公式,即配置间接钢筋的构件端部预应力锚固区局部受压强度应满足下列要求:

$$F_l \leq \beta f_{cd} A_{ln} / \gamma_{c2} + 2\rho_v \beta_{cor} f_{sd} A_{ln} / \gamma_s \qquad (4 - 131)$$

式中　F_l ——局部承压的轴向力设计值;

　　　γ_{c2} ——局部承压混凝土承载力综合分项系数,取为 1.02;

　　　γ_s ——局部承压钢筋承载力综合分项系数,取为 1.2;

　　　f_{cd} ——混凝土的抗压强度设计值;

　　　f_{sd} ——螺旋钢筋的抗拉强度设计值;

　　　β ——混凝土局部受压强度系数;

　　　β_{cor} ——间接钢筋对混凝土局部受压强度提高系数;

　　　A_{ln} ——混凝土局部受压面积;

　　　ρ_v ——间接钢筋体积配筋率。

《铁路桥涵设计规范(极限状态法)》规定,构件端部锚固区的尺寸应满足锚下混凝土的抗裂性要求,按式(4 - 132)计算:

$$F_l \leq \beta f_{cd} A_{ln} / \gamma_{c1} \qquad (4 - 132)$$

式中　γ_{c1} ——局部承压混凝土承载力综合分项系数,取为 0.77。

其他符号意义同式(4 - 120)。

如果构件局部受压区的截面尺寸不能满足式(4 - 132),则应加大局部受压区的截面尺寸,或调整锚头位置,或提高混凝土的强度等级。

(4)《公路钢筋混凝土及预应力混凝土桥涵设计规范》局部受压承载力计算

由式(4 - 120)和式(4 - 128),得配置间接钢筋时的局部受压混凝土的承载力

$$F_{l,s} = \beta f_{cd} A_l + k\rho_v \beta_{cor}^2 f_{sd} A_{ln} \qquad (4 - 133)$$

为简化计算,将式(4 - 133)右端第二项的 β_{cor}^2 改为 β_{cor},同时考虑混凝土塑性随强度增加而降低的影响,并对间接钢筋的承载力作适当折减,得《公路钢筋混凝土及预应力混凝土桥涵设计规范》计算局部抗压承载力的公式为

$$F_{ld} \leq 0.9(\eta_s \beta f_{cd} + k\rho_v \beta_{cor} f_{sd}) A_{ln} \qquad (4 - 134)$$

式中　F_{ld} ——局部受压面积上的局部压力设计值(考虑了结构重要性影响系数),对后张法构件的锚头局压区,应取 1.2 倍张拉时的最大压力;

　　　f_{cd} ——混凝土轴心抗压强度设计值;

　　　η_s ——混凝土局部受压修正系数,混凝土强度等级为 C50 及以下,取 $\eta_s = 1.0$;混凝土强度等级为 C50 ~ C80 取 $\eta_s = 1.0 \sim 0.76$,中间按直线插入取值;

　　　A_b ——局部受压时的计算底面积,按图 4 - 29 确定;

　　　　k——间接钢筋影响系数,混凝土强度等级 C50 及以下时 $k = 2.0$,C50 ~ C80 取 $k =$
　　　　2.0 ~ 1.70,中间值按线性插值取用。

　　其他符合意义同前。

　　《公路钢筋混凝土及预应力混凝土桥涵设计规范》规定,配置间接钢筋的混凝土构件,其局部受压区的截面尺寸应满足下列要求:

$$\lambda_0 F_{ld} \leqslant 1.3 \eta_s \beta f_{cd} A_{ln} \tag{4-135}$$

　　如果式(4-135)不满足,则应加大局部受压区截面尺寸,或提高混凝土强度等级。

　　(5)《混凝土结构设计规范》局部受压承载力计算

　　《混凝土结构设计规范》局部受压承载力计算公式与式(4-134)基本相同,为

$$F_{ld} \leqslant 0.9(\beta_c \beta f_{cd} + 2\alpha\rho_v\beta_{cor}f_{sd})A_{ln} \tag{4-136}$$

式中　β_c——混凝土强度影响系数:当混凝土强度等级不超过 C50 时,取为 1.0;当混凝土强度
　　　　等级为 C80 时,取为 0.8;其间按线性内插法确定;

　　　　α——间接钢筋对混凝土约束的折减系数,当混凝土强度等级不超过 C50 时,取为 1.0;
　　　　当混凝土强度等级为 C80 时,取为 0.85;其间按线性内插法确定。

　　其他符号意义同式(4-134)。

　　《混凝土结构设计规范》规定,配置间接钢筋的混凝土构件,其局部受压区的截面尺寸应满足下列要求:

$$\lambda_0 F_{ld} \leqslant 1.35 \beta_c \beta f_{cd} A_{ln} \tag{4-137}$$

　　如果式(4-137)不满足,则应加大局部受压区截面尺寸,或提高混凝土强度等级。

　　[例 4-9] 某后张法公路预应力混凝土梁锚固端尺寸如图 4-33 所示,结构重要性系数为 $\gamma_0 = 1.0$,局部压力设计值 $F_{ld} = 1\,156\,000$ N,采用夹片式锚具,锚固直径 $d = 110$ mm,锚孔直径 $a = 74$ mm,垫板厚 $t = 32$ mm。张拉时,混凝土强度等级为 C40。锚下螺旋筋中心直径为 220 mm,间距 $S = 50$ mm,采用直径 $\phi12$ 的 HRB400 钢筋。试验算局部承压承载力。

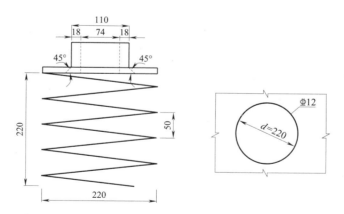

图 4-33　锚固端附件锚孔、锚下螺旋筋布置示意图(单位:mm)

　　[解] 1. 计算系数

$$f_{cd} = 18.4 \text{ MPa}, f_{sd} = 330 \text{ MPa}, \gamma_0 = 1.0, \eta_s = 1.0$$

$$k = 2.0, A_{ss1} = \frac{\pi}{4} \times 12^2 = 113 \text{ mm}^2$$

$$d_{cor} = 220 - 12 = 208 \text{ mm}, S = 50 \text{ mm}, A_{cor} = \frac{\pi}{4} \times 208^2 = 33\,979 \text{ mm}^2$$

2. 验算截面尺寸

设锚圈底压力以 45° 通过垫板向梁体扩散,则

$$A_{ln} = \frac{\pi}{4}(d_1^2 - a^2) = \frac{\pi}{4}[(110 + 2 \times 32)^2 - 74^2] = 19\,478 \text{ mm}^2$$

$$A_l = \frac{\pi}{4}d_1^2 = \frac{\pi}{4} \times (110 + 2 \times 32)^2 = 23\,779 \text{ mm}^2$$

$$A_b = \frac{\pi}{4}(3d_1)^2 = \frac{\pi}{4} \times [3 \times (110 + 2 \times 32)]^2 = 214\,008 \text{ mm}^2$$

$$\beta = \sqrt{A_b/A_l} = \sqrt{214\,008/23\,779} = 3$$

$$\gamma_0 F_{ld} = 1.0 \times 1\,156\,000 = 1\,156\,000 \text{ N}$$

$$1.3\eta_s\beta f_{cd}A_{ln} = 1.3 \times 1.0 \times 3 \times 18.4 \times 19\,478 = 1\,397\,741 \text{ N} > \gamma_0 F_{ld} = 1\,156\,000 \text{ N}$$

所以截面尺寸满足规范要求。

3. 局部承载力计算

$$\rho_v = 4A_{ss1}/d_{cor}S = \frac{4 \times 113}{208 \times 50} = 0.043\,5$$

$$\beta_{cor} = \sqrt{A_{cor}/A_l} = \sqrt{33\,979/23\,779} = 1.195$$

所以

$$0.9(\eta_s\beta f_{cd} + k\rho_v\beta_{cor}f_{sd})A_{ln} = 0.9 \times (1.0 \times 3 \times 18.4 + 2.0 \times 0.043\,5 \times 1.195 \times 330) \times 19\,478$$
$$= 1\,743\,445 \text{ N} > \gamma_0 F_{ld} = 1\,156\,000 \text{ N}$$

故局部承载力满足规范要求。

三、锚固区受拉承载力计算

1. 局部受压时总体区受拉承载力计算

混凝土截面在预应力筋锚具的巨大压力作用下,受局部压力作用影响明显的区域称为预应力锚固区。对于端部锚固区,一般横向取梁端全截面,纵向取 1.0 至 1.2 倍的梁高或梁宽的较大值;对于三角齿块锚固区,横向取齿块宽度的 3 倍,纵向取齿块长度外加 2 倍壁板厚度。局部区的范围,横向取锚下局部受压面积(见图 4-29),纵向取 1.2 倍的锚垫板较长边尺寸;除局部区以外的锚固区其他部分,称为总体区的范围。

图 4-26 和图 4-27 表明,总体区范围内混凝土受到某一方向拉力作用,如图 4-27(b)中,在端面 A 附近区域、距端面 0.25h(h 为梁高)区域出现较大横向拉应力。由于混凝土抗拉强度低,对这些区域必须进行配筋,并验算计算这些区域的受拉承载力。下面介绍《公路钢筋混凝土及预应力混凝土桥涵设计规范》中总体区各部位的受拉承载力计算。

规范规定,总体区各部位的受拉承载力必须满足下面要求:

$$\lambda_0 T_{w,d} \leq f_{sd}A_s \tag{4-138}$$

式中 γ_0 ——结构重要性系数;

$T_{w,d}$ ——总体区各部位的拉力设计值;

f_{sd} ——普通钢筋抗拉强度设计值;

A_s ——拉杆中的普通钢筋面积,按规范要求布置范围内的钢筋计算。

(1)锚下劈裂力受拉承载力计算

在锚垫板的局部压力作用下,距离锚垫板一定位置的锚下区域受到横向拉力作用,这种拉力称为劈裂力,图 4-28(a)中的水平方向拉力 T 即为劈裂力。图 4-34 为锚下劈裂力作用位置示意图,其中图 4-34(a)为单个锚垫板布置时锚下劈裂力位置示意图,图 4-34(b)、图 4-34

（c）为多个锚垫板布置时锚下劈裂力位置示意图。

单个锚垫板布置时锚下劈裂力承载力应满足下面要求：

$$\lambda_0 T_{b,d} = \lambda_0 \left\{ 0.25 P_d (1 + \gamma)^2 \left[(1 - \lambda) - \frac{a}{h} \right] \right\} + 0.5 P_d \leqslant f_{sd} A_s \qquad (4-139)$$

劈裂力作用位置至锚固端面的水平距离：

$$d_b = 0.5(h - 2e) + e\sin\alpha \qquad (4-140)$$

式中　$T_{b,d}$——锚下劈裂力；

$\quad\ \ P_d$——预应力锚固力设计值，取 1.2 倍张拉控制力；

$\quad\ \ a$——锚垫板宽度；

$\quad\ \ h$——锚固端截面高度；

$\quad\ \ e$——锚固力偏心距，即锚固力作用点距截面形心的距离；

$\quad\ \ \gamma$——锚固力在截面上的偏心率，$\gamma = 2e/h$；

$\quad\ \ \alpha$——力筋倾角，一般在 $-5° \sim +20°$ 之间；当锚固力作用线从起点指向截面形心时取正值，逐渐远离截面形心时取负值。

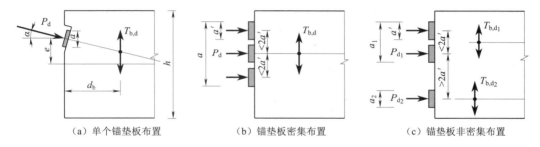

（a）单个锚垫板布置　　　　（b）锚垫板密集布置　　　　（c）锚垫板非密集布置

图 4 - 34　端部锚固区的锚下劈裂力位置示意图

计算多个锚垫板布置情况下的承载力时，应考虑每个锚垫板局部荷载引起的劈裂力对锚固区劈裂力的影响。多个锚垫板布置时，当相邻锚垫板的中心距小于 2 倍锚垫板宽度时［见图 4 - 34（b）］，称为密集布置；否则，称为非密集布置［见图 4 - 34（c）］。对于锚垫板密集布置的情形，锚下劈裂力设计值宜采用其锚固力的合力值代入式（4 - 139）进行计算；对于锚垫板非密集布置的情形，锚下劈裂力设计值宜按单个锚垫板分别计算，取各劈裂力的最大值。

（2）由锚垫板局部压陷引起的周边剥裂力受拉承载力计算

在锚垫板的巨大局部压力作用下，锚垫板下混凝土发生较大压应变，甚至出现"压陷"现象，从而在周边引起拉力，这种拉力称为局部压陷引起的周边剥裂力（见图 4 - 35）。

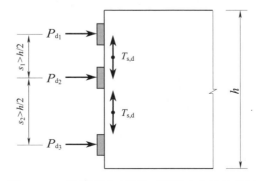

图 4 - 35　端部锚固区的锚下劈裂力位置示意图

锚垫板局部压陷引起的周边剥裂力与相邻锚垫板的距离及其锚固力有关。当相邻锚固力的中心距离较小时(小于锚固端截面高度一半),抵抗锚垫板局部压陷引起的周边剥裂力承载力应满足下面要求:

$$\lambda_0 T_{s,d} = \lambda_0 \times 0.02 \max\{P_{di}\} \leqslant f_{sd} A_s \tag{4-141}$$

式中 P_{di}——同一端面上,第 i 个锚固力设计值。

当相邻锚固力的中心距大于 1/2 锚固端截面高度时,锚垫板间的端面剥裂力宜按式(4-142)计算,且不小于最大锚固力设计值的 0.02 倍:

$$\lambda_0 T_{s,d} = \lambda_0 \times 0.45 \, \bar{P}_d \cdot \left(\frac{2s}{h} - 1\right) \leqslant f_{sd} A_s \tag{4-142}$$

式中 $\bar{P}_d$——两相邻锚固力设计值的平均值,在图 4-35 中为 $\bar{P}_d = (P_{d2} + P_{d3})/2$;
　　　 s——两相邻锚固力的中心距;
　　　 h——锚固端截面高度。

(3)端部锚固区的边缘受拉承载力计算

图 4-27(b)中,在锚固区的端面 A 边缘附近区域,局部压力作用下出现拉力。图 4-36 为边缘受拉力作用位置示意图,端部锚固区的边缘受拉承载力可按式(4-143)计算:

$$\lambda_0 T_{et,d} = \lambda_0 \frac{(3\gamma - 1)^2}{12\gamma} P_d \leqslant f_{sd} A_s \tag{4-143}$$

式中 γ——锚固力在截面上的偏心率, $\gamma = 2e/h$, $\gamma > \dfrac{1}{3}$ 。

当 $\gamma \leqslant \dfrac{1}{3}$ 时,不需要验算端部锚固区的边缘受拉承载力。

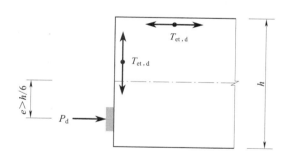

图 4-36　端部锚固区的边缘拉力计算示意图

2. 三角齿块锚固区受拉承载力计算

当预应力筋锚固于两端面之间时,常采用在底板、腹板或顶板上制作外伸钢筋混凝土齿块,将预应力筋锚固于齿块上,图 4-37 的三角钢筋混凝土齿块为典型的齿块形状。

在锚固力作用下,三角齿块锚垫板下混凝土受到局部压力作用,为了平衡锚固力,在三角齿块锚固区的五个区域出现受拉,分别为锚下劈裂力、齿块端面根部拉力、锚后牵拉力、边缘局部弯曲引起的拉力及径向力作用引起的拉力,如图 4-37 所示。这些受拉部位必须进行钢筋布置,布筋后其抗拉承载力应满足下列要求:

锚下劈裂力　　　　 $$\lambda_0 T_{b,d} = \lambda_0 \times 0.25 P_d \left(1 - \frac{a}{2d}\right) \leqslant f_{sd} A_s \tag{4-144}$$

齿块端面根部的拉力　　 $$\lambda_0 T_{s,d} = \lambda_0 \times 0.04 P_d \leqslant f_{sd} A_s \tag{4-145}$$

锚后牵拉力　　　　 $$\lambda_0 T_{tb,d} = \lambda_0 \times 0.20 P_d \leqslant f_{sd} A_s \tag{4-146}$$

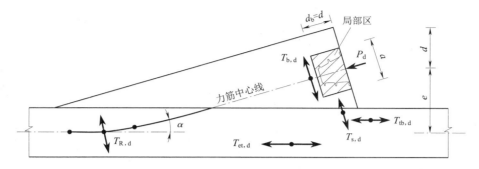

图 4 - 37　齿块锚固区受拉作用位置示意图

边缘局部弯曲引起的拉力

$$\lambda_0 T_{\text{et,d}} = \lambda_0 \times \frac{(2e - d)^2}{12e(e + d)} \leqslant f_{\text{sd}} A_s \qquad (4 - 147)$$

径向力作用引起的拉力

$$\lambda_0 T_{\text{R,d}} = \lambda_0 \times P_{\text{d}} \alpha \leqslant f_{\text{sd}} A_s \qquad (4 - 148)$$

式中　$T_{\text{b,d}}$——锚下劈裂力设计值；

$\quad T_{\text{s,d}}$——齿块端面根部的拉力设计值；

$\quad T_{\text{tb,d}}$——锚后牵拉力设计值；

$\quad T_{\text{et,d}}$——边缘局部弯曲引起的拉力设计值；

$\quad T_{\text{R,d}}$——径向力作用引起的拉力设计值；

$\quad d$——锚固力中心至齿板上边缘的垂直距离；

$\quad e$——锚固力作用点至壁板中心的距离；

$\quad \alpha$——预应力钢筋转向前后的切线夹角(rad)。

第五章

预应力混凝土受弯构件截面应力分析

预应力混凝土受弯构件从施加预加力至承受外荷载到破坏大致经历三个阶段,即开裂前的近似弹性工作阶段、裂缝出现后的工作阶段和破坏阶段。近似弹性工作阶段一般包括预施应力、运送和安装阶段,对于使用中混凝土截面不允许出现拉应力的预应力混凝土还包括正常使用阶段。为了保证构件在各个阶段的安全,需计算各阶段混凝土和预应力筋的应力,其实质是构件的强度计算,是对构件承载能力计算的补充;基于混凝土法向拉应力的正截面抗裂性验算和基于主应力、剪应力的斜截面抗裂性验算,以及疲劳极限状态的应力验算,则是构件正常使用极限状态计算的重要内容,以保证构件的正常使用和耐久性能。

本章结合预应力混凝土受弯构件工作全过程截面应力分析,讨论开裂前截面应力计算、截面开裂弯矩计算、开裂后截面应力计算、抗裂性验算及疲劳验算。

考虑各阶段的预应力损失时,对于一般构件预应力筋有效应力采用规范中的计算方法,即按表(3-5)计算,对于特殊构件或重要构件可结合实际情况按式(3-2)计算,本章计算时均采用规范方法。

第一节 预应力混凝土受弯构件工作全过程截面应力分析

预应力混凝土受弯构件的受力全过程可描述为:施加预应力→运送→安装→开裂前工作→裂缝出现后工作→破坏。对于在使用位置浇筑混凝土、施加预加力的构件,不经受运输和安装过程。下面以后张全预应力混凝土简支梁(仅配置直线预应力筋)为例讨论全过程截面应力分析,不同受力阶段的工作性能通过跨中截面的应力状态来描述。

1. 施加预应力阶段

当混凝土凝结硬化到一定强度(不得低于设计混凝土强度等级的80%),张拉预应力筋并锚固,此过程称为施加预应力阶段。一般情况下预应力至少用来平衡梁自重和后续施加的二期恒载,因此,截面中预应力筋必须偏心布置以抵抗(平衡)荷载弯矩。在张拉预应力筋过程中,梁体中间部位将脱离模板而上拱(梁体产生拱度时其自重开始作用),梁体成为以两端为支点的简支梁,其跨中截面应力见图5-1(a)。预应力筋锚固后瞬间,第一阶段预应力损失已经完成。

2. 运输和安装阶段

梁体从预制工厂运送到施工现场后进行安装,梁体受到预应力和自重作用;但由于运送、安装过程中受到冲击作用,梁体自重作用需考虑冲击影响。另外,运送、安装时梁体的支点或吊点向跨中移动,故此阶段跨中截面应力分布与传力锚固阶段不同[见图 5 - 1(b)]。

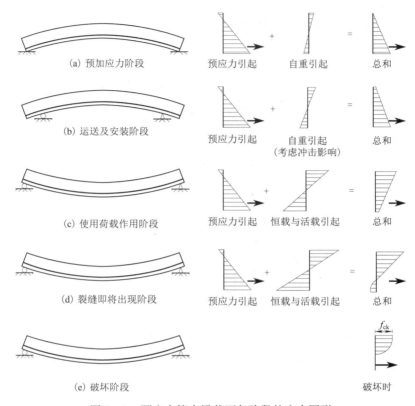

(a) 预加应力阶段　　　　　预应力引起　　自重引起　　　总和

(b) 运送及安装阶段　　　　预应力引起　　自重引起　　　总和
　　　　　　　　　　　　　　　　　　　（考虑冲击影响）

(c) 使用荷载作用阶段　　　预应力引起　　恒载与活载引起　　总和

(d) 裂缝即将出现阶段　　　预应力引起　　恒载与活载引起　　总和

(e) 破坏阶段　　　　　　　　　　　　　　　　　　　　破坏时

图 5 - 1　预应力简支梁截面各阶段的应力图形

3. 开裂前工作阶段

梁体架设完成后,在梁体上面施加二期恒载(对于桥梁,二期恒载为桥面系、栏杆等附属结构引起的荷载;对于房屋结构楼面大梁,二期恒载为楼面板、机械设备等引起的荷载);梁体在正常使用时,即在预应力和设计荷载(构件自重、二期恒载及活载)作用下,对于全预应力简支梁,截面中不允许出现拉应力,全截面受压,跨中截面应力分布如图 5 - 1(c)所示。

在正常使用阶段,为计算方便,通常认为预应力损失已全部完成。

4. 开裂后工作阶段

在超过设计值的荷载作用下,梁体截面下缘混凝土出现拉应力;随荷载值继续增加,拉区混凝土拉应力达到混凝土极限抗拉强度,跨中截面应力分布如图 5 - 1(d)所示。荷载再继续增加,截面开裂,即梁体进入开裂后工作阶段。对应于梁体全截面受压的临界状态——下缘混凝土应力为零的荷载,称为消压荷载;对应于下缘拉应力达到混凝土极限抗拉强度时截面即将开裂的荷载,称为开裂荷载。

预应力混凝土梁开裂后的工作性能与钢筋混凝土梁基本相同。

5. 破坏阶段

荷载继续增加,梁体弯曲裂缝增多,挠度增大,预应力筋和普通钢筋的拉应力增长较快,中性轴上移,压区混凝土进入塑性状态,跨中截面应力分布如图 5 - 1(e)所示。如果配筋适当,当拉区钢筋达到屈服强度时,梁体变形急剧增加,中性轴迅速上移,压区混凝土被压碎,梁体丧失承载能力。

根据上述分析,施加预应力、运送、安装及正常使用阶段中,构件全截面整体工作,称之为出现裂缝前的弹性工作阶段,截面应力可按材料力学中公式计算;受拉边混凝土开始达到极限抗拉强度至开裂称为过渡阶段;开裂至破坏的预应力混凝土受弯构件工作性能与钢筋混凝土受弯构件类同,基于此阶段的构件极限承载能力计算亦与钢筋混凝土受弯构件类同。

图 5-2 为对应于预应力混凝土受弯构件受力全过程的变形与荷载关系图,图中阴影图形为相应荷载的截面应力分布。锚固预应力筋时对应于 $M-f$ 曲线①点,施加二期恒载后对应于曲线②点,曲线③点为全截面均匀受压状态,曲线④点为消压状态(下边缘混凝土应力为零)。在正常使用阶段,使用荷载(设计荷载)通常在消压弯矩和使用荷载极限状态对应的弯矩之间。如果使用荷载远低于消压弯矩,则预应力度过大,浪费材料;如果使用荷载超过使用荷载极限状态,则构件承载能力不足,安全裕度不够。

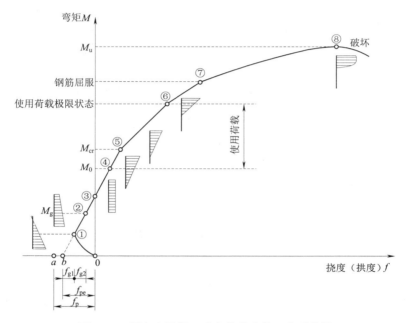

图 5-2　预应力混凝土受弯构件荷载—变形曲线

f_{g1} ——期恒载引起的挠度;f_{g2} —二期恒载引起的挠度;f_{pe} —仅由有效预应力引起的反拱;

f_p —钢筋锚固前由预加力引起的反拱;M_0 —消压弯矩;M_{cr} —开裂弯矩,M_u —极限弯矩

第二节　预应力混凝土受弯构件未开裂截面应力计算

构件不同截面在不同工作阶段有不同的受力特点,应验算每个阶段的截面应力。应力验算包括截面上混凝土正应力、剪应力和主应力,以及预应力筋的拉应力。进行应力计算时,规定预应力筋应力以拉为正,混凝土应力以压为正,普通钢筋应力以拉为正。

需要注意的是,不同规范在验算各种应力时采用的设计荷载值及荷载效应组合方式不同,其应力限值亦有差别。

一、预应力混凝土受弯构件未开裂截面正应力计算

（一）施加预应力阶段截面正应力计算

此阶段构件受到预加力或预加力和自重的作用[见图5-1(a)]，预应力筋有效应力需考虑第一阶段的应力损失。偏心布置的预应力筋，将使构件上拱，因此跨中截面混凝土下缘受到较大的压应力、上缘出现较小压应力或出现拉应力。过大的混凝土压应力将产生较大的横向拉应变，可能引起构件的纵向裂缝；过大的拉应力将导致混凝土出现法向受拉裂缝，因此，施加预应力阶段需限制混凝土的最大压应力值和最大拉应力值。

预应力筋锚固时，先张法构件中预应力筋与混凝土已经黏结在一起共同工作，计算时采用全截面换算截面特性；后张法构件中预应力筋管道尚未灌浆，计算时采用扣除孔道面积的净截面特性。

传力锚固时，预应力筋有效应力为

$$\sigma_{pe} = \sigma_{con} - \sigma_{LI} \tag{5-1a}$$

$$\sigma'_{pe} = \sigma'_{con} - \sigma'_{LI} \tag{5-1b}$$

式中　σ_{pe}、σ'_{pe}——受拉区、受压区预应力筋的有效应力；

σ_{con}、σ'_{con}——受拉区、受压区预应力筋的张拉控制应力；

σ_{LI}、σ'_{LI}——受拉区、受压区预应力筋的第一阶段应力损失值，按式(3-63)~式(3-70)中相应公式计算。

由预加力引起的混凝土正应力为

$$\sigma_{pc} = \frac{N_p}{A_i} \pm \frac{N_p e_i}{I_i} y_i \tag{5-2}$$

式中　A_i——截面积，先张法构件为换算截面面积A_0，后张法构件为净截面面积A_n；

I_i——截面惯性矩，先张法构件为换算截面惯性矩I_0，后张法构件为净截面惯性矩I_n；

e_i——预加力合力作用点至构件换算截面重心轴的距离e_0（先张法构件）或至净截面重心轴的距离e_n（后张法构件）；

y_i——换算截面重心至计算纤维处的距离y_0（先张法构件）或净截面重心至计算纤维处的距离y_n（后张法构件）；

N_p——先张法构件、后张法构件的有效预加力。

对于后张法预应力混凝土连续梁等超静定结构，施加预加力时尚需考虑次弯矩影响，此时，由预加力引起的混凝土正应力为

$$\sigma_{pc} = \frac{N_p}{A_i} \pm \frac{N_p e_i}{I_i} y_i \pm \frac{M_{p2}}{I_i} y_i \tag{5-3}$$

式中　M_{p2}——由预加力N_p在后张法超静定结构中产生的次弯矩。

对于先张法构件，式(5-2)中的有效预加力和偏心距按下列计算：

$$N_p = \sigma_{p0} A_p + \sigma'_{p0} A'_p \tag{5-4}$$

$$e_0 = \frac{\sigma_{p0} A_p y_p - \sigma'_{p0} A'_p y'_p}{N_p} \tag{5-5}$$

式中　σ_{p0}、σ'_{p0}——受拉区和受压区的预应力筋在其合力作用点处混凝土法向应力为零时的预应力筋应力，按下式计算：

$$\sigma_{p0} = \sigma_{con} - \sigma_{LI} + \sigma_{L4}, \quad \sigma'_{p0} = \sigma'_{con} - \sigma'_{LI} + \sigma'_{L4}$$

A_p、A'_p——受拉区、受压区预应力筋的截面面积；

y_{p0}、y'_{p0} ——受拉区、受压区预应力筋重心至构件换算截面重心轴的距离。

对于后张法构件,式(5-2)、式(5-3)中的有效预加力和偏心距按下列计算:

$$N_p = \sigma_{pe}A_p + \sigma'_{pe}A'_p \qquad (5-6)$$

$$e_n = \frac{\sigma_{pe}A_p y_{pn} - \sigma'_{pe}A'_p y'_{pn}}{N_p} \qquad (5-7)$$

式中 y_{pn}、y'_{pn} ——受拉区、受压区预应力筋重心至构件净截面重心轴的距离。

其他符号意义同前。

预应力混凝土构件在施加预应力并锚固时,通常构件发生脱模上拱,因此,施加预应力阶段混凝土应力应考虑构件自重影响。受弯构件由自重产生的混凝土正应力为

$$\sigma_{gc} = \pm\frac{M_g}{I_i}y_i \qquad (5-8)$$

式中 M_g ——受弯构件中自重产生的弯矩。

其他符号意义同前。

由式(5-2)或式(5-3)、式(5-8),得施加预应力阶段的混凝土正应力为

$$\sigma_c = \sigma_{pc} + \sigma_{gc} \qquad (5-9)$$

在预加力及存梁阶段,构件最大正应力通常发生在跨中或端部附近截面,规范规定,此阶段混凝土正应力需满足下列要求:

截面上混凝土压应力 $\qquad\qquad \sigma_{cc} \leqslant \alpha f_{ck} \qquad (5-10a)$

截面上混凝土拉应力 $\qquad\qquad \sigma_{ct} \leqslant \beta f_{tk} \qquad (5-10b)$

式中 f_{ck}、f_{tk} ——混凝土抗压、抗拉标准强度;

α、β ——系数,一般在0.70~1.0之间取值;不同规范中α、β取值见表5-1。

表5-1　α、β取值

名称	《混凝土结构设计规范》	《铁路桥涵设计规范 (极限状态法)》	《公路钢筋混凝土及预应力 混凝土桥涵设计规范》
α	0.80	0.70(C40~C45) 0.75(C50~C60) 0.80(临时超张拉)	0.70
β	1.00(拉区允许开裂) 1.20(简支构件端部区段)	0.70	1.15(预拉区$\rho_{纵筋} \geqslant 0.4\%$) 0.70(预拉区$\rho_{纵筋} \geqslant 0.2\%$) 插值(0.4% > $\rho_{纵筋}$ > 0.2%)

对于后张法构件和传力锚固时不发生脱模起拱的先张法构件,预应力筋实际应力值即为有效应力σ_{pe}[按式(5-1)计算];对于传力锚固时发生脱模起拱的先张法构件,预应力筋实际应力值为有效应力σ_{pe}加上构件自重引起的应力,即

$$\sigma_p = \sigma_{pe} + \alpha_{Ep}\sigma_{pc} \qquad (5-11a)$$

$$\sigma'_p = \sigma'_{pe} + \alpha_{Ep}\sigma'_{pc} \qquad (5-11b)$$

式中 σ_p、σ'_p ——受拉区、受压区预应力筋的应力;

σ_{pc}、σ'_{pc} ——受拉区、受压区预应力筋重心处由预加力引起的混凝土应力,按式(5-3)计算;

σ_{pe}、σ'_{pe} ——锚固时受拉区、受压区预应力筋的有效应力,按式(5-1a)、式(5-1b)计算;

α_{Ep} ——预应力筋弹性模量与混凝土弹性模量之比。

传力锚固时,预应力筋的应力比张拉时应力值小,通常不需要验算预应力筋应力。然而,如果构件施工完成后可能在预制厂存放相当长时间,则需控制预应力筋应力,这不仅可以降低预应力筋在高应力下发生破断的可能性,还可以防止在高预应力作用下构件(如后张法构件)上拱随时间增长过大而导致构件开裂;同时,过高的预应力与运送、安装时自重荷载产生的应力组合后在某些截面可能产生过大拉应力(如吊点上缘),因此,控制预应力筋传力锚固时的应力有时是需要的。《铁路桥涵设计规范(极限状态法)》规定,传力锚固时预应力筋应力需满足

$$\sigma_p \leqslant 0.65 f_{ptk} \tag{5-12}$$

式中　σ_p ——传力锚固时预应力筋中的实际应力值;

　　　f_{ptk} ——预应力筋抗拉强度标准值。

在施加预应力时,如果混凝土龄期过早,则混凝土收缩、徐变将引起较大的预应力损失,这不利于充分利用预应力;早龄期混凝土强度较低,施加预应力极可能引起构件的微裂缝,降低构件的抗裂性,因此,一般要求施加预应力时混凝土强度不得低于设计混凝土强度等级的80%。对于掺入早强剂的混凝土,施加预应力时还必须确保混凝土具有足够的弹性模量。

(二)运输和安装阶段截面正应力计算

与施加预应力阶段相比,本阶段截面正应力计算有两个特点,一是自重荷载需考虑冲击影响,另一个是最大正应力(拉或压)的截面位置不同,后者由运送、安装时吊点位置向跨中靠近引起[见图5-1(b)]。

由构件自重产生的混凝土正应力为

$$\sigma_{gc} = \pm \frac{\lambda M_g}{W_i} \tag{5-13}$$

式中　λ ——大于1.0的冲击系数。

《铁路桥涵设计规范(极限状态法)》中,冲击系数 λ 运送时取为1.5,安装时取为1.2。

将式(5-13)代入(5-9),得到计算截面混凝土正应力,应力值需满足式(5-10a)、式(5-10b)要求,此时《铁路桥涵设计规范(极限状态法)》中 α、β 值均取为0.80。

当采用架桥机架梁时,应根据实际施工方法计算最大截面正应力,并根据规范要求在式(5-10a)、式(5-10b)中取相应的 α、β 值。

(三)正常使用阶段截面正应力计算

在正常使用阶段,预应力混凝土受弯构件截面正应力由两部分组成,一部分由有效预加力引起,另一部分由设计荷载(除预加力外的结构恒载、活载等)引起。如果将设计荷载细分为恒载和活载,则由于活载作用时间短,活载引起的截面应力不需要考虑混凝土收缩、徐变效应的影响,因此,可直接根据活载引起的截面内力来计算截面应力。对于预加力和恒载,在正常使用阶段其持续作用时间长,则混凝土徐变和收缩、预应力筋松弛将不仅引起预应力损失、改变预加力的值,还将导致截面内混凝土、预应力筋、普通钢筋间发生应力重分布。因此,在正常使用阶段,截面应力应该包括以下部分:施加预加力引起的应力,施加恒载引起的应力,预加力和恒载由于混凝土徐变和收缩引起的截面应力重分布产生的应力增量,预应力筋松弛引起的截面应力重分布产生的应力增量,施加活载引起的应力。尚应注意到,施加预加力和一期恒载(结构自重)、施加二期恒载的时间并不相同,则其混凝土徐变和收缩效应亦不同步。如此,进行严格的考虑混凝土徐变和收缩及预应力筋松弛影响的时变截面应力分析比较复杂,对于一般的工程结构,设计规范都采用了近似计算方法。

近似计算时,将截面应力计算分为有效预加力引起的应力计算和设计荷载引起的应力计算两部分,后者不考虑混凝土徐变和收缩等影响(按瞬时弹性响应计算)。计算预加力作用下混凝土截面应力时,是以截面消压状态作为参考截面,而消压状态时普通钢筋中已经存在应力(时变

预应力损失及应力重分布引起的应力增量),因此,在计算截面消压状态下的有效预加力时应该考虑普通钢筋合力增量的影响。为简化计算,假定混凝土徐变和收缩引起的受拉区或受压区普通钢筋重心处的应变增量约为其附近的预应力筋重心处的应变增量,并取普通钢筋和预应力筋的弹性模量相同,则在截面消压状态下普通钢筋重心处已经产生的应力增量约为混凝土徐变和收缩引起的预应力损失值(σ_{L6} 或 σ'_{L6}),忽略混凝土徐变和收缩及预应力筋松弛引起的截面应力重分布对普通钢筋应力增量的影响。目前规范中截面应力近似计算方法基于上述假定。

根据上述假定,在正常使用阶段计算预加力效应时,先张法构件截面上预应力筋和普通钢筋的合力及其偏心距可依据图 5-3(a)进行计算,后张法构件截面上预应力筋和普通钢筋的合力及其偏心距可依据图 5-3(b)进行计算。

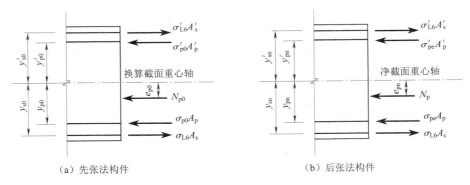

(a)先张法构件 (b)后张法构件

图 5-3 预应力筋和普通钢筋合力及位置计算示意图

1. 先张法构件

从传力锚固开始,先张法构件中预应力筋与混凝土黏结、共同工作,正常使用阶段计算时采用换算截面特性。

考虑普通钢筋由于混凝土收缩、徐变引起的应力变化后,由图 5-3(a)可得正常使用阶段先张法构件截面上预应力筋和普通钢筋的合力及其至换算截面重心轴的距离为

$$N_{p0} = \sigma_{p0}A_p + \sigma'_{p0}A'_p - \sigma_{L6}A_s - \sigma'_{L6}A'_s \tag{5-14}$$

$$e_{p0} = \frac{\sigma_{p0}A_p y_{p0} - \sigma'_{p0}A'_p y'_{p0} - \sigma_{L6}A_s y_{s0} + \sigma'_{L6}A'_s y'_{s0}}{N_{p0}} \tag{5-15}$$

式中 σ_{p0}、σ'_{p0}——受拉区和受压区的预应力筋合力点处混凝土法向应力为零时的预应力筋应力,按下式计算:

$\sigma_{p0} = \sigma_{con} - \sigma_{LI} - \sigma_{LII} + \sigma_{L4}$,$\sigma'_{p0} = \sigma'_{con} - \sigma'_{LI} - \sigma'_{LII} + \sigma'_{L4}$

A_p、A'_p——受拉区、受压区预应力筋的截面面积;

A_s、A'_s——受拉区、受压区纵向非预应力钢筋的截面面积;

y_{p0}、y'_{p0}——受拉区、受压区预应力钢筋重心至构件换算截面重心轴的距离;

y_{s0}、y'_{s0}——受拉区、受压区普通钢筋重心至构件换算截面重心轴的距离;

σ_{L4}、σ'_{L4}——受拉区、受压区预应力钢筋混凝土弹性压缩引起的预应力损失值,按式(3-44)计算;

σ_{L6}、σ'_{L6}——受拉区、受压区预应力钢筋在各自合力点处混凝土徐变和收缩引起的预应力损失值,按式(3-58)~式(3-62)相应公式计算。

使用阶段由预加力引起的截面上混凝土正应力为

$$\sigma_{pc} = \frac{N_{p0}}{A_0} \mp \frac{N_{p0}e_{p0}}{I_0}y_0 \tag{5-16}$$

使用阶段由设计荷载引起的截面上混凝土正应力为

$$\sigma_{cc} = \sigma_{gc} + \sigma_{dc} + \sigma_{Lc} = \pm \frac{M_g + M_d + M_L}{I_0} y_0 \qquad (5-17)$$

使用阶段在预加力和设计荷载作用下的截面上混凝土正应力为

$$\begin{aligned}
\sigma_c &= \sigma_{pc} + \sigma_{gc} + \sigma_{dc} + \sigma_{Lc} \\
&= \left(\frac{N_{p0}}{A_0} \mp \frac{N_{p0} e_{p0}}{I_0} y_0 \right) \pm \frac{M_g + M_d + M_L}{I_0} y_0 \\
&= \frac{N_{p0}}{A_0} \pm \frac{-N_{p0} e_{p0} + M_g + M_d + M_L}{I_0} y_0 \qquad (5-18)
\end{aligned}$$

式中　σ_{pc}——预加力引起的混凝土正应力;

　　　σ_{gc}——构件自重引起的混凝土正应力;

　　　σ_{dc}——二期恒载引起的混凝土正应力;

　　　σ_{Lc}——活载作用引起的混凝土正应力;

　　　N_{p0}——混凝土法向应力为零时预应力筋和普通钢筋的合力,按式(5-14)计算;

　　　e_{p0}——预应力筋和普通钢筋的合力至换算截面重心轴距离,按式(5-15)计算;

M_g、M_d、M_L——构件自重、二期恒载及活载产生的设计弯矩,按不同规范的具体要求计算;

　　　y_0——换算截面重心至计算纤维处的距离;

　　　A_0、I_0——换算截面面积和换算截面惯性矩。

其他符号意义同前。

在正常使用阶段,认为预应力损失已全部完成,即预应力筋中的有效应力为

$$\sigma_{pe} = \sigma_{con} - \sigma_{LI} - \sigma_{LII} \qquad (5-19a)$$

$$\sigma'_{pe} = \sigma'_{con} - \sigma'_{LI} - \sigma'_{LII} \qquad (5-19b)$$

式中　σ_{LI}、σ'_{LII}——受拉区、受压区预应力筋第一阶段预应力损失,按式(3-63)或式(3-67)计算;

　　　σ_{LI}、σ'_{LII}——受拉区、受压区预应力筋第二阶段预应力损失,按式(3-64)或式(3-68)计算。

受拉区预应力筋的总应力为

$$\begin{aligned}
\sigma_p &= \sigma_{pe} + \sigma_{L4} + \alpha_{Ep} \sigma_{c,p} \\
&= \sigma_{pe} + \sigma_{L4} + \alpha_{Ep} \left(-\frac{N_{p0}}{A_0} + \frac{-N_{p0} e_{p0} + M_g + M_d + M_L}{I_0} y_{p0} \right) \qquad (5-20)
\end{aligned}$$

式中　y_{p0}——受拉区预应力筋重心至换算截面重心轴的距离;

　　　α_{Ep}——预应力筋与混凝土弹性模量之比;

　　　σ_{pe}——受拉区预应力筋有效应力,按式(5-19a)计算;

　　　$\sigma_{c,p}$——预加力和设计荷载作用下受拉区预应力筋重心处混凝土法向应力。

其他符号意义同前。

受拉区普通钢筋应力为

$$\sigma_s = -\sigma_{L6} + \alpha_{Es} \sigma_{c,s} = -\sigma_{L6} + \alpha_{Es} \left(-\frac{N_{p0}}{A_0} + \frac{-N_{p0} e_{p0} + M_g + M_d + M_L}{I_0} y_{s0} \right) \qquad (5-21)$$

式中　σ_{L6}——受拉区预应力钢筋(或全部纵向钢筋)合力点处混凝土徐变和收缩引起的预应力损失值,按式(3-58)~式(3-62)相应公式计算;

　　　y_{s0}——受拉区普通钢筋重心至换算截面重心轴的距离;

　　　α_{Es}——普通钢筋与混凝土弹性模量之比;

$\sigma_{c,s}$——预加力和设计荷载作用下受拉区普通钢筋重心处混凝土法向应力。

其他符号意义同前。

2. 后张法构件

(1)分部计算法

在传力锚固时,预应力筋孔道尚未压浆,计算预加力引起的截面应力时需采用扣除管道面积的净截面特性;构件正常使用阶段,孔道已经压浆,且钢筋和混凝土间完全黏结,能够协同工作,计算截面应力时需采用换算截面特性。

在正常使用阶段,预应力损失已全部完成,预应力筋中的有效应力为

$$\sigma_{pe} = \sigma_{con} - \sigma_{LI} - \sigma_{LII} \tag{5-22a}$$

$$\sigma'_{pe} = \sigma'_{con} - \sigma'_{LI} - \sigma'_{LII} \tag{5-22b}$$

式中　σ_{pe}、σ'_{pe}——受拉区、受压区预应力筋的有效应力;

σ_{LI}、σ'_{LI}——受拉区、受压区预应力筋第一阶段预应力损失,按式(3-65)或式(3-69)计算;

σ_{LII}、σ'_{LII}——受拉区、受压区预应力筋第二阶段预应力损失,按式(3-66)或式(3-70)计算。

使用阶段在预加力和设计荷载作用下的截面上混凝土正应力为

$$\sigma_c = \sigma_{pc} + \sigma_{gc} + \sigma_{dc} + \sigma_{Lc}$$

$$= \left(\frac{N_{p1}}{A_n} \mp \frac{N_{p1}e_{pn1}}{I_n}y_n\right) \pm \frac{M_g}{I_n}y_n - \left(\frac{\Delta N_p}{A_0} \mp \frac{\Delta N_p e_{p02}}{I_0}y_0\right) \pm \left(\frac{M_d}{I_0}y_0 + \frac{M_L}{I_0}y_0\right)$$

$$= \frac{N_{p1}}{A_n} \pm \frac{-N_{p1}e_{pn1} + M_g}{I_n}y_n - \frac{\Delta N_p}{A_0} \pm \frac{\Delta N_p e_{p02} + M_d + M_L}{I_0}y_0 \tag{5-23}$$

式中　N_{p1}、ΔN_p——传力锚固时预应力的合力和传力锚固后预应力损失的合力,按下面计算:

$$N_{p1} = A_p(\sigma_{con} - \sigma_{LI}) + A'_p(\sigma_{con} - \sigma'_{LI}), \Delta N_p = A_p\sigma_{LII} + A'_p\sigma'_{LII};$$

e_{pn1}——预应力筋合力 N_{p1} 作用点至净截面重心轴的偏心距;

e_{p02}——预应力筋合力 ΔN_p 作用点至换算截面重心轴的偏心距;

y_0——换算截面重心至计算纤维处的距离;

y_n——净截面重心至计算纤维处的距离;

A_n、I_n——净截面面积和净截面惯性矩;

A_0、I_0——换算截面面积和换算截面惯性矩。

其他符号意义同前。

受拉区预应力筋的总应力为

$$\sigma_p = \sigma_{pe} + \alpha_{Ep}\sigma_{c,p} = \sigma_{pe} + \alpha_{Ep}\left(-\frac{\Delta N_p}{A_0} - \frac{\Delta N_p e_{p02}}{I_0}y_{p0} + \frac{M_d + M_L}{I_0}y_{p0}\right) \tag{5-24}$$

式中　y_{p0}——受拉区预应力筋重心至换算截面重心轴的距离;

α_{Ep}——预应力筋与混凝土弹性模量之比;

σ_{pe}——受拉区预应力筋有效应力,按式(5-22a)计算;

$\sigma_{c,p}$——第二批预应力损失的合力和二期恒载、活载作用下预应力筋重心处混凝土的法向应力;

ΔN_p——传力锚固后预应力损失的合力,$\Delta N_p = A_p\sigma_{LII} + A'_p\sigma'_{LII}$;

e_{p02}——预应力筋合力 ΔN_p 作用点至换算截面重心轴的偏心距。

其他符号意义同前。

受拉区普通钢筋应力为

$$\sigma_s = -\sigma_{l6} + \alpha_{Es}\sigma_{c,s}$$

$$= -\sigma_{l6} + \alpha_{Es}\left(-\frac{N_{p1}}{A_n} + \frac{-N_{p1}e_{pn1} + M_g}{I_n}y_{sn} + \frac{\Delta N_p}{A_0} + \frac{\Delta N_p e_{p02} + M_d + M_L}{I_0}y_{s0}\right) \quad (5-25)$$

式中　σ_{l6}——受拉区预应力钢筋合力点处混凝土徐变和收缩引起的预应力损失值,按
式(3-58)~式(3-61)相应公式计算;

y_{s0}——普通钢筋重心到换算截面重心轴的距离;

y_{sn}——普通钢筋重心到净截面重心轴的距离;

α_{Es}——普通钢筋与混凝土弹性模量之比;

$\sigma_{c,s}$——预加力和设计荷载作用下普通钢筋重心处混凝土法向应力。

其他符号意义同前。

(2)规范中简化计算方法

为简化计算,在使用阶段计算预加力作用下截面应力时采用扣除管道面积的净截面特性;
设计荷载(一期恒载、二期恒载和活载)作用下截面应力计算时采用换算截面特性。

考虑普通钢筋由于混凝土收缩、徐变引起的应力变化后,由图5-3(b),可得正常使用阶段
后张法构件截面上预应力筋和普通钢筋的合力及其至净截面重心轴的距离为

$$N_p = \sigma_{pe}A_p + \sigma'_{pe}A'_p - \sigma_{l6}A_s - \sigma'_{l6}A'_s \quad (5-26)$$

$$e_{pn} = \frac{\sigma_{pe}A_p y_{pn} - \sigma'_{pe}A'_p y'_{pn} - \sigma_{l6}A_s y_{sn} + \sigma'_{l6}A'_s y'_{sn}}{N_p} \quad (5-27)$$

式中　σ_{pe}、σ'_{pe}——受拉区、受压区预应力筋的有效应力,按式(5-22a)、式(5-22b)计算;

y_{pn}、y'_{pn}——受拉区、受压区预应力钢筋重心至构件净截面重心轴的距离;

y_{sn}、y'_{sn}——受拉区、受压区普通钢筋重心至构件净截面重心轴的距离。

使用阶段由预加力引起的截面上混凝土正应力为

$$\sigma_{pc} = \frac{N_p}{A_n} \mp \frac{N_p e_{pn} y_n}{I_n} \quad (5-28)$$

式中　N_p——混凝土法向应力为零时预应力筋和普通钢筋的合力,按式(5-26)计算;

e_{pn}——预应力筋和普通钢筋的合力至净截面重心轴距离,按式(5-27)计算。

其他符号意义同前。

使用阶段设计荷载(一期恒载、二期恒载和活载)作用引起的混凝土正应力为

$$\sigma_{cc} = \frac{N}{A_0} \pm \frac{M}{I_0}y_0 \quad (5-29)$$

式中　N、M——轴力和弯矩的设计值,按规范要求计算;

y_0——换算截面重心至计算点距离;

A_0、I_0——换算截面面积和换算截面惯性矩。

因此,使用阶段在有效预加力和设计荷载作用下截面上混凝土正应力、受拉区预应力筋应
力及普通钢筋应力为

$$\sigma_c = \sigma_{pc} + \sigma_{cc} \quad (5-30)$$

$$\sigma_p = \sigma_{pe} + \alpha_{Ep}\frac{M_d + M_L}{I_0}y_{p0} \quad (5-31)$$

$$\sigma_s = -\sigma_{l6} + \alpha_{Es}\left(-\frac{N_p}{A_n} - \frac{N_p e_{pn}}{I_n}y_{sn} + \frac{M_g + M_d + M_L}{I_0}y_{s0}\right) \quad (5-32)$$

式中　σ_c——使用阶段在有效预加力和设计荷载作用下截面上混凝土正应力;

σ_{pc}——扣除全部预应力损失后的有效预加力引起的混凝土正应力,按式(5-28)计算;

σ_{cc}——设计荷载作用引起的混凝土正应力,按式(5-29)计算;

σ_{pe}——受拉区预应力筋的有效应力,按式(5-22a)计算;

α_{Ep}——预应力筋与混凝土弹性模量之比;

α_{Es}——普通钢筋与混凝土弹性模量之比;

N_p——混凝土法向应力为零时预应力筋和普通钢筋的合力,按式(5-26)计算;

e_{pn}——预应力筋和普通钢筋的合力至净截面重心轴距离,按式(5-27)计算。

其他符号意义同前。

3. 应力限值

《公路钢筋混凝土及预应力混凝土桥涵设计规范》规定,使用阶段未开裂截面的应力需符合下列要求:

受压区混凝土的最大压应力

$$\sigma_c = \sigma_{kc} + \sigma_{pc} \leqslant 0.5 f_{ck} \tag{5-33}$$

受拉区预应力筋的拉应力

钢丝、钢绞线

$$\sigma_p \leqslant 0.65 f_{ptk} \tag{5-34a}$$

预应力螺纹钢筋

$$\sigma_p \leqslant 0.75 f_{ptk} \tag{5-34b}$$

式中　σ_{kc}——未开裂截面的受弯构件由作用(或荷载)标准值产生的混凝土法向压应力,按式(5-29)计算,式中设计荷载取为标准值;

σ_{pc}——由预加力产生的混凝土法向压应力,先张法构件按式(5-16)计算,后张法构件按式(5-28)计算;

f_{ptk}——预应力筋抗拉强度标准值。

《铁路桥涵设计规范(极限状态法)》规定,使用阶段预应力混凝土正截面混凝土应力应满足下列要求:

对不允许出现拉应力构件的混凝土拉应力

$$\sigma_{cc} - \sigma_{pc} \leqslant 0 \tag{5-35a}$$

对允许出现拉应力但不开裂构件的混凝土拉应力

$$\sigma_{cc} - \sigma_{pc} \leqslant 0.7 f_{tk} \tag{5-35b}$$

当采用永久作用标准值与基本可变作用频遇值组合作用时,混凝土压应力

$$\sigma_c \leqslant 0.5 f_{ck} \tag{5-35c}$$

当采用永久作用标准值与基本可变作用频遇值及其他可变作用准永久值组合作用时,混凝土压应力

$$\sigma_c \leqslant 0.55 f_{ck} \tag{5-35d}$$

式中　σ_{cc}——由荷载效应频遇组合、准永久组合作用下受拉区边缘混凝土的拉应力,按式(5-17)或式(5-29)计算;

σ_{pc}——由预加力产生的混凝土法向压应力,先张法构件按式(5-16)计算,后张法构件按式(5-28)计算;

f_{tk}——混凝土抗拉强度标准值;

f_{ck}——混凝土抗压强度标准值(极限强度)。

二、预应力混凝土受弯构件未开裂截面剪应力和主应力计算

在正常使用阶段,预应力混凝土受弯构件承受轴力、弯矩和剪力,在截面上不仅产生正应力、剪应力,还产生主拉应力和主压应力。由于混凝土的抗拉强度低,即使截面上混凝土正应力在规范限值范围内,仍有可能由于主拉应力过大而发生斜向裂缝,随荷载的继续增加,斜向裂缝的向上、向下扩展可能导致构件的斜拉破坏;在主压应力较大的截面,过大的主压应力会导致斜截面抗裂能力的降低,甚至导致腹板被压坏,因此需进行主拉、主压应力的计算和验算。

1. 剪应力计算

剪应力由垂直于构件的竖向力(剪力)引起。荷载(构件自重,二期恒载及活载)产生向下的竖向力,对于弯起的预应力筋则提供向上的竖向力,通常情况下后者难以完全抵消前者;无弯起预应力筋的构件截面上则仅存在荷载引起的剪力。等高度预应力混凝土受弯构件截面上任一点混凝土的剪应力为

先张法构件
$$\tau_c = \frac{(-V_p + V_g + V_d + V_L)S_0}{bI_0} \tag{5-36}$$

后张法构件
$$\tau_c = \frac{(-V_p + V_g)S_n}{bI_n} + \frac{(\Delta V_p + V_d + V_L)S_0}{bI_0} \tag{5-37}$$

式中　V_p——弯起预应力筋的竖向分力,$V_p = \sum A_{pb}\sigma_{pb}\sin\alpha_p$;

ΔV_p——后张法构件的弯起预应力筋,在传力锚固后发生的预应力损失引起的竖向预加力降低值,$\Delta V_p = \sum \sigma_{lⅡ}A_{pb}\sin\alpha_p$;

V_g、V_d、V_L——构件自重、二期恒载及活载在计算截面上产生的剪力;

I_n、S_n——净截面惯性矩及计算纤维以上或以下截面对净截面重心轴面积矩;

I_0、S_0——全截面换算截面惯性矩及计算纤维以上或以下截面对换算截面重心轴的面积矩;

b——计算点构件腹板的宽度;

σ_{pb}——弯起预应力筋的有效应力,按下述计算:

先张法构件　　　　　　$\sigma_{pb} = \sigma_{con} - (\sigma_{lI} + \sigma_{lⅡ}) + \sigma_{l4}$

后张法构件　　　　　　$\sigma_{pb} = \sigma_{con} - \sigma_{lI}$

对于变高度预应力混凝土受弯构件,剪应力计算应考虑截面高度变化的影响。具体应用时,式(5-36)、式(5-37)的形式应根据规范规定选用。

混凝土剪应力计算公式亦可简写成下面形式

$$\tau_c = K_{f1}\tau - \tau_{pv} = K_{f1}\frac{VS_0}{bI_0} - \frac{S_i \sum A_{pb}\sigma_{pb}\sin\alpha_p}{bI_i} \tag{5-38}$$

式中　τ_c——计算点处混凝土剪应力;

τ——计算点处设计荷载引起的混凝土剪应力;

τ_{pv}——计算点处由弯起预应力筋和预加力引起的混凝土剪应力;

V——按荷载效应计算得到的计算截面上的剪力,不同规范荷载组合效应计算方法不同;

I_i、S_i——截面惯性矩及计算纤维以上或以下截面对截面重心轴的面积矩;先张法按换算截面特性计算,后张法按净截面特性计算。

K_{f1}——系数,一般情况下取1.0;《铁路桥涵设计规范(极限状态法)》规定,采用永久作用标准值与基本可变作用频遇值相组合时,取1.2;对于制造工艺不符合工艺制造条件的结构,应增大10%。

其他意义符号同前。

2. 主应力计算

预应力混凝土受弯构件斜截面主拉应力、主压应力按式(5-39)计算：

$$\left.\begin{array}{r}\sigma_{tp}\\\sigma_{cp}\end{array}\right\}=\frac{\sigma_{cx}+\sigma_{cy}}{2}\mp\sqrt{\left(\frac{\sigma_{cx}-\sigma_{cy}}{2}\right)^2+\tau_c^2}\qquad(5-39)$$

式中　σ_{tp}、σ_{cp}——斜截面上混凝土的主拉应力和主压应力；

　　　　τ_c——计算主应力点处混凝土的剪应力，按式(5-38)计算；

　　　　σ_{cx}——计算主应力点竖向截面内混凝土的正应力，由预加力和设计荷载引起，先张法构件按式(5-18)计算，后张法构件按式(5-30)计算；

　　　　σ_{cy}——由竖向预应力筋及集中荷载引起的混凝土竖向压应力。

竖向预应力筋引起的压应力按式(5-40)计算：

$$\sigma_{cy}=\kappa\frac{nA_{pv}\sigma_{pv}}{bs_v}\qquad(5-40)$$

式中　κ——考虑施工质量实际情况的折减系数，《混凝土结构设计规范》和《公路钢筋混凝土及预应力混凝土桥涵设计规范》中取0.6，《铁路桥涵设计规范(极限状态法)》中取1.0；

　　　　n——在同一截面上竖向预应力筋的肢数；

　　　　A_{pv}——单肢竖向预应力筋的截面面积；

　　　　σ_{pv}——扣除全部预应力损失后的竖向预应力(箍)筋的有效应力；

　　　　b——计算主应力点处构件腹板的宽度；

　　　　s_v——竖向预应力筋的间距。

在使用阶段，各规范规定斜截面上混凝土主压应力需满足下列要求：

$$\sigma_{cp}\leqslant0.6f_{ck}\qquad(5-41)$$

式中　f_{ck}——混凝土抗压标准强度。

在使用阶段，对于不允许出现拉应力的构件，《铁路桥涵设计规范(极限状态法)》规定斜截面上混凝土主拉应力需满足下列要求：

$$\sigma_{tp}\leqslant f_{tk}\qquad(5-42)$$

式中　f_{tk}——混凝土抗拉标准强度。

主应力计算应对下列部位进行：在构件长度方向，应计算剪力和弯矩均较大的区段，以及构件外形和腹板厚度有变化的部位；沿截面高度方向，应计算截面重心轴处及腹板与上、下翼缘相接处。

第三节　预应力混凝土受弯构件开裂弯矩计算

预应力混凝土改善了钢筋混凝土的抗裂性能，因此，自预应力技术在实际工程中应用以来，不允许出现拉应力的预应力混凝土构件一直被最大量、最广泛地应用。随着预应力混凝土技术研究和应用的不断发展，人们认识到，在使用阶段允许出现拉应力、甚至在某些工作环境下允许出现裂缝，不仅不影响预应力混凝土结构的正常使用和使用寿命，并且还获得结构延性增加及更加经济等效果，因此，允许开裂的预应力混凝土受弯构件亦得到了广泛应用。

开裂弯矩是指与预应力混凝土受弯构件预压受拉边缘开裂临界状态对应的弯矩。开裂弯矩又称为裂缝弯矩，可用来表征构件的抗裂能力，亦是允许开裂的构件进行变形计算时需要用到的参数。

　　预应力混凝土受弯构件截面开裂前应力状态经历两个阶段，一是预压受拉边缘的混凝土拉应力达到抗拉强度标准值前的全截面近似弹性工作阶段，二是预压受拉边缘的混凝土拉应力达到抗拉强度极限值后至截面开裂临界状态的压区混凝土近似弹性工作、拉区混凝土塑性工作阶段。根据预压受拉区混凝土的应力变化特征，为计算方便，将开裂弯矩分为两部分来计算，即使预压受拉边缘混凝土应力为零时的消压弯矩 M_1 和使混凝土应力从零增加至抗拉强度极限值开裂临界状态的弯矩 M_2（见图5-4）。建立开裂弯矩计算公式时，将开裂临界状态的抗拉强度极限值取为混凝土轴向抗拉强度标准值 f_{tk}。

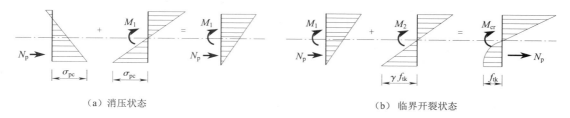

（a）消压状态　　　　　　　　　　　　　（b）临界开裂状态

图 5-4　开裂弯矩计算示意图

　　消压弯矩按式（5-43）计算：

$$M_1 = \sigma_{pc} W_0 \tag{5-43}$$

式中　　W_0——换算截面抵抗矩；

　　　　σ_{pc}——扣除全部预应力损失后预应力筋和普通钢筋合力在构件抗裂边缘产生的混凝土预压应力。

　　使预压受拉边缘混凝土应力从零增加至混凝土抗拉强度标准值的弯矩 M_2 的精确计算较复杂，且其量值占开裂弯矩的比例较小，因此，常采用近似计算，通常能满足工程上的精度要求。从图5-4（b）知，在 M_2 作用下的应力状态与消压状态组合后下缘受拉区一定高度范围内混凝土出现塑性，如果假设荷载作用下受拉区混凝土应力沿截面高度变化近似为线性，则在 M_2 作用下受拉边缘混凝土的拉应力必须大于混凝土抗拉强度标准值 f_{tk}，才能使下缘受拉区一定高度范围内混凝土出现塑性，因此，计算 M_2 时作如下处理：将 M_2 作用下的受拉区混凝土应力沿截面高度变化视为线性，同时将受拉边缘混凝土拉应力乘以一个大于1的考虑受拉区混凝土塑性影响的修正系数，则有

$$M_2 = \gamma f_{tk} W_0 \tag{5-44}$$

式中　γ——考虑混凝土塑性的修正系数；

　　　f_{tk}——混凝土轴向抗拉强度标准值。

　　由式（5-43）、式（5-44）得开裂弯矩计算公式为

$$M_{cr} = (\sigma_{pc} + \gamma f_{tk}) W_0 \tag{5-45}$$

　　《混凝土结构设计规范》中考虑混凝土塑性的修正系数按式（5-46）计算：

$$\gamma = \left(0.7 + \frac{120}{h}\right) \gamma_m \tag{5-46}$$

式中　γ_m——考虑混凝土塑性的修正系数基本值，可按正截面应变保持平面的假定，并取受拉区混凝土应变图形为梯形、受拉边缘混凝土极限拉应变为 $2f_{tk}/E_c$ 确定；对常用的截面形状，可按表5-2取用；

　　　h——截面高度（mm），当 $h < 400$ 时，取 $h = 400$；当 $h > 1600$ 时，取 $h = 1600$；对圆形、环形截面，取 $h = 2r$，此处 r 圆形截面半径或环形截面的外半径。

表 5 – 2　考虑混凝土塑性影响的修正系数基本值 γ_m

项次	1	2	3		4		5
截面形状	矩形截面	翼缘位于受拉区的 T 形截面	对称 I 形截面或箱形截面		翼缘位于受拉区的倒 T 形截面		圆形和环形截面
			$b_f/b \leqslant 2$ 、h_f/b 为任意值	$b_f/b > 2$ 、$h_f/b < 0.2$	$b_t/b \leqslant 2$ 、h_f/b 为任意值	$b_t/b > 2$ 、$h_f/b < 0.2$	
γ_m	1.55	1.50	1.45	1.35	1.50	1.40	$1.6 - 0.24 r_1/r$

《公路钢筋混凝土及预应力混凝土桥涵设计规范》和《铁路桥涵设计规范(极限状态法)》中考虑混凝土塑性影响的修正系数按式(5 – 47)计算:

$$\gamma = \frac{2S_0}{W_0} \qquad (5-47)$$

式中　S_0——全截面换算截面重心轴以上(或以下)部分面积对重心轴的面积矩;

　　　W_0——换算截面抗裂边缘的弹性抵抗矩。

式(5 – 47)的混凝土塑性影响修正系数可由下列近似方法推导得到。

将由 M_2 引起的截面应力图形[见图 5 – 4(b)]近似地视为受压区和受拉区均为矩形分布的应力图形[见图 5 – 5(b)],应力值均为 f_{tk},由图 5 – 5(b)知:

$$M_2 = D_c Z_c + D_t Z_t = f_{tk}(A_c Z_c + A_t Z_t) = f_{tk}(S_c + S_t) \qquad (5-48)$$

式中　A_c、A_t——受压区、受拉区截面积;

　　　S_c、S_t——受压区、受拉区面积对截面积平分线的面积矩;

　　　Z_c、Z_t——受压区、受拉区合力作用点至截面积平分线的距离。

其他符号意义见图 5 – 5。

将式(5 – 44)代入式(5 – 48),有

$$\gamma f_{tk} W_0 = f_{tk}(S_c + S_t)$$

得

$$\gamma = \frac{S_c + S_t}{W_0} \qquad (5-49)$$

为简化计算,S_c 和 S_t 近似地取为对于换算截面重心轴的面积矩,即有 $S_c = S_t = S_0$,则得式(5 – 47)。上述推导极为近似,其计算结果却与试验结果吻合良好。

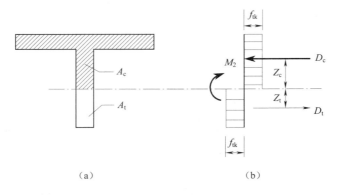

图 5 – 5　求混凝土塑性修正系数的应力图形

第四节　预应力混凝土受弯构件开裂截面的应力计算

一、预应力混凝土受弯构件开裂截面的应力计算

对于允许开裂的预应力混凝土受弯构件,为了保证受拉区混凝土抗拉能力的发挥,限制早期出现裂缝的发展,受拉区需配置普通钢筋。截面开裂后,受拉区普通钢筋承受的应力较大,因此,开裂截面的应力计算包括预应力筋、普通钢筋和混凝土的应力计算三部分。

在使用荷载作用下,预应力混凝土受弯构件开裂截面的应力计算较为复杂,主要原因是截面中性轴位置、受拉边缘混凝土预压应力与即将开裂时的有效预加力大小和位置、截面尺寸及混凝土材料性能等有关。特别是对于制作周期短、在使用初期荷载作用下就发生截面开裂的预应力混凝土构件,由于预应力筋松弛、混凝土徐变和收缩引起的预应力损失尚未完成,随时间变化的混凝土强度、弹性模量尚在发展之中,较准确计算时变有效预应力及预加力产生的混凝土预压应力将变得繁杂,此直接影响开裂弯矩及开裂后截面应力的计算。为简化计算,规范中计算方法假定预应力损失已经全部完成,且混凝土弹性模量和强度取为定值。

开裂截面的应力计算可以采用基于弹性分析的试凑法、全截面消压分析法和直接计算法。试凑法是指基于弹性分析的内力平衡和变形协调两个条件,运用反复试凑求得开裂截面的应力。全截面消压分析法是指将预应力混凝土构件的混凝土截面在使用荷载作用前先假想消去预加应力影响,使截面没有初始变形(即全截面应力为零),将预加力和设计荷载转换成预加力作用下的偏心荷载,然后像钢筋混凝土大偏心受压构件一样进行截面应力分析。直接计算法是指首先计算荷载作用下开裂截面中性轴位置,然后采用材料力学公式按开裂截面面积、开裂截面惯性矩直接计算截面应力。由于截面消压分析法和直接计算法可获得解析形式的应力计算公式,因而被广泛应用。

1. 开裂截面应力计算的全截面消压分析法

下面以仅在受拉区布置预应力筋和普通钢筋的预应力混凝土简支梁跨中截面为例,讨论采用全截面消压分析法的开裂截面应力分析,计算时采用如下假定:

(1)弹性体假定。将混凝土视为弹性材料。

(2)平截面假定。截面在变形前后保持为平面,混凝土应变沿截面高度呈线性变化。

(3)不考虑受拉区混凝土的抗拉能力,不计裂缝间未开裂部分截面对计算的影响。

(4)预应力损失全部完成。

根据全截面消压分析法思路,将实际开裂截面的应力状态分解为三个阶段来分析(见图 5 - 6):预加力作用下的截面应力状态(直线①)、全截面应力为零的状态(直线②)及使用荷载作用下的开裂截面应力状态(直线③)。

(1)第一阶段:预加力作用下的截面应力状态(图 5 - 6 中直线①)

在使用阶段假定预应力损失全部完成,预应力筋有效应力为

$$\sigma_{p1} = \sigma_{pe} \tag{5 - 50}$$

式中　　σ_{pe}——扣除全部预压力损失后的有效预压力,$\sigma_{pe} = \sigma_{con} - \sigma_{LI} - \sigma_{LII}$,$\sigma_{LI}$、$\sigma_{LII}$ 为第一阶段、第二阶段预应力损失,按式(3 - 63)~式(3 - 70)中相应公式计算。

在使用阶段,对于先张法构件,预加力作用引起的截面上混凝土和普通钢筋的预压应力为

$$\sigma_{c1} = \frac{N_p}{A_0}\left(1 + \frac{e_{p0}y_{c0}}{i_0^2}\right) = \varepsilon_{c1}E_c \tag{5 - 51}$$

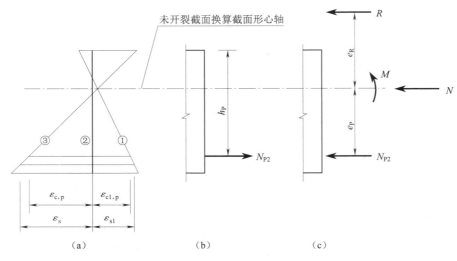

图 5 - 6　预应力混凝土受弯构件开裂截面应变状态分解示意图

$$\sigma_{s1} = \alpha_{Es} \frac{N_p}{A_0} \left(1 + \frac{e_{p0} y_{s0}}{i_0^2} \right) = \varepsilon_{s1} E_s \qquad (5-52)$$

式中　N_p——预应力筋和普通钢筋的合力,按式(5-14)计算,式中 $A_p' = 0, A_s' = 0$;

　　　e_{p0}——预应力筋和普通钢筋的合力至换算截面重心轴的距离,按式(5-15)计算;

　　　i_0——换算截面回转半径,$i_0^2 = I_0 / A_0$;

　　　y_{s0}——普通钢筋重心至构件换算截面重心轴的距离;

　　　y_{c0}——混凝土纤维计算点至构件换算截面重心轴的距离;

ε_{c1}、ε_{s1}——在预加力(预应力筋和普通钢筋的合力)作用下,混凝土纤维和普通钢筋计算点处的应变;

　E_c、E_s——混凝土与普通钢筋的弹性模量;

　　　α_{Es}——普通钢筋与混凝土的弹性模量之比。

其他符号意义同前。

先张法构件截面在预应力筋和普通钢筋的合力点处混凝土的法向压应变为

$$\varepsilon_{c1,ps} = \frac{N_p}{E_c A_0} \left(1 + \frac{e_{p0}^2}{i_0^2} \right) \qquad (5-53)$$

对后张法构件,预加力引起的截面上混凝土预压应力、普通钢筋预压应力为

$$\sigma_{c1} = \frac{N_p}{A_n} \left(1 + \frac{e_{pn} y_{cn}}{i_n^2} \right) = \varepsilon_{c1} E_c \qquad (5-54)$$

$$\sigma_{s1} = \alpha_{Es} \frac{N_p}{A_n} \left(1 + \frac{e_{pn} y_{sn}}{i_n^2} \right) = \varepsilon_{s1} E_s \qquad (5-55)$$

式中　N_p——预应力筋和普通钢筋的合力,按式(5-26)计算,式中 $A_p' = 0, A_s' = 0$;

　　　e_{pn}——预应力筋和普通钢筋的合力至净截面重心轴的距离,按式(5-27)计算;

　　　y_{sn}——普通钢筋重心至构件净截面重心轴的距离;

　　　y_{cn}——混凝土纤维计算点至构件净截面重心轴的距离。

后张法构件截面在预应力筋和普通钢筋的合力点处混凝土的法向压应变为

$$\varepsilon_{c1,ps} = \frac{N_p}{E_c A_n}\left(1 + \frac{e_{pn}^2}{i_n^2}\right) \tag{5-56}$$

（2）第二阶段：混凝土全截面法向应力为零时的状态（图 5-6 中直线②）

此阶段为虚拟状态，通常称之为"消压"状态。要使混凝土全截面法向应力为零，只需在预应力筋和普通钢筋的合力点作用一个虚拟拉力 ΔN_{p2}，ΔN_{p2} 恰好抵消第一阶段状态下混凝土法向压应力，亦即 ΔN_{p2} 作用下在预应力筋和普通钢筋的合力点处混凝土产生法向拉应变 $\varepsilon_{c1,ps}$，由此在预应力筋和普通钢筋中产生拉应力，因此有

$$\Delta N_{p2} = \varepsilon_{c1,ps} E_p A_p + \varepsilon_{c1,ps} E_s A_s \tag{5-57}$$

此阶段预应力筋和普通钢筋的合力为

$$N_{p2} = N_p + \Delta N_{p2} = N_p + \varepsilon_{c1,ps} E_p A_p + \varepsilon_{c1,ps} E_s A_s \tag{5-58}$$

式中　N_p——预应力筋和普通钢筋的合力，先张法构件按式（5-14）计算，后张法构件按式（5-26）计算，式中 $A_p' = 0$，$A_s' = 0$；

　　　$\varepsilon_{c1,ps}$——在预应力筋和普通钢筋的合力作用下在其合力点处产生的混凝土压应变，先张法构件按式（5-53）计算，后张法构件按式（5-56）计算。

预应力混凝土构件截面开裂发生在正常使用阶段，后张法构件截面亦按换算截面特性取值，因此，对于先张法构件、后张法构件，由 ΔN_{p2} 作用引起的预应力筋和普通钢筋在其各自重心处的拉应力为

$$\sigma_{p2} = \alpha_{Ep} \frac{\Delta N_{p2}}{A_0}\left(1 + \frac{e_{p0} y_{p0}}{i_0^2}\right) \tag{5-59}$$

$$\sigma_{s2} = \alpha_{Es} \frac{\Delta N_{p2}}{A_0}\left(1 + \frac{e_{p0} y_{s0}}{i_0^2}\right) \tag{5-60}$$

式中　ΔN_{p2}——消压轴力，按式（5-58）计算；

　　　$\varepsilon_{c1,ps}$——在预应力筋和普通钢筋的合力作用下在其合力点处产生的混凝土压应变，先张法构件按式（5-53）计算，后张法构件按式（5-56）计算；

　　　σ_{p2}——截面消压时产生的预应力筋应力增量；

　　　σ_{s2}——截面消压时产生的普通钢筋应力增量；

　　　α_{Ep}——预应力筋弹性模量与混凝土弹性模量之比；

　　　α_{Es}——普通钢筋弹性模量与混凝土弹性模量之比。

（3）第三阶段：使用荷载作用下的截面应力状态（图 5-6 中直线③）

图 5-6 中直线②应变状态在使用荷载 N、M 和 N_{p2} 作用下，进入直线③应变状态。将 N、M 和 N_{p2} 等效为一个偏心荷载 R，有

$$R = N_{p2} + N \tag{5-61}$$

$$e_R = \frac{M - e_p N_{p2}}{R} \tag{5-62}$$

式中　e_R——等效偏心荷载至换算截面形心轴的距离；

　　　N_{p2}——混凝土截面消压状态时预应力筋和普通钢筋的合力，按式（5-58）计算；

　　　e_p——N_{p2} 至换算截面形心轴的距离，可近似采用式（5-15）计算值。

在偏心荷载 R 作用下，可按钢筋混凝土大偏心受压构件的求解方法，得到任意位置处混凝土和钢筋的应力 σ_{c3}、σ_{s3}、σ_{p3}，由此得到预应力混凝土受弯构件开裂截面的应力

$$\sigma_c = \sigma_{c3} \tag{5-63}$$

$$\sigma_s = \sigma_{s0} + \sigma_{s3} \tag{5-64}$$

$$\sigma_p = \sigma_{p1} + \sigma_{p2} + \sigma_{p3} \tag{5-65}$$

式中 σ_{s0} ——由混凝土徐变和收缩在普通钢筋中产生的附加应力,近似取 $\sigma_{s0} = -\sigma_{l6}$, σ_{l6} 为
        混凝土收缩、徐变引起的预应力损失,按式(3-58)~式(3-62)中相应公式
        计算。

下面对典型的 T 形截面预应力混凝土受弯构件开裂截面进行应力增量计算。设已知使用
荷载 N 、M 和 N_{p2} ,其等效为一个偏心荷载 R ,接下来介绍仅在受拉区配置钢筋的 T 形截面预应
力混凝土受弯构件开裂截面的 σ_{c3} 、σ_{s3} 、σ_{p3} 应力计算(见图5-7)。

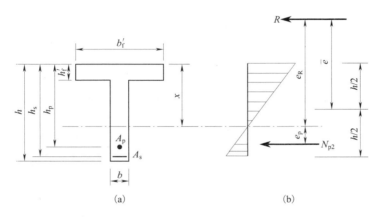

图5-7   T形截面开裂后的应力计算示意图

设等效偏心荷载 R 至 T 形截面半高的距离为 $\bar{e}$,则 $\bar{e} = e_R + e_p - h_p + \dfrac{h}{2}$ 。对偏心荷载 R 作
用点取矩: $\Sigma M_R = 0$,有

$$\frac{1}{2}\sigma_{c3}xb'_f\left(\bar{e}-\frac{h}{2}+\frac{x}{3}\right) - \frac{1}{2x}\sigma_{c3}(b'_f-b)(x-h'_f)\frac{x-h'_f}{x}\left(\bar{e}-\frac{h}{2}+h'_f+\frac{x-h'_f}{3}\right) -$$

$$\sigma_{p3}A_p\left(\bar{e}-\frac{h}{2}+h_p\right) - \sigma_{s3}A_s\left(\bar{e}-\frac{h}{2}+h_s\right) = 0 \tag{5-66}$$

由应变比例关系(平截面假定),得

$$\sigma_{p3} = \alpha_{Ep}\sigma_{c3}\frac{h_p-x}{x} \tag{5-67}$$

$$\sigma_{s3} = \alpha_{Es}\sigma_{c3}\frac{h_s-x}{x} \tag{5-68}$$

将式(5-67)、式(5-68)代入式(5-66),经整理后得

$$x^3 + Ax^2 + Bx + C = 0 \tag{5-69}$$

式中 $A = 3\left(\bar{e}-\dfrac{h}{2}\right)$

$$B = \frac{3}{b}\left[(b'_f-b)(2\bar{e}-h+h'_f)h'_f + 2\alpha_{Ep}A_p\left(\bar{e}-\frac{h}{2}+h_p\right) + 2\alpha_{Es}A_s\left(\bar{e}-\frac{h}{2}+h_s\right)\right]$$

$$C = -\frac{h'^2_f(b'_f-b)}{b}\left(3\bar{e}+2h'_f-\frac{3}{2}h\right) - \frac{6}{b}\alpha_{Ep}A_ph_p\left(\bar{e}-\frac{h}{2}+h_p\right) - \frac{6}{b}\alpha_{Es}A_sh_s\left(\bar{e}-\frac{h}{2}+h_s\right)$$

对于 $x \leqslant h'_f$ 的 T 形截面,取 $b = b'_f$,则

$$A = 3\left(\bar{e} - \frac{h}{2}\right)$$

$$B = \frac{6}{b}\left[\alpha_{Ep}A_p\left(\bar{e} - \frac{h}{2} + h_p\right) + \alpha_{Es}A_s\left(\bar{e} - \frac{h}{2} + h_s\right)\right]$$

$$C = -\frac{6}{b'_f}\left[\alpha_{Ep}A_p h_p\left(\bar{e} - \frac{h}{2} + h_p\right) + \alpha_{Es}A_s h_s\left(\bar{e} - \frac{h}{2} + h_s\right)\right]$$

由式(5 - 69)求得受压区高度后,结合截面内力平衡条件,可得

$$\sigma_{c3} = \frac{Rx}{\frac{1}{2}b'_f x^2 - \frac{1}{2}(b'_f - b)(x - h'_f)^2 - \alpha_{Es}A_s(h_s - x) - \alpha_{Ep}A_p(h_p - x)} \tag{5-70}$$

当 $x \leqslant h'_f$ 时式(5 - 70)成为

$$\sigma_{c3} = \frac{Rx}{\frac{1}{2}b'_f x^2 - \alpha_{Es}A_s(h_s - x) - \alpha_{Ep}A_p(h_p - x)} \tag{5-71}$$

求得 σ_{c3} 后,由式(5 - 67)可求得 σ_{p3}、由式(5 - 68)可求得 σ_{s3}。

2.《公路钢筋混凝土及预应力混凝土桥涵设计规范》开裂截面应力计算——直接计算法

《公路钢筋混凝土及预应力混凝土桥涵设计规范》中给出了允许开裂的 B 类预应力混凝土受弯构件,在设计荷载标准值 M_k 作用下,从消压后由预加力和 M_k 产生的混凝土法向压应力和预应力筋应力增量的近似计算公式。计算时,将设计荷载标准值 M_k、超静定结构中预加力次弯矩 M_{p2}、预应力筋与普通钢筋的合力 N_{p0} 等效成 N_{p0} 作用,即有

$$N_{p0}(e_N + h_{ps}) = M_k \pm M_{p2} \tag{5-72}$$

$$e_N = \frac{M_k \pm M_{p2}}{N_{p0}} - h_{ps} \tag{5-73}$$

根据式(5 - 69)可求得荷载作用下的开裂截面受压区高度(中性轴位置),以及开裂截面面积 A_{cr}、开裂截面惯性矩 I_{cr},对于开裂截面可直接求得其受压边缘混凝土压应力为

$$\sigma_{cc} = \frac{N_{p0}}{A_{cr}} + \frac{N_{p0}e_{0N}c}{I_{cr}} \tag{5-74}$$

$$e_{0N} = e_N + c \tag{5-75}$$

$$h_{ps} = \frac{\sigma_{p0}A_p h_p - \sigma_{l6}A_s h_s + \sigma'_{p0}A'_p a'_p - \sigma'_{l6}A'_s a'_s}{N_{p0}} \tag{5-76}$$

开裂截面预应力钢筋的应力增量为

$$\sigma_p = \alpha_{Ep}\left[\frac{N_{p0}}{A_{cr}} - \frac{N_{p0}e_{0N}(h_p - c)}{I_{cr}}\right] \tag{5-77}$$

式中　N_{p0}——预应力筋和普通钢筋的合力,先张法、后张法构件均按式(5 - 14)计算;

　　　　M_k——设计荷载标准值;

　　　　M_{p2}——由预加力 N_p 在后张法超静定结构中产生的次弯矩;

　　　　e_{0N}——N_{p0} 作用点至开裂截面重心轴的距离;

　　　　e_N——N_{p0} 作用点至截面受压区边缘的距离,N_{p0} 位于截面之外为正,N_{p0} 位于截面之内为负;

　　　　c——截面受压区边缘至开裂换算截面重心轴的距离;

　　　　h_{ps}——预应力钢筋与普通钢筋合力点至截面受压区边缘的距离;

　　　　h_p、a'_p——截面受拉区、受压区预应力钢筋合力点至截面受压区边缘的距离;

　　　　h_s、a'_s——截面受拉区、受压区普通钢筋合力点至截面受压区边缘的距离;

A_{cr} ——开裂截面换算截面面积;

I_{cr} ——开裂截面换算截面惯性矩。

其他符号意义同前。

《公路钢筋混凝土及预应力混凝土桥涵设计规范》规定,使用阶段允许开裂的截面上混凝土、预应力筋的应力需符合下列要求:

受压区混凝土的最大压应力

$$\sigma_{cc} \leqslant 0.5 f_{ck} \tag{5-78}$$

受拉区预应力筋的拉应力 $\begin{cases} \text{钢丝、钢绞线} & \sigma_p \leqslant 0.65 f_{ptk} \tag{5-79} \\ \text{预压力螺纹钢筋} & \sigma_p \leqslant 0.75 f_{ptk} \tag{5-80} \end{cases}$

式中 f_{ck} ——混凝土抗压强度标准值;

f_{ptk} ——预应力筋抗拉强度标准值;

σ_p ——在预加力和设计荷载作用下预应力筋的应力。

3. 《铁路桥涵设计规范(极限状态法)》开裂截面应力计算

《铁路桥涵设计规范(极限状态法)》附录 J 中给出了预应力混凝土受弯构件开裂截面应力计算方法及计算公式。T 形、I 形和箱形截面的受弯构件消压后在运营荷载作用下开裂截面的应力可按图 5-7 的图式进行计算,将设计荷载和预应力筋与普通钢筋的合力 N_{p0} 等效成大偏心轴向力 N_{p0} 作用荷载。

在图 5-7 中设 $e_0 = \bar{e} - \dfrac{h}{2}$,$N_0 = R$,则式(5-69)与附录 J 中求中心轴位置公式相同。按式(5-70)或式(5-71)求得混凝土应力后,按式(5-67)和式(5-68)可求得消压后预应力钢筋和普通钢筋应力变化。

《铁路桥涵设计规范(极限状态法)》规定,由于疲劳影响,钢筋弹性模量与混凝土弹性模量之比增大为 10($\alpha_{Ep} = \alpha_{Es} = 10$),结合式(5-59)和式(5-60),得截面开裂后设计荷载在预应力钢筋和普通钢筋中产生的应力计算公式:

$$\sigma_p^s = \sigma_{p1} + \Delta\sigma_{p1} + \Delta\sigma_{p2} \tag{5-81}$$

$$\Delta\sigma_{p1} = \frac{10\sigma_p A_p}{A}\left(1 + \frac{e_p^2}{i^2}\right) + \frac{10\Delta\sigma_{sL6} A_s}{A}\left(1 + \frac{e_p e_s}{i^2}\right) \tag{5-82}$$

$$\sigma_s^s = \Delta\sigma_{sL6} + \Delta\sigma_{s2} \tag{5-83}$$

式中 σ_p^s ——截面开裂后预应力钢筋的应力;

σ_s^s ——截面开裂后普通钢筋的应力;

σ_{p1} ——预应力钢筋的有效预应力,$\sigma_{p1} = \sigma_{pe}$,按式(5-50)计算;

σ_p ——预应力筋的应力,先张法构件取有效预应力加弹性压缩损失 σ_{L4},后张法构件取有效预应力;

$\Delta\sigma_{p1}$ ——消压时预应力筋的应力增量,与式(5-65)中 σ_{p2} 意义相同;

$\Delta\sigma_{p2}$ ——消压后按开裂截面计算的预应力筋应力增量,与式(5-65)中 σ_{p3} 意义相同,可按式(5-68)计算;

$\Delta\sigma_{s2}$ ——消压后按开裂截面计算的普通钢筋的应力增量,与式(5-64)中 σ_{s3} 意义相同,可按式(5-67)计算;

$\Delta\sigma_{sL6}$——由混凝土收缩、徐变在非预应力钢筋中产生的附加应力(受压为负),可近似取
$\quad\quad\Delta\sigma_{sL6} = -\sigma_{L6}$;

e_p——预应力筋重心至截面重心轴的距离;

e_s——普通钢筋重心至截面重心轴的距离;

i——截面回转半径,$i = \sqrt{\dfrac{I}{A}}$,后张法构件可近似按净截面计算(m)。

对于允许开裂的构件,预应力筋(钢丝、钢绞线)应力应满足式(5-84)要求:

$$\sigma_{sp} \leq 0.6f_{ptk} \tag{5-84}$$

式中 f_{ptk}——预应力筋抗拉强度标准值。

第五节 预应力混凝土受弯构件抗裂性验算

抗裂性验算目的是确保预应力混凝土受弯构件具备设计期望的抗裂性能,通常,抗裂验算以混凝土的法向拉应力、主应力是否超过规定的限值来表示。对于严格要求不允许出现拉应力的构件,理论上讲截面不会开裂,但仍需要进行抗裂验算,以保证构件具备足够的抗裂安全储备;对于允许出现拉应力或允许开裂的构件,抗裂验算更是必需的,以保证使用阶段混凝土拉应力值或主压应力限制在某一合理的范围内。

抗裂性验算包括正截面抗裂性和斜截面抗裂性验算。正截面抗裂性通过正截面混凝土的法向拉应力来控制,斜截面抗裂性通过斜截面混凝土的主拉应力和主压应力来控制。验算时需选取若干控制截面进行计算,如正截面抗裂性验算时选取简支梁跨中、连续梁跨中和支点等截面,斜截面抗裂性验算时选取支点附近、梁肋宽度变化处等截面。

对先张法构件锚固区段进行正截面、斜截面抗裂验算时,预应力传递范围内预应力筋的实际预应力值在构件端部取为零,在传递长度末端取为有效预应力 σ_{pe},中间按线性变化。

1. 正截面抗裂性验算

正截面混凝土法向拉应力验算实质是满足规范规定的荷载效应在抗裂验算边缘产生的混凝土拉应力与预加力(扣除全部预应力损失)在抗裂验算边缘产生的混凝土预压应力之间的关系,按下列模式进行:

$$\sigma_{ct} - \kappa_1\sigma_{pc} \leq \kappa_2 f_{tk} \tag{5-85}$$

式中 σ_{ct}——荷载效应在抗裂验算边缘产生的混凝土拉应力;σ_{ct} 值与规范的荷载效应组合方式有关;

$\quad\ \sigma_{pc}$——扣除全部预应力损失后的预加力在抗裂验算边缘产生的混凝土预压应力;

$\quad\ f_{tk}$——混凝土抗拉强度标准值;

$\quad\ \kappa_1、\kappa_2$——与规范种类、荷载组合方式、构件预应力度、构件施工方法等有关的系数。

各规范的 $\kappa_1、\kappa_2$ 取值见表5-3。

表5-3 系数 $\kappa_1、\kappa_2$ 取值

名　称	κ_1	κ_2
《混凝土结构设计规范》	严格要求不出现裂缝构件:1.00 一般要求不出现裂缝构件:1.00	严格要求不出现裂缝构件:0.00 一般要求不出现裂缝构件: 1.00(荷载标准组合下) 1.00(荷载准永久组合下)

名　称	κ_1	κ_2
《公路钢筋混凝土及预应力混凝土桥涵设计规范》	全预应力混凝土构件: 0.85(预制构件) 0.80(分段浇筑或砂浆接缝纵向分块构件) A 类预应力混凝土构件:1.00	全预应力混凝土构件:0.00 A 类预应力混凝土构件: 0.70(作用效应频遇组合下) 0.00(荷载效应准永久组合下)
《铁路桥涵设计规范(极限状态法)》	不允许出现拉应力构件:$1.00/\gamma_{kf}$ 允许出现拉应力但不开裂构件:1.00	不允许出现拉应力构件:γ_0/γ_{kf} 允许出现拉应力但不开裂构件:0.70

表 5 – 3 中,γ_0 为考虑混凝土塑性的修正系数,按式(5 – 49)计算。γ_{kf} 为抗裂综合影响系数,当采用永久作用标准值与基本可变作用频遇值(及其他可变作用准永久值)组合时,取 1.2;对于制造工艺不符合工艺制造条件的结构,应增大 10%。

2. 斜截面抗裂性验算

即使对于允许出现裂缝的预应力混凝土受弯构件,其正截面裂缝在使用阶段的多数情况下是闭合的,而构件腹部斜裂缝一旦出现,不能自动闭合,因此,对构件的斜截面抗裂规定应更加严格。

在斜截面抗裂性验算中,除验算混凝土主拉应力外,还需要验算混凝土主压应力,其原因是在双向应力状态下,混凝土一向的压应力影响另一向的拉应力强度,当压应力过大时,将使另一向的拉应力强度降低。斜截面抗裂性验算按下面模式进行:

$$\sigma_{tp} \leq \gamma_1 f_{tk} \qquad (5-86)$$

$$\sigma_{cp} \leq \gamma_2 f_{ck} \qquad (5-87)$$

式中　σ_{tp}、σ_{cp} ——荷载效应在斜截面上产生的混凝土主拉、主压应力,按式(5 – 39)计算;

　　　f_{tk}、f_{ck} ——混凝土抗拉、抗压强度标准值;

　　　γ_1、γ_2 ——与规范种类、裂缝控制等级、构件施工方法等有关的系数。

各规范 γ_1、γ_2 值见表 5 – 4。

表 5 – 4　γ_1、γ_2 取值

名称	《混凝土结构设计规范》	《铁路桥涵设计规范(极限状态法)》	《公路钢筋混凝土及预应力混凝土桥涵设计规范》
γ_1	0.85 (严格要求不出现裂缝构件) 0.95 (一般要求不出现裂缝构件)	1.0 (不允许出现拉应力构件) 0.7 (允许出现拉应力和允许开裂的构件)	全预应力混凝土构件: 0.60(预制构件) 0.40(现场浇筑、预制拼装) A 类预应力混凝土构件: 0.70(预制构件) 0.50(现场浇筑、预制拼装)
γ_2	0.60	0.6(不允许出现拉应力构件)	—

【例】　某铁路先张法预应力混凝土梁,截面尺寸如图 5 – 8 所示。梁体采用 C50 混凝土,弹性模量 $E_c = 3.55 \times 10^4$ MPa,预应力筋采用抗拉标准强度为 1 860 MPa 的两束 7φ5 钢绞线(标准型),Ⅱ级松弛钢材,总截面积 $A_p = 2.8$ cm^2,弹性模量 $E_p = 1.95 \times 10^5$ MPa,预应力筋与混凝土弹性模量之比 $\alpha_{Ep} = 5.493$,自重弯矩 $M_g = 4.38$ kN·m,活载弯矩 $M_L = 43.0$ kN·m,预应力筋张拉控制应力 $\sigma_{con} = 1 395$ MPa,各项预应力损失分别为 $\sigma_{l2} = 94$ MPa,$\sigma_{l3} = 50$ MPa,$\sigma_{l4} = 76$ MPa,

$\sigma_{l5} = 93$ MPa，$\sigma_{l6} = 56$ MPa。

求：(1)传力锚固时混凝土应力 σ_c'，σ_c；

(2)运营阶段的混凝土与预应力筋应力 σ_c'，σ_c，σ_p；

(3)设计要求不允许出现拉应力，试检算运营阶段正截面抗裂性。

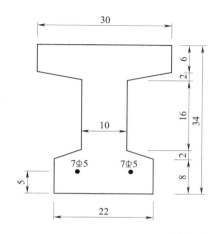 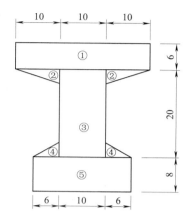

图 5 – 8　截面尺寸(单位:mm)

【解】　先计算截面几何特性。

为计算和表述方便，将所给截面划分为图示几个区域，并将各个几何参数的计算结果列表，如表 5 – 5 所示。

表 5 – 5　截面参数计算表

编号	小块面积 A_i (cm²)	A_i 重心至梁顶距离 d (cm)	A_i 重心对梁顶面积矩 A_d (cm³)	A_i 重心至换算截面重心距离 y (cm)	y^2 (cm²)	$A \cdot y^2$ (cm⁴)	小面积对其本身重心轴的惯性矩 I_i (cm⁴)
①	30 × 6 = 180	3	540	13.413	179.908	32 383.44	1/12 × 30 × 6³ = 540
②	2 × 1/2 × 10 × 2 = 20	6.67	133.4	9.743	94.926	1 898.52	2 × 1/36 × 10 × 2³ = 4.44
③	10 × 20 = 200	16	3 200	0.413	0.171	34.20	1/12 × 10 × 20³ = 6 666.7
④	2 × 1/2 × 6 × 2 = 12	25.33	303.96	−8.917	79.512	954.15	2 × 1/36 × 6 × 2³ = 2.67
⑤	22 × 8 = 176	30	5 280	−13.587	184.61	32 490.76	1/12 × 22 × 8³ = 938.67
Σ	588		9 457.36			67 761.66	8 152.45
钢绞线	4.493 × 2.8 = 12.58	29	364.83	−12.587	158.432	1 993.07	
Σ	603.38		9 822.19			69 754.73	8 152.45

换算截面积为 $A_0 = 603.38 \text{ cm}^2$

换算截面重心至上缘距离 $y_0' = \dfrac{9\,903.39}{603.38} = 16.413 \text{ cm}$

换算截面重心至下缘距离 $y_0 = 34 - 16.413 = 17.587 \text{ cm}$

钢绞线重心至换算截面重心轴距离 $e_0 = 12.587 \text{ cm}$

换算截面惯性矩 $I_0 = 69\,754.73 + 8\,152.45 = 77\,907.18 \text{ cm}^4$

换算截面对上缘的抵抗矩 $\quad W_0' = \dfrac{I_0}{y_0'} = \dfrac{77\,918.453}{16.413} = 4\,747.36 \text{ cm}^3$

换算截面对下缘的抵抗矩 $\quad W_0 = \dfrac{I_0}{y_0} = \dfrac{77\,918.453}{17.587} = 4\,430.46 \text{ cm}^3$

换算截面对钢绞线重心处的抵抗矩 $\quad W_{重心} = \dfrac{I_0}{e_0} = \dfrac{77\,918.453}{12.587} = 6\,190.39 \text{ cm}^3$

换算截面重心轴以上(或以下)面积对该轴的面积矩

$$S_0' = S_0 = A_1 y_1 + A_2 y_2 + \frac{1}{2} \times 10\,(y_0' - 6)^2$$

$$= 180 \times 13.413 + 20 \times 9.743 + \frac{1}{2} \times 10 \times (16.413 - 6)^2$$

$$= 2\,414.34 + 194.86 + 542.15 = 3\,151.35 \text{ cm}^3$$

1. 传力锚固时的 σ_c'，σ_c 计算

$$\sigma_{pe1} = \sigma_{con} - \sigma_{L1} = \sigma_{con} - \sigma_{L2} - \sigma_{L3} - \sigma_{L3} - 0.5\sigma_{L5}$$

$$\sigma_{pe1} = 1\,395 - 94 - 50 - 76 - 0.5 \times 49 = 1\,150.5 \text{ MPa}$$

$$\sigma_{p0} = \sigma_{pe1} + \sigma_{L4} = 1\,150.5 + 76 = 1\,226.5 \text{ MPa}$$

$$N_{p0} = A_p \sigma_{p0} = 280 \times 1\,226.5 = 343\,420 = 343.42 \text{ kN}$$

上缘混凝土应力

$$\sigma_c' = \frac{N_{p0}}{A_0} - \frac{N_{p0} e_0}{W_0'} + \frac{M_g}{W_0'}$$

$$= \frac{343\,420}{60\,338} - \frac{343\,420 \times 125.87}{4\,747\,360} + \frac{4.38 \times 10^6}{4\,747\,360}$$

$$= 5.691 - 9.105 + 0.922 = -2.492 \text{ MPa}(负号表示拉应力)$$

下缘混凝土应力

$$\sigma_c = \frac{N_{p0}}{A_0} + \frac{N_{p0} e_0}{W_0} - \frac{M_g}{W_0}$$

$$= \frac{343\,420}{60\,338} + \frac{343\,420 \times 125.87}{4\,430\,460} - \frac{4.38 \times 10^6}{4\,430\,460}$$

$$= 5.691 + 9.756 - 0.989 = 14.458 \text{ MPa}$$

2. 运营阶段的 σ_c'，σ_c，σ_p 计算

$$\sigma_{pe} = \sigma_{con} - \sigma_{I} - \sigma_{II} = \sigma_{con} - \sigma_{L2} - \sigma_{L3} - \sigma_{L4} - \sigma_{L5} - \sigma_{L6}$$

$$\sigma_{pe} = 1\,395 - 94 - 50 - 76 - 49 - 93 = 1\,033 \text{ MPa}$$

$$\sigma_{p0}^* = \sigma_{pe} + \sigma_{L4} = 1\,033 + 76 = 1\,109 \text{ MPa}$$

$$N_p = A_p \sigma_{p0}^* = 280 \times 1109 = 282\,520 \text{ N} = 282.52 \text{ kN}$$

$$M = M_g + M_L = 4.38 + 43 = 47.38 \text{ kN} \cdot \text{m}$$

上缘混凝土应力

$$\sigma_c' = \frac{N_p}{A_0} - \frac{N_p e_0}{W_0'} + \frac{M}{W_0'}$$

$$= \frac{282\,520}{60\,338} - \frac{282\,520 \times 125.87}{4\,747\,360} + \frac{47.38 \times 10^6}{4\,747\,360}$$

$$= 4.682 - 7.491 + 9.980 = 7.171\ \text{MPa}$$

下缘混凝土应

$$\sigma_c = \frac{N_p}{A_0} + \frac{N_p e_0}{W_0} - \frac{M}{W_0}$$

$$= \frac{282\,520}{60\,338} - \frac{282\,520 \times 125.87}{4\,430\,460} + \frac{47.38 \times 10^6}{4\,430\,460}$$

$$= 4.682 + 8.026 - 10.694 = 2.014\ \text{MPa}$$

预应力筋应力

$$\sigma_p = \sigma_{pe} + \alpha_{Ep} \frac{M}{I_0} e_0 = \sigma_{pe} + \alpha_{Ep} \frac{M}{W_{\text{重心}}}$$

$$= 1\,033 + 5.429 \times \frac{47.38 \times 10^6}{6\,190\,390} = 1\,033 + 41.552 = 1\,074.6\ \text{MPa}$$

3. 正截面抗裂性验算

C50 混凝土：
$$f_{tk} = 3.10\ \text{MPa}$$

$$\gamma_0 = \frac{2S_0}{W_0} = \frac{2 \times 3\,151.35}{4\,430.36} = 1.422$$

$$\sigma_{ct} = \frac{M}{W_i} = \frac{47.38 \times 10^6}{4\,430\,460} = 10.694\ \text{MPa}$$

$$\sigma_{pc} = \frac{N_p}{A_0} + \frac{N_p e_0}{W_0}$$

$$= \frac{282\,520}{60\,338} + \frac{282\,520 \times 125.87}{4\,430\,460} = 4.682 + 8.026 = 12.846\ \text{MPa}$$

$$\frac{\sigma_{pc} + \gamma_0 f_{tk}}{\gamma_{kf}} = \frac{12.846 + 1.422 \times 3.10}{1.2} = 14.378\ \text{MPa}$$

因为
$$\frac{\sigma_{pc} + \gamma_0 f_{tk}}{\gamma_{kf}} = 14.378\ \text{MPa} > \sigma_{ct} = 10.694\ \text{MPa}$$

故在运营阶段正截面抗裂性满足规范要求。

第六节　预应力混凝土受弯构件疲劳应力计算和疲劳验算

《混凝土结构设计规范》和《铁路桥涵设计规范(极限状态法)》规定,对承受反复荷载作用的预应力混凝土受弯构件应进行疲劳验算。《混凝土结构设计规范》采用应力或应力幅方法进行疲劳验算,《铁路桥涵设计规范(极限状态法)》采用等效等幅重复应力法进行验算。

一、《混凝土结构设计规范》中疲劳应力计算和疲劳验算

1. 疲劳应力计算

进行预应力混凝土受弯构件疲劳验算时,正截面疲劳应力按下列基本假定进行计算:

（1）截面应变保持平面；

（2）受压区混凝土的法向应力图形取为三角形；

（3）对要求不出现裂缝的构件,受拉区混凝土的法向应力图形取为三角形；

（4）采用换算截面计算。

根据上述假定,可得到要求不出现裂缝的预应力混凝土受弯构件正截面混凝土、纵向预应力筋和普通钢筋的最小、最大应力和应力幅计算公式。

受拉区或受压区边缘纤维的混凝土应力为

$$\sigma_{c,min}^f \ 或 \ \sigma_{c,max}^f = \sigma_{pc} + \frac{M_{min}^f y_0}{I_0} \qquad (5-88a)$$

$$\sigma_{c,max}^f \ 或 \ \sigma_{c,min}^f = \sigma_{pc} + \frac{M_{max}^f y_0}{I_0} \qquad (5-88b)$$

受拉区纵向预应力钢筋的应力及应力幅为

$$\Delta\sigma_p^f = \sigma_{p,max}^f - \sigma_{p,min}^f \qquad (5-89a)$$

$$\sigma_{p,min}^f = \sigma_{pe} + \alpha_{Ep} \frac{M_{min}^f y_{0p}}{I_0} \qquad (5-89b)$$

$$\sigma_{p,max}^f = \sigma_{pe} + \alpha_{Ep} \frac{M_{max}^f y_{0p}}{I_0} \qquad (5-89c)$$

受拉区纵向非预应力钢筋的应力及应力幅为

$$\Delta\sigma_s^f = \sigma_{s,max}^f - \sigma_{s,min}^f \qquad (5-90a)$$

$$\sigma_{s,min}^f = \sigma_{s0} + \alpha_{Es} \frac{M_{min}^f y_{0s}}{I_0} \qquad (5-90b)$$

$$\sigma_{s,max}^f = \sigma_{s0} + \alpha_{Es} \frac{M_{max}^f y_{0s}}{I_0} \qquad (5-90c)$$

式中　$\sigma_{c,min}^f$、$\sigma_{c,max}^f$——疲劳验算时受拉区或受压区边缘纤维混凝土的最小、最大应力,最小、最大应力以其绝对值进行判别；

σ_{pc}——扣除全部预应力损失后,由预加力在受拉区或受压区边缘纤维处产生的混凝土法向应力；

M_{min}^f、M_{max}^f——疲劳验算时同一截面上在相应荷载组合下产生的最小、最大弯矩值；

α_{Ep}、α_{Es}——预应力钢筋、非预应力钢筋弹性模量与混凝土弹性模量的比值；

I_0——换算截面的惯性矩；

y_0——受拉区边缘或受压区边缘至换算截面重心的距离；

$\sigma_{p,min}^f$、$\sigma_{p,max}^f$——疲劳验算时受拉区最外层预应力钢筋的最小、最大应力；

$\Delta\sigma_p^f$——疲劳验算时受拉区最外层预应力钢筋的应力幅；

σ_{pe}——扣除全部预应力损失后受拉区最外层预应力钢筋的有效预应力,按表3-5和式(3-63)～式(3-66)计算；

y_{0s}、y_{0p}——受拉区最外层非预应力钢筋、预应力钢筋截面重心至换算截面重心的距离；

$\sigma_{s,min}^f$、$\sigma_{s,max}^f$——疲劳验算时受拉区最外层非预应力钢筋的最小、最大应力；

$\Delta\sigma_s^f$——疲劳验算时受拉区最外层非预应力钢筋的应力幅；

σ_{s0}——消压弯矩 M_{p0} 作用下受拉区最外层非预应力钢筋中产生的应力；此处, M_{p0} 为受拉区最外层非预应力钢筋截面重心处的混凝土法向预应力等于零时的相应弯矩值。

式(5 – 89a)和式(5 – 89b)中的 σ_{pe}、$M'_{min}y_0/I_0$、$M'_{max}y_0/I_0$，当为拉应力时以正值代入；当为压应力时以负值代入；式(5 – 90b)和式(5 – 90c)中的 σ_{s0} 以负值代入。

2. 疲劳验算

在反复荷载作用下，受弯构件受压区纵向预应力钢筋的最大应力不超过无活载时的应力值，且其应力幅值通常不会超过拉区纵向预应力钢筋，因此，受压区纵向预应力钢筋可不进行疲劳验算。规范规定，疲劳验算时应计算下列部位的应力：

(1)正截面受拉区和受压区边缘纤维的混凝土应力及受拉区纵向预应力钢筋、非预应力钢筋的应力幅；

(2)截面重心及截面宽度剧烈改变处的混凝土主拉应力。

预应力混凝土受弯构件正截面的疲劳应力应符合下列规定：

受拉区或受压区边缘纤维的混凝土应力

当为压应力时
$$\sigma^f_{cc,max} \leqslant f^f_c \tag{5 – 91a}$$

当为拉应力时
$$\sigma^f_{ct,max} \leqslant f^f_t \tag{5 – 91b}$$

受拉区纵向预应力钢筋的应力幅
$$\Delta\sigma^f_p \leqslant \Delta f^f_{py} \tag{5 – 92}$$

受拉区纵向非预应力钢筋的应力幅
$$\Delta\sigma^f_s \leqslant \Delta f^f_y \tag{5 – 93}$$

式中 $\sigma^f_{cc,max}$ ——受拉区或受压区边缘纤维混凝土的最大压应力(取绝对值)，按式(5 – 88a)、
     (5 – 88b)计算确定；

   $\sigma^f_{ct,max}$ ——受拉区或受压区边缘纤维混凝土的最大拉应力，按式(5 – 88a)、式(5 – 88b)
     计算确定；

   f^f_c ——混凝土轴心抗压疲劳强度设计值，$f^f_c = \gamma_p f_c$，γ_p 按表 2 – 13 采用；

   f^f_t ——混凝土轴心抗拉疲劳强度设计值，$f^f_t = \gamma_p f_t$；

   $\Delta\sigma^f_p$ ——受拉区纵向预应力钢筋的应力幅，按式(5 – 89a)计算；

   Δf^f_{py} ——预应力钢筋疲劳应力幅限值，按表 2 – 9 采用；

   $\Delta\sigma^f_s$ ——受拉区纵向非预应力钢筋的应力幅，按式(5 – 90a)计算；

   Δf^f_y ——非预应力钢筋疲劳应力幅限值，按表 5 – 6 采用。

当受拉区纵向预应力筋、普通钢筋各为同一钢种时，可仅各验算最外层钢筋的应力幅。

表 5 – 6   普通钢筋疲劳应力幅限值(MPa)

疲劳应力比 ρ^f_s	Δf^f_y	
	HRB335 级钢筋	HRB400 级钢筋
0.1	175	175
0.1	162	162
0.2	154	156
0.3	144	149
0.4	131	137
0.5	115	123
0.6	97	106
0.7	77	85
0.8	54	60
0.9	28	31

试验研究表明,在反复荷载作用下,斜截面的疲劳破坏总是从斜裂缝处某一只箍筋开始发生断裂而引起,因此,斜截面的疲劳验算主要是控制截面主拉应力不超过允许值。规范规定,预应力混凝土受弯构件斜截面混凝土的主拉应力应符合下列规定:

$$\sigma_{tp}^f \leqslant f_t^f \tag{5-94}$$

式中 σ_{tp}^f——预应力混凝土受弯构件斜截面疲劳验算纤维处的混凝土主拉应力,按式(5-39)计算(对吊车荷载,尚应计入动力系数)。

二、《铁路桥涵设计规范(极限状态法)》中预应力混凝土构件疲劳验算

《铁路桥涵设计规范(极限状态法)》规定,承受铁路列车荷载的桥跨结构应进行疲劳极限状态的验算,预应力混凝土桥跨结构正截面疲劳极限状态可采用等效等幅重复应力法进行验算。等效等幅应力是指基于疲劳累积损伤理论计算时,与变幅应力疲劳寿命相同(等效)的等幅应力。

进行疲劳极限状态的验算时,疲劳荷载组合采用永久作用标准值与列车荷载标准值(包括冲击力、离心力)进行组合,列车竖向荷载包括竖向动力作用时,应将列车竖向静荷载乘以运营动力系数 $(1+\mu)_s$。

1. 疲劳应力计算

进行预应力混凝土受弯构件疲劳极限状态正截面应力验算时,采用如下假定:

(1)截面应保持平截面。

(2)受压区混凝土的正应力按三角形分布。对允许出现裂缝的构件,受拉区混凝土不参加工作,拉应力全部由钢筋承受;对不出现裂缝的构件,受拉区混凝土正应力按三角形变化。

(3)计算采用换算截面。对预应力度 $\lambda > 1.0$ 及 $1 > \lambda \geqslant 0.7$ 并不允许出现裂缝的构件,换算系数取 $\alpha_{Ep} = E_p/E_c$;对预应力度 $1 > \lambda \geqslant 0.7$ 并允许出现裂缝的构件,其换算系数取 $\alpha_{Ep} = 10$、$\alpha_{Es} = 10$。

对于不允许出现拉应力的预应力混凝土,混凝土、预应力筋和普通钢筋应力应按下述公式计算:

混凝土应力为

$$\sigma_{cf} = \frac{M_D \cdot y_0}{I_0} + (1+\mu)_s \frac{M_L \cdot y_0}{I_0} + \sigma_{cp} = \sigma_{cD} + \sigma_{cL} + \sigma_{cp} \tag{5-95}$$

$$\sigma_{min} = \sigma_{cD} + \sigma_{cp} \tag{5-96}$$

预应力筋应力幅为

$$\Delta\sigma_p = \alpha_{EP}\sigma_{cL} \tag{5-97}$$

普通钢筋(最外层)应力幅为

$$\Delta\sigma_s = \alpha_{Es}\sigma_{cL} \tag{5-98}$$

式中 σ_{cf}——混凝土结构检算部位由永久作用标准值和列车荷载标准值(包括冲击力、离心力)作用下引起的混凝土应力;

$\Delta\sigma_p$——混凝土结构检算部位由列车荷载标准值(包括冲击力、离心力)作用下引起的预应力筋的应力幅(MPa);

$\Delta\sigma_s$——混凝土结构检算部位由列车荷载标准值(包括冲击力、离心力)作用下引起的普通钢筋的应力幅;

σ_{cp}——有效预加力在梁截面计算纤维中引起的混凝土应力;

σ_{cD}——混凝土结构检算部位由永久作用标准值引起的混凝土应力;

σ_{cL}——混凝土结构检算部位由列车荷载标准值(包括冲击力、离心力)作用下引起的混凝土应力;

M_D——永久作用标准值作用下产生的计算弯矩;

M_L——列车荷载标准值(包括冲击力、离心力)作用下产生的计算弯矩;

y_0——疲劳检算时不计受拉区混凝土的换算截面的受压区高度;

I_0——疲劳检算时不计受拉区混凝土的换算截面的惯性矩。

2. 正截面疲劳极限状态应力验算

对于受压区的预应力筋及普通钢筋、应力幅小于 $0.5f_{cd}$ 的受压区混凝土、最大拉应力小于 $0.5f_{td}$ 的预应力混凝土,可不进行验算。

预应力混凝土受弯构件正截面疲劳极限状态应按下列公式进行验算:

混凝土 $\qquad\qquad\qquad \sigma_{cf} \leqslant 0.5f_{cd}$ $\qquad\qquad$ (5-99)

预应力筋 $\qquad\qquad\qquad \Delta\sigma_p \leqslant \Delta f_{pfd}$ $\qquad\qquad$ (5-100)

普通钢筋 $\qquad\qquad\qquad \Delta\sigma_s \leqslant \Delta f_{sfd}$ $\qquad\qquad$ (5-101)

式中　σ_{cf}——混凝土结构检算部位由永久作用标准值和列车荷载标准值(包括冲击力、离心力)作用下引起的混凝土应力,按式(5-95)计算;

$\Delta\sigma_p$——混凝土结构检算部位由列车荷载标准值(包括冲击力、离心力)作用下引起的预应力筋的应力幅,按式(5-97)计算;

$\Delta\sigma_s$——混凝土结构检算部位由列车荷载标准值(包括冲击力、离心力)作用下引起的普通钢筋的应力幅,按式(5-98)计算;

f_{cd}——混凝土抗压强度标准值;

Δf_{pfd}——预应力筋的疲劳强度设计值,按表2-9取值;

Δf_{sfd}——普通钢筋的疲劳强度设计值,HPB300 母材的疲劳强度设计值取 130 MPa,HRB400、HRB500 钢筋的疲劳强度设计值按式(5-102)计算。

HRB400、HRB500 钢筋的疲劳强度设计值按式(5-102)计算:

$$\Delta f_{sfd} = \gamma_1 \cdot \gamma_2 \cdot \gamma_3 \cdot \Delta f'_{sfd} \qquad (5-102)$$

式中　$\Delta f'_{sfd}$——HRB400、HRB500 钢筋的疲劳强度基本设计值,按表5-7采用;

γ_1——应力比影响系数,母材、闪光对焊连接时按表5-8采用,滚轧直螺纹、电弧焊时取 1.0;

γ_2——钢筋直径影响系数,按表5-9采用;

γ_3——钢筋强度等级系数,按表5-10采用。

表5-7　普通钢筋疲劳强度基本设计值(MPa)

构造细节类型	$\Delta f'_{sfd}$
母材	145
闪光对焊	130
滚轧直螺纹连接	98
电弧焊	60

表5-8　应力比影响系数 γ_1

应力比 ρ	0	0.1	0.2	0.3	0.4	0.5	0.6	0.7	0.8	0.9
γ_1	1.000	0.926	0.891	0.851	0.783	0.703	0.606	0.486	0.343	0.177

注:应力比 ρ 为钢筋最小应力与最大应力之比。

表5-9　钢筋直径影响系数 γ_2

直径 d (mm)	$d < 20$ mm	$d \geqslant 20$ mm
母材	1	1
闪光对焊	1	0.72
滚轧直螺纹	0.55	1
电弧搭接焊	1	1

表5-10　钢筋强度等级影响系数 γ_3

钢筋型号	HRB400	HRB500
母材	1.0	1.04
闪光对焊	1.0	1.1
滚轧直螺纹	1.0	1.2
电弧搭接焊	1.0	1.0

对于允许出现拉应力但不允许开裂的预应力混凝土受弯构件,预应力筋应力幅值 $\Delta\sigma_p$、普通钢筋应力幅值 $\Delta\sigma_s$ 应考虑疲劳对应力的影响,增大 1.5 倍。

第七节　先张法构件预应力筋锚固区计算

无论对于受弯还是其他受力形式的构件,先张法构件预应力筋端部没有锚具,预应力筋中的拉力通过其与混凝土的黏结力传递给混凝土,使混凝土受压,从而实现预加应力。显然,预应力筋端部应力为零,至离开端部一定距离后,其应力才达到有效预应力[见图 5-9(b)]。在正常使用极限状态,从预应力筋应力为零的端部至应力为有效预应力 σ_{pe} 的长度称为预应力筋的预应力传递长度 l_{tr}。

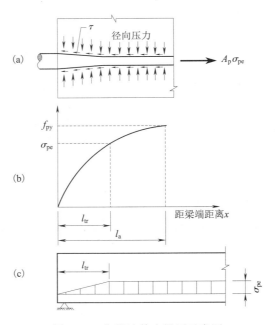

图 5-9　先张法传力锚固示意图

先张法构件中预应力筋与混凝土的黏结力形成与钢筋混凝土构件中是不同的。当切断或放松预应力筋时,预应力筋向构件内回缩,靠近构件端部的部分黏结力被破坏;但回缩又使预应力筋直径增大,越到端部越大,在端部应力零点处几乎恢复到张拉前的直径,形成锚楔作用[见图5-9(a)],从而对预应力筋周围混凝土产生径向压力,由此产生的摩擦力承担了预应力筋和混凝土间大部分的传递力。由此看出,先张法构件在传递长度范围内的受力情况是比较复杂的。

对先张法构件锚固区段进行正截面、斜截面抗裂验算时,预应力传递范围内预应力筋的实际预应力值在构件端部取为零,在传递长度末端取为有效预应力 σ_{pe},中间按线性变化[见图5-9(c),实际上 l_{tr} 段曲线变化]。

预应力筋的预应力传递长度可按式(5-103)计算:

$$l_{tr} = \alpha \frac{\sigma_{pe}}{f_{td}} d \qquad (5-103)$$

式中　σ_{pe}——放张时预应力筋的有效预应力;

　　　α——预应力筋的外形系数,其值一般为 0.13~0.18,《混凝土结构设计规范》按表5-11取用;

　　　d——预应力筋的公称直径;

　　f_{td}——混凝土轴心抗拉强度设计值,当混凝土强度等级大于 C60 时,按 C60 取值。

表5-11　预应力筋的外形系数

钢筋名称	外形系数	
	《混凝土结构设计规范》	《公路钢筋混凝土及预应力混凝土桥涵设计规范》
螺旋肋钢丝	0.13	0.14
刻痕钢丝	—	0.18
二、三股钢绞线	0.16	0.15
七股钢绞线	0.17	0.16
光面钢筋	0.16	—
带肋钢筋	0.14	—

注:本表数据录自《混凝土结构设计规范》。

根据式(5-103),结合预应力筋的外形系数、放张时预应力筋的有效预应力,可得到预应力筋的预应力传递长度。《混凝土结构设计规范》规定,当采用骤然放张预应力的施工工艺时,对光面预应力钢丝 l_{tr} 的起点应从距构件末端 $l_{tr}/4$ 处开始计算。

《公路钢筋混凝土及预应力混凝土桥涵设计规范》给出了 $\sigma_{pe}=1\,000$ MPa 时的预应力传递长度值,见表5-12。

表5-12　预应力筋的预应力传递长度(mm)

预应力筋名称	混凝土强度等级					
	C30	C35	C40	C45	C50	≥C55
1×7 钢绞线	80d	73d	67d	64d	60d	58d
螺旋肋钢丝	70d	64d	58d	56d	53d	51d

注:(1)本表数据录自《公路钢筋混凝土及预应力混凝土桥涵设计规范》;

　　(2)表中数据用于 $\sigma_{pe}=1\,000$ MPa 情形,当预应力筋有效预应力与此值不同时,其预应力传递长度应根据表值按比例增减;

　　(3)当混凝土立方体抗压强度在表列混凝土强度等级之间时,预应力传递长度按直线内插取用;

　　(4)当采用骤然放松预应力钢筋的施工工艺时,l_{tr} 应从离构件末端 0.25 l_{tr} 处开始计算。

《铁路桥涵设计规范(极限状态法)》规定,先张法构件预应力钢绞线的传递长度为$80d$;预应力螺纹钢筋的传递长度可不考虑。预应力筋应力在构件端部为零,在传递长度末端为σ_{pe}。

当外荷载增加、构件达到承载能力极限状态时,预应力筋中的应力达到抗拉强度设计值f_{pd},为了保证预应力筋不被拔出,必须有足够的锚固长度。从预应力筋端部应力零点逐渐增至抗拉强度设计值f_{pd}处的长度称为预应力筋的锚固长度l_a[见图5-10(b)]。

预应力筋锚固长度l_a可按式(5-104)计算:

$$l_a = \alpha \frac{f_{pd}}{f_{td}} d \qquad (5-104)$$

式中 α ——预应力筋的外形系数,可按表5-7取用;

d ——预应力筋的公称直径;

f_{pd} ——预应力筋的抗拉强度设计值;

f_{td} ——混凝土轴心抗拉强度设计值。

基于式(5-104),结合预应力筋的外形系数、预应力筋抗拉强度设计值,可得到预应力筋的锚固长度。表5-13为《公路钢筋混凝土及预应力混凝土桥涵设计规范》给出的常用预应力筋的锚固长度值。

表5-13 预应力筋锚固长度(mm)

预应力筋种类	混凝土强度等级					
	C40	C45	C50	C55	C60	≥C65
1×7 钢绞线,$f_{pd} = 1\,260$ MPa	$130d$	$125d$	$120d$	$115d$	$110d$	$105d$
螺旋肋钢丝,$f_{pd} = 1\,200$ MPa	$95d$	$90d$	$85d$	$83d$	$80d$	$80d$

注:(1)本表数据录自《公路钢筋混凝土及预应力混凝土桥涵设计规范》;
(2)当采用骤然放松预应力钢筋的施工工艺时,锚固长度应从离构件末端$0.25\,l_{tr}$处开始计算;
(3)当预应力筋抗拉强度设计值与表中数据不同时,预应力锚固长度应根据表中数据按强度比例增减。

表5-14为《铁路桥涵设计规范(极限状态法)》给出的先张法构件预应力筋锚固长度值。进行正截面、斜截面承载力计算时,锚固起点应力为零,锚固终点取f_{pd},中间按线性差值。

表5-14 预应力筋锚固长度(mm)

预应力筋种类	混凝土强度等级			
	C40	C45	C50	≥C65
钢绞线	$125d$	$115d$	$110d$	$110d$

第六章

预应力混凝土构件变形与裂缝计算

预应力混凝土构件采用高强材料,在具有相同承载能力情况下其截面尺寸比钢筋混凝土构件小,且预应力混凝土构件往往用于较大跨度结构,其工作性能受变形和裂缝影响较敏感。变形和裂缝计算是正常使用极限状态计算的重要内容,控制变形和裂缝宽度是保证预应力混凝土构件正常使用、构件具有设计预期耐久性的重要途径。

预应力混凝土构件的变形计算主要指预应力混凝土受弯构件(梁)的竖向变形(挠度或拱度)计算和梁端转角计算。荷载作用下的构件竖向变形分为短期变形和长期变形,前者计算的关键是确定合理的截面刚度,后者计算的关键是确定混凝土收缩、徐变和预应力筋应力松弛及疲劳等对变形的影响。在正常使用极限状态,预应力混凝土受弯构件(公路桥梁、铁路桥梁等)均需进行竖向变形验算;对于铁路桥梁,由于过大梁端转角影响列车行驶平顺性、旅客舒适性,并影响梁上轨道受力性能和耐久性,尚需对列车活载作用下的梁端转角进行验算。

裂缝的出现及发展影响到结构外观的破损、预应力筋的锈蚀及结构功能的丧失,因此,对于允许出现裂缝的预应力混凝土构件,必须根据工作环境、荷载特征和构件使用功能等控制裂缝宽度。

本章讨论预应力混凝土受弯构件的变形计算和预应力混凝土受弯构件、受拉构件的裂缝宽度计算。

第一节　预应力混凝土受弯构件竖向变形计算

施加荷载时产生的竖向变形,称为荷载作用引起的构件短期变形;荷载持续作用下考虑混凝土收缩、徐变和预应力筋松弛等影响的竖向变形称为构件的长期变形。短期变形和长期变形均可分解为三部分:(1)预加力引起的竖向变形;(2)恒载引起的竖向变形;(3)活载引起的竖向变形。

一、荷载作用下预应力混凝土受弯构件的短期变形计算

短期变形计算精度与截面抗弯刚度的取值有关。预应力混凝土截面由钢筋和混凝土组成,但截面抗弯刚度通常用混凝土弹性模量和全截面换算截面惯性矩表示,其修正系数根据等效刚度理论和试验研究结果确定。对于荷载作用时未开裂的受弯构件,混凝土全截面参与工作,近似认为弹性工作,构件变形可以采用结构力学中公式进行计算;对于荷载作用时开裂的受弯构

件,在考虑开裂对抗弯刚度的折减影响后,仍然可以采用结构力学中公式进行近似计算。

图 5-2 中预应力混凝土受弯构件受力全过程的竖向变形与荷载关系曲线表明,构件竖向变形在开裂荷载(⑤点)之前基本上表现为线性,截面抗弯刚度基本不变;在开裂荷载后表现为明显的非线性,变形增加速度比荷载增加速度快,截面抗弯刚度随荷载增加而降低。将变形与荷载关系曲线线性化,可得到目前规范中计算短期变形的两种常用方法,即"双直线型法"和"单直线型法"。

需要强调的是,不同规范计算短期变形时采用的计算弯矩不同,计算弯矩应根据不同规范规定的荷载值及荷载效应组合得到。

1. 双直线型法

以开裂荷载为拐点,将变形-荷载曲线简化为两条直线(见图 6-1 中 OA、AB)。开裂前(OA 段)抗弯刚度 B_1 按全截面换算截面计算;开裂后(AB 段)抗弯刚度 B_2 按开裂截面计算。

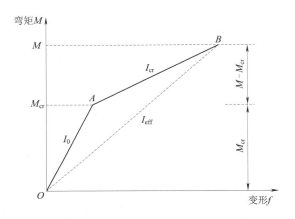

图 6-1 "直线型法"求截面抗弯刚度示意图

双直线型法计算预应力混凝土受弯构件荷载作用下短期变形的公式为

当 $M \leqslant M_{cr}$ 时
$$f_s = \int_0^L \frac{\bar{M}M}{B_1} dx \tag{6-1}$$

当 $M > M_{cr}$ 时
$$f_s = \int_0^L \bar{M}\left(\frac{M_{cr}}{B_1} + \frac{M - M_{cr}}{B_2}\right) dx \tag{6-2}$$

或

当 $M \leqslant M_{cr}$ 时
$$f_s = \beta_f \frac{M \cdot l_0^2}{B_1} \tag{6-3}$$

当 $M > M_{cr}$ 时
$$f_s = \beta_f l_0^2 \left(\frac{M_{cr}}{B_1} + \frac{M - M_{cr}}{B_2}\right) \tag{6-4}$$

式中　M ——计算弯矩,根据规范规定计算;

$\bar{M}$ ——在构件计算位置及相应方向作用单位力产生的弯矩;

M_{cr} ——截面开裂弯矩;

B_1、B_2 ——截面开裂前、开裂后的抗弯刚度;

l_0 ——计算跨度;

β_f ——挠度系数,与荷载种类和支承条件有关;如承受均布荷载的简支梁,计算跨中挠度时,$\beta_f = 5/48$。

为简化计算,将式(6-1)、式(6-2)适当变换,统一写成

$$f_s = \int_0^L \frac{\bar{M}M}{B_s} \mathrm{d}x \tag{6-5}$$

或

$$f_s = \beta_f \frac{M \cdot l_0^2}{B_s} \tag{6-6}$$

式中 B_s ——短期刚度。

(1)《公路钢筋混凝土及预应力混凝土桥涵设计规范》短期挠度计算方法

采用式(6-1)、式(6-2)或式(6-3)、式(6-4)计算预应力混凝土受弯构件短期变形,其中 $B_1 = 0.95E_cI_0$,$B_2 = E_cI_{cr}$,E_c 为混凝土弹性模量,I_0 为全截面换算截面惯性矩,I_{cr} 为开裂截面惯性矩。

(2)《混凝土结构设计规范》短期挠度计算方法

采用式(6-5)或式(6-6)计算预应力混凝土受弯构件短期变形,其短期刚度 B_s 按下列公式计算:

要求不出现裂缝的构件:

$$B_s = 0.85E_cI_0 \tag{6-7}$$

允许出现裂缝的构件:

$$B_s = \frac{0.85E_cI_0}{k_{cr} + w(1 - k_{cr})} \tag{6-8}$$

$$k_{cr} = \frac{M_{cr}}{M_k} \tag{6-9}$$

$$M_{cr} = (\sigma_{pc} + \gamma f_{tk})W_0 \tag{6-10}$$

$$w = \left(1.0 + \frac{0.21}{\alpha_E \rho}\right)(1 + 0.45\gamma_f) - 0.7 \tag{6-11}$$

$$\gamma_f = \frac{(b_f - b)h_f}{h_0} \tag{6-12}$$

式中 E_c ——混凝土弹性模量;

I_0 ——全截面换算截面惯性矩;

M_{cr} ——截面开裂弯矩;

M_k ——按荷载效应的标准组合计算的弯矩;

k_{cr} ——预应力混凝土受弯构件正截面的开裂弯矩 M_{cr} 与弯矩 M_k 的比值,当 $k_{cr} > 1.0$ 时,取 $k_{cr} = 1.0$;

b_f、h_f ——受拉区翼缘的宽度和高度;

ρ ——纵向受拉钢筋配筋率,对预应力混凝土受弯构件,取为 $\rho = (\alpha_1 A_p + A_s)/bh_0$,对灌浆的后张预应力筋,取 $\alpha_1 = 1.0$,对无黏结后张预应力筋,取 $\alpha_1 = 0.3$;

γ ——塑性影响系数,按式(5-46)计算;

α_E ——钢筋弹性模量与混凝土弹性模量之比;

b ——矩形截面宽度或 T 形截面、工字形截面腹板宽度;

h_0 ——截面有效高度。

在计算预加力反拱值时,一般情况下截面抗弯刚度取为 E_cI_0,后张法构件由于张拉预应力筋时孔道未压浆或已经压浆但未充分凝结硬化,亦可取为 E_cI_n(I_n 为净截面惯性矩)。

下面对截面开裂后短期抗弯刚度 B_s 的计算公式(6-8)进行推导。

在图 6-2 的弯矩—挠度($M-f$)曲线中,设 $K_{cr} = M_{cr}/M$,取 $K_{cr} = 0.4$(图中 C 点)为一个

计算参考点,并取

$$f_{cr} = \frac{\alpha M_{cr} l_0^2}{\beta_{cr} E_c I_0} \qquad (6-13)$$

$$f = \frac{\alpha M \cdot l_0^2}{\beta E_c I_0} \qquad (6-14)$$

$$f_{0.4} = \frac{\alpha M_{0.4} l_0^2}{\beta_{0.4} E_c I_0} \qquad (6-15)$$

式中 M ——计算弯矩;

$\qquad M_{cr}$ ——截面开裂弯矩;

$\qquad M_{0.4}$ ——对应于 $K_{cr} = 0.4$ 的弯矩;

$\beta 、 \beta_{cr} 、 \beta_{0.4}$ ——对应于 $M 、 M_{cr} 、 M_{0.4}$ 的截面抗弯刚度降低系数;

$\qquad \alpha$ ——与构件约束及荷载特征有关的系数。

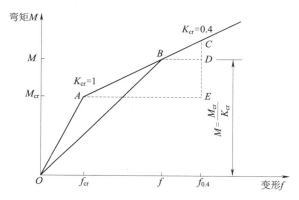

图 6-2   求解开裂截面抗弯刚度示意图

由图 6-2 的几何关系有

$$\frac{f_{0.4} - f}{f_{0.4} - f_{cr}} = \frac{CD}{CE} = \frac{K_{cr} - 0.4}{1 - 0.4}$$

将式(6-13)~式(6-15)代入上式,得

$$\frac{1}{\beta} = \frac{1}{\beta_{0.4}} + \frac{K_{cr} - 0.4}{0.6}\left(\frac{1}{\beta_{cr}} - \frac{1}{\beta_{0.4}}\right) \qquad (6-16)$$

根据试验资料,取 $\beta_{cr} = 0.85$,$\dfrac{1}{\beta_{0.4}} = \left(0.8 + \dfrac{0.15}{\alpha_E \rho}\right)(1 + 0.45\lambda_f)$,代入式(6-16)并经调整,得

$$\beta = \frac{0.85}{\dfrac{M_{cr}}{M} + \left[\left(1.0 + \dfrac{0.21}{\alpha_E \rho}\right)(1 + 0.45\gamma_f) - 0.7\right]\left(1 - \dfrac{M_{cr}}{M}\right)} \qquad (6-17)$$

式(6-17)即为式(6-8)中构件截面开裂后计算短期抗弯刚度 B_s 时的降低系数。

(3)《铁路桥涵设计规范(极限状态法)》短期挠度计算方法

采用式(6-5)或式(6-6)计算预应力混凝土受弯构件短期变形,其短期刚度 B_s 按下列公式计算:

$$B_s = \beta_p \beta_1 \beta_{cr} E_c I_0 \qquad (6-18)$$

式中 E_c ——混凝土弹性模量;

I_0——全截面换算截面惯性矩；

β_1——考虑疲劳影响的刚度折减系数，取值见表 6 - 1；计算预加力引起的挠度时取 $\beta_1 = 1$；

β_p——考虑预应力度的刚度折减系数，取值见表 6 - 1；计算预加力引起的挠度时取 $\beta_p = 1$；

β_{cr}——考虑开裂影响的刚度折减系数，按表 6 - 1 中公式计算。

表 6 - 1　刚度折减系数取值

参数 ＼ 截面状态	不允许开裂构件	允许开裂构件
β_p	$\dfrac{1 + \lambda}{2}$	$\dfrac{1 + \lambda}{2}$
β_1	$\dfrac{\lambda - 0.5}{0.95\lambda - 0.45}$	$\dfrac{\lambda - 0.5}{0.95\lambda - 0.45}$
β_{cr}	1.0	$\dfrac{\beta_2 M}{\beta_2 M_{cr} + \beta_p (M - M_{cr})} E_c I_0$
说　明	λ 为预应力度； β_2 为考虑截面配筋率影响的折减系数，$\beta_2 = 0.1 + 2\alpha_{Ep}\rho \leqslant 0.50$； ρ 为截面配筋率，$\rho = \dfrac{A_p + A_s}{bh_0}$； α_{Ep} 为预应力筋弹性模量与混凝土弹性模量之比； M_{cr} 为截面开裂弯矩，$M_{cr} = (\sigma_{pc} + \gamma f_{tk})W_0$； M 为运营荷载产生的弯矩； b 为矩形截面的宽度或 T 形截面、工字形截面腹板的宽度； h_0 为截面有效高度。	

《铁路桥涵设计规范（极限状态法）》规定，对于 C40 ~ C60 混凝土，式(6 - 18)的 β_{cr} 中的预应力筋与混凝土弹性模量之比取为 $\alpha_{Ep} = 10$。

2. 单直线型法

单直线型法是将预应力混凝土受弯构件的变形—荷载曲线简化为一条直线（图 6 - 1 中 OB），无论截面开裂与否，截面抗弯刚度均按有效惯性矩计算。此法又称"有效惯性矩法"，由美国学者 D. E. Branson 提出，美国混凝土协会规范 ACI 318 - 14、美国各州公路桥梁规范 AASHTO LRFD(1998)、加拿大混凝土结构设计标准 CSA A23. 3 - 04 等规范采用此方法。

采用有效惯性矩法的预应力混凝土受弯构件变形计算公式为

$$f_s = \int_0^L \frac{\overline{M}M}{E_c I_{eff}}\mathrm{d}x \qquad (6-19)$$

或

$$f_s = \beta_f \frac{M \cdot l_0^2}{E_c I_{eff}} \qquad (6-20)$$

式中有效惯性矩按下式计算：

$$I_{eff} = \left(\frac{M_{cr}}{M_a}\right)^3 I_g + \left[1 - \left(\frac{M_{cr}}{M_a}\right)^3\right] I_{cr} \leqslant I_g \qquad (6-21)$$

式中　I_{cr}——考虑受拉区充分开裂的换算截面惯性矩；

I_g——未开裂截面的毛截面惯性矩，不计钢筋影响；

M_{cr}——截面开裂弯矩;

M_a——恒载和活载作用下的最大计算弯矩。

二、荷载作用下预应力混凝土受弯构件的长期变形计算

1. 长期变形计算的一般性问题

预加力产生的变形与恒载、活载作用引起的变形方向相反,因此,可以通过调整预加力来抵消恒载、活载产生的变形。一方面,调整预加力可以完全抵消恒载产生的变形,却不能刚好完全抵消活载产生的变形,因为活载作用是随机变量,且预加力由于混凝土收缩、徐变及预应力筋松弛等影响随时间而降低;另一方面,如果预加力完全抵消恒载、活载产生的变形,则无活载作用时构件处于较大的上拱状态,在混凝土收缩、徐变等作用下上拱将不断增大,极可能由于上拱过大影响正常使用,工程实践中往往将预加力设计成抵消全部恒载变形和部分活载变形。因此,在使用阶段,预应力混凝土受弯构件必然存在长期挠度或拱度。

在恒载和预加力持久作用下,构件变形随时间而增长。混凝土收缩、徐变和预应力筋应力松弛对构件长期变形有两方面作用:一方面,它们引起预应力损失,使预加力产生的长期拱度随时间而降低;另一方面,收缩、徐变引起的混凝土应变增量使构件截面曲率发生变化,导致预加力产生的长期拱度随时间而增大、恒载产生的长期挠度随时间而增加。研究表明,对静定结构,混凝土收缩、徐变和预应力筋松弛作用的整体结果往往是上拱度随时间而增加;对超静定结构,由于支点部位梁体截面曲率亦发生变化,结构跨中变形随时间可能继续上拱、亦可能继下挠,实践表明通常为下挠(尤其对大跨预应力混凝土结构)。活载作用通常持续时间较短,可不考虑混凝土收缩、徐变对活载变形的影响;如果活载持续时间较长(如交通繁忙的城市桥梁)或对计算精度而言影响较大,则需考虑混凝土收缩、徐变对活载变形的影响。

理论上,混凝土收缩、徐变和预应力筋应力松弛三者对受弯构件的变形影响是相互的,密不可分,同时与结构体系、材料特征、截面形式、配筋方式、施工方法及结构工作环境等因数相关,完整而较精确的时变变形分析不但费时,而且往往需要通过试验手段获取混凝土在实际结构工作环境下的徐变、收缩特性参数,因此计算成本高。对于一般的预应力混凝土结构,完整的时变变形分析是不需要的,可采用规范提供的近似方法进行计算。

对于计算时间的确定,试验研究表明,收缩、徐变变形的变化速率随时间而降低,数十年后虽仍可观测到变形的变化,但其量值相当小,因此,分析中可根据结构对变形的敏感程度、结构的重要性及其与环境的关系,确定合适的变形变化计算时间,通常取为 3~5 年;对于一般的结构,可直接采用规范提供的徐变系数、收缩应变终极值进行长期变形计算,从而避免计算时间的确定问题。

国内外规范关于预应力混凝土受弯构件长期变形的近似计算方法分为两大类,一类为考虑钢筋约束影响的时变系数修正法,另一类为刚度修正法,下面结合规范方法进行讨论。

2. 时变系数修正法长期变形近似计算的一般表达式

以素混凝土简支梁的徐变效应为例(见图 6-3),说明徐变对构件长期变形的影响。

设在 t_0 时刻由于梁体自重开始作用引起的跨中截面曲率为 φ_0,挠度为 $f_g(t_0)$;在梁体自重作用下,$t_1(t_1 > t_0)$ 时刻跨中截面曲率变为 φ_1,挠度变为 $f_g(t_1)$。为说明问题,假设梁体不开裂及中性轴位置不变,则有

$$\varphi_1 = \frac{\varepsilon_{top,1}}{c} = \frac{\varepsilon_{top,0}}{c}[1 + \varphi(t_1, t_0)] = \varphi_0[1 + \varphi(t_1, t_0)] \qquad (6-22)$$

经推导,可得到如下长期挠度的近似计算式:

$$f_g(t_1) = f_g(t_0)[1 + \varphi(t_1, t_0)] \qquad (6-23)$$

式中　$\varphi(t_1,t_0)$——t_0 时刻加载至 t_1 时刻混凝土的徐变系数；

　　　$\varepsilon_{\text{top},0}$、$\varepsilon_{\text{top},1}$——$t_0$ 时刻和 t_1 时刻混凝土受压边缘的应变；

　　　　　c——截面受压区高度。

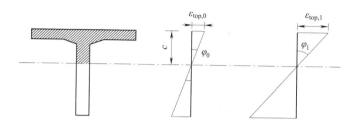

(a) t_0 时刻应变分布　　(b) t_1 时刻应变分布

图 6 – 3　素混凝土简支梁跨中截面曲率变化示意图

式(6 – 23)表明,徐变将导致构件的变形随时间而增加。对于预应力混凝土受弯构件,在正常使用阶段的应力水平下,截面中钢筋不会发生徐变,钢筋将约束同一截面上混凝土徐变变形,由此降低了徐变引起的长期变形增量,因此,预应力混凝土简支梁仅由梁体自重产生的长期变形为

$$f_{\text{g}}(t_1) = f_{\text{g}}(t_0) + \Delta f_{\text{g}}(t_1,t_0) = f_{\text{g}}(t_0)[1 + \lambda(t_1,t_0)\varphi(t_1,t_0)] \qquad (6 – 24)$$

式中　$f_{\text{g}}(t_0)$——t_0 时刻由自重引起的梁体弹性挠度；

　　　$f_{\text{g}}(t_1)$——t_1 时刻由自重引起的梁体挠度；

　　$\lambda(t_1,t_0)$——t_0 时刻加载至 t_1 时刻钢筋对混凝土徐变引起的挠度变化的约束影响系数,与构件截面尺寸、钢筋布置和配筋率、加载龄期和持荷时间、混凝土徐变特性等有关,其值一般在 0.60 ~ 0.85 间变化。

式(6 – 24)即为基于时变系数修正法计算长期变形的表达形式。在正常使用阶段,混凝土的应力 $\sigma_{\text{c}} < (0.4 \sim 0.5)f_{\text{ck}}$($f_{\text{ck}}$ 为混凝土抗压强度标准值),不同加载时刻考虑徐变引起的时变变形可采用叠加原理计算。按式(6 – 24)的思想,可以得到后张预应力混凝土简支梁正常使用阶段梁体变形计算的一般表达式为

$$f_{\text{M}}(t_2) = -f_{\text{M,p}}(t_0)[1 + \lambda(t_2,t_0)\varphi(t_2,t_0)] + f_{\text{M,g1}}(t_0)[1 + \lambda(t_2,t_0)\varphi(t_2,t_0)] +$$
$$f_{\text{M,g2}}(t_1)[1 + \lambda(t_2,t_1)\varphi(t_2,t_1)] + f_{\text{M,L}} \qquad (6 – 25)$$

式中　$f_{\text{M,p}}(t_0)$——t_0 时刻施加预加力时由预加力引起的跨中弹性反拱值；

　　　$f_{\text{M,g1}}(t_0)$——t_0 时刻由一期恒载(梁体自重)引起的跨中弹性挠度；

　　　$f_{\text{M,g2}}(t_1)$——t_1 时刻($t_1 > t_0$)加载时由二期恒载引起的跨中弹性挠度；

　　　　$f_{\text{M,L}}$——由活载引起的跨中弹性挠度(不计冲击影响),如果活载连续作用时间较长,则需考虑其长期变形影响；

$\varphi(t_2,t_0)$、$\varphi(t_2,t_1)$——t_0、t_1 时刻加载至正常使用 $t_2(t_2 \gg t_1)$ 时刻的混凝土徐变系数；

$\lambda(t_2,t_0)$、$\lambda(t_2,t_1)$——t_0、t_1 时刻加载至正常使用 $t_2(t_2 \gg t_1)$ 时刻钢筋对混凝土徐变引起的挠度(或反拱值)变化的约束影响系数。

近似计算中,不同时刻加载的钢筋约束影响系数可取为相同值。对于一般大气环境下工作的简支梁,设构件正常使用时徐变已达终极值,此时式(6 – 25)中钢筋对混凝土徐变约束影响系数可按式(6 – 26)近似计算:

$$\lambda_{\infty} = \frac{1}{1 + 18\rho_{\text{ps}}\rho} \qquad (6 – 26)$$

式中 ρ——所有钢筋(预应力筋和普通钢筋)的截面配筋率;

   r——混凝土截面回转半径,$r = \sqrt{I_c/A_c}$;

   e——混凝土截面重心至所有钢筋重心的距离,$\rho_{ps} = (1 + e^2/r^2)$。

实际上,对于所有钢筋(预应力筋和普通钢筋)截面重心与混凝土截面重心不重合的构件,混凝土收缩将引起构件挠度或拱度变化。产生的原因是混凝土自由收缩时,钢筋将抵抗这种变形,当所有钢筋截面重心与混凝土截面重心不重合时,钢筋抵抗作用将使混凝土产生沿截面高度变化的附加应力,从而导致构件截面曲率随时间增长而增大。

对于受弯构件,预应力筋偏心布置,预应力筋应力松弛亦将引起构件挠度或拱度变化。

根据内力平衡和变形协调条件和结构力学公式,可得到形同式(6-24)、式(6-25)的混凝土收缩和预应力筋应力松弛引起的构件长期变形增量计算式。在近似计算中,混凝土收缩、徐变和预应力筋应力松弛引起的构件长期变形增量可以综合考虑、统一计算,亦可以分开计算再进行叠加。

3. 美国规范 ACI 318 关于长期变形的近似计算方法——时变系数修正法

美国学者 D. E. Branson 提出的钢筋对徐变引起的挠度增量的约束影响系数计算公式如下:

$$\lambda_\infty = \frac{1}{1 + 50\rho'} \tag{6-27}$$

式中 ρ'——受压区截面配筋率。

在恒载和预加力作用下一般全截面受压,因此 ρ' 为所有钢筋的截面配筋率。

美国规范 ACI 318 给出的计算配筋混凝土受弯构件长期变形的公式基于 Branson 提出的公式形式:

$$f(t,t_0) = f_e(t_0)\left(1 + \frac{\zeta}{1 + 50\rho'}\right) \tag{6-28}$$

式中 $f(t,t_0)$——t_0 时刻加载至 t 时刻跨中变形(反拱值或挠度值);

   $f_e(t_0)$——t_0 时刻加载的弹性变形(反拱值或挠度值);

   ζ——随时间变化的系数(考虑徐变、收缩等影响),当持荷时间为 3 个月、6 个月、1年及超过 5 年时,相应的 ζ 值为 1.0、1.2、1.4、2.0。

式(6-28)首先为钢筋混凝土构件的长期变形计算而提出,目前亦用于一般预应力混凝土受弯构件的长期变形计算。

4. 我国规范关于长期变形的近似计算方法——刚度修正法

《混凝土结构设计规范》关于预应力混凝土受弯构件长期变形的近似计算基于刚度修正法,一般表达式为

$$f_1 = \int_0^L \frac{\bar{M}M}{\beta_\theta B_s}dx \tag{6-29}$$

式中 B_s——短期刚度;

   β_θ——考虑荷载长期效应影响的刚度降低系数,按式(6-30)计算:

$$\beta_\theta = \frac{M_k}{M_q(\theta - 1) + M_k} \tag{6-30}$$

式中 M_k——按荷载效应的标准组合计算的弯矩,取计算区段内的最大弯矩值;

   M_q——按荷载效应的准永久组合计算的弯矩,取计算区段内的最大弯矩值;

   θ——考虑荷载长期作用对挠度增大的影响系数,《混凝土结构设计规范》取 $\theta = 2.0$。

《公路钢筋混凝土及预应力混凝土桥涵设计规范》中预应力混凝土受弯构件长期变形的计算公式为

$$f_l = \eta_\theta f_s \tag{6-31}$$

式中　f_s——短期变形,按式(6-1)或式(6-2)计算;

　　　η_θ——挠度长期增长系数,按下列规定取值:采用 C40 以下混凝土时,$\eta_\theta = 1.60$;采用 C40 ~ C80 混凝土时,$\eta_\theta = 1.45 \sim 1.35$,中间强度等级混凝土线性内插取用。

预应力混凝土受弯构件由预加力引起的反拱值,可用结构力学方法按刚度 $B_s = E_c I_0$ 进行计算,并乘以长期增长系数。计算使用阶段预加力反拱值时,预应力钢筋的预加力应扣除全部预应力损失,长期增长系数取用 2.0。

三、我国规范中关于预应力混凝土受弯构件变形限值及预拱度设置的规定

预应力混凝土受弯构件的竖向变形(挠度或拱度)验算并使其计算值不超过规范规定的限值,是检验构件是否具有足够的刚度、能否满足使用要求,而预拱度的设置则是为了使构件变形能满足使用要求,如桥梁建成后其变形能使行车平稳、安全。

控制受弯构件竖向变形在规范许可范围内,主要考虑下面几个因素:

(1)过大变形影响结构的正常使用。如桥梁的过大变形影响行车平顺性、平稳性和安全性。

(2)过大变形影响与之相连结构的正常使用。如房屋结构大梁的过大变形影响楼面机械设备的安装和正常运转,亦可能引起与之相连的非承重墙开裂或装饰损坏;屋面梁的过大挠度使屋面板挠度过大,甚至产生开裂,导致屋面积水、渗漏等。

(3)过大变形使人产生不安全感。

1.《混凝土结构设计规范》关于挠度限值规定

预应力混凝土受弯构件变形的最大挠度按荷载效应的标准组合并考虑长期作用影响计算,其值应小于规范规定的限值,用公式表示为

$$f_l - \eta_\theta f_p \leq [f] \tag{6-32}$$

式中　f_l——按荷载效应标准组合并考虑长期作用影响计算得到的构件计算位置的挠度;

　　　f_p——由预加力引起的短期反拱值;

　　　η_θ——反拱值长期增长系数,取用 2.0;

　　　$[f]$——规范规定的变形限值,与结构形式有关,见表6-2。

表 6-2　《混凝土结构设计规范》中受弯构件的挠度限值

构件类型	挠度限值
吊车梁:手动吊车 电动吊车	$l_0/500$ $l_0/600$
屋盖、楼盖及楼梯构件: 　当 $l_0 < 7$ m 时 　当 7 m $\leq l_0 \leq 9$ m 时 　当 $l_0 > 9$ m 时	 $l_0/200(l_0/250)$ $l_0/250(l_0/300)$ $l_0/300(l_0/400)$

注:(1) l_0 为计算跨度;

(2)表中括号内的数值适用于使用上对挠度有较高要求的构件;

(3)计算悬臂构件的挠度时,其计算跨度 l_0 按实际悬臂长度的 2 倍取用。

2.《公路钢筋混凝土及预应力混凝土桥涵设计规范》关于挠度限值规定

预应力混凝土受弯构件的长期挠度值,由汽车荷载(不计冲击力)和人群荷载频遇组合产生

的最大竖向挠度应符合下列要求:

(1)对于梁式桥主梁不应超过计算跨径的1/600;

(2)对于梁式桥主梁悬臂端其最大挠度不应超过悬臂长度的1/300。

3.《铁路桥涵设计规范(极限状态法)》关于变形和变位限值规定

在正常使用极限状态,列车静活载作用下铁路桥梁梁体跨中的最大竖向挠度应满足表6-3中的限值要求。

表6-3 铁路桥梁梁体竖向挠度限值

铁路设计标准	跨度范围 设计时速	$L \leq 40$ m	40 m $< L \leq 80$ m	$L > 80$ m
高速铁路	350 km/h	$L/1\,600$	$L/1\,900$	$L/1\,500$
	300 km/h	$L/1\,500$ *	$L/1\,600$	$L/1\,100$
	250 km/h	$L/1\,400$	$L/1\,400$	$L/1\,000$
城际铁路	200 km/h	$L/1\,750$	$L/1\,600$	$L/1\,200$
	160 km/h	$L/1\,600$	$L/1\,350$	$L/1\,100$
	120 km/h	$L/1\,350$	$L/1\,100$	$L/1\,100$
客货共线铁路	200 km/h	$L/1\,200$	$L/1\,000$	$L/900$
	160 km/h	$L/1\,000$	$L/900$	$L/800$
重载铁路	120 km/h 及以下	$L/900$	$L/800$	$L/700$

注:(1)表中数据适用于3跨及以双线简支梁;3跨及以一联的连续梁挠度限值按表中数值1.1倍取用;2跨一联的连续梁、2跨及以下的简支梁挠度限值按表中数值1.4倍取用;

(2)单线简支梁或连续梁挠度限值按相应双线桥限值的0.6倍取用;

(3)表中 L 为简支梁或连续梁检算跨的跨度。

《高速铁路设计规范》(TB 10621—2014)规定,跨度小于90 m的高速铁路预应力混凝土梁,在标准静活载作用下梁体跨中的最大竖向挠度应满足表6-3中的限值。

《铁路桥涵设计规范(极限状态法)》还规定,设计时速200 km及以上铁路桥梁,铺轨完成后,预应力混凝土梁的跨中竖向残余徐变变形 Δf_{cr} 应符合下列规定:

(1)有砟桥面梁: $\Delta f_{cr} \leq 20$ mm

(2)无砟桥面梁: $L \leq 50$ m , $\Delta f_{cr} \leq 10$ mm

$L > 50$ m , $\Delta f_{cr} \leq L/5\,000$ 且 $\Delta f_{cr} \leq 10$ mm

在列车活载作用下,梁端将发生如图6-4所以的转角。梁端转角可按弹性方法计算,按规范规定取用截面刚度。为了降低桥梁变形对列车行驶平顺性、旅客舒适性及梁上轨道耐久性的影响,桥规规定,对于设计时速低于200 km/h的预应力混凝土梁(客货共线铁路、城际铁路等),在标准静活载作用下,梁端转角应满足下列规定:

(1)桥台边跨梁端转角: $\theta \leq 3.0 \times 10^{-3}$ rad

(2)中间跨梁端转角之和: $\theta_1 + \theta_2 \leq 6 \times 10^{-3}$ rad

图6-4 梁端转角示意图

对于高速铁路预应力混凝土梁,在标准静活载作用下最大梁端转角应满足表 6 - 4 的限值。

对于城际铁路预应力混凝土梁,在标准静活载作用下最大梁端转角应满足表 6 - 5 的限值。

表 6 - 4　高速铁路桥梁梁端转角限值

桥上轨道类型	位置	限值(rad)	备注
有砟轨道	桥台与桥梁之间	$\leq 2.0 \times 10^{-3}$	—
	相邻两孔梁之间	$\theta_1 + \theta_2 \leq 4.0 \times 10^{-3}$	—
无砟轨道	桥台与桥梁之间	$\theta \leq 1.5 \times 10^{-3}$	梁端悬出长度 ≤0.55 m
		$\theta \leq 1.0 \times 10^{-3}$	0.55 m < 梁端悬出长度 ≤0.75 m
	相邻两孔梁之间	$\theta_1 + \theta_2 \leq 3.0 \times 10^{-3}$	梁端悬出长度 ≤0.55 m
		$\theta_1 + \theta_2 \leq 2.0 \times 10^{-3}$	0.55 m < 梁端悬出长度 ≤0.75 m

表 6 - 5　城际铁路桥梁梁端转角限值

桥上轨道类型	位置	限值(rad)	备注
有砟轨道	桥台与桥梁之间	$\leq 2.0 \times 10^{-3}$	—
	相邻两孔梁之间	$\theta_1 + \theta_2 \leq 6.0 \times 10^{-3}$	—
无砟轨道	桥台与桥梁之间	$\theta \leq 2.1 \times 10^{-3}$	梁端悬出长度 ≤0.30 m
		$\theta \leq 1.5 \times 10^{-3}$	0.30 m < 梁端悬出长度 ≤0.55 m
		$\theta \leq 1.0 \times 10^{-3}$	0.55 m < 梁端悬出长度 ≤0.75 m
	相邻两孔梁之间	$\theta_1 + \theta_2 \leq 4.2 \times 10^{-3}$	梁端悬出长度 ≤0.30 m
		$\theta_1 + \theta_2 \leq 3.0 \times 10^{-3}$	0.30 m < 梁端悬出长度 ≤0.55 m
		$\theta_1 + \theta_2 \leq 2.0 \times 10^{-3}$	0.55 m < 梁端悬出长度 ≤0.75 m

4. 关于预应力混凝土受弯构件预拱度设置的规定

在预加力作用下,预应力混凝土受弯构件均会发生上拱,且其上拱值在混凝土收缩、徐变作用下会逐渐增大。当预加力的长期上拱值大于设计荷载产生的下挠时,一般不需要设置预拱度,而需要考虑过大残余徐变上拱对结构的不利影响(如铁路桥梁中对残余徐变上拱值有严格的规定);当预加力的长期上拱值小于设计荷载产生的下挠时,一般需要设置预拱度。

《公路钢筋混凝土及预应力混凝土桥涵设计规范》规定,当预加应力产生的长期反拱值大于按荷载效应频遇组合计算的长期挠度时,可不设预拱度;当预加应力的长期反拱值小于按荷载效应频遇组合计算的长期挠度时应设预拱度,其值应按该项荷载的挠度值与预加应力长期反拱值之差采用。同时,对自重相对于活载较小的预应力混凝土受弯构件,应考虑预加应力反拱值过大可能造成的不利影响,必要时采取反预拱或设计和施工上的其他措施,避免桥面隆起直至开裂破坏。

《铁路桥涵设计规范(极限状态法)》规定,当由恒载和静活载引起的竖向挠度等于或小于 15 mm 或跨度 1/1 600 时,梁可不设上反拱值,宜用调整道砟厚度的办法解决;大于上述数值时,应设置反拱值,其曲线与恒载及 1/2 静活载所产生的挠度基本相同,但方向相反。

[例 6 - 1]　某房屋结构的部分预应力混凝土梁为 B 类受弯构件,计算跨度 10 m,在使用荷载作用下,截面出现裂缝。截面为矩形,高 620 mm,宽 300 mm,混凝土采用 C40,预应力筋采用标准强度为 1 860 MPa 的钢绞线,普通钢筋采用 HRB335。荷载效应标准组合下,开裂弯矩 M_{cr} = 296.7 kN·m, M_K = 350.2 kN·m。荷载效应准永久组合下 M_q = 210.5 kN·m,预应力消压弯矩 M_y = 276.8 kN·m。已知 a_p = 100 mm, a_s = 40 mm, f_{py} = 1 320 MPa(f_{pd} = 1 320 MPa), f_y = 300 MPa

$(f_{sd} = 300 \text{ MPa})$，$A_s = 452.3 \text{ mm}^2$，$A_p = 98.7 \times 4 \times 2 = 789.6 \text{ mm}^2$。试按规范要求进行变形验算。

[解] $a = \dfrac{f_{py}A_p a_p + f_y A_s a_s}{f_{py}A_p + f_y A_s} = \dfrac{1\,320 \times 789.6 \times 100 + 300 \times 452.3 \times 40}{1\,320 \times 789.6 + 300 \times 452.3} = 93 \text{ mm}$

$$h_0 = h - a = 620 - 93 = 527 \text{ mm}$$

$$E_s = 2.0 \times 10^5 \text{ MPa}, \quad E_p = 1.95 \times 10^5 \text{ MPa},$$

$$E_c = 3.25 \times 10^4 \text{ MPa}, \quad A_0 = 0.1\,935\,699 \text{ mm}^2$$

$$S_0 = 0.058\,125\,63 \text{ m}^3, \quad y = 0.300\,282\,4 \text{ m}, \quad I_0 = 0.006\,413\,607 \text{ m}^4$$

1. 短期刚度 B_s 计算

未开裂时刚度为

$$B_s = 0.85 E_c I_0 = 0.85 \times 3.25 \times 10^4 \times 0.006\,413\,607 = 177.176 \text{ MN} \cdot \text{m}^2$$

开裂时刚度为

$$B_s = \frac{0.85 E_c I_0}{K_{cr} + (1 - K_{cr})\omega}$$

其中

$$K_{cr} = \frac{M_{cr}}{M_K} = \frac{296.7}{350.2} = 0.847$$

$$\omega = \left(1.0 + \frac{0.21}{\alpha_E \rho}\right)(1 + 0.45\gamma_f) - 0.7$$

$$\alpha_{Ep} = E_p / E_c = 2.0 \times 10^5 / 3.25 \times 10^4 = 6.154$$

$$\rho = (A_p + A_s)/bh_0 = \frac{452.3 + 789.6}{300 \times 527} = 0.007\,86$$

由于为矩形截面，故 $\gamma_f = 0$，有

$$\omega = \left(1.0 + \frac{0.21}{\alpha_E \rho}\right)(1 + 0.45\gamma_f) - 0.7$$

$$= \left(1.0 + \frac{0.21}{6.154 \times 0.007\,86}\right) \times (1 + 0) - 0.7$$

$$= 4.641$$

$$B_s = \frac{0.85 E_c I_0}{K_{cr} + (1 - K_{cr})\omega} = \frac{0.85 \times 3.25 \times 10^4 \times 0.006\,413\,607}{0.847 + (1 - 0.847) \times 4.641} = 113.789 \text{ MN} \cdot \text{m}^2$$

2. 长期刚度 B_s 计算

预应力混凝土受弯构件 $\theta = 2.0$，因此，有

$$B = \frac{M_K}{M_q(\theta - 1) + M_K} B_s = \frac{350.2}{210.5 \times (2 - 1) + 350.2} \times 113.789 = 71.069 \text{ MN} \cdot \text{m}^2$$

3. 变形验算

将使用荷载作为均布荷载，因此，使用荷载作用下跨中挠度为

$$f_{1l} = \frac{5}{48} \frac{M_K l^2}{B} = \frac{5}{48} \times \frac{350.2 \times 10^2}{71.069 \times 10^3} = 0.0513 \text{ m}$$

预应力引起长期反拱值为

$$f_{2l} = 2 \times \frac{M_y l_0^2}{8 E_c I_0} = 2 \times \frac{276.8 \times 10^2}{83.25 \times 10^7 \times 0.006\,413\,607} = 0.0332 \text{ m}$$

此处 $B = E_c I_0$。

总变形验算为

$$f_l = f_{1l} - f_{2l} = 0.051\ 3 - 0.033\ 2 = 0.0181 = 18.1\ \text{mm} < \frac{l_0}{300} = \frac{100\ 00}{300} = 33.3\ \text{mm}$$

因此梁体变形满足规范要求。

[例 6-2]　某公路简支梁，计算跨径 $L = 28.660$ m，梁体采用 C50 混凝土，弹性模量 $E_c = 3.45 \times 10^4$ Mpa。主梁平均截面惯性矩 $I_n = 282.847 \times 10^9$ mm^4，换算截面惯性矩 $I_0 = 321.500 \times 10^9$ mm^4，全梁平均预加力矩为 2 738.74 kN·m，荷载效应频遇组合弯矩为 $M_s = 1\ 132.4$ kN·m。截面开裂弯矩为 $M_{cr} = 1\ 875$ kN·m，主梁跨中挠度系数 $\alpha = 5/48$，挠度增长系数 $\eta_{\theta,s} = 1.43$，$\eta_{\theta,p} = 2$。

（1）计算在短期效应作用下主梁挠度；

（2）计算由于施加预应力引起的上拱度；

（3）按照规范要求设置上拱度。（长期效应引起的挠度为 34.4 mm）

[解]　1. 因 $M_s = 1\ 132.4$ kN·m $< M_{cr} = 1\ 875$ kN·m，因此，截面未开裂。

简支梁挠度验算式为

$$\delta_s = \frac{\alpha M_s L^2}{0.95 E_c I_0}$$

将可变荷载作为均布荷载作用在主梁上，由可变荷载引起的简支梁跨中截面挠度为

$$w_s = \frac{5}{48} \times \frac{28\ 660^2}{0.95 \times 3.45 \times 10^4} \times \frac{1\ 132.4 \times 10^6}{321.500 \times 10^9} = 9.2\ \text{mm}\ (\downarrow)$$

考虑长期效应的可变荷载引起的挠度值为

$$w_{Ql} = \eta_{\theta,s} w_s = 1.43 \times 9.2 = 13.2\ \text{mm}\ (\downarrow)$$

2. 预加力引起的上拱度计算

主梁上拱度（跨中截面）为

$$\delta_p = \int_0^L \frac{M_p \bar{M}_x}{0.95 E_c I_0} \mathrm{d}_x = -\frac{M_{pe} L^2}{8 \times 0.95 E_c I_n}$$

$$= -\frac{2\ 738.74 \times 10^6 \times 28\ 660^2}{8 \times 0.95 \times 3.45 \times 10^4 \times 282.847 \times 10^9} = -30.3\ \text{mm}\ (\uparrow)$$

考虑长期效应的预加力引起的上拱值为

$$\delta_{p,l} = \eta_{\theta,e} \delta_e = 2 \times (-30.3) = -60.6\ \text{mm}\ (\uparrow)$$

3. 预拱度的设置

梁在预加力和荷载短期效应组合共同作用下并考虑长期效应的挠度值为

$$w_l = w_{Ql} + w_{Gl} - \delta_{p,l} = 13.2 + 34.4 - 60.6 = -13.0\ \text{mm}\ (\uparrow)$$

预加力产生的长期上拱值大于荷载效应频遇组合计算的长期挠度值，所以不需要设置预拱度。

[例 6-3]　某跨度 16 m 的铁路后张法部分预应力混凝土 T 梁跨中截面及配筋如图 6-4 所示，该梁混凝土采用 C50，预应力筋采用 3 束 7ϕ5 钢绞线，标准强度 $f_{pk} = 1\ 860$ MPa（标准型），非预应力筋采用 6Φ20（HRB400），预应力度 $\lambda = 0.82$。恒载作用下跨中弯矩为 $M_g = 1\ 440$ kN·m，恒载与活载作用下跨中最大设计弯矩为 $M_d = 3\ 849.0$ kN·m，开裂弯矩 $M_f = 3\ 200.0$ kN·m，$I_0 = 0.127\ 039\ 5$ m^4。试求该梁在恒载及恒载加活载设计弯矩作用下的跨中挠度。

[解]　根据题意，可得到下面各参数值：

$$E_s = 2.0 \times 10^5\ \text{MPa},\ E_p = 1.95 \times 10^5\ \text{MPa},\ E_c = 3.55 \times 10^4\ \text{MPa}$$

$$a_p = 120\ \text{mm},\ a_s = 55\ \text{mm},\ A_p = 3 \times 980 = 2\ 940\ \text{mm}^2;\ A_s = 6 \times \frac{\pi}{4} \times 20^2 = 1\ 885\ \text{mm}^2$$

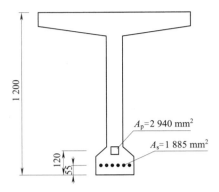

图 6 - 4　跨中截面配筋示意图(单位:mm)

$$f_{pd} = 1\ 200\ \text{MPa}, f_{sd} = 320\ \text{MPa}$$

$$a = \frac{f_{pd}A_p a_p + f_{sd}A_s a_s}{f_{pd}A_p + f_{sd}A_s} = \frac{1\ 200 \times 2\ 940 \times 120 + 320 \times 1\ 885 \times 55}{1\ 200 \times 2\ 940 + 320 \times 1\ 885} = 110.5\ \text{mm}$$

$$h_0 = h - a = 1\ 200 - 110.5 = 1\ 089.5\ \text{mm}$$

1. 未开裂时截面刚度计算

$$\beta_p = \frac{1 + \lambda}{2} = \frac{1 + 0.82}{2} = 0.910$$

$$\beta_1 = \frac{\lambda - 0.5}{0.95\lambda - 0.45} = \frac{0.82 - 0.5}{0.95 \times 0.82 - 0.45} = 0.973$$

未开裂时截面刚度计算公式为

$$B = \beta_p \beta_1 E_c I_0 = 0.910 \times 0.973 \times 3.55 \times 10^4 \times 0.1\ 270\ 395 = 3.993 \times 10^3\ \text{MN} \cdot \text{m}^2$$

2. 开裂后截面刚度计算

$$\rho = \frac{A_p + A_s}{bh_0} = \frac{2\ 940 + 1\ 885}{260\ 880} = 0.0\ 185$$

$$\alpha_{Ep} = \frac{E_p}{E_c} = \frac{1.95 \times 10^5}{3.55 \times 10^4} = 5.493$$

$$\beta_2 = 0.1 + 2\alpha_{Ep}\rho = 0.1 + 2 \times 5.493 \times 0.0\ 185 = 0.303 < 0.5, \text{取} \beta_2 = 0.303$$

$$M = 3\ 849.0\ \text{kN} \cdot \text{m}, M_f = 3\ 200.0\ \text{kN} \cdot \text{m}, M_d = 1\ 440\ \text{kN} \cdot \text{m}$$

开裂后刚度计算公式:

$$B = \beta_1 \frac{\beta_p \beta_2 M}{\beta_2 M_f + \beta_p (M - M_f)} E_c I_0$$

$$= 0.973 \times \frac{0.910 \times 0.303 \times 3\ 849}{0.303 \times 3\ 200 + 0.910 \times (3\ 849 - 3\ 200)} \times 3.55 \times 10^4 \times 0.1\ 270\ 395 = 2\ 984.9\ \text{MN} \cdot \text{m}^2$$

3. 变形计算

恒载作用下,跨中挠度为

$$f_g = \frac{5M_g l^2}{48B} = \frac{5 \times 1\ 440 \times 16^2 \times 10^3}{48 \times 3.993 \times 10^6} = 0.0\ 096\ \text{m} = 0.96\ \text{cm}$$

恒载加活载设计弯矩作用下,跨中挠度为

$$f_d = \frac{5M_d l^2}{48EI} = \frac{5 \times 3\ 849 \times 16^2 \times 10^3}{48 \times 2\ 984.9 \times 10^6} = 0.0\ 348\ \text{m} = 3.48\ \text{cm}$$

第二节 预应力混凝土构件裂缝计算

研究裂缝开展机理是为了控制裂缝。构件裂缝分为荷载裂缝和非荷载裂缝两大类,其中荷载裂缝又分为正应力引起的法向裂缝、主应力引起的斜向裂缝及锚固区周边和沿预应力筋方向的胀裂或劈裂裂缝。至今为止,荷载裂缝研究主要集中在法向裂缝,斜向裂缝研究还不充分,而胀裂裂缝则通常通过改善构造设计来防止其发生。

试验研究表明,影响荷载作用下法向裂缝宽度的主要因素有受拉区钢筋保护层厚度、受拉钢筋的应力、直径、形状、布置及配筋率、荷载特征、混凝土收缩和徐变及重复荷载作用等。各影响因素与裂缝宽度关系为:保护层愈厚,裂缝宽度愈大(另一方面,保护层愈厚,钢筋锈蚀的可能性愈低);受拉钢筋应力大,钢筋附近混凝土的变形亦大,裂缝将愈宽;钢筋直径愈大,裂缝将愈宽;增加受拉钢筋配筋率,在同样荷载值作用下钢筋变形变小,附近混凝土变形亦小,裂缝较窄;钢筋表面愈粗糙,其与混凝土的黏结力愈大,裂缝愈窄;随持荷时间增长,混凝土徐变使裂缝宽度增大;重复荷载作用亦使裂缝宽度增大。

下面讨论荷载作用下预应力混凝土构件法向裂缝的计算和控制。

一、裂缝宽度计算

由于混凝土组成材料的差异性、混凝土构造的离散性、开裂机理的复杂性及开裂影响因素的多样性等原因,人们对现有的裂缝计算理论尚未取得一致的看法。目前国内外广为应用的裂缝宽度计算公式主要为半理论半经验公式和基于试验结果的数理统计公式,各公式考虑的因素不同,其计算结果差别亦较大,这说明裂缝开展机理及计算理论尚待进一步研究。半理论半经验公式主要基于裂缝计算理论——有黏结滑移理论、无黏结滑移理论及黏结滑移——无滑移综合理论而得到,断裂力学、损伤力学和微观力学研究裂缝扩展机理的成果亦逐渐被试验所验证。

有黏结滑移理论由英国 R. Saligar 于 1936 年首先提出,欧洲混凝土委员会—国际预应力协会模式规范 CEB – FIP(Model Code 2010)的裂缝宽度计算公式主要基于此理论。该理论认为,当钢筋和混凝土间的局部黏结破坏后,钢筋和混凝土产生相对滑移而发生开裂,开裂处混凝土回缩形成裂缝(宽度),钢筋处和构件表面的裂缝宽度相等(见图 6 – 6)。根据这种理论,裂缝宽度可按式(6 – 33)计算:

$$w_{\text{m}} = l_{\text{m}}(\varepsilon_{\text{sm}} - \varepsilon_{\text{cm}}) \tag{6 – 33}$$

式中 w_{m} ——裂缝平均宽度;

l_{m} ——相邻裂缝之间的距离;

ε_{sm} ——相邻裂缝间的钢筋平均应变;

ε_{cm} ——相邻裂缝间的混凝土平均。

无黏结滑移理论由英国水泥混凝土学会 G. D. Base 和和 B. Brooms 等于 1966 年提出,英国 BS8100 规范采用此理论。该理论认为,在通常允许的裂缝宽度范围内,钢筋和混凝土间的黏结并没有破坏,钢筋和混凝土的相对滑移很小,构件表面裂缝宽度远比钢筋处裂缝宽度大(见图 6 – 7)。根据这种理论,表面裂缝宽度主要决定于钢筋至构件表面混凝土的应力梯度,影响裂缝开展的主要因数是最外排钢筋至构件表面的距离和钢筋应力,表面最大裂缝宽度计算模式为

$$w_{\text{max}} = kc\varepsilon_{\text{sm}} \tag{6 – 34}$$

式中 k ——与钢筋表面类型有关的参数;

c ——钢筋保护层厚度。

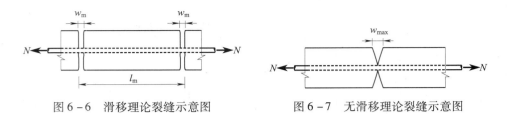

图 6-6　滑移理论裂缝示意图　　　　　图 6-7　无滑移理论裂缝示意图

　　有黏结滑移理论和无黏结滑移理论均有相应的试验结果支持,但均不能全面反映裂缝开展机理本质。A. W. Beeby 指出,混凝土完全开裂之前,已经产生局部黏结破坏,其破坏可能由于纯滑移产生,也可能由于内部开裂产生,主要因素可能是后者,因此,裂缝开展是有滑移和无滑移的组合,由此产生了黏结滑移—无黏结滑移综合理论,其裂缝宽度的一般计算式为

$$w_{max} = \left[\kappa_1 c + \kappa_2 \left(\frac{A_r}{d_s} \right) \right] \frac{\sigma_s}{E_s} \tag{6-35a}$$

或

$$w_{max} = \left[\kappa_1 c + \kappa_2 \left(\frac{d_s}{\rho} \right) \right] \frac{\sigma_s}{E_s} \tag{6-35b}$$

式中　A_r ——单根钢筋的握裹面积;

　　　　d_s ——受拉钢筋直径;

　　　　ρ ——受拉钢筋配筋率;

　　　　σ_s ——钢筋应力;

　　　　E_s ——钢筋弹性模量;

　$\kappa_1 、\kappa_2$ ——计算参数,根据试验结果和理论分析确定。

　　下面介绍我国设计规范的裂缝宽度计算方法。

　　1.《混凝土结构设计规范》

　　计算裂缝最大宽度的基本公式为

$$w_{max} = \tau_l \tau_s \alpha_c \psi \frac{\sigma_s}{E_s} l_m \tag{6-36}$$

式中　τ_l ——长期作用影响的裂缝宽度扩大系数;

　　　　τ_s ——短期裂缝宽度的扩大系数;

　　　　α_c ——裂缝间混凝土伸长对裂缝宽度影响的系数,取 0.85;

　　　　ψ ——受弯构件裂缝间纵向受拉钢筋应变不均匀系数;

　　　　E_s ——钢筋弹性模量;

　　　　l_m ——平均裂缝间距;

　　　　σ_s ——按荷载准永久组合或标准组合计算的构件纵向受拉钢筋的等效应力。

　　式(6-36)中各参数取值根据试验研究结果确定。

　　试验研究发现,混凝土材料不均匀性使裂缝间距和裂缝宽度有较大离散性,裂缝宽度计算时需考虑此影响。统计分析试验结果,取 95% 保证率,对轴心受拉构件短期裂缝宽度扩大系数取用 $\tau_s = 1.90$,对受弯构件取用 $\tau_s = 1.66$ 。

　　在荷载的长期作用下,研究表明裂缝宽度随时间而增大,这是由于混凝土徐变导致受压区混凝土变形随时间而增加,同时裂缝间钢筋和混凝土间黏结滑移发生徐变、受拉混凝土发生应力松弛。根据试验结果,考虑长期作用影响的裂缝宽度扩大系数取用 $\tau_l = 1.5$ 。

根据试验规律,受弯构件裂缝间纵向受拉钢筋应变不均匀系数可按式(6-37)计算:

$$\psi = 1.1 - 0.65\frac{f_{tk}}{\rho_{te}\sigma_s} \tag{6-37}$$

式中　f_{tk}——混凝土轴向抗拉强度标准值;

　　　ρ_{te}——按有效受拉混凝土截面面积计算的纵向受拉钢筋配筋率;在最大裂缝宽度计算中,当$\rho_{te} < 0.01$时,取$\rho_{te} = 0.01$。

当$\psi < 0.2$时,取$\psi = 0.2$;当$\psi > 1.0$时,取$\psi = 1.0$;对于直接承受反复荷载的构件,取$\psi = 1.0$。

当混凝土保护层厚度不大于65 mm时,对于配置带肋钢筋的钢筋混凝土和允许开裂的预应力混凝土构件,在统计国内各类受力构件的平均裂缝间距试验资料后,得到平均裂缝间距计算公式为

$$l_m = \beta\left(1.9c + 0.08\frac{d}{\rho_{te}}\right) \tag{6-38}$$

式中　l_m——平均裂缝间距;

　　　β——试验参数,对轴向受拉构件取1.1,对其他构件取1.0;

　　　c——混凝土保护层厚度(mm);

　　　d——钢筋直径(mm),当配置不同钢种、不同直径钢筋时,d应改为等效直径d_{eq}。

综合上述讨论,并考虑到构件受力特征,得到《混凝土结构设计规范》中允许开裂预应力混凝土受拉构件、受弯构件和偏心受压构件的最大裂缝宽度(mm)的计算公式为

$$w_{max} = \alpha_{cr}\psi\frac{\sigma_s}{E_s}\left(1.9c + 0.08\frac{d_{eq}}{\rho_{te}}\right) \tag{6-39}$$

其中等效直径d_{eq}和有效纵向受拉钢筋配筋率ρ_{te}按下面计算:

$$d_{eq} = \frac{\sum n_i d_i^2}{\sum n_i v_i d_i} \tag{6-40}$$

$$\rho_{te} = \frac{A_s + A_p}{A_{te}} \tag{6-41}$$

式中　α_{cr}——构件受力特征系数;对于受弯、偏心受压构件取1.5,对于轴心受拉构件取2.2;

　　　ψ——裂缝间纵向受拉钢筋应变不均匀系数,按式(6-37)计算;当$\psi < 0.2$时,取$\psi = 0.2$;当$\psi > 1.0$时,取$\psi = 1.0$;对直接承受重复荷载的构件,$\psi = 1.0$;

　　　n_i——受拉区第i种纵向钢筋的根数;

　　　d_i——受拉区第i种纵向钢筋的公称直径(mm);

　　　v_i——受拉区第i种纵向钢筋的相对黏结特性系数,按表6-6查取;

　　　A_s——受拉区纵向普通钢筋的截面面积;

　　　A_p——受拉区纵向预应力筋的截面面积;

　　　A_{te}——有效受拉混凝土截面面积,取为$A_{te} = 0.5bh + (b_f - b)h_f$,此处$b_f$、$h_f$为受拉翼缘的宽度、高度。

表6-6　钢筋的相对黏结特性系数

钢筋类别	普通钢筋		先张法预应力筋			后张法预应力筋		
	光面钢筋	带肋钢筋	带肋钢筋	螺旋肋钢丝	刻痕钢丝、钢绞线	带肋钢筋	钢绞线	光面钢丝
v_i	0.7	1.0	1.0	0.8	0.6	0.8	0.5	0.4

注:对环氧树脂涂层带肋钢筋,其相对黏结特性系数应按表中系数的0.8倍取用。

根据式(6-35a)、式(6-35b),受拉钢筋的应变(应力)是相对于混凝土应变(应力)为零时的增量,因此,对于预应力混凝土构件,计算式(6-39)中的受拉区钢筋应力时,应采用从消压状态(混凝土法向应力为零)至开裂后计算时的应力增量。

式(6-39)中按荷载效应标准组合计算的预应力混凝土构件纵向受拉钢筋的等效应力 σ_s,按下面计算:

轴心受拉构件
$$\sigma_s = \frac{N_k - N_{p0}}{A_p + A_s} \qquad (6-42)$$

受弯构件
$$\sigma_s = \frac{M_k \pm M_{p2} - N_{p0}(z - e_p)}{(\alpha_1 A_p + A_s)z} \qquad (6-43)$$

$$e = e_p + \frac{M_k \pm M_{p2}}{N_{p0}} \qquad (6-44)$$

$$e_p = y_{ps} - e_{p0} \qquad (6-45)$$

$$z = \left[0.87 - 0.12(1 - \gamma'_f)\left(\frac{h_0}{e}\right)^2 \right]h_0 \leqslant 0.87h_0 \qquad (6-46)$$

式中 A_p ——受拉区纵向预应力筋截面面积:对轴心受拉构件,取全部纵向预应力筋截面面积;对受弯构件,取受拉区纵向预应力筋截面面积;

N_{p0} ——计算截面上混凝土法向预应力等于零时的预应力筋和普通钢筋的合力(预加力);

N_k ——按荷载效应标准组合计算的轴向力;

M_k ——按荷载效应标准组合计算的弯矩;

M_{p2} ——后张预应力混凝土超静定结构中的次弯矩;

z ——纵向受拉钢筋合力点至截面受压区合力点的距离;

γ'_f ——受压翼缘截面面积与腹板有效截面面积的比值,$\gamma'_f = \dfrac{(b'_f - b)h'_f}{bh_0}$,$b'_f$、$h'_f$ 为受压区翼缘的宽度、高度;当 $h'_f > 0.2h_0$ 时,取 $h'_f = 0.2h_0$;

α_1 ——无黏结预应力筋的等效折减系数,α_1 取为 0.3;对灌浆的后张预应力筋,α_1 取为 1.0;

e_p ——计算截面上混凝土法向预应力等于零时的预加力 N_{p0} 作用点至受拉区纵向预应力筋和普通钢筋合力点的距离;

y_{ps} ——受拉区纵向预应力筋和普通钢筋合力点的偏心距;

e_{p0} ——计算截面上混凝土法向预应力等于零时的预加力 N_{p0} 作用点的偏心距。

2.《铁路桥涵设计规范(极限状态法)》

对矩形、T 型和工字形截面允许开裂的预应力混凝土受弯构件,在运营荷载作用下,其主要受力钢筋水平处侧面的"特征裂缝宽度"(系指小于该特征值的保证率为 95% 的裂缝宽度)按式(6-47)计算:

$$w_{fk} = \alpha_2 \alpha_3 \left(2.4c_s + \nu \frac{d}{\rho_e} \right) \frac{\Delta\sigma_s}{E_s} \qquad (6-47)$$

$$d = \frac{4(A_s + A_p)}{U} \qquad (6-48)$$

$$\rho_e = \frac{A_s + A_p}{A_{ce}} \qquad (6-49)$$

式中 w_{fk} ——特征裂缝宽度(mm);

c_s ——纵向钢筋侧面的净保护层厚度(mm);

d ——钢筋换算直径(mm)；

ρ_e ——纵向受拉钢筋的有效配筋率；

ν ——钢筋黏结特性系数，对带肋钢筋取 0.02，对钢丝或钢绞线取 0.04；对后张法管道压浆的预应力筋，ν 应予以提高，对变形钢筋可取 0.04，对钢丝、钢绞线可取 0.06；两种钢筋混和使用时，可取加权平均值；

α_2 ——特征裂缝宽度与平均裂缝宽度相比的扩大系数，可取 1.8；

α_3 ——考虑运营阶段设计荷载作用的疲劳增大系数，可取 1.5；

$\Delta\sigma_s$ ——消压后按开裂截面计算的普通钢筋的应力增量，即为式(5-64)中的 σ_{s3}，T 形截面中可按式(5-68)计算；

A_p、A_s ——预应力筋和普通钢筋截面面积(mm^2)；

U ——钢筋周边长度总和(mm)；

A_{ce} ——受钢筋影响的有效混凝土截面面积(mm^2)，可按图 6-8 计算（图中 d 为钢筋直径，$h_e < h/2$）。

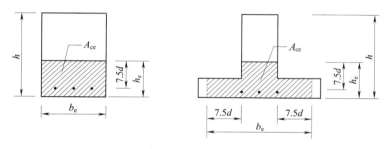

图 6-8　受钢筋影响的有效混凝土截面

3.《公路钢筋混凝土及预应力混凝土桥涵设计规范》

裂缝宽度计算公式基于大量试验数据由统计方法得到，矩形、T 型、I 形和箱形截面允许开裂预应力混凝土构件的最大裂缝宽度 w_{cr}(mm)按式(6-50)计算：

$$w_{cr} = C_1 C_2 C_3 \left(\frac{c+d}{0.30 + 1.4\rho_{te}}\right)\frac{\sigma_{ss}}{E_s} \qquad (6-50)$$

$$\rho_{te} = \frac{A_s}{A_{te}} \qquad (6-51)$$

式中　C_1 ——钢筋表面形状系数，对光面钢筋，$C_1 = 1.4$；对带肋钢筋，$C_1 = 1.0$；

C_2 ——作用(或荷载)长期效应影响系数，$C_2 = 1 + 0.5\dfrac{M_l}{M_s}$，其中 N_l 和 N_s 分别为按作用效应准永久组合和作用效应频遇组合计算的弯矩设计值(或轴力设计值)；

C_3 ——与构件受力性质有关的系数，预应力混凝土受弯构件 $C_3 = 1.0$，轴心受拉构件 $C_3 = 1.2$；

c ——混凝土保护层厚度(mm)，当 c 大于 50 mm 时，取 50 mm；

d ——纵向受拉钢筋直径(mm)，当用不同直径钢筋时，改用换算直径 d_{eq}，$d_{eq} = \dfrac{\sum n_i d_i^2}{\sum n_i d_i}$，式中 n_i 为受拉区第 i 种普通钢筋、钢丝束或钢绞线束的根数，d_i 为普通钢筋公称直径、普通钢筋的束筋 d_{se}、钢丝束或钢绞线束的等代直径 d_{pe}；对于单根普通钢筋，d_i 为单根普通钢筋公称直径 d；对于普通钢筋的束筋，$d_{se} = \sqrt{n}\,d$，n 为组成束筋的普通钢筋根数，d 为单根普通钢筋公称直径；对于钢丝束或钢绞线束，$d_{pe} = \sqrt{n} d_p$，n 为钢丝束中钢丝根数或钢绞线束中钢绞线根数，d_p 为单根钢丝或钢绞线的公称直径；

ρ_{te}——纵向受拉钢筋的有效配筋率，当 $\rho_{te} > 0.1$ 时，取 $\rho_{te} = 0.1$；当 $\rho_{te} \leq 0.01$ 时，取 $\rho_{te} = 0.01$；

A_s——受拉区纵向钢筋截面面积：轴心受拉构件取全部纵向钢筋截面面积；受弯、偏心受拉及大偏心受压构件取受拉区纵向钢筋截面面积或受拉较大一侧的钢筋截面面积；

A_{te}——有效受拉混凝土截面面积：轴心受拉构件取构件截面面积；受弯、偏心受拉、偏心受压构件取 $2a_s b$，a_s 为受拉钢筋重心至受拉区边缘的距离，对矩形截面 b 为截面宽度，对有受拉翼缘的倒 T 形、I 形截面 b 为受拉区有效翼缘宽度；

σ_{ss}——由作用效应频遇组合引起的开裂截面纵向受拉钢筋的应力，受弯构件 σ_{ss} 按式(6-52)计算：

$$\sigma_{ss} = \frac{M_s \pm M_{p2} - N_{p0}(z - e_p)}{(A_p + A_s)z} \tag{6-52}$$

$$e = e_p + \frac{M_s \pm M_{p2}}{N_{p0}} \tag{6-53}$$

式中　M_s——按作用(或荷载)短期效应组合计算的弯矩；

M_{p2}——后张预应力混凝土超静定结构中的次弯矩；

N_{p0}——混凝土法向应力等于零时预应力钢筋和普通钢筋的合力；

z——受拉区纵向普通钢筋和预应力钢筋合力点至截面受压区合力点的距离，按式(6-46)计算；

e_p——混凝土法向应力等于零时纵向预应力筋和普通钢筋的合力 N_{p0} 的作用点至受拉区纵向预应力筋和普通钢筋合力点的距离。

其他符号意义同前。

二、裂缝控制

裂缝控制通常采用三类方法，一是直接限制裂缝宽度，二是通过控制混凝土名义拉应力或钢筋应力来限制裂缝宽度，三是通过控制钢筋间距来限制裂缝宽度。

对于允许开裂的预应力混凝土构件，我国《混凝土结构设计规范》、《公路钢筋混凝土及预应力混凝土桥涵设计规范》和《铁路桥涵设计规范(极限状态法)》均是通过限制裂缝宽度来达到裂缝控制目的；对于不允许出现裂缝的构件，通过抗裂性验算或控制混凝土法向拉应力或主拉应力以实现裂缝控制。《PPC 设计建议》采用混凝土名义拉应力法控制裂缝，美国混凝土结构建筑规范 ACI 318-14 则是采用通过限制钢筋间距来实现裂缝控制的典型代表。下面介绍上述规范关于裂缝控制的方法。

1. 我国规范关于裂缝宽度限值的规定

控制裂缝宽度可减缓开裂处纵向受拉钢筋的锈蚀进程，并可降低钢筋的锈蚀程度，从而保证构件具有设计预期的耐久性，在设计使用年限内能正常、安全地使用。试验研究表明，纵向受拉钢筋发生锈蚀的程度不仅与裂缝宽度有关，更与构件的工作环境密切相关，同时亦与纵向受拉钢筋的钢材品种有关。基于国内大量的裂缝宽度、工作环境、钢筋种类等与钢筋锈蚀的相关试验，我国《混凝土结构设计规范》《公路钢筋混凝土及预应力混凝土桥涵设计规范》《铁路桥涵

设计规范(极限状态法)》给出了预应力混凝土构件裂缝宽度限值的规定,表示为

$$w_{max}(w_{cr}) \leqslant [w] \tag{6-54}$$

或

$$w_{fk} \leqslant [w] \tag{6-55}$$

式中　　　$[w]$——规范裂缝宽度限值(mm);

$w_{max}(w_{cr})$、w_{fk}——按规范公式计算得到的最大裂缝宽度或特征裂缝宽度(mm)。

(1)《混凝土结构设计规范》

将构件正截面的受力裂缝控制等级分为三级,等级划分及要求应符合下列规定:一级为严格要求不出现裂缝的构件,按荷载标准组合计算时,构件受拉边缘混凝土不应产生拉应力;二级为一般要求不出现裂缝的构件,按荷载标准组合计算时,构件受拉边缘混凝土拉应力不应大于混凝土抗拉强度的标准值;三级为允许出现裂缝的构件。

对于允许出现裂缝的预应力混凝土构件(三级裂缝控制),按荷载效应标准组合并考虑长期作用影响计算时,构件的最大裂缝宽度按式(6-39)验算,对于"环境类别一",$[w]=0.2$ mm;对于"环境类别二 a",$[w]=0.1$ mm,尚应按荷载准永久组合计算,且构件受拉边缘混凝土的拉应力不应大于混凝土的抗拉强度标准值。此规定适用于采用预应力钢丝、钢绞线及热处理钢筋的预应力混凝土构件;当采用其他类别的钢丝或钢筋时,其裂缝控制要求可按专门标准确定。

(2)《铁路桥涵设计规范(极限状态法)》

对允许开裂的预应力混凝土受弯构件,在永久荷载作用下,截面受拉边缘混凝土预压应力(扣除全部应力损失后)不应小于1.0 MPa;在设计荷载作用下的特征裂缝宽度应符合下列规定:

①在永久作用标准值与基本可变作用频遇值组合作用下,特征裂缝宽度不应大于0.1 mm;

②在永久作用标准值与基本可变作用频遇值及其他可变作用准永久值组合作用下,特征裂缝宽度不应大于0.15 mm。

(3)《公路钢筋混凝土及预应力混凝土桥涵设计规范》

对于允许开裂的预应力混凝土构件(B类),按规范公式计算得到的最大裂缝宽度不应超过表6-7中规定的限值。

规范中还规定,冻融破坏环境(Ⅱ-D、Ⅱ-E)、海洋氯化物环境(Ⅲ-D、Ⅲ-E、Ⅲ-F)、除冰盐等其他氯化物环境(Ⅳ-D、Ⅳ-E)、盐结晶环境(Ⅴ-F)、化学腐蚀环境(Ⅵ-D、Ⅵ-E)、磨蚀环境(Ⅶ-D)中预应力混凝土构件不允许出现裂缝。

表6-7　最大裂缝宽度限值

环境类别	环境等级	最大裂缝宽度现值(mm)
碳化环境	Ⅰ-A	0.20
	Ⅰ-B	0.15
	Ⅰ-C	0.10
冻融破坏环境	Ⅱ-C	0.10
海洋氯化物环境	Ⅲ-C	
除冰盐等其他氯化物环境	Ⅳ-C	
盐结晶环境	Ⅴ-E	
化学腐蚀环境	Ⅵ-C	
磨蚀环境	Ⅶ-C	

2.《PPC 设计建议》控制裂缝的名义拉应力法

名义拉应力法假设混凝土截面未开裂,按弹性理论计算匀质混凝土截面拉区边缘的名义拉应力,对照基于大量试验研究结果得到的最大裂缝宽度和容许名义拉应力关系,通过限制名义拉应力值以实现裂缝控制,我国《PPC 设计建议》采用此法。

名义拉应力法由英国 Abeles 提出,《英国混凝土结构设计规范》(BS8100 修订版)亦采用名义拉应力法来实现裂缝控制。计算名义拉应力时不计非预应力筋影响,其计算公式为

$$\sigma_{ct} = \frac{N}{A_c} + \frac{M}{W_c} - \left(\frac{N_p}{A_c} + \frac{N_p e_p}{W_c}\right) \leqslant [\sigma_{ct}] \qquad (6-56)$$

式中　A_c——混凝土全截面面积;

　　　W_c——混凝土全截面截面抵抗矩;

　　　N、M——使用荷载产生的轴力、弯矩;

　　　N_p——扣除相应阶段应力损失后的有效预加力(对于先张法构件为预应力筋合力作用点处混凝土法向应力为零时的有效预加力);

　　　e_p——预应力筋合力作用点至构件混凝土全截面重心轴;

　　　$[\sigma_{ct}]$——对应于一定裂缝宽度的容许名义拉应力。

名义拉应力法优点是计算简便,尤其对于超静定结构等复杂预应力体系,可以快速、直观地验算、控制裂缝宽度。研究表明,混凝土容许名义拉应力与梁高、非预应力筋含量等有关,因此,进行式(6-56)计算前,应首先对规范中查出的容许名义拉应力作下面调整:

(1)根据构件的实际高度,从规范中查出高度修正系数,将此系数乘以规范中查出的容许名义拉应力作为式(6-56)的计算值;

(2)当构件受拉区混凝土配置非预应力筋时,容许名义拉应力可以有所提高,其提高值与拉区非预应力筋配筋截面面积和拉区混凝土截面面积之比成正比,取值按规范规定进行。

3. 美国规范 ACI 318-14 裂缝控制方程

在综合 Frosch 的理论公式及 Darwin 等人研究成果基础上,ACI 318-14 规范用限制钢筋间距来实现裂缝宽度控制,其采用的裂缝控制方程为

$$s = 380\left(\frac{280}{\sigma_s}\right) - 2.5c \leqslant 300\left(\frac{280}{\sigma_s}\right) \qquad (6-57)$$

式中　c——保护层厚度,即最外层纵向受拉钢筋外边缘至受拉区外边缘的距离(mm);

　　　s——钢筋横向间距(mm);

　　　σ_s——最外层纵向受拉普通钢筋的应力(MPa);如果最外排为黏结预应力筋,则 $\Delta\sigma_p$ 代替 σ_s,其中 $\Delta\sigma_p$ 为从混凝土截面消压状态至计算荷载作用下的预应力筋应力增量。

[例6-4]　某计算跨度为 10 m 的预应力混凝土矩形屋面梁,梁体裂缝控制等级为三级,跨中截面尺寸及配筋如图6-8所示,混凝土强度等级为 C40,预应力钢筋采用 2 束 ϕ^s12.7 高强钢铰线,普通钢筋采用 4 根 Φ 12(HRB335),在荷载效应标准组合下,跨中弯矩 M_K 为 350.20 kN·m,混凝土消压时,钢筋的合力 N_{p0} 为 720.5 kN,该梁的允许裂缝宽度为 0.2 mm,试验算该裂缝宽度。

[解]　1. 计算参数

$$f_{pd} = 1\,320\text{ MPa}, f_{sd} = 300\text{ MPa}, a_p = 100\text{ mm}, a_s = 40\text{ mm}$$

$$A_p = 98.7 \times 4 \times 2 = 789.6\text{ mm}^2, A_s = 452.3\text{ mm}^2$$

$$a = \frac{A_s f_{sd} a_s + A_p f_{pd} a_p}{A_s f_{sd} + A_p f_{pd}} = \frac{1\,320 \times 789.6 \times 100 + 300 \times 452.3 \times 40}{1\,320 \times 789.6 + 300 \times 452.3} = 93.1\text{ mm}$$

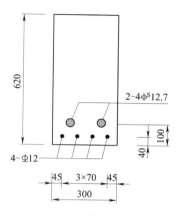

图 6 - 8 截面和配筋示意图(单位:mm)

$$h_0 = 620 - 93.1 = 526.9 \text{ mm}$$

$$M_K = 350.2 \text{ kN} \cdot \text{m}, \quad N_{p0} = 720.5 \text{ kN}$$

$$d_{eq} = \frac{\sum n_i d_i^2}{\sum n_i v_i d_i} = \frac{2 \times 4 \times 12.7^2 + 4 \times 1.0 \times 12^2}{2 \times 4 \times 12.7 + 4 \times 1.0 \times 12} = 18.9 \text{ mm}$$

2. 纵向受拉钢筋等效应力计算

$$\sigma_s = \frac{M_K \pm M_{p2} - N_{p0}(Z - e_p)}{(A_p + A_z)Z}$$

该梁为简支梁,且受压区未配筋,故 $M_{p2} = 0, e_p = 0$。

$$Z = \left[0.87 - 0.12(1 - \gamma_f') \left(\frac{h_0}{e} \right)^2 \right] h_0$$

式中,$\gamma_f' = \frac{(b_f' - b)h_f'}{bh_0}$,矩形截面 $b_f' = b$,故 $\gamma_f' = 0$。

$$e = e_P + \frac{M_K \pm M_2}{N_{p0}} = \frac{M_K}{N_{p0}} = \frac{350.2}{720.5} = 0.486 \text{ m} = 486 \text{ mm}$$

$$Z = \left[0.87 - 0.12(1 - \gamma_f') \left(\frac{h_0}{e} \right)^2 \right] h_0 = \left[0.87 - 0.12 \left(\frac{526.9}{486} \right)^2 \right] \times 526.9$$

$$= 384.1 \text{ mm} < 0.87 h_0 = 0.87 \times 526.9 = 458.4 \text{ mm}$$

$$\sigma_{sk} = \frac{M_K - N_{p0}Z}{(A_p + A_s)Z} = \frac{350.2 - 720.5 \times 384.1 \times 10^{-3}}{(789.6 + 452.9) \times 10^{-6} \times 384.1 \times 10^{-3}}$$

$$= 1.540 \times 10^{-4} \times 10^9 \text{ kN/mm}^2 = 154.0 \text{ MPa}$$

3. 裂缝宽度计算

$$w_{max} = \alpha_{cr} \psi \frac{\sigma_s}{E_s} \left(1.9c + 0.08 \frac{d_{eq}}{\rho_{te}} \right)$$

式中,$\alpha_{cr} = 2.1$,$c = 34 \text{ mm}$,$\rho_{te} = \frac{A_s + A_p}{A_{te}} = \frac{A_s + A_p}{0.5bh} = \frac{789.6 + 452.9}{0.5 \times 300 \times 620} = 0.013$

$$\psi = 1.1 - 0.65 \frac{f_{tk}}{\rho_{tk} \sigma_s} = 1.1 - 0.65 \times \frac{2.39}{0.013 \times 154} = 0.324$$

因此有

$$w_{\max} = 2.1 \times 0.324 \times \frac{1.540}{1.95 \times 10^5} \times \left(1.9 \times 34 + 0.08 \times \frac{18.9}{0.0134}\right)$$

$$= 0.097 \text{ mm} < [w] = 0.2 \text{ mm}$$

故梁体裂缝宽度满足规范要求。

[例 6 – 5] 某跨度为 24 m 的公路后张法 B 类部分预应力混凝土 T 梁,梁体混凝土采用 C40,预应力钢筋采用标准强度为 1 860 MPa 的 3 束 $\phi^s 12.7$ 钢铰线($f_{pd} = 1\,260$ MPa),普通钢筋采用 5 ϕ16($f_{sd} = 330$ MPa),跨中截面尺寸及配筋如图 6 – 9 所示,在荷载效应长期和短期组合作用下,跨中弯矩 M_l 和 M_s 分别为 4 213.50 kN·m 和 4 712.40 kN·m。混凝土消压时,钢筋的合力 N_{p0} 为 3 112.20 kN,该梁的允许裂缝宽度为 0.15 mm,试验算梁体裂缝宽度。

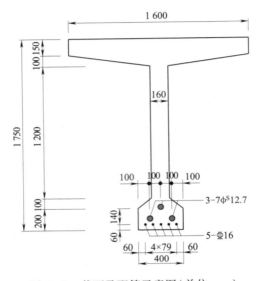

图 6 – 9 截面及配筋示意图(单位:mm)

[解] 1. 计算参数

$f_{pd} = 1\,260$ MPa, $f_{sd} = 330$ MPa, $A_p = 3 \times 690.9 = 2\,072.7$ mm², $A_s = 1\,005$ mm²,

$$a_p = \frac{1 \times 210 + 2 \times 100}{1 + 2} = 136.7 \text{ mm}, \quad a_s = 60 \text{ mm}$$

$$a = \frac{A_s f_{sd} a_s + A_p f_{pd} a_p}{A_s f_{sd} + A_p f_{pd}} = \frac{1\,005 \times 280 \times 60 + 2\,072.7 \times 1\,260 \times 136.7}{1\,005 \times 330 + 2\,072.7 \times 1\,260} = 121 \text{ mm}$$

$$h_0 = 1\,750 - 121 = 1\,629 \text{ mm};$$

$$N_{p0} = 3\,112.2 \text{ kN}, \quad M_s = 4\,712.40 \text{ kN·m}, \quad M_l = 4\,213.50 \text{ kN·m}$$

2. 截面受拉区最外缘钢筋应力 σ_{ss} 计算

$$\sigma_{ss} = \frac{M_s \pm M_{p2} - N_{p0}(Z - e_p)}{(A_p + A_s)Z}$$

其中 $e = M_s/N_{p0} = 4712.4/3112.2 = 1.514$ m,该梁为简支梁,且受压区未配钢筋,因此 $M_{p2} = 0, e_p = 0$。

又

$$\gamma_f' = \frac{(b_f' - b)h_f'}{bh_0} = \frac{(1\,600 - 160) \times (150 + 100/2)}{160 \times 1621} = 1.11$$

$$Z = \left[0.87 - 0.12(1 - \gamma_f')\left(\frac{h_0}{e}\right)^2\right]h_0$$

$$= \left[0.87 - 0.12 \times (1 - 1.11) \times \left(\frac{1\ 629}{1\ 514} \right)^2 \right] \times 1\ 629 = 1\ 442.1\ \text{mm}$$

$$< 0.87 h_0 = 0.87 \times 1\ 621 = 1\ 410.27\ \text{mm}$$

由此得

$$\sigma_{ss} = \frac{4\ 712.4 \times 10^6 - 3\ 112.2 \times 10^3 \times 1\ 442.1}{(2\ 072.7 + 1\ 005) \times 1\ 442.1} = 93.75\ \text{MPa}$$

3. 裂缝宽度计算

$$w_{max} = C_1 C_2 C_3 \left(\frac{c + d}{0.30 + 1.4 \rho_{te}} \right) \frac{\sigma_{ss}}{E_s}$$

其中
$$C_1 = 1.0$$
$$C_2 = 1 + 0.5 M_1 / M_s = 1 + 0.5 \times 4\ 213.50 / 4\ 712.40 = 1.447$$
$$C_3 = 1.0$$
$$E_p = 1.95 \times 10^5\ \text{MPa}$$
$$d_{pe} = \sqrt{n}\, d = \sqrt{7} \times 12.7 = 33.6\ \text{mm}$$
$$d = \frac{3 \times 33.6^2 + 5 \times 16^2}{3 \times 33.6 + 5 \times 16} = 25.81\ \text{mm}$$
$$c = 60 - 8 = 54\ \text{mm} > 50\ \text{mm},\text{故取}\ c = 50\ \text{mm}$$
$$\rho_{te} = \frac{A_s + A_p}{A_{te}} = \frac{A_s + A_p}{2ab} = \frac{2\ 072.9 + 1\ 005}{2 \times 129 \times 400} = 0.03$$

因此有　$$w_{max} = C_1 C_2 C_3 \left(\frac{c + d}{0.30 + 1.4 \rho_{te}} \right) \frac{\sigma_{ss}}{E_s}$$

$$= 1.0 \times 1.447 \times 1.0 \times \frac{93.75}{1.95 \times 10^5} \times \left(\frac{50 + 25.81}{0.3 + 1.4 \times 0.03} \right) = 0.154\ \text{mm} > 0.15\ \text{mm}$$

故梁体裂缝宽度不满足规范要求。

[**例 6 – 6**]　某 32 m 铁路后张法部分预应力混凝土 T 梁,跨中截面尺寸及配筋如图 6 – 10 所示,混凝土强度等级为 C45,预应力筋采用 4 束抗拉强度标准值为 1 860 MPa 的 9 φ 15.2 标准型钢绞线,普通钢筋采用 HRB400 型 7 根 ⊕ 28,在运营荷载作用下,梁底混凝土消压后钢筋应力增量 $\Delta \sigma_s$ 为 30.2 MPa,特征裂缝宽度允许值为 0.10 mm,试验算跨中截面裂缝宽度。

[**解**]　1. 计算参数

$$A_p = 4 \times 1.26 \times 10^3 = 5.04 \times 10^3\ \text{mm}^2,$$
$$A_s = 4.310 \times 10^3\ \text{mm}^2,\ E_p = 1.95 \times 10^5\ \text{MPa},$$
$$a_s = 60\ \text{mm},\ a_p = 120\ \text{mm},\ f_{sd} = 320\ \text{MPa},\ f_{pd} = 1\ 200\ \text{MPa}$$

$$a = \frac{A_s f_{sd} a_s + A_p f_{pd} a_p}{A_s f_{sd} + A_p f_{pd}} = \frac{4.310 \times 10^3 \times 320 \times 60 + 5.04 \times 10^3 \times 1\ 200 \times 120}{4.310 \times 10^3 \times 320 + 5.04 \times 10^3 \times 1\ 200}$$

$$= 108.9\ \text{mm}$$

预应力钢筋周长　$$U_p = 4 \times \sqrt{9} \times \pi \times 15.2 = 573\ \text{mm}$$
普通钢筋周长　　$$U_s = 7 \times \pi \times 28 = 616\ \text{mm}$$
$$U = U_p + U_s = 573 + 616 = 1\ 189\ \text{mm}$$

2. 裂缝宽度计算

$$w_{fk} = \alpha_2 \alpha_3 \left(2.4 c_s + v \frac{d}{\rho_e} \right) \frac{\Delta \sigma_s}{E_s}$$

式中　　　　　$$\alpha_2 = 1.8,\ \alpha_3 = 1.5,\ \Delta \sigma_s = 30.2\ \text{MPa}$$

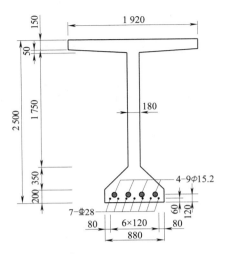

图 6-10　跨中截面及配筋示意图(单位:mm)

$$c_s = 60 - 14 = 46 \text{ mm} > 40 \text{ mm，故取 } c_s = 40 \text{ mm}$$

$$v = \frac{0.04 \times U_s + 0.06 \times U_p}{U} = \frac{0.04 \times 616 + 0.06 \times 573}{1\,189} = 0.050$$

$$d = \frac{4(A_s + A_p)}{U} = \frac{4(5.04 \times 10^3 + 4.310 \times 10^3)}{1\,189} = 31.5 \text{ mm}$$

$$h_e = a + 7.5d = 108.9 + 7.5 \times 31.5 = 345.2 \text{ mm}$$

$$\mu_e = \frac{A_s + A_p}{A_{ce}} = \frac{(4.310 + 5.040) \times 10^3}{880 \times 200 + \dfrac{1}{2} \times (880 + 588) \times 146} = 0.033$$

因此有

$$w_{fk} = \alpha_2 \alpha_3 \left(2.4 c_s + v \frac{d}{\rho_e}\right) \frac{\Delta\sigma_s}{E_s}$$

$$= 1.8 \times 1.5 \times \left(2.4 \times 40 + 0.05 \times \frac{31.5}{0.033}\right) \times \frac{30.2}{1.95 \times 10^5}$$

$$= 0.06 \text{ mm} < 0.10 \text{ mm}$$

故梁体裂缝宽度满足规范要求。

第七章

预应力混凝土受弯构件设计

前面章节介绍了预应力混凝土构件的强度、应力及变形、裂缝宽度等计算,这些均是针对已经设计好的构件而进行,属验算范畴。结合预应力混凝土受弯构件设计基本要求和设计步骤,本章介绍预应力混凝土受弯构件耐久性设计、截面设计、预应力效应分析、预应力筋面积估算及布置、锚固区普通钢筋设计等内容。

第一节 预应力混凝土构件设计基本要求和设计步骤

一、设计的基本要求

完成设计的预应力混凝土构件在施工阶段及规定的设计使用年限内应满足下列功能要求:
(1)在正常施工和正常使用时能承受可能出现的各种作用;
(2)在正常使用时具有良好的工作性能;
(3)在正常维护下具有足够的耐久性能;
(4)在设计规定的偶然事件发生时及发生后仍能保持必需的整体稳定性。
上述功能要求实质上给出了设计的基本要求,即构件应具有足够的强度,能够承受最不利作用(荷载)效应产生的内力,满足承载能力极限状态要求;构件应具有足够的刚度和抗裂能力,在正常使用时构件变形、裂缝宽度、钢筋和混凝土应力满足规范限值要求;构件应具有足够维持其使用性能的能力,在规定的设计使用年限内、在正常的维修和使用条件下,钢筋抗锈蚀能力、混凝土抗剥蚀和抗磨损等能力满足规范要求。
在满足上述基本要求同时,还需考虑设计方案的经济和美观。

二、设计计算步骤

(1)根据不同的设计使用年限及相应的极限状态和不同的环境类别及其作用等级进行耐久性设计;
(2)根据使用要求和拟订的整体方案和结构形式,参照已有设计和相关资料,初步确定构件截面形式和截面尺寸;
(3)根据结构体系和作用(荷载)特征,计算作用(荷载)效应组合及控制截面的最大设计内力;

(4)根据控制截面在承载能力极限状态和正常使用极限状态下的设计内力和初步拟订的截面尺寸,估算预应力筋的数量,并进行合理布置;

(5)计算截面几何特性;

(6)确定预应力筋的张拉控制应力,计算预应力损失及各阶段相应的有效应力;

(7)在后张法构件中,进行局部承压区和总体区配筋设计;

(8)验算控制截面的正截面强度和斜截面强度;

(9)验算施工阶段、运送和安装阶段及使用阶段的截面应力;

(10)验算截面抗裂性;

(11)验算疲劳性能(《混凝土结构设计规范》、《铁路桥涵设计规范(极限状态法)》中承受反复作用荷载的结构);

(12)验算变形(挠度或拱度)、裂缝宽度;

(13)验算锚固部位局部承压和总体区受拉承载力。

在第(4)步中,如果预应力筋无法进行合理布置,则应返回第(2)步,修改截面尺寸;在第(7)~(13)步中,对计算结果按规范要求进行验算,如果达不到要求,则返回第(2)步修改截面尺寸或返回第(4)步修改预应力筋的数量并重新布置。一个经济、合理、可行的设计方案往往需要经过几次反复修改和计算才能得到。

对于有抗震设计要求的结构或构件,上述第(4)步中应根据规范要求布置钢筋(预应力筋和非预应力筋),并在第(8)步、第(12)步中按规范要求进行抗震验算。如《混凝土结构设计规范》规定,对用于抗震设防烈度6度、7度、8度区的预应力混凝土结构,除满足一般预应力混凝土结构承载力极限状态和正常使用极限状态相关要求外,尚应按现行国家标准《建筑抗震设计规范》GB 50011、《预应力混凝土结构抗震设计规程》JGJ 140 的抗震设计原则,进行结构构件的抗震设计,并满足相关构造要求。

第二节　预应力混凝土构件耐久性设计

根据结构的设计使用年限及相应的极限状态和不同的环境类别及其作用等级,确定耐久性设计等级并进行耐久性设计。环境类别及其作用等级可根据现有设计规范,如《混凝土结构耐久性设计与施工指南》(CCES 01—2004)、《铁路混凝土结构耐久性设计规范》(TB 10005—2010)及《混凝土结构设计规范》、《公路钢筋混凝土及预应力混凝土桥涵设计规范》等确定。

1. 混凝土耐久性

根据耐久性设计等级,确定混凝土耐久性指标,选用满足混凝土耐久性要求的原材料(如水泥品种与等级、掺和料种类、骨料品种与质量要求等)、混凝土配比主要参数(如最大水胶比、最大水泥用量、最小胶凝材料用量等)及引气等要求。预应力结构用混凝土的氯离子总含量不应超过胶凝材料总量的 0.06%,在有腐蚀环境下结构应采取耐腐蚀措施。混凝土的其他耐久性指标如抗裂性、护筋性、抗冻性、耐磨性、抗碱—骨料反应性等,应根据耐久性设计等级满足规范规定。当环境作用非常严重或极端严重时,除了对混凝土本身提出严格的耐久性要求外,还应提出可靠的附加防腐蚀措施,如局部选用环氧涂层钢筋、在混凝土组成中加入阻锈剂或水溶性聚合物乳液、在混凝土表面上涂刷或覆盖防护材料、采用阴极保护等。

2. 构造设计

预应力混凝土结构外形应力求简洁,便于养护维修;构造应有利于减轻环境对结构的作用,有利于排水、通风,有利于避免水、水汽和有害物质在混凝土表面的积聚。

　　预应力筋的最小混凝土保护层厚度根据设计使用年限和环境类别及其作用确定。预应力钢筋的混凝土保护层厚度,一般不应小于预应力钢筋保护层最小厚度与保护层厚度施工负允差之和。对于具有防腐连续密封护套(或防腐连续密封孔道管)的预应力钢筋,保护层厚度为护套或孔道管外缘至混凝土表面的距离,保护层最小厚度可取与普通钢筋的相同,但不应小于护套或孔道管直径的1/2。对于没有防腐连续密封护套的预应力钢筋,保护层最小厚度应比普通钢筋的大10 mm。预应力钢筋保护层厚度的施工负允差,可取与普通钢筋的相同。后张预应力金属管外缘至混凝土表面的距离,在结构的顶面和侧面不应小于1倍管道直径,在结构底面不应小于60 mm。当环境作用非常严重或极端严重时,应采用有防腐连续密封护套的预应力钢筋。

第三节　预应力混凝土构件截面形式及截面设计

一、截面形式

　　在设计、施工等工程实践中,已经形成针对各种用途的一些常用截面形式和截面尺寸,可供设计时参考使用。图7-1为几种常用的截面形式。

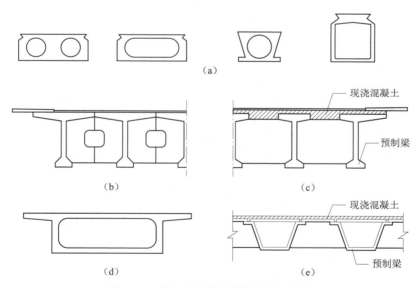

图7-1　预应力混凝土梁常用截面形式

　　1. 预应力混凝土空心板[见图7-1(a)]

　　空心板芯模采用圆形、圆端形、椭圆形等形式,一般采用直线配筋的先张法,在工厂预制或工地预制,其跨径较大时需配置曲线预应力筋并用后张法工艺制作。预应力混凝土空心板跨径一般为10~20 m,最大约达30 m,高跨比一般为1/23~1/15。

　　2. 预应力混凝土T形梁[见图7-1(b)]

　　这是预应力混凝土简支梁中最常用的截面形式,广泛用于公路桥梁、铁路桥梁和建筑结构的主梁。适用跨径为16~40 m,一般采用后张法工艺施工,配置曲线预应力筋,为满足配筋要求通常在腹板底部附近加厚做成"马蹄"形。用作公路简支梁,高跨比一般为1/25~1/15;用作铁路简支梁,高跨比一般为 $1/15 \sim 1/10$。

3. 预应力混凝土工字形梁[见图 7 – 1(c)]

为减轻吊装重量,将 T 形梁上翼缘板宽度减小成工字形梁,现场吊装到位后增设预制微弯板(或钢筋混凝土板)形成组合式梁。适用跨径为 $16 \sim 30$ m,高跨比一般为 $1/18 \sim 1/15$。该截面形式的梁肋受力不利,不如整体式 T 形梁经济,施工时应保证梁肋与板能共同工作。

4. 预应力混凝土箱形梁[见图 7 – 1(d)]

这是公路和铁路中、大跨度预应力混凝土桥梁常用的截面形式。箱形截面为闭口截面,其抗扭刚度远较开口截面(如 T 形梁)大,荷载横向分布较均匀,箱壁可做得较薄,材料合理利用,自重较轻,且易于布置预应力筋。腹板可做成直的,亦可做成斜的,后者易于脱模,且较美观。通常采用后张法施工,配置直线、曲线预应力筋。根据截面箱、室数量,箱形梁截面有单箱单室[见图 7 – 1(d)]、单箱多室和多箱单室、多箱多室。等截面箱形梁高跨比一般为 $1/25 \sim 1/15$,用于简支结构和连续体系结构;常用简支箱梁跨度为 $24 \sim 40$ m,目前最大跨度达 70 m。变截面箱形梁主要用于连续体系结构,对于单箱单室预应力混凝土铁路连续梁,跨中截面高跨比一般为 $1/50 \sim 1/30$,支点截面高跨比一般为 $1/16 \sim 1/12$;对于单箱单室预应力混凝土公路连续梁,跨中截面高跨比一般为 $1/20 \sim 1/16$,跨中截面高度一般为支点截面高度的 $1/2.5 \sim 1/2$。

5. 预应力混凝土组合式箱梁[见图 7 – 1(e)]

主梁为开口的槽形梁,一般采用标准设计,用先张法在工厂预制,运输和吊装的稳定性较好。顶板采用预制预应力混凝土空心板,或采用预制小拱波板,通过在其上现浇混凝土铺装与槽形梁连成组合式箱梁。这种组合截面抗扭刚度大、荷载横向分布好、承载能力高、自重较轻,能节约钢材。组合式箱梁适用于 $16 \sim 35$ m 的中小跨径桥梁,高跨比一般为 $1/20 \sim 1/16$。

二、截面设计

截面的抗弯效率是衡量截面尺寸合理性和经济性的重要指标。在正常使用阶段,通常预应力混凝土受弯构件截面整体弹性工作,外荷载弯矩由拉区预应力筋和普通钢筋合拉力 T_{ps} 与压区混凝土合力 D_c 组成的内力偶 $M = T_{ps}Z$ 来平衡。在正常使用阶段,随外荷载弯矩值增加,T_{ps} 变化不大,则只有通过增大内力偶 Z 来实现新的平衡,此说明,在相同预加力条件下,内力偶 Z 变化范围越大,截面所能提供的抵抗外弯矩能力亦越大,表明截面的抗弯效率越高。对于不允许出现拉应力的构件,内力偶 Z 值只能在上核心距和下核心距之间,因此,可用参数 $\eta_b = (K_u + K_b)/h$(K_u、K_b 为截面上核心距、下核心距,h 为截面高度)来衡量截面的抗弯效率。η_b 为抗弯效率指标,它实际反映了截面混凝土材料沿截面高度分布的合理性,与截面形式有关,其值越大说明截面越合理、越经济。例如,矩形截面一般 $\eta_b = 1/3$,空心板梁一般 $\eta_b = 0.4 \sim 0.55$,随挖空率而变化;T 形截面一般 $\eta_b = 0.5$ 左右。因此,进行截面设计时,在满足设计、施工要求前提下尽可能选取 η_b 值较大的截面。

根据预加应力阶段和正常使用阶段截面上混凝土的应力计算公式和规范限值,可得到估算合理截面几何特性参数的方程。下面以后张预应力混凝土受弯构件为例展开讨论。

为计算方便,截面特性按混凝土全截面计算(忽略孔道和灌浆影响),且设混凝土应力以压为正,以拉为负。

预加应力阶段混凝土正应力按式(5 – 9)计算,有

$$\sigma_{c,u} = \frac{N_p}{A_c} + \frac{-N_p e_p + M_g}{W_{c,u}} \geqslant [\sigma_{ct}]_1 \qquad (7-1)$$

$$\sigma_{c,b} = \frac{N_p}{A_c} - \frac{-N_p e_p + M_g}{W_{c,b}} \leqslant [\sigma_{cc}]_1 \qquad (7-2)$$

式中 $\sigma_{c,u}$、$\sigma_{c,b}$——构件截面上边缘和下边缘的混凝土应力;

N_p——传力锚固时预应力筋的合力;

e_p——预应力筋合力作用点至截面重心轴的距离;

A_c——构件全截面混凝土面积;

$W_{c,u}$、$W_{c,b}$——构件混凝土全截面上、下边缘抗弯截面模量;

M_g——构件自重在计算截面处引起的弯矩;

$[\sigma_{ct}]_1$、$[\sigma_{cc}]_1$——预加应力阶段混凝土的拉应力限值和压应力限值,按式(5-10)取用。

正常使用阶段混凝土正应力按式(5-18)(先张法构件)或式(5-29)(后张法构件)计算,有

$$\sigma_{c,u} = \frac{\zeta N_p}{A_c} + \frac{-\zeta N_p e_p + M_g + M_d + M_L}{W_{c,u}} \leqslant [\sigma_{cc}]_2 \qquad (7-3)$$

$$\sigma_{c,b} = \frac{\zeta N_p}{A_c} - \frac{-\zeta N_p e_p + M_g + M_d + M_L}{W_{c,b}} \geqslant [\sigma_{ct}]_2 \qquad (7-4)$$

式中 ζ——扣除所有预应力损失后的有效预加力合力与传力锚固时预应力筋合力之比,可取为0.8;

M_d——除结构自重外的二期恒载等永久荷载在计算截面处引起的弯矩;

$[\sigma_{ct}]_2$、$[\sigma_{cc}]_2$——正常使用阶段混凝土的拉应力限值和压应力限值,按规范规定取值;

M_g、M_d、M_L——构件自重、二期恒载及活载产生的设计弯矩。

其他符号意义同前。

将式(7-1)两边加负号后与式(7-3)相加,将式(7-2)两边加负号后与式(7-4)相加得

$$W_{c,u} \geqslant \frac{(1-\zeta)M_g + M_d + M_L}{[\sigma_{cc}]_2 - \zeta[\sigma_{ct}]_1} \qquad (7-5)$$

$$W_{c,b} \geqslant \frac{(1-\zeta)M_g + M_d + M_L}{\zeta[\sigma_{cc}]_1 - [\sigma_{ct}]_2} \qquad (7-6)$$

式中符合意义同前。

可以用式(7-5)、式(7-6)来校核初步拟订的截面尺寸,结合抗弯效率指标,以获得合理、经济的截面设计。

第四节 预应力效应分析及预应力筋设计

一、预应力对结构作用的分析

1. 预应力引起的主内力

在预应力作用下,直接由截面内力平衡得到的结构内力称为由预应力引起的主内力。

图7-2为布置曲线预应力筋的预应力混凝土等截面简支梁,预应力筋合力沿梁全长均为 N_p,在距左端支座 x 处预应力筋的偏心距为 $e_p(x)$,其切线方向与截面重心轴夹角为 $\theta_p(x)$。在位置 I-I 处切开,取左部分[见图7-2(b)],截面上受到作用于预应力筋合力中心的合力 N_p,则在 I-I 截面重心处由预应力引起的内力为

$$N = N(x) = N_p \cos\theta_p(x) \qquad (7-7)$$

$$V = V(x) = -N_p \sin\theta_p(x) \text{(方向向上)} \qquad (7-8)$$

$$M = M(x) = N_p e_p(x) \cos\theta_p(x) \qquad (7-9)$$

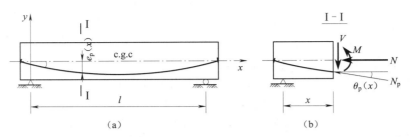

图 7 - 2　求预应力主内力示意图

对于预应力筋比较平缓的情形,有 $\sin\theta_p(x) \approx \theta_p(x)$,$\cos\theta_p(x) \approx 1$,则得

$$N = N(x) = N_p \tag{7-10}$$

$$V = V(x) = -N_p\theta_p(x)（方向向上）\tag{7-11}$$

$$M = M(x) = N_p e_p(x) \tag{7-12}$$

由式(7-7)~式(7-9)求解得到的内力为预应力作用下结构的总内力,亦是预应力引起的主内力,即对静定结构而言,预应力引起的主内力即为总内力。根据式(7-7)~式(7-9)可画出由预应力引起的主内力图。

2. 超静定结构中预应力引起的次内力和总内力

对于超静定结构,由预应力引起的梁体变形将受到多余约束的限制,从而在多余约束中产生反力,此反力将在结构中引起附加内力。称预应力在多余约束中产生的反力为次反力,称由次反力引起的附加内力为预应力引起的次内力。预应力引起的结构总内力即为主内力与次内力之和。下面以配置直线预应力筋的两跨等截面后张法预应力混凝土连续梁为例,讨论预应力次内力和总内力的计算。

图 7 - 3(a)中预应力筋合力为 N_p,由 N_p 引起的截面内力即主内力为 $-N_p e_p$ [见图 7 - 3(f)]。张拉预应力筋时,梁体将上拱,若没有支座 B 的约束,梁体发生如图 7 - 3(b)所示的变形;在支座 B 约束下,梁体只能发生如图 7 - 3(c)所示的变形,因此,张拉预应力筋时必然会在支座 B 处产生次反力 R_b [见图 7 - 3(d)],R_b 将在梁体截面中产生内力[见图 7 - 3(e)],此即为预应力引起的次内力。因此,由预应力引起的梁体截面总内力为主内力[见图 7 - 3(f)]与次内力[见图 7 - 3(e)之和和图 7 - 3(g)]。

支座 B 的次反力 R_b 可用力法求解。取 R_b 为赘余力,力法方程为

$$\delta_{bb}R_b + \Delta_b = 0 \tag{7-13}$$

在图 7 - 3(e)中令 $R_b = 1$ 得单位赘余力作用下的弯矩图,有

$$\delta_{bb} = \frac{1}{EI}\left(\frac{1}{2} \times l \times \frac{l}{2}\right)\left(\frac{2}{3} \times \frac{l}{2}\right) \times 2 = \frac{l^3}{6EI} \tag{7-14}$$

由图 7 - 3(f)与单位赘余力作用下的弯矩图得

$$\Delta_b = \frac{1}{EI}\left(\frac{1}{2} \times l \times \frac{l}{2}\right) \times (-N_p e_p) \times 2 = -\frac{N_p e_p l^2}{2EI} \tag{7-15}$$

由式(7-13)~式(7-15),解得 $R_b = \dfrac{3N_p e_p}{l}$

因此,预应力引起的结构中截面总弯矩为

$$M(x) = -N_p e_p + \frac{R_b}{2}x = -N_p e_p + \frac{3N_p e_p}{2l}x \tag{7-16}$$

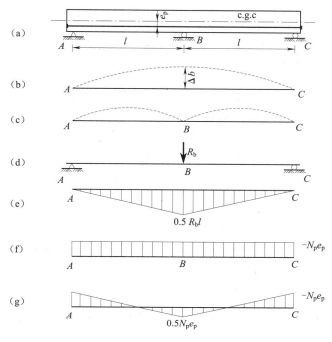

图 7 – 3　求预应力次内力和结构总内力示意图

3. 压力线

结构各截面压力中心的连线称为压力线。显然,静定结构中压力线与预应力筋合力作用线相重合,此时,预应力筋合力与截面内力构成自平衡体系。在超静定结构中,压力线与预应力筋合力作用线通常不重合,此时,预应力筋合力与结构本身截面内力不能构成自平衡体系,必须通过外部约束(如支座)的次反力才能实现力的平衡。超静定结构的压力线位置与结构体系特征有关,亦与外荷载作用有关。如对于图 7 – 3(a)的连续梁,在预加力作用下压力线距截面重心轴的距离 $y_p(x)$ [根据式(7 – 16)]为

$$y_p(x) = \frac{M(x)}{N_p} = -e_p\left(1 - \frac{3x}{2l}\right) \tag{7 – 17}$$

如果图 7 – 3(a)的连续梁承受外荷载 $M_L(x)$ 作用,此时预应力筋拉力增量为 ΔN_p,则压力线距截面重心轴的距离 $y_p(x)$ 为

$$y_p(x) = \frac{M(x) + M_L(x)}{N_p + \Delta N_p} = -e_p\left(1 - \frac{3x}{2l}\right)\frac{N_p}{N_p + \Delta N_p} + \frac{M_L(x)}{N_p + \Delta N_p} \tag{7 – 18}$$

在正常使用阶段,预应力筋的应力增量与有效预应力相比是较小的,如果忽略预应力筋拉力增量,式(7 – 18)成为

$$y_p(x) \approx \frac{M(x) + M_L(x)}{N_p} = -e_p\left(1 - \frac{3x}{2l}\right) + \frac{M_L(x)}{N_p} \tag{7 – 19}$$

式(7 – 18)、式(7 – 19)说明,压力线位置随外荷载 $M_L(x)$ 变化而变化。从式(7 – 19)知,在正常使用阶段,预应力混凝土结构通过改变压力线位置来抵抗外荷载弯矩的增加,亦即通过增大内力偶臂来抵抗外荷载弯矩的增加。另一方面,$y_p(x)$ 变化是有范围的(不能超出截面),外荷载 $M_L(x)$ 允许变化量与预应力筋偏心矩 e_p 位置有关,偏心矩越大,外荷载允许变化量越大。

4. 吻合束与线性变化原理

在超静定结构中,预应力作用下不引起结构次内力的预应力筋称为吻合束,即预应力筋合力作用线与压力线重合。运用吻合束概念可简化结构分析,但在工程实际中很少采用吻合束,合理的预应力筋位置取决于得到一条理想的压力线。

将式(7-18)得到的压力线位置作为预应力筋合力作用线位置[见图7-4(b)],得到的预加力 N_p 引起的结构总内力仍然与式(7-16)相同[见图7-3(g)],即不同布置的预应力筋可得到相同的结构总内力和相同的压力线位置。比较图7-4(a)、图7-4(b),预应力筋位置在两梁端的偏心距相同,但在支座 B 处偏心距不同,而 AB 段、BC 段预应力筋线形(直线)则不变。由此引出预应力筋的线性变换原理:在超静定预应力混凝土结构中,保持预应力筋在每一跨内的线形(直线、折线或曲线)及两端支撑处(梁端)偏心矩位置不变的条件下,改变中间支承处的偏心矩,将不改变原压力线的位置。

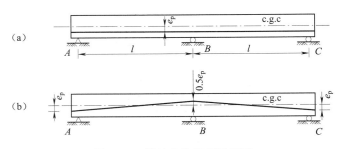

图7-4 线性变化原理示意图

运用预应力筋的线性变换原理,可以在不改变压力线的前提下调整预应力筋合力作用线位置,为设计带来方便。但须注意,预应力筋线性变换后,结构的主内力和次内力发生变化,结构各截面承载力亦发生变化。

二、预应力作用的等效荷载法

预应力作用等效荷载法的原理是:将预应力筋和锚具与结构分离,分析预应力筋和锚具的受力,将预应力筋和锚具受到的力作为外荷载反向作用于由混凝土和非预应力筋组成的结构上,以此计算预应力对结构的作用。这种施加于结构上的荷载称为预应力的等效荷载,按此计算预应力对结构作用的方法就称为等效荷载法。

上述原理表明,等效荷载包括两部分:锚具作用于锚固点位置的集中荷载和预应力筋线形变化引起的集中荷载或分布荷载(作用于与预应力筋接触的部位)。下面讨论后张法构件中直线、折线和曲线预应力筋的等效荷载,分析中假定有效预应力沿预应力筋全长为常量。

1. 直线预应力筋的等效荷载

偏心布置的直线预应力筋(图7-5a),在两端用锚具锚固于构件端部,预应力筋有效应力为 σ_{pe}、截面面积为 A_p,则预应力筋中的拉力为 $N_p = \sigma_{pe} A_p$。为了平衡预应力筋中的拉力,构件提供给端部锚具的反力为 N_p[方向从构件端部指向锚具,见图7-5(b)],则作用于锚固点位置的预应力筋等效荷载大小为 N_p,方向指向构件内部;同时,预应力筋偏心布置,其引起的偏心弯矩为 $M_p = N_p e_{pe}$,沿构件全长作用于截面重心轴上。

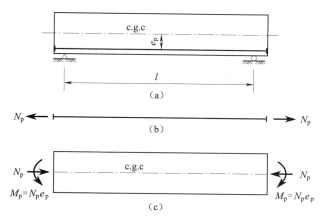

图 7-5 直线预应力筋的等效荷载

2. 折线预应力筋的等效荷载

折线预应力筋[见图 7-6(a)]在两端用锚具锚固于构件端部截面重心处,预应力筋拉力为 $N_p = \sigma_{pe}A_p$。为了平衡预应力筋拉力,需在端部锚具位置施加反力 N_p[沿预应力筋方向从构件端部指向锚具,见图 7-6(b)],在预应力筋折角处施加集中力 $N_p(\sin\theta_1 + \sin\theta_2)$[方向向下,见图 7-6(b),$\theta_1$、$\theta_2$ 为左端和右端预应力筋的切线与截面重心轴的夹角],则预应力筋的等效荷载为:水平力 $N_p\cos\theta_1$(方向指向构件内部)和竖向力 $N_p\sin\theta_1$(方向向下)作用于左端锚固点、水平力 $N_p\cos\theta_2$(方向指向构件内部)和竖向力 $N_p\sin\theta_2$(方向向下)作用于右端锚固点[见图 7-6(c)],竖向力 $-N_p(\sin\theta_1 + \sin\theta_2)$(方向向上)作用于预应力筋折角处。如果预应力筋锚具不是锚固于端部截面重心轴上,则端部还将产生类似图 7-5 中的端部弯矩。

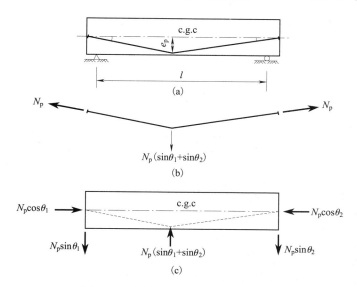

图 7-6 折线形预应力筋的等效荷载

3. 曲线预应力筋的等效荷载

曲线预应力筋[见图 7-7(a)]在两端用锚具锚固于构件端部截面重心处,预应力筋拉力为 $N_p = \sigma_{pe}A_p$。为了平衡预应力筋的拉力,需在端部锚具施加反力 N_p[见图 7-7(b)]、在预应力筋全长施加分布荷载 w_p[方向向下,见图 7-7(b)],则预应力筋的等效荷载除了在锚固点位置作用水平力和竖向力外,还将在构件全长作用与 w_p 大小相等、方向相反的分布荷载。

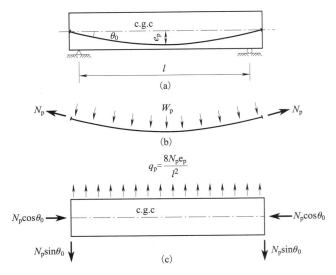

图 7-7　抛物线型预应力筋的等效荷载

满足图 7-7 的预应力筋抛物线方程为

$$e_{px}(x) = \frac{4e_p}{l^2}x^2 - \frac{4e_p}{l}x \tag{7-20}$$

任意截面由预应力直接引起的弯矩为

$$M_p(x) = N_p\cos\theta(x) \cdot e_{px}(x) \tag{7-21}$$

式中　　$\theta(x)$ ——计算截面处预应力筋的切线与截面重心轴的夹角。

则有

$$q_p(x) = -\frac{d^2 M_p(x)}{dx^2} = -N_p\frac{d^2[\cos\theta(x) \cdot e_{px}(x)]}{dx^2} \tag{7-22}$$

实际的预应力混凝土构件,预应力筋垂度相比于跨度甚小,故一般分析中可取 $\cos\theta(x) \approx 1.0$,代入式(7-22),结合式(7-20),得

$$q_p(x) = -\frac{8N_p e_p}{l^2} \tag{7-23}$$

上式说明,抛物线形预应力筋的等效荷载除作用于锚具部位的集中力外,还有作用于预应力筋全长、方向指向预应力筋凹侧的均布荷载。

4. 等效荷载法的适用范围

上述预应力作用的等效荷载法是以构件弹性材料假设为基础的,不适用于承载能力极限状态。另外,对于曲率较大或弯折角较大的预应力筋,其有效应力沿预应力筋长度方向是不同的,采用上述有效应力为常量的假设将导致计算偏差较大甚至得出错误结果。

三、预应力设计的荷载平衡法

荷载平衡法就是通过预应力效应全部或部分抵消外荷载效应,以实现全部或部分平衡外荷载的设计方法。用等效荷载法进行预应力效应分析时,不需要计算预加力引起的主内力和次内力,大大简化复杂体系(如超静定体系的连续梁和框架结构)的预应力效应分析;逆向等效荷载

法思路,即将外荷载以作用形式相同、方向相反作为预应力等效荷载作用于结构,根据等效荷载特征和大小反推预应力筋线形和预加力大小进行预应力筋设计,则设计成的预应力效应将部分或全部抵消外荷载效应,这就是荷载平衡法进行预应力设计的思路。如,当外荷载为集中荷载时,可采用折线形的预应力筋(见图 7-6),折角方向与集中荷载方向相反;当外荷载为均布荷载时,可采用抛物线形的预应力筋(见图 7-7),线形凹侧与均布荷载方向相反;如果一跨内既有集中荷载又有均布荷载,则可同时配设折线形和抛物线形预应力筋。

预应力效应抵消外荷载效应的程度依赖于反推的等效荷载取值。显然,被平衡的那部分荷载将不再产生弯曲应力和弯曲变形;如果预应力效应用来抵消全部外荷载效应,则构件既不下挠亦不上拱,而成为一个轴向受压构件。预应力效应抵消全部外荷载效应的设计既不经济,亦不合理,因为外荷载是变化量,无外荷载作用时由于预应力效应过大将使构件产生过大的短期变形和长期变形,影响正常使用。工程实践中,通常预应力效应用来抵消全部恒载和部分活载产生的效应。

以两跨等截面连续梁受均布荷载作用为例(见图 7-8),简要讨论预应力设计荷载平衡法的应用及其适用范围。

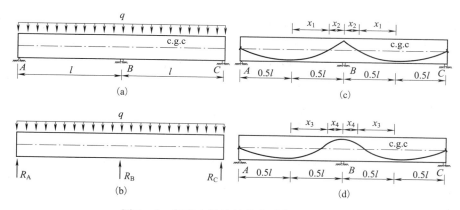

图 7-8 预应力设计的荷载平衡法示意图

(a)荷载作用图;(b)梁体受力图;(c)理想预应力筋布置图;(d)实际预应力筋布置图

在图 7-8(a)荷载作用下,两跨连续梁受到如图 7-8(b)所示的荷载作用。根据荷载平衡法思想,在 A、B、C 支点位置布设折线预应力筋,在 AB、BC 两跨内布设抛物线形预应力筋,图 7-8(c)为按照荷载平衡法设计得到的理想预应力筋布置形式。但实际工程中,图 7-8(c)的设计是不可行的,首先在支点 B 处截面,为降低预应力筋张拉时预应力损失并防止预应力筋被折断,后张法构件中体内预应力筋通常不能布置成折线形式,应布置成变化缓和的曲线形式;其次,在跨中和 B 支点之间的截面内,靠近跨中附近预应力筋必须布置成凹侧向上以平衡向下的均布荷载,而靠近 B 支点附近预应力筋必须布置成凹侧向下以平衡向上的支点集中荷载,并保证预应力筋在支点附近截面缓和变化,因此,在跨中和 B 支点之间截面内的预应力筋线形必须为反向弯曲曲线,且在反弯点处保证两侧曲线切线同位。这样,尽管 $x_1 + x_2 = x_3 + x_4 = 0.5l$,但通常 $x_1 \neq x_3$、$x_2 \neq x_4$。这些差别说明,按荷载平衡法得到的预应力效应与实际设计的预应力效应存在差别。通常,在初步设计阶段这种差别可以不考虑,但在施工图设计阶段应进行详细计算。

在应用荷载平衡法进行预应力设计时,尚需注意以下问题:

(1)平衡荷载的大小。设计时,预应力效应抵消掉多大荷载效应,即平衡荷载选取,与结构用途、荷载特征等有关,应考虑裂缝控制、变形控制、应力限值及极限强度等要求,目前主要依赖于设计经验,通常取全部恒载和部分活载,取用的活载值应为实际活载值而非规范规定的设计活载值。荷载平衡法提出者美国学者和工程师林同炎建议,平衡荷载可取为全部恒载值和一半左右的实际活载值。

（2）荷载平衡不能直接考虑预应力筋端支座处锚固端偏心引起的弯矩,即在端支座处预应力筋不能有偏心。

（3）荷载平衡法不能考虑预应力沿预应力筋方向变化的情形。实际上,根据第三章关于预应力损失的讨论,在正常使用阶段预应力沿预应力筋方向是变化的,对于曲率较大的曲线预应力筋,由于摩擦损失等影响张拉端和跨中的有效预应力差值可能达20% ~40%以上,此时曲线预应力筋产生的分布荷载已非简单的均布荷载(式7-23),等效荷载法分析预应力效应已难得到良好的分析精度。

因此,荷载平衡法是一种基于近似计算的设计方法,特别适合于估算预应力筋数量和布置,能简便用于复杂结构体系的预应力初步设计。

四、预应力筋面积估算

基于初步拟订的截面尺寸和设计荷载,结合正常使用极限状态和承载能力极限状态的要求,可以估算预应力筋用量。

1. 按预加应力阶段和正常使用阶段混凝土应力限值估算

由式(7-1)~式(7-4),得麦尼尔不等式:

$$\frac{1}{A_p} \geq \frac{\sigma_{pe}}{\frac{M_g}{W_{c,u}} - [\sigma_{ct}]_1} \left(\frac{e_p}{W_{c,u}} - \frac{1}{A_c} \right) \tag{7-24}$$

$$\frac{1}{A_p} \geq \frac{\sigma_{pe}}{[\sigma_{cc}]_1 + \frac{M_g}{W_{c,u}}} \left(\frac{1}{A_c} + \frac{e_p}{W_{c,b}} \right) \tag{7-25}$$

$$\frac{1}{A_p} \geq \frac{\zeta\sigma_{pe}}{[\sigma_{cc}]_2 - \frac{M_g + M_d + M_L}{W_{c,u}}} \left(\frac{1}{A_c} - \frac{e_p}{W_{c,u}} \right) \tag{7-26}$$

$$\frac{1}{A_p} \leq \frac{\zeta\sigma_{pe}}{[\sigma_{ct}]_2 + \frac{M_g + M_d + M_L}{W_{c,b}}} \left(\frac{1}{A_c} + \frac{e_p}{W_{c,b}} \right) \tag{7-27}$$

在式(7-24)~式(7-27)中,$1/A_p$与e_p成线性关系,示于图7-9中[图中$E \sim H$对应于式(7-24)~式(7-27)],其阴影部分即为可供选择的$1/A_p$和e_p范围。估算时,预应力筋有效应力可取为$\sigma_{pe} = (0.4 \sim 0.6)f_{ptk}$($f_{ptk}$为预应力筋标准强度)。求得预应力筋总截面面积后,按选取的每束预应力筋的截面面积,可确定需要的预应力筋束数。

如果截面上、下缘均需配置预应力筋,则需在式(7-1)~式(7-4)中全面考虑所有预应力筋对截面应力的贡献,式(7-24)~式(7-27)中相应项需修改,计算方法同上。

2. 按承载能力极限状态估算

以矩形截面受弯构件为例(见图4-4),讨论按承载能力极限状态估算预应力筋面积的方法。为简化计算,截面中不考虑普通钢筋影响。极限状态时,拉区预应力筋和压区混凝土均达设计强度,由式(4-18)、式(4-19),有

$$M_d = f_{cd}bx\left(h_0 - \frac{x}{2}\right) \tag{7-28}$$

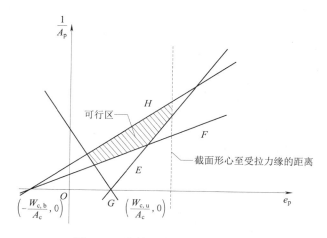

图 7 - 9　估算预应力筋面积示意图

$$f_{pd}A_p = f_{cd}bx \qquad (7-29)$$

由式(7-28)、式(7-29)得

$$x = h_0 - \sqrt{h_0^2 - \frac{2M_d}{f_{cd}b}} \qquad (7-30)$$

$$A_p = b\left(h_0 - \sqrt{h_0^2 - \frac{2M_d}{f_{cd}b}}\right)\frac{f_{cd}}{f_{pd}} \qquad (7-31)$$

式中　A_p——受拉区纵向预应力筋的面积;

　　　M_d——弯矩组合设计值,按规范要求计算;

　　　f_{cd}——混凝土轴心抗压强度设计值;

　　　f_{pd}——纵向预应力筋的抗拉强度设计值;

　　　h_0——截面有效高度;

　　　b——矩形截面宽度。

　　当压区布置预应力筋时,按式(7-30)、式(7-31)的计算结果偏大,但作为估算是可以的。若截面承受双向弯矩,可各视为单筋截面,分别估算上、下缘预应力筋的面积。

　　对于允许出现裂缝的预应力混凝土构件,式(7-4)中混凝土拉应力限值亦可采用基于裂缝宽度限值反算的受拉边缘混凝土容许名义拉应力,此时,可通过使用性能要求(如正常使用极限状态时的抗裂性、裂缝宽度要求等),确定预应力筋数量,再根据承载能力极限状态要求,确定需要补充的普通钢筋数量。

五、预应力筋的选用及布置

1. 预应力筋的选用

　　预应力筋的选用应考虑预应力筋传力特点与锚固要求、预应力损失值及预应力混凝土结构或构件的特征、截面尺寸等因素。先张法预应力混凝土构件宜选用钢绞线、螺旋肋钢丝或刻痕钢丝,当采用光面钢丝时,应采取适当措施,以保证钢丝在混凝土中可靠锚固。后张法预应力混凝土构件广泛采用钢绞线和高强钢丝,构件预应力筋方向长度较短时亦可选用预应力螺纹钢筋。

　　通常情况下,大、中型预应力混凝土构件采用后张法施工,小型构件采用先张法施工,部分中型构件亦可采用先张法施工。因此,预应力混凝土桥梁和框架结构主梁纵向预应力筋主要选用钢绞线;对于宽度较大的预应力混凝土箱梁,顶板中的横向预应力筋通常选用钢绞线,亦可选用预应力螺纹钢筋;预应力混凝土箱梁腹板中的竖向预应力筋主要选用预应力螺纹钢筋,若采用钢绞线,由于梁体高度值不大,则锚固时钢丝回缩等引起的预应力损失会较大。预应力混凝土桥梁中、小型构件可选用钢绞线、高强钢丝,亦可选用预应力螺纹钢筋;框架结构的次梁、板等中、小型构件可选用钢绞线、高强钢丝。

2. 预应力筋布置的合理位置

根据预加应力阶段和正常使用阶段截面边缘混凝土拉应力的限值,即式(7-1)~式(7-4),可推导得到预应力筋布置位置的合理范围。

由式(7-1)和式(7-4)有

$$e_{p1} \leqslant k_b + \frac{M_g - W_{c,u}\,[\sigma_{ct}]_1}{N_p} \tag{7-32}$$

$$e_{p2} \geqslant -k_u + \frac{M_g + M_d + M_L + W_{c,b}\,[\sigma_{ct}]_2}{\zeta N_p} \tag{7-33}$$

式中 e_{p1}、e_{p2}——预加力合力至混凝土全截面形心的距离;

k_u、k_b——构件混凝土全截面上核心距、下核心距,$k_u = \dfrac{W_{c,b}}{A_c}$,$k_b = \dfrac{W_{c,u}}{A_c}$。

式(7-32)、式(7-33)给出了预应力筋位置的界限,称为束界(或索界),预应力筋合力作用点的合理位置即位于两束界范围内(见图7-10)。综合式(7-32)、式(7-33),得

$$-k_u + \frac{M_g + M_d + M_L + W_{c,b}\,[\sigma_{ct}]_2}{\zeta N_p} \leqslant e_p \leqslant k_b + \frac{M_g - W_{c,u}\,[\sigma_{ct}]_1}{N_p} \tag{7-34}$$

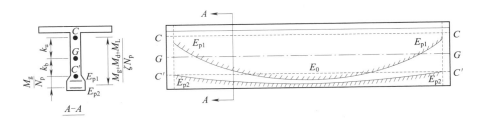

图 7-10 预应力束界

预应力筋合力作用点的位置只要满足式(7-34),就可保证在施工阶段及正常使用阶段构件截面上、下缘混凝土均不会出现超过规范限值要求的拉应力,这为预应力筋合理布置提供了简捷的方法。

需要说明的是,个别预应力筋布置于两束界范围外是可以的,只要预应力筋合力作用点位置满足式(7-34),预应力筋即布置在合理范围内。

3. 预应力筋的布置

预应力筋的布置原则:①所有预应力筋的重心线应位于束界范围内;②预应力筋的弯起应与构件所承受的剪力变化规律相配合;③各预应力筋端部位置应分散布置,以利于锚具布置,且可降低锚固区附近的局部应力;④对于顶、底板较薄的箱梁,预应力筋尽可能布置于腹板附近,以免预压力引起顶、底板的纵向开裂;⑤满足规范规定的构造要求。

(1)先张法预应力混凝土构件预应力筋布置

先张法预应力混凝土构件中预应力筋必须有足够的锚固长度,其值根据式(5-105)

计算。公路先张法构件锚固长度按表 5 – 13 取用,铁路先张法构件锚固长度按表 5 – 14 取用。

预应力钢筋之间的净间距应根据浇筑混凝土、施加预应力及钢筋锚固等要求确定。预应力钢筋之间的净间距不应小于其公称直径或等效直径的 1.5 倍。《铁路桥涵设计规范(极限状态法)》还规定,预应力筋之间的净间距不应小于 30 mm。《公路钢筋混凝土及预应力混凝土桥涵设计规范》还规定,七股钢绞线间净距不应小于 25 mm,预应力钢丝间净距不应小于 15 mm。

预应力筋最小混凝土保护层厚度应不小于预应力筋公称直径。此外,《铁路桥涵设计规范(极限状态法)》还规定,梁顶和侧面预应力筋最小混凝土保护层厚度不小于 50 mm,梁底不小于 60 mm。《公路钢筋混凝土及预应力混凝土桥涵设计规范》规定,直线形预应力筋最小混凝土保护层厚度还应满足表 7 – 1 的要求。

表 7 – 1 《公路钢筋混凝土及预应力混凝土桥涵设计规范》直线形预应力筋最小混凝土保护层厚度(mm)

构件类别	梁、板、塔拱圈、涵洞上部		墩台身涵洞下部		承 台 基 础	
设计使用年限	100 年	50 年、30 年	100 年	50 年、30 年	100 年	50 年、30 年
Ⅰ类 – 一般环境	20	20	25	20	40	40
Ⅱ类 – 冻融环境	30	25	35	30	45	40
Ⅲ类 – 近海或海洋氯化物环境	35	30	45	40	65	60
Ⅳ类 – 除冰盐等其他氯化物环境	30	25	35	30	45	40
Ⅴ类 – 盐结晶环境	30	25	40	35	45	40
Ⅵ类 – 化学腐蚀环境	35	30	40	35	60	55
Ⅶ类 – 磨蚀环境	35	30	45	40	65	60

注:对工厂预制的混凝土构件,其保护层最小厚度可将表中相应数值减小 5 mm,但不得小于 20 mm。

(2)后张法预应力混凝土构件预应力筋布置

预应力筋一般在跨径的 1/4 ~ 1/3 之间开始弯起,以与剪力变化规律相适应。弯起角不宜大于 20°,以减少预应力筋张拉时的摩阻损失;当弯起角较大时(如预应力筋弯出梁顶时,其弯起角可能达 25° ~ 30°),宜采取适当措施以降低摩阻损失。弯起曲率半径不宜过大,其值应考虑张拉时的摩阻损失大小及施工时预应力筋弯起的易操作性。预应力筋弯起部分的曲线形状有圆弧线、抛物线和悬链线。

预应力筋的曲率半径应满足下面要求:

①钢绞线、钢丝束的钢丝直径等于或小于 5 mm 时,曲率半径不宜小于 4 m;钢丝直径大于 5 mm 时,曲率半径不宜小于 6 m;

②预应力螺纹钢筋的直径等于或小于 25 mm 时,曲率半径不宜小于 12 m;直径大于 25 mm 时,曲率半径不宜小于 15 m。

预应力筋预留孔道的尺寸、位置及孔道外壁至构件外缘的距离应符合表 7 – 2 的规定。一般情况下,后张法构件中用管道形成器形成的管道直径或套管内径,应比钢丝束直径大 10 mm。凡制作时需要预先起拱的构件,预留孔道宜随构件同时起拱。

当管道直径不大于 55 mm 时,管道净距不应小于 40 mm;当管道直径大于 55 mm 时,管道净距不应小于管道直径。

预应力混凝土受弯构件当设置竖向预应力钢筋时,其纵向间距宜为500~1 000 mm。

表7-2列出了规范中后张法构件的预应力筋预留孔道参数要求。《公路钢筋混凝土及预应力混凝土桥涵设计规范》还规定,后张法直线形预应力筋的最小混凝土保护层厚度不应小于其管道直径的1/2,且不小于表7-1中规定的最小混凝土保护层厚度,表7-2中曲线平面内、外管道的最小混凝土保护层厚度按式(7-35)、式(7-36)计算。

表7-2　预应力筋预留孔道参数要求

名称	管道尺寸(mm)	最小净距(mm)	最小保护层厚度(mm)
《混凝土结构设计规范》	$d_d - d_p \geq 10 \sim 15$	预制构件：≥ 50 框架梁：$\geq d_d$（竖向） $\geq 1.5d_d$（水平）	预制构件：$\max(30, 0.5d_d)$ 框架梁：≥ 50（梁底） ≥ 40（梁侧）
《公路钢筋混凝土及预应力混凝土桥涵设计规范》	$A_d \geq 2A_p$	直线：$\max(40, 0.6d_d)$ 曲线：$\max(40, 0.6d_d)$	直线：按表7-1取用$C_直$ 曲线：$\max(C_{in}, C_直)$（平面内） $\max(C_{out}, C_直)$（平面外）
《铁路桥涵设计规范（极限状态法）》	$d_d - d_p \geq 10$	$\geq 40(d_p < 55)$ $\geq d_p(d_p \geq 55)$	$\max(50, d_d)$（梁顶、梁侧） ≥ 60（梁侧）

注：d_d—管道直径；d_p—预应力筋直径；A_d—管道截面积；A_p—预应力筋截面积；$C_直$—直线预应力筋最小混凝土保护层厚度；C_{in}—曲线平面内管道的最小混凝土保护层厚度；C_{out}—曲线平面外管道的最小混凝土保护层厚度。

《公路钢筋混凝土及预应力混凝土桥涵设计规范》规定,对外形呈曲线且布置有曲线预应力筋的构件,其曲线平面内、外管道的最小混凝土保护层厚度按下列公式计算：

曲线平面内
$$C_{in} \geq \frac{P_d}{0.266r \sqrt{f'_{cu}}} - \frac{d_s}{2} \qquad (7-35)$$

曲线平面外
$$C_{out} \geq \frac{P_d}{0.266\pi r \sqrt{f'_{cu}}} - \frac{d_s}{2} \qquad (7-36)$$

式中　C_{in}——曲线平面内最小混凝土保护层厚度；

C_{out}——曲线平面外最小混凝土保护层厚度；

P_d——预应力筋的张拉设计值(N),可取扣除锚圈口摩擦、钢筋回缩及计算截面处管道摩擦损失后的张拉力乘以1.2；

r——管道曲线半径(mm)；

d_s——管道外缘直径(mm)；

f'_{cu}——预应力筋张拉时,边长为150 mm立方体混凝土抗压强度。

当按式(7-35)、式(7-36)计算的混凝土保护层厚度小于表7-1内各类环境的直线管道的保护层厚度时,应取相应环境条件的直线管道保护层厚度。

第五节　普通钢筋设计要求

一、普通钢筋设计一般性要求

对于允许开裂的(部分)预应力混凝土构件,必须按规范要求配置纵向普通钢筋,受拉区边缘的纵向普通钢筋宜采用直径较小的带肋钢筋,以较密的间距布置。《公路钢筋混凝土及预应力混凝土桥涵设计规范》规定,对于部分预应力混凝土受弯构件,普通受拉钢筋的截面面积不应小于 $0.003\ bh_0$(b、h_0 为截面宽度和有效高度)。《铁路桥涵设计规范(极限状态法)》规定,对于运用荷载作用下的受拉边缘允许出现拉应力或允许开裂的预应力混凝土受弯构件,受拉区必须配置普通钢筋,且其面积不能小于 0.3% 的混凝土受拉区面积;对于不允许出现拉应力的构件,亦必须在受拉区边缘配置普通钢筋,钢筋直径不宜小于 8 mm,间距不宜大于 100 mm。

当预应力筋集中布置于构件端部上、下翼缘内时,应在该处布置足够的普通钢筋箍筋或竖向预应力筋。

在先张法预应力混凝土构件中,对于单根预应力筋,其端部应设置长度不小于 150 mm 的螺旋筋;对于多根预应力筋,在构件端部 10 倍预应力筋直径范围内,应设置 3~5 片钢筋网。

后张法预应力混凝土构件的端部锚固区,在锚具下面应采用带喇叭管的锚垫板。锚垫板下应设间接钢筋,其体积配筋率不应小于 0.5%。

预应力混凝土梁应根据计算设计箍筋。箍筋直径不应小于 8 mm,并宜采用热轧带肋钢筋。

《铁路桥涵设计规范(极限状态法)》规定,腹板箍筋间距不应大于 200 mm;在布置纵向预应力筋的翼缘板中,应设置闭合形或螺旋形箍筋,其间距不应超过 100 mm;梁跨端部 500 mm 范围的翼缘板内箍筋间距应为 80~100 mm;用于抗扭的箍筋应为闭合箍筋。

《公路钢筋混凝土及预应力混凝土桥涵设计规范》规定,预应力混凝土 T 形、I 形截面梁和箱形截面梁腹板内应分别设置直径不小于 10 mm 和 12 mm 的箍筋,间距不宜大于 200 mm;自支座中心起长度不小于一倍梁高范围内,应采用闭合式箍筋,间距不应大于 120 mm。在 T 形、I 形截面梁下部的马蹄内,应另设间距不应大于 200 mm 的闭合式箍筋。

二、预应力锚固区普通钢筋设计及布置

1. 预应力锚固区普通钢筋设计

后张法施工预应力混凝土构件中,预应力锚固区的局部受压区和总体区应根据设计锚固力进行局部抗压和总体区抗拉的配筋设计,所设置的钢筋为普通钢筋。

(1)局部受压区间接钢筋体积配筋率估算

在预应力锚具下面的一段长度范围内,混凝土受到局部压力作用,需根据设计锚固力布置间接钢筋(螺旋形钢筋或方格网钢筋)。

对于铁路桥梁,间接钢筋体积配筋率可按式(7-37)估算:

$$\rho_v = \frac{\gamma_c F_l - \beta f_{cd} A_{ln}}{2\beta_{cor} f_{sd}} \qquad (7-37)$$

式中　ρ_v——间接钢筋体积配筋率;

　　　F_l——局部承压的轴向力设计值;

　　　γ_c——局部承压承载力综合分项系数,取为 1.4;

　　　f_{cd}——混凝土的抗压强度设计值;

　　　f_{sd}——螺旋钢筋的抗拉强度设计值;

　　　β——混凝土局部受压强度系数,按式(4-118)计算;

　　　β_{cor}——间接钢筋对混凝土局部受压强度提高系数,按式(4-124)计算;

　　　A_{ln}——混凝土局部受压面积。

对于公路桥梁,间接钢筋体积配筋率可按式(7-38)估算:

$$\rho_v = \frac{\dfrac{\gamma_0 F_{ld}}{0.9 A_{ln}} - \eta_s \beta f_{cd}}{k\beta_{cor} f_{sd}} \qquad (7-38)$$

式中　γ_0——结构重要性系数,按表 4-1 取用;

　　　F_{ld}——局部受压面积上的局部压力设计值,对后张法构件的锚头局压区,应取 1.2 倍张拉时的最大压力;

　　　f_{cd}——混凝土轴心抗压强度设计值;

　　　η_s——混凝土局部受压修正系数,混凝土强度等级为 C50 及以下,取 $\eta_s = 1.0$;混凝土强度等级为 C50~C80 取 $\eta_s = 1.0 \sim 0.76$,中间按直线插入取值;

　　　A_b——局部受压时的计算底面积,按图 4-28 确定;

　　　k——间接钢筋影响系数,混凝土强度等级 C50 及以下时 $k = 2.0$,C50~C80 取 $k = 2.0 \sim 1.70$,中间值按线性插值取用。

（2）总体区受拉区域的普通钢筋面积估算

总体区各受拉部位根据其拉力设计值(与设计锚固力有关),可确定需要配设的钢筋面积。下面介绍《公路钢筋混凝土及预应力混凝土桥涵设计规范》中总体区的普通钢筋面积估算方法。

总体区受拉区域的普通钢筋面积可按式(7-39)计算:

$$A_s = \frac{\lambda_0 T_{w,d}}{f_{sd}} \tag{7-39}$$

式中　γ_0——结构重要性系数;

　　　$T_{w,d}$——总体区各部位的拉力设计值($T_{b,d}, T_{s,d}, T_{et,d}$; $T_{tb,d}, T_{R,d}$),按式(7-40)~式(7-47)计算;

　　　f_{sd}——普通钢筋抗拉强度设计值;

　　　A_s——拉杆中的普通钢筋面积。

端部锚固时总体区的拉力设计值按下述计算:

单个锚垫板引起的锚下劈裂力设计值

$$T_{b,d} = 0.25P_d(1+\gamma)^2\left[(1-\lambda) - \frac{a}{h}\right] + 0.5P_d \tag{7-40}$$

锚垫板局部压陷引起的周边剥裂力设计值

$$T_{s,d} = 0.02\max\{P_{di}\} \tag{7-41}$$

端部锚固区的边缘拉力设计值($\gamma > \frac{1}{3}$)

$$T_{et,d} = \lambda_0 \frac{(3\gamma - 1)^2}{12\gamma}P_d \tag{7-42}$$

式中　P_d——预应力锚固力设计值,取 1.2 倍张拉控制力;

　　　a——锚垫板宽度;

　　　h——锚固端截面高度;

　　　e——锚固力偏心距,即锚固力作用点距截面形心的距离;

　　　γ——锚固力在截面上的偏心率, $\gamma = 2e/h$;

　　　α——力筋倾角,一般在 $-5° \sim +20°$ 之间;当锚固力作用线从起点指向截面形心时取正值,逐渐远离截面形心时取负值。

其他符号意义参见式(4-139)~式(4-148)符合说明。

对于齿块,总体区的拉力设计值按下述计算:

锚下劈裂力设计值

$$T_{b,d} = 0.25P_d\left(1 - \frac{a}{2d}\right) \tag{7-43}$$

齿块端面根部的拉力设计值

$$T_{s,d} = 0.04P_d \qquad\qquad (7-44)$$

锚后牵拉力设计值

$$T_{tb,d} = 0.20P_d \qquad\qquad (7-45)$$

边缘局部弯曲引起的拉力设计值

$$T_{et,d} = \frac{(2e-d)^2}{12e(e+d)} \qquad\qquad (7-46)$$

径向力作用引起的拉力设计值

$$T_{R,d} = P_d\alpha \qquad\qquad (7-47)$$

2. 预应力锚固区普通钢筋布置

（1）先张法构件锚固区

对单根配置的预应力筋,其端部周围混凝土宜设置长度不小于 150 mm 的螺旋筋,且不小于 4 圈;对分散布置的多根预应力筋,在构件端部 10d（d 为预应力筋的公称直径）范围内应设置与预应力筋垂直的 3~5 片钢筋网。

（2）后张法构件锚固区

锚固区位置和尺寸应根据构件受力特点、锚具布置要求及张拉预应力筋施工空间等因素确定。对于后张预应力混凝土简支梁,锚具一般布置于梁端腹板或端横隔板上,必要时亦可布置于梁体顶板顶或离梁端有一定距离的底板上;对于后张预应力混凝土连续体系箱梁,除锚具布置于梁端腹板或横隔板（梁）外,根据受力要求往往需在梁跨中间锚固预应力筋,此时锚具可布置于中间横隔板上或专门设计的外伸齿块上。

间接钢筋体积配筋率根据式（7-37）或式（7-38）计算,且不应小于 0.5%。间接钢筋应在图 4-32 规定的高度内布置,对于螺旋筋应不小于 4 圈,对于钢筋网应不小于 4 片;在锚具下面应设置厚度不小于 16 mm 的钢垫板或采用具有喇叭管的锚具钢垫板（见图 2-13~图 2-16）。在局部受压间接钢筋配置区以外,如果集中应力来不及扩散,则需增配附加钢筋,以防止孔道壁发生劈裂。锚下总体区应配置抵抗横向劈裂力的闭合式箍筋,其间距不应大于 120 mm。梁端截面应配置抵抗表面剥裂力的抗裂钢筋。当采用大偏心锚固时,锚固端面钢筋宜弯起并延伸至纵向受拉边缘。

锚固于专设齿板上的预应力钢筋宜采用较大弯曲半径,并按锚固力和规范要求设置普通钢筋。齿板局部受压区间接钢筋体积配筋率根据式（7-37）或式（7-38）计算,齿块锚固总体区根据式（7-43）~式（7-47）计算配筋量。《公路钢筋混凝土及预应力混凝土桥涵设计规范》规定,总体区普通钢筋构造应满足下列要求:①齿块锚下应配置抵抗横向劈裂力的闭合式箍筋或 U 形箍筋,其间距不宜大于 150 mm,纵向分布范围不宜小于 1.2 倍齿块高度;②齿块锚固面,应配置齿根端面箍筋,伸入至壁板外侧;③壁板内边缘应配置抵抗锚后牵拉的纵向钢筋;当需要配置纵向加强钢筋时,其长度不宜小于 1.5 m（以齿块锚固面与壁板交线为中心）,横向分布范围宜在力筋轴线两侧各 1.5 倍锚垫板宽度内;④壁板外边缘应配置抵抗边缘局部侧弯的纵向钢筋。当需要配置纵向加强钢筋时,其长度不宜小于 1.5 m（以距锚固面前方 1 倍壁板厚位置为中心）,横向分布范围宜在力筋轴线两侧各 1.5 倍锚垫板宽度内;⑤预应力钢筋径向力作用区,应配置竖向箍筋及沿预应力管道的 U 形防崩钢筋,与壁板内纵筋钩接,纵向分布范围宜取曲线预应力段的全长。齿块锚固区普通钢筋布置示意图如图 7-11 所示。

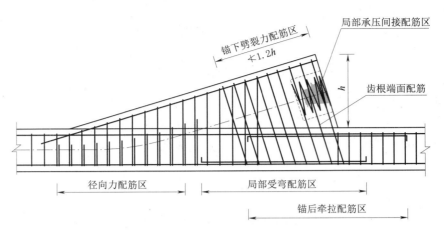

图 7-11 齿块锚固区钢筋布置示意图

第八章

无黏结预应力混凝土结构设计

第一节　无黏结预应力混凝土概念及锚固体系

一、无黏结预应力混凝土结构的概念

在结构构件内或构件外布置无黏结预应力筋并通过张拉建立预加应力的混凝土结构,称为无黏结预应力混凝土结构。无黏结预应力筋为专用防腐润滑涂层和塑料护套包裹的单根预应力筋,其中常用预应力筋为高强钢丝、钢绞线或预应力粗钢筋,或为预应力纤维增强复合材料筋。施工时将无黏结预应力筋像普通钢筋一样铺设,不需要预留孔道,待混凝土凝结硬化到一定强度后进行张拉、锚固。

无黏结预应力筋与混凝土不直接接触,张拉时力筋在塑料套管内滑动。结构受力变形时,除在锚固位置预应力筋与混凝土变形协调外,其他位置两者发生相对滑移,这个特点决定了是否配置普通钢筋对无黏结预应力混凝土结构或构件工作性能有非常重要的影响。对于没有配置普通钢筋的无黏结预应力混凝土受弯构件,其工作性能类似于内部带拉杆(无黏结预应力筋)、有预压应力的素混凝土受弯构件,在荷载作用下,最大弯矩截面一旦出现一条或少数几条裂缝,在荷载略微增加的情况下其主裂缝将快速向上、向两侧扩展(见图8-1),并丧失承载力。为了改善无黏结预应力混凝土结构的抗弯、抗裂、变形、疲劳性能,必须在截面内布置有黏结普通钢筋(本章后面的普通钢筋均指与混凝土黏结的变形普通钢筋),因此,工程中的无黏结预应力混凝土均指配置一定数量普通钢筋的情形,本章内容针对配置一定数量普通钢筋的无黏结预应力混凝土构件或结构展开讨论。

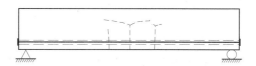

图8-1　纯无黏结预应力混凝土梁开裂示意图

我国《无黏结预应力混凝土结构技术规程》(JGJ 92—2016)规定,无黏结预应力混凝土梁的最小纵向普通钢筋截面积取下列两式计算结果中的最大者:

$$A_s = \frac{1}{3}\left(\frac{\sigma_{pu}h_p}{f_{sd}h_s}\right)A_p \tag{8-1}$$

$$A_s = 0.003bh \tag{8-2}$$

式中 σ_{pu} ——在正截面承载力计算中无黏结预应力筋的设计强度;

f_{sd} ——纵向受拉普通钢筋抗拉设计强度;

h_p ——纵向受拉无黏结预应力筋合力点至截面受压边缘的距离;

h_s ——纵向受拉普通钢筋合力点至截面受压边缘的距离;

A_p ——纵向受拉无黏结预应力筋的截面面积;

b、h ——面积的宽、高。

对于单向受力的无黏结预应力混凝土板,最小纵向普通钢筋截面积为

$$A_s = 0.002bh \tag{8-3}$$

对于周边支撑的无黏结预应力混凝土双向板,每个方向的纵向普通钢筋的最小配筋率为0.15%;对于无黏结预应力混凝土板柱结构中的双向板,需根据构造要求和抗裂要求结合荷载状况确定普通钢筋的最小配筋率及布置。

美国建筑设计混凝土规范 ACI-318 规定,无黏结预应力混凝土结构中,最小纵向普通钢筋的截面面积为

$$A_{s,min} = 0.004A_{ct} \tag{8-4}$$

式中 $A_{s,min}$ ——截面中纵向黏结变形普通钢筋的截面积;

A_{ct} ——截面重心轴至受拉边缘的混凝土截面积(受拉区混凝土面积)。

无黏结预应力混凝土构件或结构具有如下特点:

(1)结构自重轻,经济性好。与有黏结预应力混凝土相比,无黏结预应力混凝土无预留孔道,节约孔道空间后,为无黏结预应力筋布置提供了更好灵活性,并可提高截面有效高度,从而可降低截面尺寸、减轻结构自重,降低结构造价。

(2)施工简便,施工工期缩短,施工成本降低。不需要预留孔道,没有穿束、孔道压浆等施工工艺,节省了人力、施工设备,简化施工,缩短了施工工期,降低了施工成本。

(3)抗腐蚀能力强。无黏结预应力筋外涂防腐油脂再外包塑料套管,双重保护后具有良好抗腐蚀能力。

(4)抗震性能较好。在地震荷载作用结构产生大幅度反复位移时,无黏结预应力筋始终处于受拉状态,且应力幅值变化较小,保持良好的弹性工作状态;必须配置的一定数量的普通钢筋,在地震荷载作用下具良好耗能性能,亦增强了结构抗震能力。

(5)应用广泛,可高效使用长预应力筋。张拉时无黏结预应力筋与混凝土不直接接触,摩擦引起的预应力损失较小,考虑各项预应力损失后的力筋全长应力分布较均匀;荷载作用下预应力筋与混凝土间发生滑动,其应力分布亦较均匀,从而提高了预应力筋的全长使用效率,可高效使用长预应力筋,使无黏结预应力混凝土适用于多跨连续结构(如连续梁、连续平板结构)和长跨结构。

(6)构件或结构控制截面破坏时,无黏结预应力筋应力一般达不到设计强度。由于除锚固位置外预应力筋和混凝土间可以相对滑动,构件或结构控制截面处的无黏结预应力筋应力没有与截面弯矩等内力变化成正比,荷载作用下无黏结预应力筋全长应力较均匀;当构件或结构控制截面破坏时(混凝土开裂、受拉区的黏结普通钢筋屈服),控制截面位置的无黏结预应力筋应力一般达不到设计强度或屈服强度。

(7)结构安全检测便利,易于进行结构维修加固。一旦发生影响结构安全的预应力筋破断

等结构损伤,与有黏结预应力混凝土结构相比,无黏结预应力筋破断更容易检测,无黏结预应力筋更换施工亦较为方便。

二、无黏结预应力混凝土的材料及锚具系统

1. 无黏结预应力混凝土的材料

无黏结预应力混凝土由混凝土、无黏结预应力筋及锚具系统、普通钢筋组成。混凝土强度应与预应力体系相匹配,其中,板结构中不应低于C30,梁结构中不应低于C40,一类环境中设计使用年限100年时最低强度为C40;混凝土耐久性要求、混凝土物理力学性能等与一般预应力混凝土的相同,参见第二章内容。无黏结预应力筋分为两大类,其一为钢材类,包括钢绞线、高强钢丝束和预应力粗钢筋;另一为非钢材类(纤维复合材料类),包括碳纤维筋和芳纶纤维筋等。当无黏结预应力筋为钢绞线时,纵向普通钢筋宜采用HRB400、HRB500钢筋;纵向受力普通钢筋应采用HRB400、HRB500钢筋;箍筋宜采用HRB400、HRB500钢筋,亦可采用HPB300钢筋。

无黏结预应力钢筋最常用为低松弛钢绞线,一般采用七股(1×7)或十九股(1×19),采用专用防腐涂层,外包塑料套管(见图8-2)。钢绞线性能应符合现行国家标准《预应力混凝土用钢绞线》GB/T 5224的规定[见表2-8(a)和表2-8(b)]。无黏结预应力筋的涂层材料应具有良好的化学稳定性,对周围材料无侵蚀作用;不透水,不吸湿,抗腐蚀性能强;润滑性能好,摩擦阻力小;在规定温度范围内高温不流淌、低温不变脆,并有一定韧性。塑料套管应具有足够的韧性、抗磨损性及抗冲击性,对周围材料无侵蚀作用,在规定温度范围内高温时保持良好化学稳定性、低温不变脆。塑料套管宜用高密度聚乙烯,亦可采用聚丙烯,但不得采用聚氯乙烯。

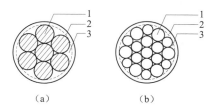

图8-2　无黏结预应力钢绞线截面
1-钢绞线;2-塑料套管;3-防腐涂层

无黏结预应力纤维筋主要有碳纤维筋和芳纶纤维筋,其力性性能应满足现行国家标准《结构工程用纤维增强复合材料筋》GB/T 26743的规定,常用纤维筋的力性性能见表8-1。

表8-1　常用纤维筋的主要力性性能

纤维筋类型	抗拉强度标准值(MPa)	弹性模量(MPa)	断后伸长率(%)
碳纤维筋	≥1 800	≥ 1.4×10^5	≥1.50
芳纶纤维筋	≥1 300	≥ 0.65×10^5	≥2.00

无黏结预应力纤维筋的截面积应按名义直径计算,纤维筋的抗拉强度设计值应按式(8-5)计算:

$$f_{fpd} = \frac{f_{fpk}}{\gamma_f \gamma_e} \tag{8-5}$$

式中　f_{fpd}——无黏结预应力纤维筋的抗拉强度设计值;
　　　f_{fpk}——无黏结预应力纤维筋的抗拉强度标准值;

γ_f——无黏结预应力纤维筋的材料分项系数,取1.4;

γ_e——无黏结预应力纤维筋的环境影响系数,按表取8-2取用。

表8-2　纤维筋的环境影响系数

环境类别	纤维筋类表	
	碳纤维筋	芳纶纤维筋
一类	1.0	1.2
二a、二b	1.1	1.3
三a、三b、四类、五类	1.2	1.5

2. 锚具系统

无黏结预应力混凝锚具体系分为张拉端锚具体系和固定端锚具体系。锚具应根据无黏结预应力筋品种、张拉力值及工程环境类别选用。无黏结预应力筋采用钢绞线时,张拉端锚具体系可采用圆套筒式锚具、垫板连体式夹片锚具或全封闭垫板连体式夹片锚具(见图8-3),固定端锚具体系可采用埋设在混凝土中的挤压锚具、垫板连体式夹片锚具或全封闭垫板连体式夹片锚具。

张拉端锚具体系,宜采用凹进混凝土表面布置。圆套筒式锚具由锚环、夹片、承压板和间接钢筋组成(见图8-3),垫板连体式夹片锚具由连体锚板、夹片、穴模、密封连接件及螺母、间接钢筋、封盖板、塑料密封套等组成(见图8-4),全封闭垫板连体式夹片锚具由连体锚板、夹片、穴模、密封连接件及螺母、间接钢筋、耐压金属密封圈、热塑耐压密封长套管等组成,其构造类似图8-4。

无黏结预应力筋固定端的挤压锚具应由挤压锚、承压板和间接钢筋组成[见图8-5(a)],并使用设备将专用套筒等挤压组装在钢绞线端部。应用于锚固端的垫板连体式夹片锚具由连体锚板、夹片、密封盖、塑料密封套和间接钢筋组成[见图8-5(b)],安装时使用紧楔器以不低于0.75倍预应力钢绞线强度标准值的顶紧力将夹片顶紧,并安装密封盖。应用于锚固端的全封闭垫板连体式夹片锚具应由连体锚板、夹片、间接钢筋、耐压金属密封盖、密封圈、热塑耐压密封长套管等组成[见图8-5(c)],安装方法与安装垫板连体式夹片锚具相同。

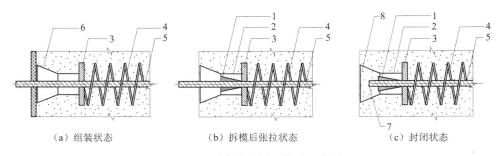

（a）组装状态　　　　（b）拆模后张拉状态　　　　（c）封闭状态

图8-3　圆套筒式锚具构造示意图

1—夹片;2—锚环;3—承压板;4—间接钢筋;5—无黏结预应力钢绞线;

6—穴模;7—塑料帽;8—微膨胀细石混凝土或无收缩水泥砂浆

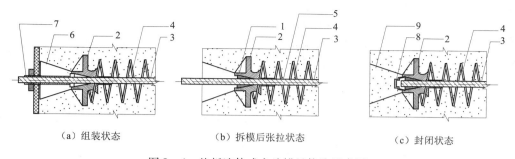

（a）组装状态　　　　　　（b）拆模后张拉状态　　　　　（c）封闭状态

图 8-4　垫板连体式夹片锚具构造示意图

1—夹片；2—连体锚板；3—无黏结预应力钢绞线；4—间接钢筋；5—塑料密封套；

6—穴模；7—密封连接件及螺母；8—密封盖；9—微膨胀细石混凝土或无收缩水泥砂浆

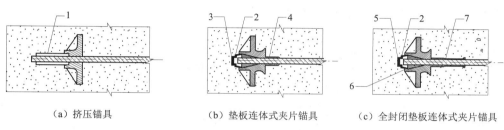

（a）挤压锚具　　　　　（b）垫板连体式夹片锚具　　　（c）全封闭垫板连体式夹片锚具

图 8-5　固定端锚具系统构造示意图

1—挤压锚具；2—专用防腐油脂；3—密封盖；4—塑料密封套；

5—耐压密封盖；6—密封圈；7—热塑耐压密封长套管

锚具系统应具有可靠的锚固性能、足够的承载能力，无黏结预应力筋—锚具组装件的锚具效率系数及疲劳性能应满足现行国家标准《预应力筋用锚具、夹具和连接器》GBT 14370 的要求。无黏结预应力钢材用锚具的效率系数按式（2-23）计算，无黏结预应力钢绞线效率系数应大于 0.95（ $\eta_a \geqslant 0.95$ ），总伸长率应大于 2.0%（ $\varepsilon_{Tu} \geqslant 2.0$ % ）。无黏结预应力纤维筋的效率系数按式（8-6）计算：

$$\eta_a = \frac{F_{Tu}}{F_{ptk}} \qquad (8-6)$$

式中　F_{Tu}——无黏结预应力纤维筋—锚具组装件的实测极限拉力；

F_{ptk}——无黏结预应力纤维筋单根试件的实测平均极限抗拉力，可表示为 $F_{ptk} = f_{ptk}A_{pk}$ ；

f_{ptk}——无黏结预应力纤维筋的抗拉强度标准值；

A_{pk}——无黏结预应力纤维筋特征（公称）截面面积。

无黏结预应力纤维筋的效率系数应大于 0.90（ $\eta_a \geqslant 0.90$ ）。

第二节　无黏结预应力混凝土受弯构件的受力性能

配置一定数量的有黏结普通钢筋后，无黏结预应力混凝土受弯构件的受力全过程类似后张法（全黏结）预应力混凝土受弯构件，可描述为：施加预应力→运送→安装→开裂前工作→裂缝出现后工作→破坏，对于满堂支架法现场浇筑混凝土、张拉预应力筋的构件（如无黏结预应力混凝土连续楼板),没有运送、安装过程。截面受力大致经历三个阶段:受拉边缘混凝土开裂前的工作阶段、开裂后至拉区最外层普通钢筋应力达屈服强度的带裂缝工作阶段(近似弹性工作阶段)及之后继续加载至破坏的塑性工作阶段。第一阶段又可分为受拉边缘混凝土应力达到抗拉极限强度前的弹性工作阶段和受拉边缘混凝土应力达极限抗拉强度后至开裂前的过渡阶段(弹塑性工作阶段)。

　　为简化分析,一般将无黏结预应力混凝土受弯构件受力全过程的变形与荷载(截面弯矩)关系假定为三段折线形式,如图8-6所示(图中未画出施加预应力时构件起拱的情形)。由于配置了一定数量的普通钢筋,荷载作用下构件在最大弯矩的截面受拉边缘首先发生开裂,拉区最外层纵向受力普通钢筋应力快速增大;随荷载继续增大,最外层纵向受力普通钢筋应力将首先达到屈服。荷载进一步继续增加,如果配筋适当,当压区混凝土压碎同时拉区纵向受拉普通钢筋屈服,构件发生破坏。

　　由于无黏结预应力筋可以与混凝土间发生相对滑移,荷载作用下最大弯矩截面的预应力筋应力并没有随荷载增大成比例增加,相比于(全黏结)预应力混凝土受弯构件的预应力筋,无黏结预应力筋的应力随荷载增加的变化相对缓慢,如图8-7所示,在截面破坏时其应力一般达不到极限应力。图8-7中,施加预应力后(结构自重同时开始作用),无黏结预应力筋的初始应力为 σ_{p0} (图8-7中 A 点),随荷载增加其应力增加,在开裂前瞬间达 $\sigma_{d,n}$ (图8-7中 C_n 点)。设相同截面(全黏结)预应力混凝土受弯构件的预应力筋在施加预应力后的初始应力亦为 σ_{p0} ,则在开裂前瞬间其应力将达 $\sigma_{d,b}$ (图8-7中 C_b 点)。由于黏结预应力筋的应力随荷载增大而成比例增大,因此有 $\sigma_{d,b} > \sigma_{d,n}$ 。开裂后,受拉区混凝土拉力转由受拉区预应力筋和普通钢筋承受,预应力筋应力发生跳跃增大,至 C'_n 点(无黏结预应力筋)和 C'_b 点(黏结预应力筋)。加载至破坏时,对于适筋梁,黏结预应力筋应力达应力极限值 f_{pu} (图8-7中 D_b 点),而无黏结预应力筋应力将达不到应力极限值 f_{pu} (图8-7中 D_n 点)。

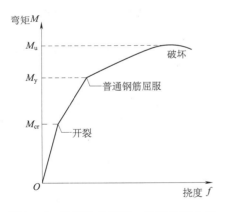

图8-6　受弯构件荷载-变形关系曲线

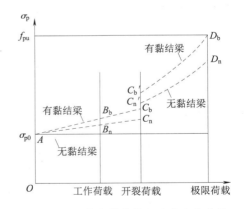

图8-7　预应力筋荷载-应力变化曲线

第三节　受弯构件无黏结预应力筋的应力计算

　　无黏结预应力筋除两端锚固区域,其他位置不与混凝土接触,因此,从张拉至正常工作阶段,再至截面破坏,无黏结预应力筋的有效应力和真实工作应力与有黏结预应力筋不同。下面根据无黏结预应力混凝土受弯构件的特点,介绍无黏结预应力筋的有效应力计算、荷载作用下的应力增量计算及截面破坏时的极限应力(设计应力取值)。

一、无黏结预应力筋的有效应力计算

预应力混凝土结构的有效预应力由施工时的张拉控制应力扣除各种预应力损失后的差值得到,式(3-2)为计算通式。完成各项预应力损失计算,就可得到无黏结预应力混凝土受弯构件中无黏结预应力筋的有效应力。

混凝土凝结硬化到一定强度后,进行无黏结预应力筋张拉、锚固,此时将发生预应力筋与护套壁之间摩擦引起的应力损失及锚固时预应力筋回缩引起的应力损失。锚固后,预应力筋还将发生预应力筋松弛引起的应力损失,以及混凝土收缩、徐变引起的应力损失。

无黏结预应力筋与护套壁之间摩擦引起的应力损失按式(8-7)计算:

$$\sigma_{L1}(x) = \sigma_{con}\left[1 - e^{-(\mu\theta + \kappa x)}\right] \quad (8-7)$$

式中 σ_{con} ——张拉时预应力筋锚下张拉控制应力;

     μ ——无黏结预应力筋与护套壁之间的摩擦系数;

     κ ——考虑无黏结预应力筋护套壁单位长度内局部偏差对摩擦的影响系数;

     x ——张拉端至计算点的无黏结预应力筋长度(m),可近似取该段长度在纵轴上的投影长度;

     θ ——从张拉端至计算点处无黏结预应力筋弯起角之和,以 rad(弧度)计;对于平面曲线或空间曲线,可按式(3-12)、式(3-13)计算。

μ、κ 应根据试验数据确定,对于无黏结预应力钢绞线,亦可按表8-3取用;对于无黏结预应力纤维筋,μ 可取为 0.09,κ 可取为 0.004。

当 $\mu\theta + \kappa x$ 不大于 0.3 时,$\sigma_{L1}(x)$ 可按下式近似计算:

$$\sigma_{L1}(x) = \sigma_{con}(\mu\theta + \kappa x) \quad (8-8)$$

表8-3 μ、κ 值

无黏结预应力筋	μ	k
$d \leq 15.2$ mm 钢绞线	0.09	0.004

注:本表数据摘自《无黏结预应力混凝土结构技术规程》JGJ 92。

式(8-7)中的无黏结预应力钢筋张拉控制应力,一般宜小于 $0.75f_{ptk}$,且不应超过 $0.8f_{ptk}$;对于无黏结预应力纤维筋,张拉控制应力应按表8-4规定取值。

表8-4   预应力纤维筋的张拉控制应力 σ_{con} 限值

纤维筋类型	σ_{con} 下限值	σ_{con} 上限值
碳纤维筋	$0.40f_{tpk}$	$0.65f_{tpk}$
芳纶纤维筋	$0.35f_{tpk}$	$0.55f_{tpk}$

注:本表数据摘自《无黏结预应力混凝土结构技术规程》JGJ 92。

锚固直线无黏结预应力筋时,由于锚具变形、力筋回缩引起的应力损失为

$$\sigma_{L2}(x) = \frac{\sum \Delta l}{l} E_p \quad (8-9)$$

式中 Δl ——张拉端锚具变形和无黏结预应力筋回缩值(mm);对于钢绞线夹片式锚具,有顶压时取 5 mm,无顶压时取 6~8 mm,亦可根据试验实测数据确定;对于纤维筋,无

实测数据时,黏结型锚具可取 $1 \sim 2$ mm,夹片型锚具可取 8 mm;对于其他类型锚具和其他类型无黏结预应力筋,可根据试验实测数据确定;

l ——无黏结预应力筋的有效长度;

E_p ——无黏结预应力筋的弹性模量。

对于曲线或折线无黏结预应力筋,可参照曲线或折线有黏结预应力筋计算锚具变形、力筋回缩引起的应力损失,由于无黏结预应力筋摩擦系数小,其圆心角 $\theta \leqslant 90°$ 时相应公式均可使用。

当无黏结预应力筋分批张拉时,先批张拉预应力筋将由于张拉后批预应力筋时构件压缩而引起压缩应力损失 σ_{L4},可按式(3-47a)或式(3-47b)计算。

无黏结预应力钢绞线由于松弛引起的应力损失终值 σ_{L5} 按表 3-3 计算,《无黏结预应力混凝土结构技术规程》JGJ 92 的计算公式采用表中《混凝土结构设计规范》Ⅱ级松弛对应的公式。

由混凝土收缩、徐变引起的应力损失终值 σ_{L6}、σ'_{L6} 按式(3-59a)、式(3-59b)计算,其中 σ_{pc}、σ'_{pc} 为受拉区、受压区无黏结预应力筋合力点处的混凝土法向应力,当其值大于 $0.5f'_{cu}$ 时,按 $0.5f'_{cu}$ 计算;当其值为拉应力时,取为 0。

无黏结预应力纤维筋由于松弛引起的应力损失终值 σ_{L5} 可按式(8-10)计算:

$$\sigma_{L5} = r\sigma_{con} \tag{8-10}$$

式中　r ——松弛损失率;对于使用年限为 50 年的预应力纤维筋受弯构件,可按表 8-5 取用;芳纶纤维筋张拉锚固前应进行持荷,持荷时间应超过一小时,未进行持荷时,表中松弛率应取为 20% 。

表 8-5　预应力纤维筋的松弛损失率 r

纤维筋类型	松弛损失率 r
碳纤维筋	2.2%
芳纶纤维筋	16%

考虑与时间有关的松弛发展时,可采用公式计算:

$$\sigma_{L5}(t) = \frac{a + b\ln t}{100}\sigma_{con} \tag{8-11}$$

式中　a、b ——系数;对碳纤维预应力筋,可取 $a = 0.231$、$b = 0.345$;对芳纶纤维预应力筋,可取 $a = 3.38$、$b = 2.88$ 。

无黏结预应力纤维筋由混凝土收缩、徐变引起的应力损失终值按式(8-12)计算:

$$\sigma_{L6}(x, t \to \infty) = \frac{55 + 300\sigma_{pc}(t_0)/f'_{cu}}{1 + 15\rho} \cdot \frac{E_{fp}}{E_p} \tag{8-12}$$

$$\rho = \frac{A_{fp} + A_s}{A_n} \tag{8-13}$$

式中　$\sigma_{pc}(t_0)$ ——t_0 时刻预应力纤维筋合力点处混凝土的法向压应力;

f'_{cu} ——施加预应力时的混凝土立方体抗压强度;

A_{fp} ——预应力纤维筋截面面积;

A_s ——非预应力筋截面面积;

ρ ——预应力纤维筋和非预应力筋的配筋率;

E_{fp} ——预应力纤维筋弹性模量;

E_p ——预应力钢筋弹性模量;

A_n ——扣除孔道面积的混凝土和非预应力筋的换算截面面积。

因此，扣除全部预应力损失后，正常使用阶段无黏结预应力筋的有效应力为

$$\sigma_{pe}(x) = \sigma_{con} - [\sigma_{L1}(x) + \sigma_{L2}(x) + \sigma_{L4}(x) + \sigma_{L5}(x) + \sigma_{L6}(x,t)] \quad (3-14)$$

《无黏结预应力混凝土结构技术规程》规定，无黏结预应力筋的总预应力损失不得小于 80 MPa。

二、无黏结预应力筋的应力增量计算

荷载作用时，无黏结预应力混凝土结构或构件将发生变形，由于无黏结预应力筋与混凝土间会发生相对滑动，无黏结预应力筋的应力增量可由式（8-15）近似计算得到：

$$\Delta\sigma_p = \frac{\Delta l_p}{l_0}E_p \quad (8-15)$$

式中 $\Delta\sigma_p$ ——荷载作用引起的无黏结预应力筋的应力变化平均值；

Δl_p ——荷载作用引起的无黏结预应力筋的长度变化值；

l_0 ——荷载作用前无黏结预应力筋的长度。

根据变形协调，荷载作用引起的无黏结预应力筋的长度变化值将与其周边混凝土在沿力筋全长范围内的累积变形量相同，因此有

$$\Delta l_p = \Delta l_c = \int_0^{l_0}\varepsilon(x)dx = \int_0^{l_0}\frac{M(x)e_p(x)}{E_cI(x)}dx \quad (8-16)$$

式中 $M(x)$ ——在无黏结预应力筋 x 处的对应截面上由荷载产生的弯矩；

$e_p(x)$ ——在无黏结预应力筋 x 处混凝土截面重心轴至无黏结预应力筋合力点距离；

$I(x)$ ——在无黏结预应力筋 x 处由混凝土和无黏结预应力筋提供的截面惯性矩，$I(x) = I_n(x) + \alpha_{Ep}A_pe_p^2(x)$，$I_n(x)$ 为净截面惯性矩；

A_p ——无黏结预应力筋截面积；

E_c ——混凝土弹性模量；

α_{Ep} ——无黏结预应力筋与混凝土弹性模量之比。

根据式（8-14）、式（8-15）和式（8-16）可得在正常使用期间无黏结预应力筋的应力为

$$\sigma_p = \sigma_{pe} + \Delta\sigma_p = \sigma_{pe} + \frac{\alpha_{Ep}}{l_0}\int_0^{l_0}\frac{M(x)e_p(x)}{I(x)}dx \quad (8-17)$$

式中 $\sigma_{pe}(x)$ ——扣除全部预应力损失后，正常使用阶段无黏结预应力筋的有效应力，按式（3-14）计算；

$M(x)$ ——在无黏结预应力筋 x 处的对应截面上由荷载产生（不包括预加力）的弯矩。

近似计算时，正常使用期间无黏结预应力筋的应力可按式（8-18）计算：

$$\sigma_p = \sigma_{pe} + \Delta\sigma_p = \sigma_{pe} + \alpha_{Ep}\sigma_{p,c} \quad (8-18)$$

式中 $\sigma_{p,c}$ ——使用荷载作用时在无黏结预应力筋位置混凝土产生的应力。

下面结合式（8-15）、式（8-16），分析均布荷载作用下，等截面、无黏结预应力筋直线布置的简支梁中无黏结预应力筋的应力变化。

近似取计算跨度为无黏结预应力筋长度，则式（8-16）可简化为

$$\Delta l_p = \int_0^{l_0}\left[\frac{q}{2}(l_0-x)x\frac{e_p}{E_cI}dx\right] = \frac{ql_0^3e_p}{12E_cI} = \frac{2M_{max}l_0e_p}{3E_cI} \quad (8-19)$$

式中 M_{max} ——简支梁跨中最大弯矩，$M_{max} = \frac{ql_0^2}{8}$。

由式（8-15）和式（8-19）得均布荷载作用下等截面简支梁的直线无黏结预应力筋的应力增量为

$$\Delta\sigma_p = \frac{2}{3}\frac{\alpha_{Ep}M_{max}e_p}{I} = \frac{2}{3}\Delta\sigma_{p,b} \tag{8-20}$$

式中 $\Delta\sigma_{p,b}$ ——相同截面、相同配筋的全黏结预应力混凝土简支梁跨中预应力筋应力增量,

$$\Delta\sigma_{p,b} = \alpha_{Ep}\frac{M_{max}e_p}{I}。$$

式(8-20)表明,对于相同截面、相同配筋的全黏结预应力混凝土简支梁与无黏结预应力混凝土简支梁,荷载作用下跨中无黏结预应力筋的应力增量约为有黏结预应力筋应力增量的三分之二,即无黏结预应力筋的应力增量较小。对于变截面高度、曲线布置预应力筋的简支、连续结构,同样可以得到荷载作用时无黏结预应力筋的应力增量较小的结论。

三、无黏结预应力筋的极限应力

理论上,在受拉区最外层普通钢筋屈服前的近似弹性工作阶段,根据式(8-18)可计算荷载作用下任意结构形式、任意截面形式、任意布筋形式的无黏结预应力混凝土受弯结构中无黏结预应力筋的应力,但对于截面破坏时的无黏结预应力筋的极限应力计算则较复杂,一方面无黏结预应力筋应力与截面形状、混凝土抗压强度、力筋和普通钢筋的位置、力筋和普通钢筋的配筋率、普通钢筋的抗拉强度等有关,同时在连续多跨结构中与无黏结预应力筋的长度、荷载特征等有关。因此,现有截面破坏时的无黏结预应力筋极限应力一般为以理论分析为依据、并结合试验结果的半理论半经验公式。

《无黏结预应力混凝土结构技术规程》规定,对采用钢绞线作无黏结预应力筋的受弯构件,在进行正截面承载力计算时,无黏结预应力筋的极限应力(应力设计值)宜按下列公式计算:

$$\sigma_{pu} = \sigma_{pe} + (240 - 335\zeta_p)(0.45 + 5.5\frac{h}{l_0})\frac{l_2}{l_1} \tag{8-21}$$

$$\zeta_p = \frac{\sigma_{pe}A_p + f_{sd}A_s}{f_{cd}bh_p} \tag{8-22}$$

式中 σ_{pu} ——进行正截面承载力计算时无黏结钢绞线的应力设计值;

ζ_p ——综合配筋指标,不宜大于0.4;对于连续梁、板,取各跨内支座和跨中截面综合配筋指标的平均值;

l_0 ——受弯构件计算跨度;

l_1 ——连续无黏结钢绞线在两个锚固端之间的总长度;

l_2 ——与 l_1 相关的由活载最不利布置图确定的荷载跨长度之和;

σ_{pe} ——无黏结钢绞线的有效应力,按式(8-14)计算;

f_{cd} ——混凝土轴心抗压强度设计值;

f_{sd} ——纵向受拉普通钢筋抗拉设计强度;

h_p ——纵向受拉无黏结钢绞线合力点至截面受压边缘的距离。

其他符号意义参见式(8-1)、式(8-2)的说明。

对于翼缘板位于受压区的T形、I形截面受弯构件,当受压区高度大于翼缘板高度时,综合配筋指标按式(8-23)计算:

$$\zeta_p = \frac{\sigma_{pe}A_p + f_{sd}A_s - f_c(b_f' - b)h_f'}{f_{cd}bh_p} \tag{8-23}$$

式中 h_f' ——T形或I形截面受压区的翼缘厚度;

b_f' ——T形或I形截面受压区的翼缘计算宽度;

b ——T形或I形截面腹板宽度。

在进行正截面承载力计算时,无黏结预应力纤维筋的极限应力(应力设计值)宜按下列公式计算:

$$\sigma_{fpu} = \sigma_{fpe} + \Delta\sigma_{fp} \tag{8-24}$$

$$\Delta\sigma_{fp} = (240 - 335\zeta_{0f})\left(0.45 + 5.5\frac{h}{l_0}\right)\frac{l_2}{l_1} \cdot \frac{E_{fp}}{E_p} \tag{8-25}$$

$$\zeta_{0f} = \frac{\sigma_{fpe}A_{fp} + f_{sd}A_s}{f_{cd}bh_{0,fp}} \tag{8-26}$$

式中 σ_{fpu}——进行正截面承载力计算时无黏结预应力纤维筋的应力设计值;

σ_{fpe}——无黏结预应力纤维筋的有效应力,按式(8-14)计算;

$\Delta\sigma_{fp}$——进行正截面承载力计算时无黏结预应力纤维筋的应力增量;

ζ_{0f}——综合配筋指标,不宜大于 0.4;对于连续梁、板,取各跨内支座和跨中截面综合配筋指标的平均值;

f_{cd}——混凝土轴心抗压强度设计值;

$h_{0,fp}$——纵向受拉无黏结预应力纤维筋合力点至截面受压边缘的距离。

其他符号意义参见式(8-21)~式(8-23)的说明。

无黏结预应力纤维筋的应力设计值 σ_{fpu} 应大于永久有效应力 σ_{fpe},但不大于抗拉强度设计值 f_{fpd}。

第四节 无黏结预应力混凝土受弯构件截面承载力计算

无黏结预应力混凝土受弯构件截面承载力计算包括正截面承载力计算和斜截面承载力计算。进行正截面承载力计算时,其基本假定与一般黏结预应力混凝土受弯构件所采用的相同。

1. 无黏结预应力混凝土受弯构件正截面承载力计算

《无黏结预应力混凝土结构技术规程》规定,无黏结预应力混凝土受弯构件正截面承载力设计值应满足如下规定:

$$M_u \geqslant M_{cr} \tag{8-27}$$

$$M_{cr} = (\sigma_{pc} + \gamma f_{tk})W_0 \tag{8-28}$$

式中 M_u——无黏结预应力混凝土受弯构件正截面承载力设计值;

M_{cr}——无黏结预应力混凝土受弯构件的截面开裂弯矩;

W_0——换算截面抵抗矩;

γ——塑性影响系数,按式(5-46)计算;

σ_{pc}——在预应力引起的受拉边缘混凝土的预压应力;

f_{tk}——混凝土抗拉强度标准值。

无黏结预应力混凝土受弯构件的截面受弯破坏时,如果配筋适当,在拉区普通钢筋达到抗拉强度极限值时压区混凝土压碎,截面破坏,但此时无黏结预应力筋的应力达不到抗拉强度极限值,应采用式(8-21)或式(8-24)的应力设计值。

矩形截面无黏结预应力混凝土受弯构件正截面承载力计算图示与图4-4类似,可得

$$\gamma_0 M_d \leqslant M_u = \sigma_{pu}A_p\left(h_p - \frac{x}{2}\right) + f_{sd}A_s\left(h_s - \frac{x}{2}\right) \tag{8-29}$$

混凝土受压区高度 x 可按式(8-30)计算:

$$\sigma_{\text{pu}}A_{\text{p}} + f_{\text{sd}}A_{\text{s}} = f_{\text{cd}}bx + f'_{\text{sd}}A'_{\text{s}} + \sigma'_{\text{p}}A'_{\text{p}} \tag{8-30}$$

截面受压区高度应符合下列要求:

$$x \leqslant \xi_{\text{b}}h_0 \tag{8-31}$$

当受压区配有纵向普通钢筋和无黏结预应力筋,且预应力筋受压,即 σ'_{p} 为正时,尚需符合式(8-32)要求:

$$x \geqslant 2a' \tag{8-32}$$

当受压区仅配纵向普通钢筋,或配普通钢筋和无黏结预应力筋,且预应力筋受拉,即 σ'_{p} 为负时,尚需符合式(8-33)要求:

$$x \geqslant 2a'_{\text{s}} \tag{8-33}$$

式中 γ_0 ——结构的重要性系数,按表 4-1 采用;

M_{d} ——荷载弯矩组合设计值;

σ_{pu} ——进行正截面承载力计算时无黏结预应力筋的应力设计值,按式(8-21)或式(8-24)计算;

f_{cd} ——混凝土轴心抗压强度设计值;

σ'_{p} ——压区预应力筋应力, $\sigma'_{\text{p}} = f'_{\text{pd}} - \sigma'_{\text{p0}}$;

σ'_{p0} ——受压区无黏结预应力筋合力点处混凝土法向应力等于零时预应力筋的应力;

f_{sd}、f'_{sd} ——纵向普通钢筋的抗拉强度设计值和抗压强度设计值;

f'_{pd} ——无黏结纵向预应力筋的抗压强度设计值;

A_{s}、A'_{s} ——受拉区、受压区纵向普通钢筋的截面面积;

A_{p}、A'_{p} ——受拉区、受压区无黏结纵向预应力筋的面积;

b ——矩形截面宽度;

h_0 ——截面有效高度, $h_0 = h - \dfrac{\sigma_{\text{pu}}A_{\text{p}}a_{\text{p}} + f_{\text{sd}}A_{\text{s}}a_{\text{s}}}{\sigma_{\text{pu}}A_{\text{p}} + f_{\text{sd}}A_{\text{s}}}$,此处 h 为截面全高;

h_{p} ——纵向受拉无黏结预应力筋合力点至截面受压边缘的距离, $h_{\text{p}} = h - a_{\text{p}}$;

h_{s} ——纵向受拉普通钢筋合力点至截面受压边缘的距离, $h_{\text{s}} = h - a_{\text{s}}$;

a_{s}、a_{p} ——受拉区普通钢筋合力点、无黏结预应力筋合力点至受拉区边缘的距离;

a'_{s} ——受压区普通钢筋合力点受压区边缘的距离;

a' ——受压区普通钢筋和无黏结预应力筋的合力点至受压区边缘的距离。

2. 无黏结预应力混凝土受弯构件斜截面承载力计算

无黏结预应力混凝土受弯构件斜截面抗剪承载力按式(8-34)计算:

$$V \leqslant V_{\text{cs}} + V_{\text{p1}} + 0.8f_{\text{sd}}A_{\text{sb}}\sin\theta_{\text{s}} + 0.8\sigma_{\text{pu}}A_{\text{pb}}\sin\theta_{\text{p}} \tag{8-34}$$

式中 V ——构件斜截面上的最大剪力设计值;

V_{cs} ——斜截面内混凝土和箍筋共同提供的抗剪承载力,按式(4-44)计算;

V_{p1} ——由预加力所提高的构件的抗剪承载力设计值, $V_{\text{p1}} = 0.05N_{\text{p0}}$,$N_{\text{p0}}$ 为计算截面上混凝土法向预应力为零时的纵向预应力筋和普通钢筋的合力($N_{\text{p0}} \leqslant 0.3f_{\text{c}}A_0$,$f_{\text{c}}$ 为混凝土抗压强度设计值,A_0 为构件换算截面面积);

V_{sb} ——与斜截面相交的弯起普通钢筋提供的抗剪承载力;

V_{pb} ——与斜截面相交的弯起无黏结预应力筋提供的抗剪承载力;

σ_{pu} ——无黏结预应力筋的应力设计值,可按式(8-21)或式(8-24)计算。

第五节 无黏结预应力混凝土受弯 构件的挠度和裂缝计算

荷载作用构件发生挠曲变形时,无黏结预应力筋与混凝土间发生相对滑动,无黏结预应力筋中应变增量与其周边混凝土应变增量存在差别,因此受弯构件混凝土截面上弯矩、曲率、应变与竖向变形的关系将不能适用于无黏结预应力筋,需将无黏结预应力混凝土受弯构件看成是一个由钢筋混凝土构件和无黏结预应力筋拉杆构成的组合结构,其中无黏结预应力筋拉杆纵向总变形与其周边混凝土纵向累积变形相同、各位置竖向变形相同。因此,进行荷载作用下无黏结预应力混凝土受弯构件竖向变形及开裂后钢筋应力、裂缝宽度的严格计算较为复杂,规范中一般利用全黏结预应力混凝土受弯构件的变形和裂缝计算原理、公式进行近似计算,下面介绍《无黏结预应力混凝土结构技术规程》计算方法。

一、无黏结预应力混凝土受弯构件抗的挠度计算

比较图8-6和图6-1,可以按双直线型法计算荷载作用下无黏结预应力混凝土受弯构件的短期变形,其计算公式为:

当 $M(x) \leqslant M_{cr}$ 时

$$f_s = \int_0^L \frac{\bar{M}(x)M(x)}{B_1(x)}\mathrm{d}x \qquad (8-35)$$

当 $M(x) > M_{cr}$ 时

$$f_s = \int_0^L \bar{M}(x)\left(\frac{M_{cr}(x)}{B_1(x)} + \frac{M(x) - M_{cr}(x)}{B_2(x)}\right)\mathrm{d}x \qquad (8-36)$$

式中 $M(x)$ ——计算弯矩;

$\bar{M}(x)$ ——在构件计算位置及相应方向作用单位力产生的弯矩;

$M_{cr}(x)$ ——截面开裂弯矩;

$B_1(x)$、$B_2(x)$ ——截面开裂前、开裂后的短期抗弯刚度。

《无黏结预应力混凝土结构技术规程》中短期抗弯刚度按下述计算:
对于要求不出现裂缝的受弯构件:

$$B_s = 0.85E_cI_0 \qquad (8-37)$$

对于允许出现裂缝的受弯构件:

$$B_s = \frac{0.85E_cI_0}{k_{cr} + w(1 - k_{cr})} \qquad (8-38)$$

$$w = \left(1.0 + \frac{0.21}{\alpha_E\rho}\right)(1 + 0.45\gamma_f) - 0.7 \qquad (8-39)$$

$$\gamma_f = \frac{(b_f - b)h_f}{bh_0} \qquad (8-40)$$

式中 M_k ——按荷载效应的标准组合计算的弯矩;

M_{cr} ——无黏结预应力混凝土受弯构件的截面开裂弯矩,按式(8-28)计算;

ρ ——截面所有钢筋配筋率,按式(8-41)式(8-42)计算;

I_0 ——换算截面惯性矩;

b_f、h_f ——受拉区翼缘的宽度和高度;

k_{cr} ——正截面开裂弯矩与按荷载效应标准组合计算的弯矩的比值,$k_{cr} \leq 1$;

γ_f ——受拉区翼缘截面面积与腹板有效截面面积之比;

α_E ——钢筋弹性模量与混凝土弹性模量之比;

b ——矩形截面宽度或 T 形截面、工字形截面腹板的宽度;

h_0 ——截面有效高度。

式(8-39)中,纵向受拉钢筋配筋率按下面计算:

无黏结预应力钢筋混凝土梁

$$\rho = \frac{0.3A_p + A_s}{bh_0} \tag{8-41}$$

无黏结预应力纤维筋混凝土梁

$$\rho = \frac{\dfrac{0.3E_{fp}A_{fp}}{E_p} + A_s}{bh_0} \tag{8-42}$$

式中　E_{fp} ——无黏结预应力纤维筋弹性模量;

A_{fp} ——无黏结预应力纤维筋截面积。

按荷载标准组合并考虑长期荷载作用影响的刚度,按式(8-43)计算:

$$B = \frac{M_k}{M_q(\theta - 1) + M_k}B_s \tag{8-43}$$

式中　B_s ——短期刚度,按式(8-37)或式(8-38)计算,预压时预拉区出现裂缝的构件,B_s 应降低 10%;

M_k ——按荷载效应的标准组合计算的弯矩,取计算区段内的最大弯矩值;

M_q ——按荷载效应的准永久组合计算的弯矩,取计算区段内的最大弯矩值;

θ ——考虑荷载长期作用对挠度增大的影响系数,取 $\theta = 2.0$。

二、无黏结预应力混凝土受弯构件的裂缝计算

无黏结预应力混凝土受弯结构或构件中配设一定数量的纵向受力普通钢筋,且这些普通钢筋的一部分布置于受拉区无黏结预应力筋的外侧,控制受拉边缘混凝土裂缝宽度是确保这些普通钢筋不发生锈蚀的重要措施。

对于允许开裂的矩形、T 形、I 形截面无黏结预应力混凝土受弯构件,《无黏结预应力混凝土结构技术规程》规定,按荷载效应的标准组合并考虑长期作用影响的最大裂缝宽度(mm)计算公式为

$$w_{max} = \alpha_{cr}\psi\frac{\sigma_{sk}}{E_s}\left(1.9c_s + 0.08\frac{d_{eq}}{\rho_{te}}\right) \tag{8-44}$$

$$\psi = 1.1 - 0.65\frac{f_{tk}}{\rho_{te}\sigma_{sk}} \tag{8-45}$$

其中等效直径 d_{eq} 和有效纵向受拉钢筋配筋率 ρ_{te} 按下面计算:

$$d_{eq} = \frac{\sum n_i d_i^2}{\sum n_i v_i d_i^2} \tag{8-46}$$

$$\rho_{te} = \frac{A_s}{A_{te}} \tag{8-47}$$

式中 α_{cr} ——构件受力特征系数,对于受弯件取 1.5;

ψ ——裂缝间纵向受拉钢筋应变不均匀系数,当 $\psi < 0.2$ 时,取 $\psi = 0.2$;当 $\psi > 1.0$ 时,取 $\psi = 1.0$;对直接承受重复荷载的构件,$\psi = 1.0$;

σ_{sk} ——按荷载标准组合计算的纵向受拉钢筋的等效应力;

c_s ——受拉区最外层普通钢筋至受拉边缘的距离(mm);当 c_s 小于 20 时取为 20,当 c_s 大于 65 时取为 65;对裂缝宽度外观无特殊要求的构件,当 c_s 大于 30 时取为 30;

n_i ——受拉区第 i 种纵向钢筋的根数;

d_i ——受拉区第 i 种纵向钢筋的公称直径(mm);

v_i ——受拉区第 i 种纵向钢筋的相对黏结特性系数,光面钢筋取 0.7,带肋钢筋取 1.0;

ρ_{te} ——按有效受拉混凝土截面面积计算的纵向受拉钢筋配筋率;在最大裂缝宽度计算中,当 $\rho_{te} < 0.01$ 时,取 $\rho_{te} = 0.01$;

A_s ——受拉区纵向普通钢筋的截面面积;

A_{te} ——有效受拉混凝土截面面积,取为 $A_{te} = 0.5bh + (b_f - b)h_f$,此处 b_f、h_f 分别为受拉翼缘的宽度、高度。

式(8-44)中按荷载效应标准组合计算的无黏结预应力混凝土受弯构件纵向受拉钢筋的等效应力 σ_{sk},可下面计算:

$$\sigma_{sk} = \frac{M_k \pm M_{p2} - N_{p0}(z - e_p)}{(0.3A_p + A_s)z} \tag{8-48}$$

$$e = e_p + \frac{M_k \pm M_{p2}}{N_{p0}} \tag{8-49}$$

$$e_p = y_{ps} - e_{p0} \tag{8-50}$$

$$z = \left[0.87 - 0.12(1 - \gamma'_f)\left(\frac{h_0}{e}\right)^2\right]h_0 \leqslant 0.87h_0 \tag{8-51}$$

$$N_{p0} = \sigma_{p0}A_p + \sigma'_{p0}A'_p - \sigma_{L6}A_s - \sigma'_{L6}A'_s \tag{8-52}$$

$$e_{p0} = \frac{\sigma_{p0}A_p y_p - \sigma'_{p0}A'_p y'_p - \sigma_{L6}A_s y_s + \sigma_{L6}A'_s y'_s}{N_{p0}} \tag{8-53}$$

$$\sigma_p = \sigma_{pe} + \alpha_{Ep}\sigma_{pc} \tag{8-54}$$

式中 M_k ——按荷载效应标准组合计算的弯矩;

M_{p2} ——无黏结预应力混凝土超静定结构中的次弯矩;

N_{p0} ——计算截面上混凝土法向预应力等于零时的预加力;

A_p ——受拉区纵向无黏结预应力筋截面面积:对无黏结预应力钢筋混凝土受弯构件,应取为受拉区纵向预应力筋截面面积;对无黏结预应力纤维筋混凝土受弯构件,应取为 $E_{fp}A_{fp}/E_p$;

A'_p ——受压区纵向无黏结预应力筋截面面积:对无黏结预应力钢筋混凝土受弯构件,应取为受压区纵向预应力筋截面面积;对无黏结预应力纤维筋混凝土受弯构件,应取为 $E_{fp}A'_{fp}/E_p$;

A_s、A'_s ——受拉区、受压区纵向非预应力钢筋的截面面积;

z ——纵向受拉普通钢筋和预应力筋合力点至纵向受压普通钢筋和预应力筋合力点的距离;

e_p —— N_{p0} 作用点至受拉区纵向普通钢筋和预应力筋合力点的距离;

y_{ps} ——受拉区纵向预应力筋和普通钢筋合力点的偏心距;

e_{p0} ——计算截面上混凝土法向预应力等于零时的预加力 N_{p0} 作用点的偏心距;

y_p、y'_p——受拉区、受压区无黏结预应力钢筋重心至截面重心轴的距离;

y_s、y'_s——受拉区、受压区普通钢筋重心至截面重心轴的距离;

γ'_f——受压翼缘截面面积与腹板有效截面面积的比值,$\gamma'_f = \dfrac{(b'_f - b)h'_f}{h_0}$,$b'_f$、$h'_f$ 为受压

区翼缘的宽度、高度;当 $h'_f > 0.2h_0$ 时,取 $h'_f = 0.2h_0$;

σ_{pc}——受压区纵向无黏结预应力筋合力点处混凝土的法向应力。

《预应力混凝土结构设计规范》(JGJ 369—2016)中无黏结预应力混凝土受弯构件裂缝宽度计算公式与上述相同,只是在(8-48)中考虑超静定结构中预加力引起的次轴力的影响:

$$\sigma_{sk} = \frac{M_k \pm M_{p2} - N_{p0}(z - e_p) + N_{p2}\left(z - \dfrac{h}{2} + a\right)}{(0.3A_p + A_s)z} \tag{8-55}$$

式中 N_{p2}——无黏结预应力混凝土超静定结构中的预加力引起的次轴力;

a ——纵向受拉钢筋合力点至受拉边缘的距离。

《无黏结预应力混凝土结构技术规程》规定,无黏结预应力混凝土受弯构件斜裂缝控制验算应符合现行国家标准《混凝土结构设计规范》的有关规定;对于正截面受力裂缝,按控制要求将裂缝控制等级分为三级:

第一级:严格要求不出现裂缝的构件,按荷载标准组合计算时,构件受拉边缘混凝土不应产生拉应力;

第二级:一般要求不出现裂缝的构件,根据结构类型和环境类别,在荷载标准组合下,构件受拉边缘混凝土拉应力不应大于规范限值(任何情形不能大于混凝土抗拉强度标准值);

第三级:允许出现裂缝的构件,按荷载标准组合并考虑长期作用的影响计算时,构件的最大裂缝宽度不应超过规范限值(一类环境限值为 0.2 mm);对二 a 类环境的构件,尚应按荷载准永久组合计算,且构件受拉边缘混凝土的拉应力不应大于混凝土的抗拉强度标准值。

第九章
体外预应力混凝土
结构设计

第一节　体外预应力混凝土概念及锚固体系

一、体外预应力混凝土结构的概念

将预应力筋布置于混凝土截面外、并通过后张法施工的配筋混凝土结构,称为体外预应力混凝土结构。布置于混凝土截面外的预应力筋称为体外预应力筋,体外预应力筋在自然环境中易腐蚀,必须采用防腐措施,通常将体外预应力筋及其防腐和保护的组合体称为体外预应力索,简称体外索(或体外束)。体外索端部通过锚固装置与混凝土截面连接,体外索为折线布置时,在转折位置的混凝土截面上设置体外索转向装置。图9-1为体外预应力混凝土简支梁中典型的体外索直线布置和折线布置形式,体外索在转向装置处可以自由滑动。

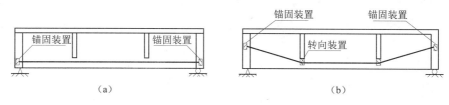

（a）　　　　　　　　　　　　　（b）

图9-1　体外预应力混凝土简支梁体外索布置示意图

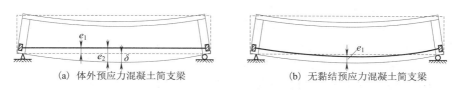

(a) 体外预应力混凝土简支梁　　　　(b) 无黏结预应力混凝土简支梁

图9-2　梁体与预应力筋变形关系示意图

用直线布置的体外预应力混凝土简支梁来说明荷载作用下梁体和体外索的变形和受力特点。设梁体受均布荷载作用,加载时梁体发生竖向变形,跨中最大竖向位移为 δ [见图9-2(a)中虚线代表变形前梁体外轮廓,实线代表变形后梁体位置];对于体外索,其变形仅在两端锚固位置与梁体相同,而在其他部位并没有随梁体发生挠曲(体外索保持直线),且跨中体外索距梁体下缘的距离从荷载作用前的 e_1 变成荷载作用后的 e_2 [见图 9 – 2(a)中未画出加载前、加载后体外索水平位置的变化],由于 $e_2 > e_1$,即加载后跨中位置体外索距混凝土截面重心的距离(偏心距)变小了,由此导致预应力效应降低,亦即出现预应力二次效应,并导致体外预应力混凝土梁的抗弯承载力降低。均布荷载作用下,梁体跨中产生的弯矩最大,跨中截面上缘、下缘的混凝土应力增量最大,支座位置截面混凝土应力增量为零;由于体外索仍保持直线线形,其应变变化主要与两锚固位置间纵向位移有关,在全长范围内体外索中应力增量相同,因此,荷载作用时体外索应力与梁体混凝土应力的变化规律完全不同。对于折线布置的体外索结构[见图 9 – 1(b)],荷载作用时梁体、体外索的变形和受力均具有上述特点,即除锚固位置、转向装置处梁体与体外索变形相同外,其他位置两者变形均不相同;梁体截面内应力变化与体外索中应力变化规律不同,全长范围内体外索中应力变化较均匀;出现预应力二次效应现象。

体外预应力混凝土结构的上述变形和受力特点使其与(全黏结)预应力混凝土结构、无黏结预应力混凝土结构的工作性能有明显的差别。对于(全黏结)预应力混凝土结构,荷载作用时,预应力筋竖向、纵向变形与其周边混凝土变形完全相同,预应力筋偏心距没有发生变化,不存在预应力二次效应现象;预应力筋应力变化规律与其周边混凝土应力变化规律相同。对于无黏结预应力混凝土结构,荷载作用时,在梁长方向每一位置无黏粘预应力筋与其周边混凝土的竖向变形相同[见图 9 – 2(b)],无黏结预应力筋的偏心距没有发生变化(梁体变形前后均为 e_1),不存在预应力二次效应现象;无黏结预应力筋与其周边混凝土的应变规律变化不同,但两者沿无黏结预应力筋全长的累积变形量相同;在无黏结预应力筋全长范围内,无黏结预应力筋中应力变化规律与梁体截面内应力变化规律不同,无黏结预应力筋在全长范围内的应力变化基本相同。

体外预应力混凝土构件或结构具有如下特点:

(1)结构自重轻,经济性好。体外索布置于混凝土截面外,有效减少混凝土截面尺寸(尤其减小腹板厚度),降低了结构自重,减少上部结构和下部结构的材料总用量,降低造价。

(2)施工简便,缩短施工工期。施工中虽然增加了锚固装置、转向装置的制作,但由于减少大量预留孔道所需的定位钢筋网制作和绑扎、穿束等施工工序,总体上简化了施工,缩短了施工工期。

(3)体外索布置简化,使体外预应力混凝土结构的设计、施工更为简易,便于节段标准化施工。尤其随着高强度、高性能预应力筋以及大吨位锚具的研发和应用,降低了体外索数量,更简化了体外索布置。

(4)易确保混凝土浇筑质量。有黏结预应力混凝土结构腹板内通常布置大量预应力筋,其预留管道以及大量定位钢筋(网)增加混凝土浇筑难度;体外预应力混凝土结构中没有预应力筋预留管道及定位钢筋,方便混凝土浇筑和振捣,易于确保混凝土浇筑质量。

(5)应用广泛,可高效使用长预应力筋。张拉时体外索与混凝土不直接接触,摩阻应力损失较小,考虑各项预应力损失后的力筋全长应力分布较均匀;荷载作用下体外索应力增量较均匀,提高了预应力筋的全长使用效率,可高效使用长预应力筋,使体外预应力混凝土适用于大跨结构、多跨连续结构。

(6)在大跨体外预应力混凝土结构或开裂的体外预应力混凝土结构中,存在明显的预应力二次效应现象。

(7)构件或结构控制截面破坏时,体外索应力一般达不到设计强度。

(8)使用期间安全检测、维护方便,易于进行结构维修加固。体外索损伤、断裂相对容易检测,发生损伤后,其更换施工亦较方便。

由于体外索布置于截面外,对于混凝土截面内没有配置钢筋的体外预应力混凝土受弯构件,类似于由预压素混凝土受弯构件和体外索拉杆构成的组合结构,其受力与纯无黏结预应力混凝土梁类似,在荷载作用下控制截面一旦出现法向裂缝,当荷载稍微增加情况下构件很快就发生破坏,破坏前瞬间构件变形小、裂缝少,属脆性破坏。因此,体外预应力混凝土受弯构件截面内必须配置一定数量普通钢筋,以改善结构的抗弯、抗裂、抗变形、抗疲劳性能。在工程中,亦常采用同时布设体内(有黏结)预应力筋、体外预应力筋的混合配筋形式,可同时发挥(全黏结)预应力混凝土结构和体外预应力混凝土结构的优点。一般情况下,体外预应力混凝土结构的普通钢筋配筋要求可采用其对应的混凝土结构(钢筋混凝土结构或预应力混凝土结构)的配筋要求,或参考无黏结预应力混凝土结构的配筋规定。

体外预应力混凝土结构分为新建体外预应力混凝土结构和在既有混凝土结构上通过体外预应力技术加固后的结构。由于体外预应力技术愈来愈广泛应用于既有结构加固,因此,本章在介绍新建体外预应力混凝土结构的构造、设计、计算等知识时,亦简要介绍了采用体外预应力技术加固的混凝土结构的相关知识。

二、体外预应力结构体系和体外索组件

1. 体外预应力混凝土结构体系

体外预应力混凝土结构体系主要包括以下部分:体外预应力筋及其防腐系统、锚固系统、转向装置、减震装置与定位构造。通常将锚具、体外索(体外预应力筋及其防腐和保护的组合体)、转向装置(转向器)、减震装置及导管、密封装置和接头统称为体外索组件,如图9-3所示。锚固装置用于体外索的张拉和锚固,转向装置改变体外索线形走向。锚固装置可以位于梁端(直接在端横隔板上制作或专门制作),亦可以位于梁跨中间(直接在中间横隔板上制作或专门制作外伸锚固块);转向装置可以设置于中间横隔板上,亦可以单独制作。对于较长体外索,为了避免其与桥梁固有频率接近而发生共振,应在体外索上每隔一定距离安装减震装置,以改变体外索固有频率。体外束自由长度过长时(一般规定为8 m),应设置约束支架等定位装置。

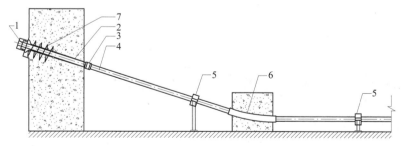

图9-3　体外索组件示意图
1—锚具;2—导(连)管;3—密封装置和接头;4—体外索;
5—减震装置;6—转向器;7—间接钢筋

2. 体外索

体外索中体外预应力筋主要有单根无黏结钢绞线、多根无黏结或有黏结钢绞线、大直径钢棒、预应力螺纹钢筋等,以单根无黏结钢绞线、多根无黏结或有黏结钢绞线较为常用。由于体外预应力筋在自然环境下长期工作,必须进行防腐,通常有三道措施,即体外预应力筋本身防腐、护套防腐及管内填充料防腐。

无黏结钢绞线束可采用光面钢绞线、热镀锌钢绞线、环氧涂层钢绞线,钢绞线表面加镀锌层、环氧涂层,作为"内部防护"。体外索护套一般采用高密度聚乙烯(HDPE)管和镀锌钢管,作为"外部防护";管内灌注油脂或水泥浆,作为"中间防护"。

体外索的索体可以是工厂制作的成品索或现场制作的非成品索。成品索应由无黏结钢绞线束热挤 HDPE 护套组成[见图 9-4(a)];非成品索的预应力筋一般采用钢绞线(标准强度不低于 1 720 MPa),护套采用 HDPE 管、HDPE 哈弗管、钢管等。图 9-4 为两种典型的体外索,图 9-4(a)中体外预应力筋采用无黏结钢绞线束,图 9-4(b)中体外预应力筋采用有黏结钢绞线束,填充料为防腐油脂或水泥浆。

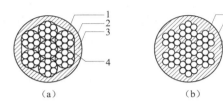

图 9-4 预应力体外索构造示意图
1—无黏结钢绞线;2—HDPE 护套;
3—填充料;4—外护套;5—钢绞线

3. 锚具系统

体外索的锚具有铸造式锚具[见图 9-5(a)和图 9-5(b)]和钢板式锚具[见图 9-5(c)和图 9-5(d)],锚具系统由锚板、锚垫板、间接钢筋、保护罩、连管、外护套、喇叭管等组成。对于可多次张拉的体外索锚具,需在锚板外设置调节螺母[见图 9-5(b)和图 9-5(d)]。

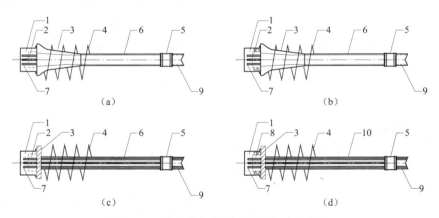

图 9-5 铸造式和钢板式锚具构造示意图
1—保护罩;2—锚板;3—锚垫板;4—间接钢筋;5—连管;
6—隔离衬套;7—张拉预留段;8—螺母;9—外护套;10—导管

锚具系统应具有可靠的锚固性能、足够的承载能力,体外预应力筋—锚具组装件的锚具效率系数及疲劳性能应满足现行国家标准《预应力筋用锚具、夹具和连接器》GBT 14370 的要求。体外预应力筋用锚具的效率系数按式(2-23)计算,锚具效率系数应大于 0.95($\eta_a \geq 0.95$),总伸长率应大于 2.0%($\varepsilon_{Tu} \geq 2.0\%$)。锚具的锚下应满足一定的荷载传递性能,锚具组件应满足规范要求的疲劳性能。

4. 转向装置

转向装置是体外预应力混凝土结构中的重要构造,是除锚固装置外体外预应力筋与结构相连的部位。根据体外索类型和转向要求,在转向装置中埋设相适应的转向器。转向装置在完成体外预应力筋转向功能时,还必须将体外预应力筋转向引起的荷载可靠地传递到混凝土结构上。按制作材料,转向装置可分为钢结构形式和钢筋混凝土结构形式。钢结构形式构造简单,截面尺寸较小,自重小,施工简便,但需要做防腐措施;钢筋混凝土结构形式截面尺寸较大,自重大,但其与混凝土主体结构融为一体,钢筋绑扎、混凝土浇筑等施工可与主体结构同时进行,因此,体外预应力混凝土结构中以钢筋混凝土转向装置最为常用。

从形式上,转向装置可分为块式、肋式、梁式三种类型,其中肋式又可细分为横肋式和竖肋式,如图9-6所示。

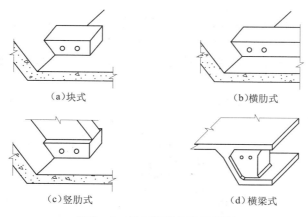

（a）块式　　　　　　　　　　　　（b）横肋式

（c）竖肋式　　　　　　　　　　　（d）横梁式

图9-6　转向装置构造示意图

块式转向装置[见图9-6(a)]构造简单,自重小,布置灵活,只能承受体外索的竖向分力。横肋式转向装置[见图9-6(b)]通常沿箱梁底板横向贯通布置,可承受体外索的竖向分力和横向分力,常用于斜、弯体外预应力混凝土结构;竖肋式转向装置[见图9-6(c)]沿箱梁腹板竖向贯通布置,可承受较大体外索竖向分力,箱梁腹板、梗腋和部分底板、顶板参与受力,转向装置区域整体受力性能较好。如果转向装置需承受较大弯矩,则应采用梁式转向装置[见图9-6(d)]。

转向装置内核心部件为体外束转向器。转向器分为集束式和散束式,集束式指的是体外索内预应力筋束集中布置[见图9-7(a)和图9-7(b)],受力时集中靠紧转向器受压侧(凹侧,图9-3中为上侧);散束式指的是体外索内预应力筋束分散布置[见图9-7(c)],在转向器内设置预应力筋束引导管以实现分散布置。集束式转向器宜采用无缝钢管,散束式转向器应采用无缝钢管或HDPE管。集束式转向器适用于成品索,散束式转向器可用于成品索和非成品索。

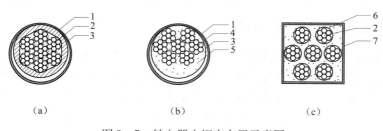

（a）　　　　　　　　　（b）　　　　　　　　　（c）

图9-7　转向器中钢束布置示意图

1—钢管;2—无黏结钢绞线;3—护套;4—钢绞线;5—水泥浆;6—引导管;7—附属构造

　　为了确保转向装置处每根钢绞线受力均匀,避免在张拉时和荷载作用时在转向处体外索产生附加应力,减少应力集中,一般要求体外索在每个转向装置的弯曲角度应小于15°,且转向器曲率半径不能太小,对于集束式转向器 $R_{\min} \geqslant 22D$(D 为外护套直径),散束式转向器 $R_{\min} \geqslant 580d$(d 为预应力钢绞线中钢丝的最大直径)。近锚固段的转向器最小弯曲半径应比上述值大1 000 mm。

　　5. 减震装置

　　在动力荷载作用下,体外预应力混凝土结构中的混凝土结构将发生振动,体外索亦将发生振动。当两者的频率接近,且与动力荷载频率接近时,可能发生共振现象,易引起锚具的疲劳破坏以及转向装置处体外索的(弯折)疲劳破坏。《预应力混凝土结构设计规范》(JGJ 369—2016)规定,锚固位置与转向装置之间或两转向装置之间的体外索自由长度超过 12 m 时,宜安装减震装置。

　　体外索的减震装置应由定位部件和隔振材料组成,图 9 − 8 为一种典型的减震装置。定位部件应采用刚度较大的钢材等材料,一端固定于混凝土截面上;隔振材料宜采用聚氯丁乙烯橡胶,放置于体外索和定位装置中间。对于无填充料的非成品索,应将隔振材料设置于钢束和外护套之间。

　　减震装置应当有适当的防腐措施,应为便于维护的可重复装卸式,所有可换部件应装卸方便。

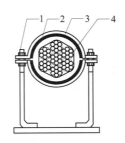

图 9 − 8　减震装置
1—可调拉杆;2—橡胶垫层;3—哈弗扣;4—索体

第二节　体外预应力筋的应力计算

　　涉及内力和应力、变形计算时,为与体内黏结预应力筋、普通钢筋对应,采用体外预应力筋而非体外索的概念。下面根据体外预应力混凝土受弯构件的构造特点和施工工艺,介绍体外预应力筋的有效应力计算、荷载作用下的应力增量计算及截面破坏时的设计应力取值。

一、体外预应力筋的有效应力计算

　　从张拉至锚固的施工阶段至结构正常运营阶段,体外预应力筋将发生摩擦阻力、锚具变形和预应力筋回缩、分批张拉压缩以及混凝土收缩与徐变、预应力筋松弛引起的预应力损失,因此,扣除全部预应力损失后,正常使用阶段体外预应力筋的有效应力为

$$\sigma_{pe,ex}(x) = \sigma_{con,ex}[\sigma_{L1}(x) + \sigma_{L2}(x) + \sigma_{L4}(x) + \sigma_{L5}(x) + \sigma_{L6}(x,t)] \qquad (9-1)$$

式中　$\sigma_{con,ex}$——体外预应力筋锚下张拉控制应力。

　　其他符号意义参见第三章。

体外预应力筋锚下张拉控制应力不宜超过 $0.6f_{ptk}$，且不宜小于 $0.4f_{ptk}$，当要求部分抵消预应力损失时，可提高 $0.05f_{ptk}$。

体外预应力筋张拉时，在锚固装置的管道段、各个转向装置管道段内将引起摩阻应力损失，在锚固装置和转向装置处的摩阻应力损失可按式（9-2）计算：

$$\sigma_{L1}(x) = \sum \sigma_{pi}[1 - e^{-(\mu_i\theta_i+\kappa_i x_i)}] \qquad (9-2)$$

式中　σ_{pi}——每个锚固装置、转向装置在张拉端侧起始位置的体外预应力筋应力；

μ_i——体外预应力筋与锚固装置或转向装置之间的摩擦系数；

κ_i——考虑锚固装置或转向装置孔道单位长度内局部偏差对摩擦的影响系数；

x_i——每个锚固装置或转向装置与体外预应力筋的接触长度（m）；

θ_i——每个锚固装置或转向装置弯起角之和，以 rad（弧度）计。

μ、κ 应根据试验数据确定，无试验数据时可按表 9-1 取用。《公路钢筋混凝土及预应力混凝土桥涵设计规范》JTG 3362 中不考虑锚固装置或转向装置孔道局部偏差对摩擦的影响。

表 9-1　转向装置处 μ、κ 值

孔道材料、成品索类型	μ	κ
钢管穿光面钢绞线	0.30(0.20~0.30)	0.001(0)
HDPE 管穿光面钢绞线	0.13(0.12~0.15)	0.002(0)
无黏结预应力钢绞线	0.09(0.08~0.10)	0.004(0)

注：本表无括号数据摘自《预应力混凝土结构设计规范》（JGJ 369—2016），括号内数据摘自《公路钢筋混凝土及预应力混凝土桥涵设计规范》（JTG 3362—2018）。

体外预应力筋锚固时，由于锚具变形、体外预应力筋回缩引起的应力损失为

$$\sigma_{L2}(x) = \frac{\sum \Delta l}{l_{ex}} E_p \qquad (9-3)$$

式中　Δl——张拉端锚具变形和体外预应力筋回缩值（mm）；

l_{ex}——两锚固点间体外预应力筋的有效长度；

E_p——体外预应力筋的弹性模量。

当体外预应力筋分批张拉时，先批张拉体外预应力筋将由于张拉后批体外预应力筋时构件压缩而引起压缩应力损失 σ_{L4}，应根据结构特点和体外预应力筋布置形式计算张拉后批体外预应力筋时先批张拉体外预应力筋的长度改变，近似计算时，可参照相应规范的体内黏结预应力筋的压缩应力损失公式进行计算。

体外预应力筋由于松弛引起的应力损失终值 σ_{L5} 按表 3-3 计算。由混凝土收缩、徐变引起的应力损失 σ_{L6} 应根据结构特点和体外预应力筋布置形式，结合锚固位置、转向位置体外预应力筋与梁体变形协调特点计算；近似计算时，可参照相应规范的体内黏结预应力筋的收缩、徐变引起的应力损失公式进行计算。

二、体外预应力筋的应力增量计算

对于一般体外预应力混凝土结构，在正常使用期间竖向变形较小，可忽略预应力二次效应。荷载作用引起的体外预应力筋应力变化，有两种求解方法，其一是将体外预应力混凝土结构看成由体外预应力筋拉杆和混凝土结构构成的组合体，求解出荷载作用下体外预应力筋的内力变化即可得体外预应力筋应力增量；另一种方法是根据锚固点、转向位置处体外预应力筋与混凝

土截面变形相同条件,求解荷载作用下体外预应力筋在其两锚固点间的长度增量,从而获得体外预应力筋应变、应力增量。进行近似计算时,后一种方法可采用加载前体外预应力筋对应位置混凝土在荷载作用下的沿体外预应力筋全长的应变增量之和作为体外预应力筋变形增量的假定,即按式(8-16)计算变形增量,然后按式(8-15)计算应力增量。

求得荷载作用引起的体外预应力筋应力增量后,就可得到正常使用期间,体外预应力混凝结构中体外预应力筋的应力为

$$\sigma_{p,ex} = \sigma_{pe,ex}(x) + \Delta\sigma_{p,ex} \tag{9-4}$$

式中　$\sigma_{pe,ex}(x)$ ——扣除全部预应力损失后的体外预应力筋有效预应力,按式(9-1)计算;

$\Delta\sigma_{p,ex}$ ——结构二期恒载、活载作用引起的体外预应力筋应力增量。

《公路钢筋混凝土及预应力混凝土桥涵设计规范》规定,正常使用期间,体外预应力钢绞线应力 $\sigma_{p,ex} \leqslant 0.6f_{pk}$ 。

以图9-1(b)的体外预应力筋折线布置的简支梁为例,计算荷载作用引起的体外预应力筋应力增量。由于体外预应力筋与转向装置间可相互滑动,这是一个以体外预应力筋内力为一次赘余力的超静定结构。

设均布外荷载作用时,在体外预应力筋中产生内力增量 ΔN_p,截断体外预应力筋(见图9-9),则有

$$\delta_{11}\Delta N_p + \delta_{1p} = 0 \tag{9-5}$$

式中　δ_{11} ——体外预应力筋单位荷载(拉力)作用引起的体外预应力筋位移值;

δ_{1p} ——外荷载作用引起的体外预应力筋位移。

因此得

$$\Delta N_p = -\frac{\delta_{1p}}{\delta_{11}} = \frac{\displaystyle\int_0^{l_{ex}} \frac{M(x)e_p(x)}{E_cI(x)}\mathrm{d}x}{\displaystyle\int_0^{l_{ex}} \frac{e_p^2(x)}{E_cI(x)}\mathrm{d}x + \frac{1}{A_{p,ex}E_p}l_{ex}} \tag{9-6}$$

式中　$M(x)$ ——由外荷载产生的混凝土截面上弯矩;

$e_p(x)$ ——体外预应力筋中心至混凝土截面重心轴的距离;

l_{ex} ——两锚固点间体外预应力筋的初始有效长度;

$I(x)$ ——配筋混凝土截面的惯性矩;

$A_{p,ex}$ ——体外预应力筋的截面积;

E_p ——体外预应力筋的弹性模量。

由式(9-6)得荷载作用引起的体外预应力筋的应力增量为

$$\Delta\sigma_{p,ex} = \frac{1}{A_{p,ex}} \cdot \frac{\displaystyle\int_0^{l_{ex}} \frac{M(x)e_p(x)}{E_cI(x)}\mathrm{d}x}{\displaystyle\int_0^{l_{ex}} \frac{e_p^2(x)}{E_cI(x)}\mathrm{d}x + \frac{1}{A_{p,ex}E_p}l_{ex}} \tag{9-7}$$

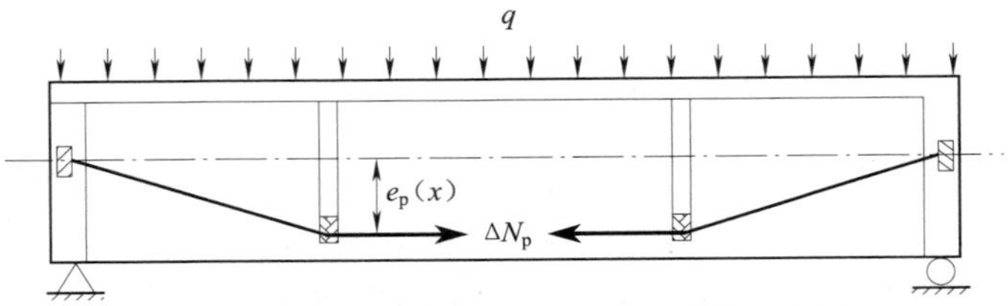

图9-9　体外预应力筋内力增量计算示意图

三、体外预应力筋的极限应力

对于有多种形态、多段折线布置体外预应力筋的静定、超静定体外预应力混凝土结构,要获得混凝土截面破坏时的体外预应力筋极限应力准确值是较困难的,但在设计中必须先获得或给定体外预应力筋极限应力(应力设计值),才能进行基于截面承载力计算的设计和校核。基于大量理论研究和试验研究结果,目前规范中一般给出其近似取值或近似计算式。《预应力混凝土结构设计规范》(JGJ 369—2016)规定,体外预应力筋的极限应力宜按下列公式计算:

简支受弯构件正截面承载力计算时

$$\sigma_{\mathrm{pu,ex}} = \sigma_{\mathrm{pe,ex}} + 100 \tag{9-8}$$

连续与悬臂受弯构件正截面承载力计算时

$$\sigma_{\mathrm{pu,ex}} = \sigma_{\mathrm{pe,ex}} + 50 \tag{9-9}$$

斜截面承载力计算时

$$\sigma_{\mathrm{pu,ex}} = \sigma_{\mathrm{pe,ex}} + 100 \tag{9-10}$$

式中　$\sigma_{\mathrm{pu,ex}}$——进行截面承载力计算时体外预应力筋的极限应力(应力设计值)(MPa),不得大于体外预应力筋抗拉强度设计值;

$\sigma_{\mathrm{pe,ex}}$——扣除全部预应力损失后的体外预应力筋有效预应力(MPa),按式(9-1)计算。

《无黏结预应力混凝土结构技术规程》中,受弯构件正截面承载力计算时的应力设计值均按式(9-8)计算。

对于用体外预应力筋加固的钢筋混凝土和预应力混凝土受弯结构,《公路桥梁加固设计规范》(JTG/T J22—2008)中给出了受弯构件正截面抗弯承载力计算时体外预应力筋的极限应力,其中水平筋极限应力按式(9-11)计算:

$$\sigma_{\mathrm{pu,ex}} = \sigma_{\mathrm{pe,ex}} + 0.03E_{\mathrm{p}}\frac{h_{\mathrm{p,ex}} - c}{\gamma_{\mathrm{p}}l_{\mathrm{ex}}} \leqslant f_{\mathrm{pd,ex}} \tag{9-11}$$

式中　l_{ex}——计算跨体外预应力筋的有效长度,$l_{\mathrm{ex}} = \dfrac{2l_i}{N_{\mathrm{s}} + 2}$;

N_{s}——构件失效时形成的塑性铰数目,对简支梁 $N_{\mathrm{s}} = 0$,对于连续梁 $N_{\mathrm{s}} = n - 1$;n 为连续梁的跨数;

l_i——两端锚固间体外预应力筋的总长度;对于简支梁加固体系,$l_{\mathrm{ex}} = l_i$;

γ_{p}——体外预应力钢材的安全系数,取 $\gamma_{\mathrm{p}} = 2.2$;

$h_{\mathrm{p,ex}}$——体外预应力筋合力点到受压边缘的距离;

c——截面中性轴到混凝土受压顶面的距离,可按下面计算:

T 形截面 $c = \dfrac{A_{\mathrm{p,ex}}\sigma_{\mathrm{pu,ex}} + A_{\mathrm{s}}f_{\mathrm{sk}} + A_{\mathrm{p}}f_{\mathrm{pk}} - A_{\mathrm{s}}'f_{\mathrm{sk}}' - 0.75f_{\mathrm{cu,k}}\beta(b_{\mathrm{f}}' - b)h_{\mathrm{f}}'}{0.75f_{\mathrm{cu,k}}b\beta}$

矩形截面 $c = \dfrac{A_{\mathrm{p,ex}}\sigma_{\mathrm{pu,ex}} + A_{\mathrm{s}}f_{\mathrm{sk}} + A_{\mathrm{p}}f_{\mathrm{pk}} - A_{\mathrm{s}}'f_{\mathrm{sk}}'}{0.75f_{\mathrm{cu,k}}b\beta}$

β——混凝土受压区高度折减系数,取 $\beta = 0.8$;当混凝土强度等级高于 C50 时,应按规范规定进行折减;

$f_{\mathrm{cu,k}}$——混凝土轴心抗压强度标准值;

$f_{\mathrm{pd,ex}}$——体外预应力筋的抗拉强度设计值;

$\sigma_{\mathrm{pe,ex}}$——扣除全部预应力损失后的体外预应力筋有效预应力,按式(9-1)计算;

$A_{\mathrm{p,ex}}$——体外预应力筋的截面面积。

对于体外预应力筋的斜筋极限应力,可根据水平筋极限应力计算得到,为

$$\sigma_{\text{pub,ex}} = \lambda \sigma_{\text{pu,ex}} \tag{9-12}$$

式中　λ——水平体外预应力筋拉力与斜筋拉力比例系数,按式(9-13)或式(9-14)计算。

采用有水平向移动的滑块或转向块时

$$\lambda = \frac{1}{\cos\theta_e + f_0 \sin\theta_e} \tag{9-13}$$

采用楔形滑块时

$$\lambda = \cos\theta_e - f_0 \sin\theta_e \tag{9-14}$$

式中　θ_e——体外预应力筋与构件水平轴线的夹角;

　　　f_0——摩擦系数,钢材间可取 0.6,混凝土与钢材间可取 0.25,采用聚四氟乙烯板时可取 0.06。

第三节　体外预应力混凝土受弯构件截面承载力计算

体外预应力混凝土受弯构件截面承载力计算包括正截面承载力计算和斜截面承载力计算。

一、体外预应力混凝土受弯构件正截面承载力计算

进行体外预应力混凝土受弯构件正截面抗弯承载力计算时,采用如下假定:

(1)平截面假定,即混凝土截面应变沿截面高度线性分布;

(2)不考虑受拉区混凝土的抗拉作用;

(3)混凝土截面内的普通钢筋、预应力筋与混凝土完全黏结,普通钢筋、体内预应力筋与混凝土接触位置变形协调;

(4)承载能力极限状态时体外预应力筋应力达到 $\sigma_{\text{pu,ex}}$。

由于不同规范中规定的承载能力极限状态时体外预应力筋的极限应力取值(设计应力值)不同,并且承载力计算公式(尤其斜截面承载力计算公式)存在差异,因此,应根据体外预应力混凝土受弯构件使用要求选取相应规范进行承载力计算。下面介绍《公路钢筋混凝土及预应力混凝土桥涵设计规范》中同时布设体内黏结预应力筋和体外预应力筋的混合受弯构件截面承载力计算方法及公式,对于仅布置体外预应力筋的受弯构件,令体内黏结预应力筋截面积为零就可得到相应的计算公式。

《公路钢筋混凝土及预应力混凝土桥涵设计规范》规定,进行截面承载力计算时,取 $\sigma_{\text{pu,ex}} = \sigma_{\text{pe,ex}}$,$\sigma_{\text{pe,ex}}$ 为体外预应力筋有效应力,按式(9-1)计算。

1. 翼板位于受压区的 T 形截面

翼板位于受压区时,T 形截面构件正截面抗弯承载力计算图式见图 9-10。

中性轴位置的判别方法:

符合下列条件时中性轴位置在翼板内($x \le h'_f$):

$$f_{sd}A_s + f_{pd,i}A_{p,i} + \sigma_{pe,ex}A_{p,ex} \le f_{cd}b'_f x + f'_{sd}A'_s + (f'_{pd,i} - \sigma'_{p0,i})A'_{p,i} \tag{9-15}$$

符合下列条件时中性轴位置在腹板内($x > h'_f$):

$$f_{sd}A_s + f_{pd,i}A_{p,i} + \sigma_{pe,ex}A_{p,ex} > f_{cd}b'_f x + f'_{sd}A'_s + (f'_{pd,i} - \sigma'_{p0,i})A'_{p,i} \tag{9-16}$$

式中　$A_{p,ex}$——体外预应力水平筋的截面面积;

　　　$\sigma_{pe,ex}$——体外预应力筋的有效应力;

　　　$A_{p,i}$——受拉区体内预应力筋的截面面积;

$A'_{p,i}$——受压区体内预应力筋的截面积；

$f_{pd,i}$——体内预应力筋的抗拉强度设计值；

$f'_{pd,i}$——体内应力筋的抗压强度设计值；

$\sigma'_{p0,i}$——压区体内预应力筋合力作用点处的混凝土压应力为零时(消压状态)的受压区体内预应力筋应力(消压应力)；

A_s——截面内纵向受拉普通钢筋的截面积；

A'_s——截面内纵向受压普通钢筋的截面积；

f_{sd}——截面内纵向受拉普通钢筋的抗拉强度设计值；

f'_{sd}——截面内纵向受压普通钢筋的抗压强度设计值；

f_{cd}——构件混凝土抗压强度设计值；

b'_f——翼缘的有效宽度；

b——矩形截面宽度或T形截面的腹板宽度；

h'_f——受压翼缘的厚度；

x——截面中受压区高度。

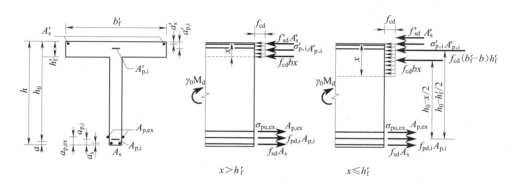

图 9-10 翼缘位于受压区的T形截面梁抗弯承载力计算图式

（1）中性轴位置在翼板内的T形截面正截面抗弯承载力计算

在图9-10中，以拉区所有钢筋(体外、体内预应力筋和普通钢筋)合力作用点为参考点，建立力矩平衡方程，得体外预应力混凝土受弯构件的正截面抗弯承载力计算公式为

$$\gamma_0 M_d \leq f_{cd} b'_f x (h_0 - \frac{x}{2}) + f'_{sd} A'_s (h_0 - a'_s) + (f'_{pd,i} - \sigma'_{p0,i}) A'_{p,i} (h_0 - a'_{p,i}) \qquad (9-17)$$

混凝土受压区高度x可按式(9-18)计算：

$$f_{sd} A_s + f_{pd,i} A_{p,i} + \sigma_{pe,ex} A_{p,ex} = f_{cd} b'_f x + f'_{sd} A'_s + (f'_{pd,i} - \sigma'_{p0,i}) A'_{p,i} \qquad (9-18)$$

截面受压区高度应符合下列要求：

$$x \leq \xi_b h_0 \qquad (9-19)$$

当受压区配有纵向普通钢筋和体内预应力筋且预应力筋受压，即$\sigma'_{p,i}$为正时，尚需符合下面要求：

$$x \geq 2a' \qquad (9-20)$$

当受压区仅配纵向普通钢筋，或配普通钢筋和体内预应力筋且预应力筋受拉，即$\sigma'_{p,i}$为负时，尚需符合下面要求：

$$x \geq 2a'_s \qquad (9-21)$$

式中 γ_0——桥梁结构重要性系数；

　　M_{d} ——弯矩组合设计值;

　　a ——受拉体内(外)预应力筋(束)和普通钢筋的合力作用点至受拉区边缘的距离;

　　a'_{s} ——受压区普通钢筋的合力作用点至受压区边缘的距离。

其他符号意义见式(9 - 15)、式(9 - 16)的说明。

(2)中性轴位置在腹板内的 T 形截面正截面抗弯承载力计算

对于中性轴位置位于腹板内的 T 形截面,承载力计算时应考虑腹板受压部分影响。在图 9 - 10 中,以拉区所有钢筋合力作用点为参考点,建立力矩平衡方程,可得体外预应力混凝土受弯构件的正截面抗弯承载力计算公式:

$$\gamma_0 M_{\mathrm{d}} \leqslant f_{\mathrm{cd}}\Big[bx\Big(h_0 - \frac{x}{2}\Big) + (b'_{\mathrm{f}} - b)h'_{\mathrm{f}}\Big(h_0 - \frac{h'_{\mathrm{f}}}{2}\Big)\Big] +$$
$$f'_{\mathrm{sd}}A'_{\mathrm{s}}(h_0 - a'_{\mathrm{s}}) + (f'_{\mathrm{pd},i} - \sigma'_{\mathrm{p0},i})A'_{\mathrm{p},i}(h_0 - a'_{\mathrm{p},i}) \qquad (9 - 22)$$

混凝土受压区高度 x 可按式(9 - 23)计算:

$$f_{\mathrm{sd}}A_{\mathrm{s}} + f_{\mathrm{pd},i}A_{\mathrm{p},i} + \sigma_{\mathrm{pe,ex}}A_{\mathrm{p,ex}} = f_{\mathrm{cd}}\big[bx + (b'_{\mathrm{f}} - b)h'_{\mathrm{f}}\big] + f'_{\mathrm{sd}}A'_{\mathrm{s}} + (f'_{\mathrm{pd},i} - \sigma'_{\mathrm{p0},i})A'_{\mathrm{p},i} \quad (9 - 23)$$

式中符合意义同前。

2. T 形截面翼板位于受拉区

当 T 形截面翼板位于受拉区时,正截面抗弯承载力计算图式见图 9 - 11。

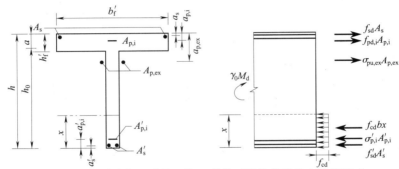

图 9 - 11　翼缘位于受拉区的 T 形截面梁抗弯承载力计算图式

在图 9 - 11 中,以拉区所有钢筋合力作用点为参考点,建立力矩平衡方程,可得体外预应力混凝土受弯构件的正截面抗弯承载力计算公式:

$$\gamma_0 M_{\mathrm{d}} \leqslant f_{\mathrm{cd}}bx\Big(h_0 - \frac{x}{2}\Big) + f'_{\mathrm{sd}}A'_{\mathrm{s}}(h_0 - a'_{\mathrm{s}}) + (f'_{\mathrm{pd},i} - \sigma'_{\mathrm{p0},i})A'_{\mathrm{p},i}(h_0 - a'_{\mathrm{p},i}) \qquad (9 - 24)$$

混凝土受压区高度 x 可按式(9 - 25)计算:

$$f_{\mathrm{sd}}A_{\mathrm{s}} + f_{\mathrm{pd},i}A_{\mathrm{p},i} + \sigma_{\mathrm{pe,ex}}A_{\mathrm{p,ex}} = f_{\mathrm{cd}}bx + f'_{\mathrm{sd}}A'_{\mathrm{s}} + (f'_{\mathrm{pd},i} - \sigma'_{\mathrm{p0},i})A'_{\mathrm{p},i} \qquad (9 - 25)$$

当计算中考虑受压区纵向钢筋但不符合式(9 - 20)或式(9 - 21)的条件时,体外预应力混凝土受弯构件的正截面抗弯承载力的计算应符合下列规定:

当受压区配有纵向普通钢筋和体内预应力钢筋,且体内预应力钢筋受压时

$$\gamma_0 M_{\mathrm{d}} \leqslant f_{\mathrm{sd}}A_{\mathrm{s}}(h - a_{\mathrm{s}} - a') + f_{\mathrm{pd},i}A_{\mathrm{p},i}(h - a_{\mathrm{p},i} - a') + \sigma_{\mathrm{pe,ex}}A_{\mathrm{p,ex}}(h - a_{\mathrm{p,ex}} - a') \quad (9 - 26)$$

当受压区仅配纵向普通钢筋,或配有普通钢筋和体内预应力钢筋且体内预应力钢筋受拉时

$$\gamma_0 M_{\mathrm{d}} \leqslant f_{\mathrm{pd},i}A_{\mathrm{p},i}(h - a_{\mathrm{p},i} - a'_{\mathrm{s}}) + \sigma_{\mathrm{pe,ex}}A_{\mathrm{p,ex}}(h - a_{\mathrm{p,ex}} - a'_{\mathrm{s}})$$
$$+ f_{\mathrm{sd}}A_{\mathrm{s}}(h - a_{\mathrm{s}} - a'_{\mathrm{s}}) - (f'_{\mathrm{pd},i} - \sigma'_{\mathrm{p0},i})A'_{\mathrm{p},i}(a'_{\mathrm{p},i} - a'_{\mathrm{s}}) \qquad (9 - 27)$$

箱形截面、I 形截面体内预应力混凝土受弯构件的正截面抗弯承载力计算方法和计算公式可参照上述 T 形截面进行。

二、体外预应力混凝土受弯构件斜截面承载力计算

体外预应力混凝土受弯构件斜截面承载力计算包括斜截面抗剪承载力计算和抗弯承载力计算。

规范中体外预应力混凝土受弯构件斜截面抗剪承载力计算为在体内(黏结)预应力混凝土受弯构件斜截面抗剪承载力计算公式基础上,增加体外预应力筋的影响而得到,主要考虑了穿过验算斜截面的体外预应力斜筋的竖向分力影响。

图 9 – 12 为同时布置了斜向体外预应力筋、体内黏结预应力筋的受弯构件斜截面抗剪承载力计算图式,图中未画出下缘纵向体外、体内预应力筋及竖向预应力筋。

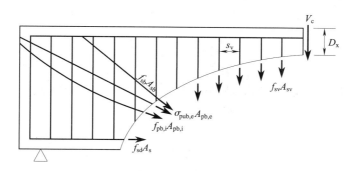

图 9 – 12 斜截面抗剪承载力计算图式

矩形、T 形和 I 形截面的受弯构件配置箍筋和弯起钢筋时,斜截面抗剪承载力计算公式为

$$\gamma_0 V_\mathrm{d} \leqslant V_\mathrm{cs} + V_\mathrm{sb} + V_\mathrm{pb,i} + V_\mathrm{pb,ex} \tag{9 – 28}$$

其中

$$V_\mathrm{cs} = 0.45 \times 10^{-3} \alpha_1 \alpha_2 \alpha_3 b h_0 \sqrt{(2 + 0.6P)\sqrt{f_\mathrm{cu,k}}(\rho_\mathrm{sv} f_\mathrm{sd,v} + 0.6 \rho_\mathrm{pv} f_\mathrm{pd,v})} \tag{9 – 29}$$

式中 V_d ——斜截面受压端上由作用(或荷载)效应所产生的最大剪力组合设计值(kN),对变高度(承托)的连续梁和悬臂梁,当该截面处于变高度梁段时,则应考虑作用于截面的弯矩引起的附加剪应力的影响;

V_cs ——斜截面内混凝土和箍筋及竖向预应力筋共同的抗剪承载力设计值(kN);

V_sb ——与斜截面相交的弯起普通钢筋抗剪承载力设计值(kN);

$V_\mathrm{pb,i}$ ——与斜截面相交的弯起体内预应力筋抗剪承载力设计值(kN);

$V_\mathrm{pb,ex}$ ——与斜截面相交的弯起体外预应力筋抗剪承载力设计值(kN);

α_1 ——异号弯矩影响系数;

α_2 ——预应力提高系数;

α_3 ——受压翼缘的影响系数;

b ——斜截面受压端正截面处,矩形截面宽度(mm),或 T 形和 I 形截面腹板宽度(mm);

h_0 ——截面的有效高度(mm);

P ——斜截面内纵向受拉钢筋普通钢筋和体内预应力筋的配筋百分率,$P = 100\rho$,$\rho = (A_\mathrm{P,i} + A_\mathrm{s})/bh_0$,当 $P > 2.5$ 时,取 $P = 2.5$;

$f_\mathrm{cu,k}$ ——边长为 150 mm 的混凝土立方体抗压强度标准值(MPa),即混凝土强度等级;

ρ_sv ——斜截面内箍筋配筋率,$\rho_\mathrm{sv} = A_\mathrm{sv}/s_\mathrm{v}b$,$s_\mathrm{v}$ 为箍筋间距(mm);

ρ_pv ——斜截面内竖向预应力筋配筋率,$\rho_\mathrm{pv} = A_\mathrm{pv}/s_\mathrm{p}b$,$s_\mathrm{p}$ 为竖向预应力筋间距(mm);

$f_{sd,v}$——箍筋抗拉强度设计值；

$f_{pd,v}$——竖向预应力筋抗拉强度设计值。

式(9-28)中 V_{sb} 按式(4-35)计算，$V_{pb,i}$ 按式(4-36)计算，其他符合意义及取值参见式(4-37)的说明。

式(9-28)中，对于斜截面相交的弯起体外预应力筋抗剪承载力设计值 $V_{pb,ex}$，《公路钢筋混凝土及预应力混凝土桥涵设计规范》规定可按式(9-30)计算：

$$V_{pb,ex} = 0.75 \times 10^{-3} \sigma_{pub,ex} \sum A_{pb,ex} \sin\theta_{ex} \qquad (9-30)$$

式中 $A_{pb,ex}$——弯起体外预应力筋的截面面积；

$\sigma_{pub,ex}$——弯起体外预应力筋的设计应力取值，可取 $0.75\sigma_{pub,ex} = \sigma_{pe,ex}$；

$\sigma_{pe,ex}$——使用阶段扣除全部预应力损失后的体外预应力筋有效预应力，按式(9-1)计算；

θ_{ex}——体外预应力筋在竖直平面内的弯起角度(竖弯角)，$\theta_{ex} \leqslant 45°$。

对于用体外预应力筋加固的钢筋混凝土和预应力混凝土受弯结构，《公路桥梁加固设计规范》(JTG/T J22—2008)规定，与斜截面相交的弯起体外预应力筋抗剪承载力设计值为

$$V_{pb,ex} = 0.80 \times 10^{-3} \sigma_{pub,ex} \sum A_{pb,ex} \sin\theta_{ex} \qquad (9-31)$$

式中 $\sigma_{pub,ex}$——弯起体外预应力筋的设计应力取值，按式(9-12)计算。

式(9-28)适用于等截面预应力混凝土受弯构件的抗剪承载力计算。对于变高度(承托)的连续梁和悬臂梁，在变高度梁段内应考虑附加剪应力的影响。进行斜截面承载能力验算时，斜截面投影长度 C 按式(4-39)计算。

为了保证斜截面不发生斜压破坏，或控制斜裂缝过宽开展，有效发方法是限制截面尺寸或提高混凝土强度等级而非增加配筋，规范规定矩形、T形和I形截面受弯构件的抗剪截面应符合式(4-41)要求；同时，若矩形、T形和I形截面受弯构件符合式(4-42)要求，可不进行斜截面承载力计算，仅需按构造要求配置箍筋。

一般可通过构造设计，避免体外预应力混凝土受弯构件发生斜截面弯曲破坏。

第四节 体外预应力混凝土受弯构件截面应力计算

体外预应力混凝土受弯构件截面应力计算可分为有效预加力引起的应力计算和设计荷载引起的应力计算两部分。如果将体外预加力和荷载引起的体外预应力筋内力增量看成作用于混凝土实体截面上锚固点和转向装置处的外荷载，则体外预应力混凝土受弯构件截面应力计算方法与其混凝土截面对应的钢筋混凝土或(体内黏结)预应力混凝土截面应力计算方法相同，计算公式相似，截面(混凝土和钢筋)应力限值、抗裂性要求亦基本相同。下面介绍《公路钢筋混凝土及预应力混凝土桥涵设计规范》中体内和体外混合预应力混凝土受弯构件在使用阶段未开裂截面的应力计算。

在体内预加力、体外预加力及恒载持久作用下，混凝土徐变和收缩及预应力筋松弛不仅引起预应力损失，还将在截面内混凝土、普通钢筋和预应力筋之间以及体外预应力筋之间发生应力(内力)重分布，截面应力分析复杂，一般采用近似方法。在正常使用阶段，假定普通钢筋重心处的应变增量约为计算体内预应力损失时取用的混凝土徐变和收缩引起的应变增量，忽略应力重分布及预应力筋松弛影响，亦即假定由混凝土徐变和收缩等引起的普通钢筋应力增量等于混凝土徐变和收缩引起的预应力损失值。

设体内预应力筋与混凝土完全黏结,且采用后张法施工,则体内 - 体外预应力混凝土受弯构件为后张法构件。因此,可结合施工过程和施工工艺,参照第三章后张法构件相关内容进行体内预应力筋的预应力损失计算,按式(9 - 1)~ 式(9 - 3)进行体外预应力筋的预应力损失计算。在正常使用阶段,预应力损失已全部完成,体内、体外预应力筋中的有效应力为

$$\sigma_{pe} = \sigma_{con} - \sigma_{LI} - \sigma_{LII} \tag{9-32}$$

式中　σ_{pe}——体内、体外预应力筋有效应力;

σ_{con}——体内、体外预应力筋的锚下张拉控制应力;

σ_{LI}、σ_{LII}——第一阶段、第二阶段预应力损失,按式(3 - 69)、式(3 - 70)或式(9 - 1)计算。

在体内预应力筋传力锚固时,预应力筋孔道尚未压浆,计算体内预加力引起的截面应力时应采用扣除管道面积的净截面特性;在体外预应力筋传力锚固时,体内预应力筋孔道已经压浆并且水泥浆与混凝土截面黏结在一起共同工作,计算体外预加力引起的截面应力时应采用换算截面特性。为简化计算,在正常使用期间,计算体内预加力引起的截面应力时亦应采用换算截面特性。

体内 - 体外预应力混凝土受弯构件的预应力筋和普通钢筋合力及偏心距计算图示如图9 - 13所示。

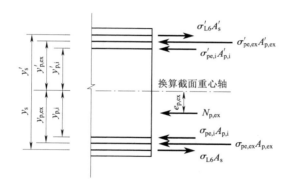

图9 - 13　预应力筋和普通钢筋合力位置

根据图9 - 13,可得预加力引起的预应力筋和普通钢筋合力及其偏心距的下列计算公式:

$$N_{p,ex} = \sigma_{pe,ex}A_{p,ex} + \sigma'_{pe,ex}A'_{p,ex} + \sigma_{pe,i}A_{p,i} + \sigma'_{pe,i}A'_{p,i} - \sigma_{L6}A_s - \sigma'_{L6}A'_s \tag{9-33}$$

$$e_{p,ex} = \frac{\sigma_{pe,ex}A_{p,ex}y_{p,ex} - \sigma'_{pe,ex}A'_{p,ex}y'_{p,ex} + \sigma_{pe,i}A_{p,i}y_{p,i} - \sigma'_{pe,i}A'_{p,i}y'_{p,i} - \sigma_{L6}A_sy_s + \sigma'_{L6}A'_sy'_s}{N_{p,ex}}$$

$$\tag{9-34}$$

式中　$N_{p,ex}$——体内、体外预应力筋和普通钢筋的合力(有效预加力);

$e_{p,ex}$——体内、体外预应力筋和普通钢筋的合力至构件换算截面重心轴的距离;

$\sigma_{pe,i}$、$\sigma'_{pe,i}$——受拉区、受压区体内预应力筋的有效应力,按式(9 - 32)计算;

$\sigma_{pe,ex}$、$\sigma'_{pe,ex}$——受拉区、受压区体外预应力筋的有效应力,按式(9 - 1)计算;

$A_{p,i}$、$A'_{p,i}$——受拉区、受压区体内预应力筋截面面积;

$A_{p,ex}$、$A'_{p,ex}$——受拉区、受压区体外预应力筋截面面积;

A_s、A'_s——受拉区、受压区普通钢筋截面面积;

$y_{p,i}$、$y'_{p,i}$——受拉区、受压区体内预应力筋重心至构件换算截面重心轴的距离;

$y_{p,ex}$、$y'_{p,ex}$——受拉区、受压区体外预应力筋重心至构件换算截面重心轴的距离;

y_s、y_s' ——受拉区、受压区普通钢筋重心至构件换算截面重心轴的距离;

σ_{L6}、σ_{L6}' ——受拉区、受压区体内预应力钢筋在各自合力点处混凝土徐变和收缩引起的预应力损失值,按式(3-61)计算。

使用阶段由预加力引起的截面上混凝土正应力为

$$\sigma_{pc} = \frac{N_{p,ex}}{A_0} \mp \frac{N_{p,ex}e_{p,ex}}{I_0}y_0 \tag{9-35}$$

使用阶段在所有荷载作用下,截面上混凝土正应力为

$$\sigma_c = \sigma_{pc} + \sigma_{Lc} = \left(\frac{N_{p,ex}}{A_0} \mp \frac{N_{p,ex}e_{p,ex}}{I_0}y_0 \right) + \left(\frac{N}{A_0} \pm \frac{M}{I_0}y_0 \right) \tag{9-36}$$

式中　σ_{pc} ——体内、体外预应力筋和普通钢筋的合力(有效预加力)引起的混凝土正应力;

σ_{Lc} ——截面上设计荷载作用引起的混凝土正应力;

$N_{p,ex}$ ——体内、体外预应力筋和普通钢筋的合力,按式(9-33)计算;

$e_{p,ex}$ ——体内、体外预应力筋和普通钢筋的合力至构件换算截面重心轴的距离,按式(9-34)计算;

N、M ——设计荷载(除预加力外的恒载、活载等)产生的轴力和弯矩;

y_0 ——换算截面重心至计算纤维处的距离;

A_0、I_0 ——换算截面面积和换算截面惯性矩。

其他符号意义同前。

使用阶段在所有荷载作用下,体外预应力筋的应力按式(9-4)计算;受拉区体内预应力筋的应力按式(9-37)计算:

$$\begin{aligned} \sigma_{p,i} &= \sigma_{pe,i} - \alpha_{Ep}\sigma_{c,p} \\ &= \sigma_{pe,i} - \alpha_{Ep}\left[\left(\frac{N_{p,ex}}{A_0} + \frac{N_{p,ex}e_{p,ex}}{I_0}y_{0p,i} \right) + \left(\frac{N}{A_0} - \frac{M}{I_0}y_{0p,i} \right) \right] \end{aligned} \tag{9-37}$$

式中　$y_{0p,i}$ ——体内预应力筋重心到换算截面重心轴的距离;

α_{Ep} ——预应力筋与混凝土弹性模量之比;

$\sigma_{c,p}$ ——在预加力和设计荷载作用下体内预应力筋重心处混凝土法向应力。

其他符号意义同前。

受拉区普通钢筋应力为

$$\sigma_s = -\sigma_{L6} + \alpha_{Es}\sigma_{c,s} = -\sigma_{L6} + \alpha_{Es}\left[\left(-\frac{N_{p,ex}}{A_0} - \frac{N_{p,ex}e_{p,ex}}{I_0}y_{0s} \right) + \left(-\frac{N}{A_0} + \frac{M}{I_0}y_{0s} \right) \right] \tag{9-38}$$

式中　y_{0s} ——普通钢筋重心到换算截面重心轴的距离;

α_{Es} ——普通钢筋与混凝土弹性模量之比;

$\sigma_{c,s}$ ——在预加力和设计荷载作用下普通钢筋重心处混凝土法向应力。

其他符号意义同前。

《公路钢筋混凝土及预应力混凝土桥涵设计规范》规定,使用阶段体外预应力钢绞线的应力必须满足下面要求:

$$\sigma_{p,ex} \leqslant 0.60f_{ptk} \tag{9-39}$$

式中　f_{ptk} ——预应力筋抗拉强度标准值。

正常使用阶段,体外预应力混凝土受弯构件的截面上混凝土主应力、剪应力的计算可参照体内黏结预应力混凝土受弯构件的计算方法进行。

第五节 体外预应力混凝土受弯构件的挠度和裂缝计算

荷载作用构件发生挠曲变形时,受弯构件混凝土截面上弯矩、曲率、应变与竖向变形的关系不能适用于体外预应力筋,因此需将体外预应力混凝土受弯构件看成是一个由配筋混凝土构件和体外预应力筋拉杆构成的组合结构。对于竖向变形较大或跨高比较大的受弯构件,计算中尚需考虑预应力二次效应影响。因此,体外预应力混凝土受弯构件的挠度计算有两个明显特点,一是首先要求出荷载作用下的体外预应力筋合力增量,在锚固位置、转向位置将之作为外荷载施加于配筋混凝土截面上;当构件发生较大竖向变形时,需考虑预应力二次效应影响。

对于允许开裂的体外预应力混凝土受弯构件,需验算裂缝宽度。在求得荷载作用下开裂截面内力后,体外预应力混凝土受弯构件的裂缝计算可采用钢筋混凝土受弯构件或体内(黏结)预应力混凝土构件的相应方法进行计算。

下面介绍《预应力混凝土结构设计规范》中体外预应力混凝土受弯构件的挠度和裂缝宽度计算方法。

一、体外预应力混凝土受弯构件的挠度计算

按双直线型法计算荷载作用下体外预应力混凝土受弯构件的短期变形,计算公式采用式(8-35)、式(8-36)形式,其中短期刚度根据是否需要考虑预应力二次效应进行选取。

对于不考虑预应力二次效应的构件挠度计算,短期抗弯刚度按下面公式计算:
对于要求不出现裂缝的受弯构件

$$B_s = 0.85 E_c I_0 \tag{9-40}$$

对于允许出现裂缝的受弯构件

$$B_s = \frac{0.85 E_c I_0}{k_{cr} + w(1 - k_{cr})} \tag{9-41}$$

$$w = \left(1.0 + \frac{0.21}{\alpha_E \rho}\right)(1 + 0.45\gamma_f) - 0.7 \tag{9-42}$$

$$M_{cr} = (\sigma_{pc} + \gamma f_{tk}) W_0 \tag{9-43}$$

$$\rho = \frac{A_s + 0.2 A_{p,ex}}{bh_0} \tag{9-44}$$

式中 M_k——按荷载效应的标准组合计算的弯矩;

M_{cr}——体外预应力混凝土受弯构件的截面开裂弯矩;

σ_{pc}——体外、体内预应力在构件受拉边缘产生的混凝土预压应力;

ρ——纵向受拉钢筋配筋率;

A_s、$A_{p,ex}$——受拉普通钢筋、体外预应力筋的截面面积;

k_{cr}——正截面开裂弯矩与按荷载效应标准组合计算的弯矩的比值,$k_{cr} \leqslant 1$。

其他符合意义参见式(8-37)~式(8-40)的符号说明。

对于截面受拉区配置有纵向体内(黏结)预应力筋的体外预应力混凝土受弯构件,式(9-44)的配筋率中尚应考虑体内预应力筋的影响。

对于需考虑预应力二次效应的构件挠度计算,如跨高比大于12的构件,其短期抗弯刚度按下面计算:

$$B_{s} = \frac{(E_{s}A_{s} + E_{p}A_{p,ex})h_{0}^{2}}{\varphi\left(0.15 - 0.4\dfrac{h_{0}}{e + \Delta}\right) + 0.2 + \dfrac{6\alpha_{E}\rho}{1 + 3.5\gamma_{f}}} \tag{9-45}$$

$$e = \frac{M_{s}}{N_{p0}} + e_{p0,ex} \tag{9-46}$$

$$\Delta = \frac{\kappa_{1}ML^{2} - \kappa_{1}\sigma_{pe,ex}A_{p,ex}L^{2}}{E_{c}I_{e}} \tag{9-47}$$

式中 M ——梁的跨中弯矩;

M_{s} ——按荷载效应的标准组合计算的弯矩;

E_{s}、E_{p} ——受拉普通钢筋、体外预应力筋的弹性模量;

N_{p0} ——普通钢筋和体外预应力筋合力点处混凝土法向应力为零时的普通钢筋和体外预应力筋合力;

φ ——纵向受拉钢筋应变不均匀系数;

h_{0} ——截面的有效高度(mm);

Δ ——对应截面处预应力筋相对位移;

ρ ——纵向受拉钢筋配筋率,按式(9-44)计算;

α_{E} ——钢筋弹性模量与和混凝土弹性模量之比;

$e_{p0,ex}$ ——体外预应力筋在梁端的偏心距;

κ_{1}、κ_{2} ——和荷载形式、支撑条件有关的而荷载效应=系数,可按表9-2查取;

κ_{cr} ——正截面开裂弯矩与按荷载效应标准组合计算的弯矩的比值,$\kappa_{cr} \leqslant 1$;

I_{e} ——梁截面的等效惯性矩。

表 9-2   系数 κ_{1}、κ_{2} 值

转向块		系 数	
个数	位置	κ_{1}	κ_{2}
0	—	0.106	0.125
1	跨中	0	0
2	三分点	0.014	$\dfrac{\cos\alpha}{72} + \dfrac{L\sin\alpha}{216e_{p,ex}}$

注:α 为体外预应力筋中间水平长度与梁全长的比值。

体外预应力混凝土受弯构件的长期挠度可采用式(6-29)或式(6-31)进行计算,其中短期刚度取值按式(9-40)、式(9-41)及式(9-45)计算。

二、体外预应力混凝土受弯构件的裂缝计算

体外预应力混凝土受弯构件的裂缝宽度计算同式(8-44)~式(8-47),其中纵向受拉钢筋配筋率和纵向受拉钢筋的等效应力按下列公式计算:

$$\rho_{te} = \frac{A_{s}}{A_{te}} \tag{9-48}$$

$$\sigma_{sk} = \frac{M_{k} \pm M_{p2} - 1.03N_{pe,ex}(z - e_{p})}{(0.20A_{p,ex} + A_{s})z} \tag{9-49}$$

式中 ρ_{te} ——按有效受拉混凝土截面面积计算的纵向受拉钢筋配筋率;

A_{te} ——有效受拉混凝土截面面积,取为 $A_{te} = 0.5bh + (b_f - b)h_f$,此处 b_f、h_f 分别为受拉翼缘的宽度、高度。

σ_{sk} ——按荷载标准组合计算的纵向受拉钢筋的等效应力;

A_s ——受拉区纵向钢筋的截面面积。

《预应力混凝土结构设计规范》规定,体外预应力混凝土受弯构件的裂缝控制等级及最大裂缝宽度限值可按体内(黏结)预应力混凝土受弯构件的规定执行。

附　　录

附表　各规范材料性能符号规定及本书符号

力学性能指标		符　号	规范名称	本书采用的符号
混凝土	轴心抗压强度标准值	f_{ck}	各规范	f_{ck}
	轴心抗拉强度标准值	f_{tk}	《混凝土结构设计规范》	f_{tk}
		f_{ctk}	《铁路桥涵设计规范(极限状态法)》	
		f_{tk}	《公路钢筋混凝土及预应力混凝土桥涵设计规范》	
	轴心抗压强度设计值	f_c	《混凝土结构设计规范》	f_{cd}
		f_{cd}	《铁路桥涵设计规范(极限状态法)》	
		f_{cd}	《公路钢筋混凝土及预应力混凝土桥涵设计规范》	
	立方体抗压强度标准值	$f_{cu,k}$	《铁路桥涵设计规范(极限状态法)》	$f_{cu,k}$
			《公路钢筋混凝土及预应力混凝土桥涵设计规范》	
	轴心抗压疲劳强度设计值	f_{cfd}	《铁路桥涵设计规范(极限状态法)》	f_{cfd}
预应力筋	抗拉强度标准值	f_{ptk}	《混凝土结构设计规范》	f_{ptk}
		f_{ptk}	《铁路桥涵设计规范(极限状态法)》	
		f_{pk}	《公路钢筋混凝土及预应力混凝土桥涵设计规范》	
	抗拉强度设计值	f_{py}	《混凝土结构设计规范》	f_{pd}
		f_{ptd}	《铁路桥涵设计规范(极限状态法)》	
		f_{pd}	《公路钢筋混凝土及预应力混凝土桥涵设计规范》	
	抗压强度设计值	f'_{py}	《混凝土结构设计规范》	f'_{pd}
		f_{pcd}	《铁路桥涵设计规范(极限状态法)》	
		f'_{pd}	《公路钢筋混凝土及预应力混凝土桥涵设计规范》	
普通钢筋	抗拉强度标准值	f_{stk}	《混凝土结构设计规范》	f_{stk}
		f_{stk}	《铁路桥涵设计规范(极限状态法)》	
		f_{sk}	《公路钢筋混凝土及预应力混凝土桥涵设计规范》	
	抗拉强度设计值	f_y	《混凝土结构设计规范》	f_{sd}
		f_{std}	《铁路桥涵设计规范(极限状态法)》	
		f_{sd}	《公路钢筋混凝土及预应力混凝土桥涵设计规范》	
	抗压强度设计值	f'_y	《混凝土结构设计规范》	f'_{sd}
		f_{scd}	《铁路桥涵设计规范(极限状态法)》	
		f'_{sd}	《公路钢筋混凝土及预应力混凝土桥涵设计规范》	

参 考 文 献

［1］ ACI318 – 2014, Building Code Requirements for Structural Concrete(ACI318 – 1 4). American Concrete Institute. Farmington Hills,2014.

［2］ CEB-FIP Model Code for Concrete Structures 1990. Comité Euro-International du Béton/ Fédération International de la Préconstrainte. Paris,1990.

［3］ International Federation for Structural Concrete (FIB): CEB-FIP Model Code 2010. First complete draft,FIB,2010.

［4］ Eurocode 2: Design of concrete structures. European standard, prEN 1992-1-1. European Committee for Standardization,2002.

［5］ AASHTO LFRD Bridge design specifications(SI). American Association of State and Highway Transportation Officials. Washington D. C.,2007.

［6］ Brooks J. 30-year creep and shrinkage of concrete. Magazine of concrete research,2005,57 (9),545 –556.

［7］ Lin T. Y., Burns N. H. Design of Prestressed Concrete Structures:Third Edition. New York: John Wiley and Sons,1981.

［8］ Edward G. N. Prestressed Concrete: A Fundamental Approach. Prentice-Hall,Inc,2006.

［9］ Collins M. P., Mitchell,D. Prestressed Concrete Structures. Prentice-Hall,Inc,1991.

［10］ Bažant, Z. P. Mathematical Modeling of Creep and Shrinkage of Concrete. Jhon Willey & Sons Ltd,1988.

［11］ 江见鲸. 混凝土结构工程学. 北京:中国建筑工业出版社,1998.

［12］ 丁大钧. 现代钢筋混凝土结构. 北京:中国建筑工业出版社,2000.

［13］ 袁锦根,余志武. 混凝土结构设计基本原理. 北京:中国铁道出版社,2012.

［14］ 沈蒲生,梁兴文. 混凝土结构设计. 北京:高等教育出版社,2012.

［15］ 张树仁,郑绍珪,黄侨,鲍卫刚编著. 钢筋混凝土及预应力混凝土桥梁结构设计原理. 北京:人民交通出版社,2004.

［16］ 邵容光. 结构设计原理. 北京:人民交通出版社,2003.

［17］ 徐有邻,周氏编著. 混凝土结构设计规范理解和应用. 北京:中国铁道出版社,2003.

［18］ 薛伟辰. 现代预应力结构设计. 北京:中国建筑工业出版社,2003.

［19］ 卢树圣. 现代预应力混凝土设计. 北京:中国铁道出版社,1998.

［20］ 李国平. 预应力混凝土结构设计原理. 北京:人民交通出版社,2009.

［21］ 熊学玉. 体外预应力结构设计. 北京:中国建筑工业出版社,2005.

［22］ 胡狄. 混凝土结构徐变效应理论. 北京:科学出版社,2015.

［23］ 李晨光,刘航,段建华,黄芳玮. 体外预应力结构技术与工程应用. 北京:中国建筑工业出版社,2008.

［24］ 胡狄,陈政清. 考虑反向摩阻的后张法 PC 构件锚固损失的计算. 中国公路学报,

　　　　2004,17(1):34 – 39.

[25] 胡狄,陈政清. 预应力混凝土桥梁收缩与徐变变形试验研究. 土木工程学报,2003,36
　　　　(8):79 – 85.

[26] 胡狄. 预应力混凝土桥梁时变效应分析的钢筋约束影响系数法. 工程力学,2006,23
　　　　(6):120 – 126.

[27] 卢钦先,胡狄. 钢筋混凝土受弯构件裂缝宽度控制下的钢筋应力. 工业建筑. 2008,
　　　　38(4):46 – 49.

[28] 范立础. 预应力混凝土连续梁桥. 北京:人民交通出版社,1988.

[29] 徐岳等. 预应力混凝土连续梁设计. 北京:人民交通出版社,2000.

[30] 邵旭东,程翔云,李立峰. 桥梁设计与计算. 北京:人民交通出版社,2007.

[31] 上海市政工程设计研究总院主编. 桥梁设计工程师手册. 北京:人民交通出版
　　　　社,2007.